高等学校规划教材

现代光学

（第二版）

刘继芳　忽满利　编著

西安电子科技大学出版社

内容简介

本书详尽地讲解了现代光学的数学物理基础，较为全面地讨论了现代光学的主要应用和新发展。全书共分7章，前3章为现代光学的基本理论基础，在介绍了傅里叶分析方法、线性系统理论和光的衍射理论之后，应用上述理论分析了透镜的傅里叶变换特性和光学成像系统的线性特性；第4、5章较为详细地讨论了现代光学的三个重要应用——光学全息和数字全息、激光散斑以及光信息处理技术；第6、7章介绍了现代光学应用的新发展：广义傅里叶变换、小波变换及其光学实现方法。

本书可作为电子科学与技术、光信息科学与技术、光学、物理学以及应用物理等本科专业“现代光学”、“信息光学”课程的教材，也可作为光学工程、物理电子学、光学、物理学等专业研究生“现代光学”课程的教材，亦可作为相关专业教师、科技人员的参考书。

图书在版编目(CIP)数据

现代光学/刘继芳，忽满利编著. —2版. —西安：西安电子科技大学出版社，2012.9
高等学校规划教材
ISBN 978-7-5606-2895-0

Ⅰ. ①现… Ⅱ. ①刘… ②忽… Ⅲ. ①光学—高等学校—教材 Ⅳ. ①O43

中国版本图书馆 CIP 数据核字(2012)第173036号

策划编辑 李惠萍 云立实
责任编辑 南 景
出版发行 西安电子科技大学出版社(西安市太白南路2号)
电 话 (029)88242885 88201467 邮 编 710071
网 址 www.xduph.com 电子邮箱 xdupfxb001@163.com
经 销 新华书店
印刷单位 陕西华沐印刷科技有限责任公司
版 次 2012年9月第2版 2012年9月第3次印刷
开 本 787毫米×1092毫米 1/16 印张14
字 数 324千字
印 数 5001～8000册
定 价 24.00元
ISBN 978-7-5606-2895-0/O·0138

XDUP 3187002-3

第二版前言

《现代光学》自2004年由西安电子科技大学出版社出版以来，受到了兄弟院校师生的厚爱，特别是2006年授权台湾新文京开发出版股份有限公司出版。

根据使用者的反馈意见以及现代光学的新发展，编者对第一版内容进行了修订。本次修订，基本保留了第一版的体系和风格，改正了一些明显存在的错误，适当增加了现代光学的新进展，如数字全息和激光散斑。

本教材由西安电子科技大学刘继芳修订第1～3章并统编全稿，西北大学忽满利修订第4～7章。由于编者水平有限，书中存在错漏在所难免，请广大读者指正。

编　者

2012年6月

第一版前言

本书为光学工程、物理电子学、光学、物理学等专业研究生和光信息科学与技术、电子科学与技术等专业高年级本科生而编写。

傅里叶分析方法和线性系统理论的引入使古老的光学焕发了新的青春。随着激光的问世，光学全息、光学信息处理技术迅速发展，原来认为纯粹由电子计算机完成的各种信息处理运算均可由光学系统迅速完成。为了适应相关专业研究生和高年级本科生教学的需要，编者在长期为研究生讲授"现代光学"、为高年级本科生讲授"傅里叶光学"的基础上编写了这本教材。

本教材较系统、全面地反映了现代光学的理论基础和应用基础。主要内容分为三大部分：第一部分为现代光学的数理基础，主要阐述光波场的数学描述、空间频率的概念、傅里叶分析法和线性系统理论、光的衍射理论，并将其用于研究光学系统成像性质和频率特性；第二部分为现代光学的应用，主要讨论光学全息技术和光学信息处理技术；第三部分为现代光学的新进展，主要讲述广义傅里叶变换、小波变换和光学实现方法，以及光学小波变换在信号检测技术中的应用。

本教材各章节的编排以及章节内容的安排既注重知识之间的有机联系，又考虑各自的独立性，并配有习题，便于读者自学，也便于教师根据不同授课对象、对课程的不同要求以及学时数的多少选取适当的讲授内容。

由于编者水平有限，书中错误和缺点在所难免，敬请读者不吝指正。

刘继芳

2004 年 6 月

目　录

第 1 章　现代光学的数学物理基础

光波是电磁波，可由电矢量 $\boldsymbol{E}$ 和磁矢量 $\boldsymbol{H}$ 来描述，它们服从电磁场的基本理论和规律，并通过麦克斯韦方程组相互联系。由于引起生理视觉效应、光化学效应以及探测器对光频段电磁波的响应主要是电矢量 $\boldsymbol{E}$，因此通常把电矢量 $\boldsymbol{E}$ 称为光矢量，把电矢量 $\boldsymbol{E}$ 随时间的变化称为光振动。

一般来说，光波需要用时间、空间的矢量函数来描述。但是在很多实际应用场合，光波在各向同性介质中传播，不同偏振的光波具有相同的传播特性。因此，可采用标量波近似处理。如果所讨论的光波为平面偏振光波，则光波的电矢量可用同一直角坐标分量来表示，光波电矢量任何时刻都相互平行或反向平行，这无疑可用标量波处理；如果所讨论的光波场是非偏振光波，则光波场中任一点的电矢量都无规则地迅速变化，在有限的探测时间内，不表现特定方向的振动优势，这种情况用标量波近似处理也有效。更多的情况是接近满足上述条件，可近似用标量波处理。

1.1　光波场的复振幅描述

1.1.1　从几何光学到波动光学

几何光学是波动光学在波长趋于零的极限情况下的近似。几何光学以费马原理(可导出光的直线传播规律、反射和折射定律)为基础，采用数学中的几何方法，研究成像光学仪器的设计、像差计算与消除和成像质量改善的问题。几何光学在处理成像问题上比较简单、精确，是设计各种光学仪器的基础，因而得到广泛应用。

现在我们从几何光学过渡到波动光学。首先由费马原理知道，光从给定点 P 到 Q 将沿着两点之间的光程为极值的路线传播，即

$$\delta\int_P^Q n(x,\ y,\ z)\mathrm{d}s = 0 \tag{1.1-1}$$

式中：$n(x,\ y,\ z)$为折射率。费马原理与经典力学中的哈密顿变分原理相似。按照经典力学中的哈密顿原理，质点在时间 t_1 和 t_2 之间的轨迹满足：

$$\delta\int_{t_1}^{t_2} L\ \mathrm{d}t = 0 \tag{1.1-2}$$

式中：L 为拉格朗日函数，它是广义坐标和广义速度的函数，而积分是在时间上进行的。与之相比，费马原理是在空间变量上进行积分的。注意到无限小弧长 $\mathrm{d}s$ 可写为

$$\mathrm{d}s = [(\mathrm{d}x)^2 + (\mathrm{d}y)^2 + (\mathrm{d}z)^2]^{\frac{1}{2}} = \mathrm{d}z[1 + \dot{x}^2 + \dot{y}^2]^{\frac{1}{2}} \tag{1.1-3}$$

式中："·"表示对 z 的微商。将 s 换成 z，式(1.1-1)可改写为

$$\delta\int_P^Q n(x, y, z)[1+\dot{x}^2+\dot{y}^2]^{\frac{1}{2}}\,\mathrm{d}z = 0 \tag{1.1-4}$$

由式(1.1-4)与式(1.1-2)，可以给出相应的光学拉格朗日函数定义：

$$L(x, y, \dot{x}, \dot{y}, z) = n(x, y, z)[1+\dot{x}^2+\dot{y}^2]^{\frac{1}{2}} \tag{1.1-5}$$

此处，z 可假定起着与拉格朗日力学中的时间相同的作用。与经典力学中的情况类似，我们同样能够引入哈密顿量。根据经典力学中广义动量 p 和 q 的定义：

$$p = \frac{\partial L}{\partial \dot{x}}, \quad q = \frac{\partial L}{\partial \dot{y}} \tag{1.1-6}$$

将式(1.1-5)中的 L 值代入得

$$p = n\frac{\mathrm{d}x}{\mathrm{d}s}, \quad q = n\frac{\mathrm{d}y}{\mathrm{d}s} \tag{1.1-7}$$

这里，p 和 q 称为光线的方向余弦。应用光学拉格朗日函数 L 和光线的方向余弦 p、q，可以定义光学哈密顿函数 H：

$$H = p\dot{x} + q\dot{y} - L(x, y, \dot{x}, \dot{y}, z) \tag{1.1-8}$$

进一步可以将光学哈密顿函数写为

$$H = -[n^2(x, y, z) - p^2 - q^2]^{\frac{1}{2}} \tag{1.1-9}$$

现在借助经典力学过渡到量子力学的方法来说明几何光学如何过渡到波动光学。经典力学是作为量子力学在德布罗意波长趋于零的极限情况下得到的。量子力学方程可由各经典方程通过将经典理论的各变量用相应的各线性算符代替而得到。例如，经典动量在量子力学中用相应的动量算符代替，对于 x 分量，动量算符为

$$p_x = \frac{\hbar}{\mathrm{i}}\frac{\partial}{\partial x} \tag{1.1-10}$$

式中：$\hbar = h/(2\pi)$，h 是普朗克常数。类似地，在从几何光学过渡到波动光学中，利用式(1.1-7)同样可写出相应的动量算符为

$$p = \frac{\kappa}{\mathrm{i}}\frac{\partial}{\partial x}, \quad q = \frac{\kappa}{\mathrm{i}}\frac{\partial}{\partial y} \tag{1.1-11}$$

式中：κ 为一未知常数，相当于量子力学中的 $\hbar$。p 和 q 是两个无量纲量，所以 κ 必须具有长度的量纲。此外，在量子力学中，能量相当于算符 $\mathrm{i}\hbar\partial/\partial t$；而在波动光学中，它对应为 $\mathrm{i}\kappa\partial/\partial z$。应用光学哈密顿量，可以写出相应的薛定谔方程：

$$H\Psi = \mathrm{i}\kappa\frac{\partial \Psi}{\partial z} \quad 或 \quad HH\Psi = \mathrm{i}\kappa\frac{\partial}{\partial z}H\Psi = -\kappa^2\frac{\partial^2\Psi}{\partial z^2}$$

即

$$(n^2 - p^2 - q^2)\Psi = -\kappa^2\frac{\partial^2\Psi}{\partial z^2} \tag{1.1-12}$$

应用式(1.1-11)，式(1.1-12)变为

$$\left(\frac{\partial}{\partial x^2} - \frac{\partial}{\partial y^2} - \frac{\partial}{\partial z^2}\right)\Psi + \frac{n^2}{\kappa^2}\Psi = 0 \tag{1.1-13}$$

式中：Ψ 为波函数。式(1.1-13)与标量波动方程式 $\nabla^2\Psi + k_0^2 n^2\Psi = 0$ 比较，能够看出 $\kappa = \lambda_0/(2\pi)$，其中 λ_0 是真空中的波长。这样我们就由几何光学过渡到波动光学。

另一方面，量子力学中有测不准关系，注意到 p 为光线的方向余弦，这里有类似的结果 $\Delta x \Delta p \geqslant \kappa/2 = \lambda_0/(4\pi)$。这可以解释为：如果 Δx 是波前的空间线度，如宽度为 d 的狭缝，光束将由于衍射而发散，其发散角度由 $\Delta x \Delta p \geqslant \lambda_0/(4\pi d)$ 决定。如果 α 是衍射光线与 z 轴的夹角，则 $p = n\sin\alpha$，当 α 很小且 $n=1$ 时，进一步得到 $\Delta\alpha \geqslant \lambda_0/(4\pi d)$。这一结果与应用衍射理论得到的结果一致。现在就不难理解几何光学是作为量子论在 $\kappa \to 0$ 的极限这一事实，因为随着 $\kappa \to 0$（或 $\lambda_0 \to 0$），$\Delta\alpha \to 0$，衍射不存在，这是几何光学精确适用的极限。如果这一条件不满足，就需要采用波动光学理论来解决问题。

以下主要讨论定态光波场。满足如下性质的光波场称为定态光波场：

(1) 光波场中各点的光振动为相同时间频率的简谐振动；

(2) 光波场中各点光振动的振幅不随时间变化，在空间形成稳定分布。

定态光波场可用实值标量函数表示为

$$u(x, y, z; t) = u(x, y, z)\cos[2\pi\nu t - \varphi(x, y, z)] \tag{1.1-14}$$

式中：(x, y, z) 为空间一点 P 的位置坐标；ν 为光波的时间频率；$u(x, y, z)$ 为光波的振幅；$\varphi(x, y, z)$ 为光波在 P 点的初相。ν 为常量的光波称为单色光波。虽然理想的单色光波并不存在，但是研究单色光具有实际意义，它是研究准单色光和复色光波的基础。

1.1.2　光波场的复振幅描述

为了数学运算方便，通常把光波场用复指数函数表示为

$$u(x, y, z; t) = \mathrm{Re}\{u(x, y, z)\mathrm{e}^{-\mathrm{i}[2\pi\nu t - \varphi(x, y, z)]}\} \tag{1.1-15}$$

为简单起见，通常又把取其实部的符号 Re{} 略去，简写为

$$u(x, y, z; t) = u(x, y, z)\mathrm{e}^{-\mathrm{i}[2\pi\nu t - \varphi(x, y, z)]} \tag{1.1-16}$$

对于单色光波，式(1.1-16)中的时间因子 $\mathrm{e}^{-\mathrm{i}2\pi\nu t}$ 不随空间位置变化，在研究光振动的空间分布时，可将其略去。由此可引入光波复振幅的概念，定义光波的复振幅为

$$\mathbf{U}(x, y, z)① = u(x, y, z)\mathrm{e}^{\mathrm{i}\varphi(x, y, z)} \tag{1.1-17}$$

显然，复振幅是以振幅为模，初相为辐角的复指数函数，用来描述光波的振幅和相位随空间位置坐标的变化关系。光强随空间位置坐标的变化关系可用复振幅表示为

$$\mathbf{I}(x, y, z) = \mathbf{U}(x, y, z)\mathbf{U}^*(x, y, z) \tag{1.1-18}$$

式中：$\mathbf{U}^*$ 为 $\mathbf{U}$ 的复共轭。复振幅的引入，大大方便了光学问题的研究。

光波的最基本形式是平面波、球面波和柱面波。任何复杂光波都能用这些基本光波的组合表示，以下简单讨论这些基本光波的复振幅表示。

1. 平面波

平面波的特点是：在各向同性介质中，光波场相位间隔为 2π 的等相面是垂直于传播方向的一组等间距平面，场中各点的振幅为一常量。

如图 1.1-1 所示，设平面光波沿 z 轴方向传播，观察点 P 的矢径为 $\boldsymbol{r}$，坐标为 (x,y,z)，光波在坐标原点的初相为 φ_0，则 P 点的初相为

$$\varphi(x, y, z) = \frac{2\pi}{\lambda}z + \varphi_0 = kz + \varphi_0 \tag{1.1-19}$$

---

① 为了强调复振幅这一概念，全书用黑正体表示该函数。

式中：λ 为光波长；k 为波矢的大小。由于坐标原点选择的任意性，总可使 $\varphi_O=0$，因此，沿 z 轴方向传播的平面波的复振幅可表示为

$$\mathbf{U}(z)=u_0 \mathrm{e}^{ikz} \tag{1.1-20}$$

可见，相位函数 $\varphi(z)=kz$ 只随 z 变化，与变量 x、y 无关。

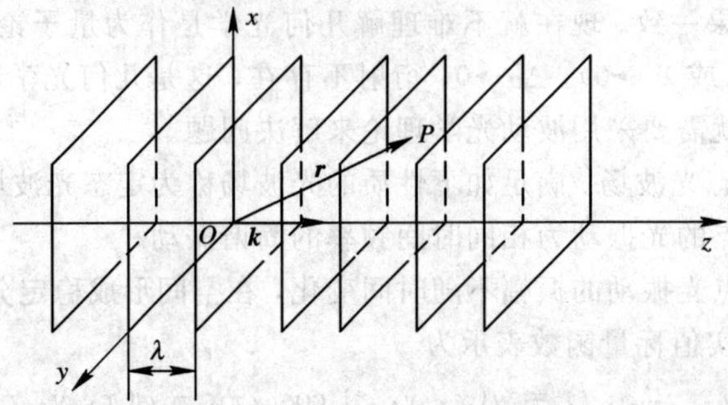

图 1.1-1 沿 z 轴传播的平面波

当平面波的传播方向不在 z 轴方向时，用波矢 $\boldsymbol{k}$ 表示波的传播方向，其方向余弦为 $\cos\alpha$、$\cos\beta$、$\cos\gamma$，仍设观察点 P 的矢径为 $\boldsymbol{r}$，于是平面波的复振幅一般可表示为

$$\mathbf{U}(\boldsymbol{r})=u_0 \mathrm{e}^{i\boldsymbol{k}\cdot\boldsymbol{r}}=u_0 \mathrm{e}^{ik(x\cos\alpha+y\cos\beta+z\cos\gamma)} \tag{1.1-21}$$

P 点的相位函数 $\varphi(x, y, z)=k(x\cos\alpha+y\cos\beta+z\cos\gamma)$ 为坐标变量的线性函数。

2. 球面波

点光源发出的光波为球面波，其特征是：相位间隔为 2π 的等相面是一组等间距同心球面，光波场中各点的振幅与该点到球心的距离成反比。由于各种形状的光源都可以看做点光源的集合，因此讨论球面波有实际意义。

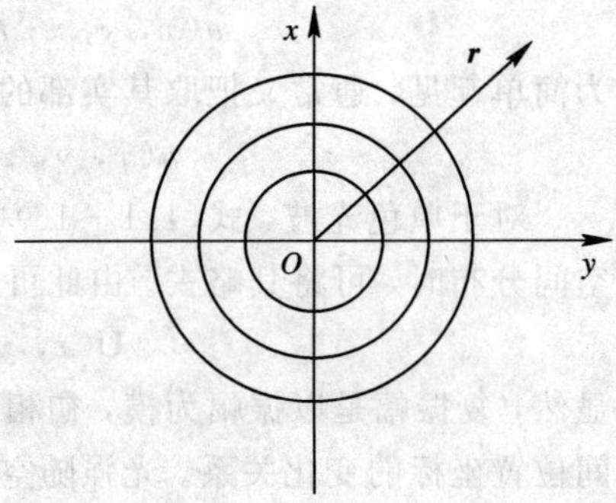

图 1.1-2 球面波示意图

若选择直角坐标系的原点与球面波中心重合，xOz 面内的波面线如图 1.1-2 所示。取 $\varphi_O=0$，$r=1$ 处的振幅为 a_0，对于发散球面波，$\boldsymbol{k}$ 与 $\boldsymbol{r}$ 同向，$\boldsymbol{k}\cdot\boldsymbol{r}=kr$；对于会聚球面波，$\boldsymbol{k}$ 与 $\boldsymbol{r}$ 反向，$\boldsymbol{k}\cdot\boldsymbol{r}=-kr$。所以球面波的复振幅为

$$\mathbf{U}(\boldsymbol{r})=\frac{a_0}{r}\mathrm{e}^{i\boldsymbol{k}\cdot\boldsymbol{r}}=\begin{cases}\dfrac{a_0}{r}\mathrm{e}^{ikr} & (\text{发散})\\[2ex] \dfrac{a_0}{r}\mathrm{e}^{-ikr} & (\text{会聚})\end{cases} \tag{1.1-22}$$

3. 柱面波

均匀无限长同步辐射的线光源发出的光波为柱面波。柱面波的特征是：相位间隔为 2π 的等相面是一组等间距同轴柱面，光波场中各点的振幅与该点到轴线的距离的平方根成反比。

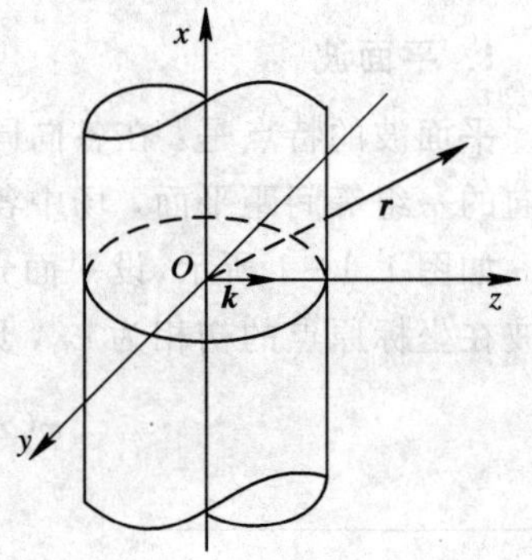

图 1.1-3 柱面波示意图

如图 1.1-3 所示，取线光源在一直角坐标轴上，若

$\boldsymbol{r}$ 在 $\boldsymbol{k}$ 方向上的投影的大小为 ρ，则柱面波的复振幅为

$$\mathbf{U}(\boldsymbol{r}) = \frac{a_0}{\sqrt{\rho}} e^{ik\cdot r} = \begin{cases} \dfrac{a_0}{\sqrt{\rho}} e^{ik\rho} & （发散） \\ \dfrac{a_0}{\sqrt{\rho}} e^{-ik\rho} & （会聚） \end{cases} \tag{1.1-23}$$

1.1.3　光波场中任意平面上的复振幅及其空间频率的概念

以上给出的光波复振幅都是三维分布形式。在光学问题中，一般选取光学系统的光轴与 z 轴重合，人们关心的是 z 取一系列常数的二维平面上的光波场分布，比如物面、像面和焦面上的光波场分布。

1. 平面光波场中任意平面上的复振幅

设观察面为 (x, y, z_1) 平面，由式(1.1-21)得到该平面上的复振幅为

$$\mathbf{U}(x, y, z_1) = u_0 e^{ik\cdot r} = u_0 e^{ik(x\cos\alpha + y\cos\beta + z_1\cos\gamma)} = u_0 e^{ikz_1(1-\cos^2\alpha-\cos^2\beta)^{1/2}} e^{ik(x\cos\alpha+y\cos\beta)}$$

令

$$\mathbf{U}_0 = u_0 e^{ikz_1(1-\cos^2\alpha-\cos^2\beta)^{1/2}} \tag{1.1-24}$$

对于给定的观察面，z_1 为常量，则 $\mathbf{U}_0$ 也是与 x、y 无关的常量。显然 $\mathbf{U}_0$ 不影响该面上复振幅的相对分布。于是该观察面上的复振幅可简写为

$$\mathbf{U}(x, y) = \mathbf{U}_0 e^{ik(x\cos\alpha+y\cos\beta)} \tag{1.1-25}$$

考虑到参变量 z_1 取值的任意性，因此，式(1.1-25)就是与 z 轴垂直的任一平面上的光波场复振幅分布的一般形式。

2. 球面光波场中任意平面上的复振幅

这里以发散球面波为例讨论。如图 1.1-4 所示，点光源 $Q(x_0, y_0)$ 在 (x_0, y_0, z_0) 面内，观察点 $P(x, y)$ 在 (x, y, z_1) 面内，两平面间距离为 $d=z_1-z_0$。Q 到 P 的矢径为 $\boldsymbol{r}$，z_0 到 P 的矢径为 $\boldsymbol{r}_0$，Q 到 z_1 的矢径为 $\boldsymbol{r}_1$，这些矢径的长度分别为

$$\left.\begin{aligned} r &= [(x-x_0)^2 + (y-y_0)^2 + d^2]^{1/2} \\ r_0 &= (x^2 + y^2 + d^2)^{1/2} \\ r_1 &= (x_0^2 + y_0^2 + d^2)^{1/2} \end{aligned}\right\} \tag{1.1-26}$$

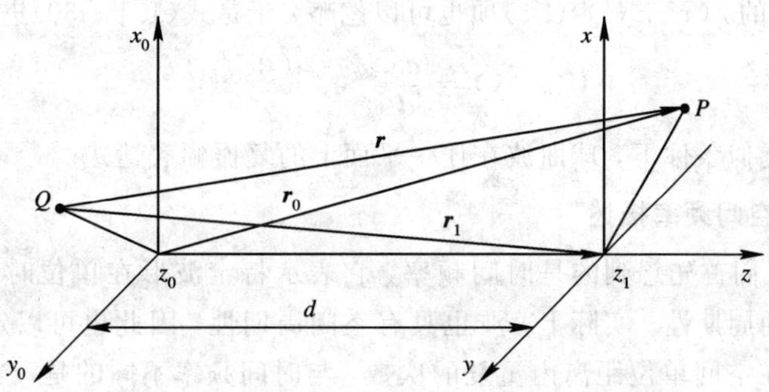

图 1.1-4　离轴发散球面波分析

根据式(1.1-22)，点光源 Q 发出的球面波在(x, y, z_1)面上的复振幅为

$$\mathbf{U}(x, y) = \frac{a_0}{r}\mathrm{e}^{\mathrm{i}kr} \tag{1.1-27}$$

当该光波传播过程满足旁轴条件时，点光源 Q 到 z 轴的距离和观察点 P 到 z 轴的距离都远小于光波传播距离 d，亦即满足

$$(x_0^2 + y_0^2)^{1/2} \ll d,\ (x^2 + y^2)^{1/2} \ll d \tag{1.1-28}$$

可将 r_0、r_1 和 r 的表达式作泰勒展开，取旁轴近似为

$$\left.\begin{aligned} r_0 &\approx d + \frac{x^2 + y^2}{2d} \\ r_1 &\approx d + \frac{x_0^2 + y_0^2}{2d} \\ r &\approx d + \frac{(x - x_0)^2 + (y - y_0)^2}{2d} \end{aligned}\right\} \tag{1.1-29}$$

由于振幅随 r 的变化比较缓慢，故振幅因子中的 r 可作近似：$r \approx d$，于是得到旁轴近似条件下轴外点光源发出的球面波在(x, y, z_1)面上的复振幅分布的表达式为

$$\mathbf{U}(x, y) = \frac{a_0}{d}\mathrm{e}^{\mathrm{i}kd}\mathrm{e}^{\mathrm{i}k\frac{(x-x_0)^2+(y-y_0)^2}{2d}} = \frac{a_0}{d}\mathrm{e}^{\mathrm{i}kd}\mathrm{e}^{\mathrm{i}k\left(\frac{x_0^2+y_0^2}{2d} - \frac{x_0 x + y_0 y}{d} + \frac{x^2+y^2}{2d}\right)} \tag{1.1-30}$$

如果点光源在 z 轴上，则有 $x_0 + y_0 = 0$，式(1.1-30)简化为

$$\mathbf{U}(x, y) = \frac{a_0}{d}\mathrm{e}^{\mathrm{i}kd}\mathrm{e}^{\mathrm{i}k\frac{x^2+y^2}{2d}} \tag{1.1-31}$$

由式(1.1-30)和式(1.1-31)可见，在旁轴条件下，球面波在任一平面上的复振幅分布函数的特征是相位因子中含有直角坐标变量的二次项，因此将其相位因子称为二次型相位因子。

如果点光源 Q 满足远场条件，即

$$x_0^2 + y_0^2 \ll \lambda d \tag{1.1-32}$$

则式(1.1-30)中的 $k(x_0^2 + y_0^2)/2d$ 项可以忽略，得

$$\mathbf{U}(x, y) = \frac{a_0}{d}\mathrm{e}^{\mathrm{i}kd}\mathrm{e}^{\mathrm{i}k\frac{x^2+y^2}{2d}}\mathrm{e}^{-\mathrm{i}2\pi\left(\frac{x_0}{\lambda d}x + \frac{y_0}{\lambda d}y\right)} \tag{1.1-33}$$

如果观察点 P 的分布范围也都满足远场条件，即

$$x^2 + y^2 \ll \lambda d \tag{1.1-34}$$

则式(1.1-33)中的 $k(x^2 + y^2)/(2d)$项也可以忽略，于是式(1.1-30)进一步简化为

$$\mathbf{U}(x, y) = \frac{a_0}{d}\mathrm{e}^{\mathrm{i}kd}\mathrm{e}^{-\mathrm{i}2\pi\left(\frac{x_0}{\lambda d}x + \frac{y_0}{\lambda d}y\right)} \tag{1.1-35}$$

以上就是在不同近似条件下，球面波在任一平面上的复振幅表达式。

3. 复振幅的空间频率描述

说到频率，人们首先想到的是时间频率，它表示特定波形在单位时间内重复的次数，表明波在时间上的周期性。实际上，波也具有空间周期性，因此也可以定义空间频率，用来表示特定波形在空间单位距离内重复的次数。与时间频率不同的是，当我们引入空间频率的概念时，为了同时表征波的传播方向，一般把空间频率定义为矢量形式，它在坐标轴

上有相应的空间频率分量，而且其分量可正可负，相应的周期也可正可负。

1）平面波复振幅的空间频率表示

为了定量描述光波复振幅 $\mathbf{U}(x, y)$的空间周期分布，引入了新物理量：空间频率 f 和空间周期 Λ，它们在直角坐标系中对应的分量分别为(ξ, η, ζ) 和$(\Lambda_x, \Lambda_y, \Lambda_z)$，并把平面波在任一平面的复振幅分布表示式(1.1－25)改写为

$$\mathbf{U}(x, y) = \mathbf{U}_0 \mathrm{e}^{\mathrm{i}k(x\cos\alpha + y\cos\beta)} = \mathbf{U}_0 \mathrm{e}^{\mathrm{i}2\pi\left(\frac{\cos\alpha}{\lambda}x + \frac{\cos\beta}{\lambda}y\right)} \tag{1.1-36}$$

与光波复指数表示式中随时间变化的因子 $\mathrm{e}^{\mathrm{i}2\pi\nu t}$ 比较可见，其空间频率的直角分量分别为

$$\xi = \frac{\cos\alpha}{\lambda}, \quad \eta = \frac{\cos\beta}{\lambda} \tag{1.1-37}$$

空间频率为

$$f = \sqrt{\xi^2 + \eta^2} \tag{1.1-38}$$

空间频率常用的单位是线每毫米(l/mm)。相应的空间周期分量分别为

$$\Lambda_x = \frac{\lambda}{\cos\alpha}, \quad \Lambda_y = \frac{\lambda}{\cos\beta} \tag{1.1-39}$$

空间周期为

$$\Lambda = \frac{1}{f} = \frac{1}{\sqrt{\xi^2 + \eta^2}} \tag{1.1-40}$$

因此，观察平面(x, y, z_1)上平面波的复振幅可用空间频率表示为

$$\mathbf{U}(x, y) = \mathbf{U}_0 \mathrm{e}^{\mathrm{i}2\pi(\xi x + \eta y)} \tag{1.1-41}$$

由于 $\cos\alpha$ 和 $\cos\beta$ 是波矢量 $\boldsymbol{k}$ 相对于 x 轴和 y 轴的方向余弦，因此沿波矢量 $\boldsymbol{k}$ 方向的空间周期最小，且等于 λ。空间频率的示意图如图 1.1－5 所示。图 1.1－5(a)为波矢量 $\boldsymbol{k}$ 取任意方向时的空间周期分量；图 1.1－5(b)为空间频率取负值的示意图。

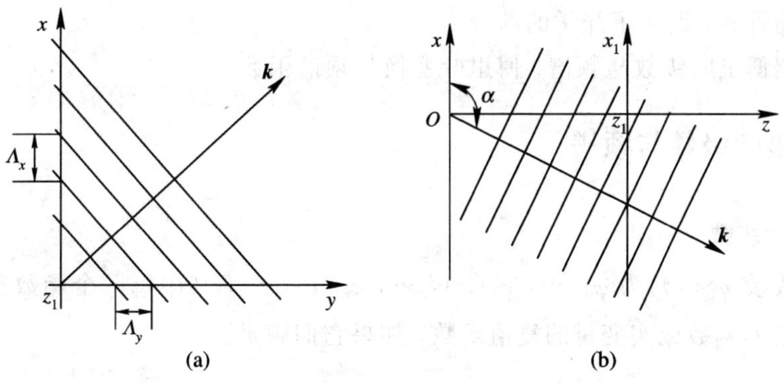

图 1.1－5　平面波的空间频率示意图

(a) $\boldsymbol{k}$ 为任意方向；(b) 空间频率分量 $\xi<0$

2）球面波复振幅的空间频率表示

对于球面波的复振幅，虽然其振幅 a_0/r 随空间位置坐标变化，但是它是单调变化的，无周期性可言，在一定的近似条件下，振幅 $a_0\mathrm{e}^{\mathrm{i}kd}/d$ 为一常量，故无空间频率可言。对于相位，虽然在三维空间具有周期性，但在上述观察面上，即使在旁轴条件下，也含有空间坐标(x, y)的二次因子，如果要定义空间频率，空间频率也是随空间坐标变化的函数。

但是，当点光源的位置与观察点的分布范围都满足远场条件时，若令 $\boldsymbol{r}_1$ 对 $x(x_0)$轴和 $y(y_0)$轴的方向角分别为 α 和 β，并注意到 $\boldsymbol{r}_1$ 是 Q 点到 z_1 点的矢径，则有

$$\frac{x_0}{d}=-\cos\alpha,\ \frac{y_0}{d}=-\cos\beta \tag{1.1-42}$$

代入式(1.1－35)得到球面波复振幅的空间频率表示式为

$$\mathbf{U}(x,\ y)=\frac{a_0}{d}\mathrm{e}^{\mathrm{i}kd}\mathrm{e}^{\mathrm{i}2\pi\left(\frac{\cos\alpha}{\lambda}x+\frac{\cos\beta}{\lambda}y\right)}=\frac{a_0}{d}\mathrm{e}^{\mathrm{i}kd}\mathrm{e}^{\mathrm{i}2\pi(\xi x+\eta y)} \tag{1.1-43}$$

式中：$\xi=\dfrac{\cos\alpha}{\lambda}$；$\eta=\dfrac{\cos\beta}{\lambda}$。

可见，当允许作上述一系列近似后，任一平面上的复振幅 $\mathbf{U}(x,\ y)$从球面波就变成观察面上限定范围内的、具有空间频率$(\xi,\ \eta)$的一列平面波。如图 1.1－6 所示，这是来自远处点光源的光波，在一个小的观察范围可近似看做平面波。

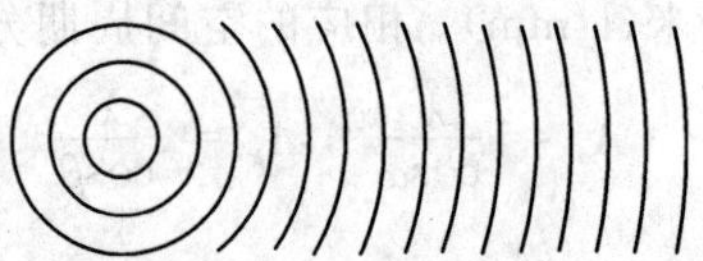

图 1.1－6　点光源远处的光波

1.2　二维傅里叶变换与频谱函数的概念

人们把傅里叶分析的方法引入光学，研究光的传播、干涉和衍射等现象，使古老的光学焕发了新的青春，诞生了光学的新分支。

本节介绍傅里叶级数与频谱、傅里叶变换与频谱函数。

1.2.1　傅里叶级数与频谱

1. 傅里叶级数

一个函数系$\{\varphi_n(x)\}$为 $\varphi_0(x)$，$\varphi_1(x)$，…，$\varphi_n(x)$，…，其中每一个函数都是定义在区间$[a,\ b]$上的实函数或实变量的复值函数，如果它们满足：

$$\begin{cases}\displaystyle\int_a^b\varphi_m(x)\varphi_n^*(x)\ \mathrm{d}x=0 & (m\neq n,\ m,\ n=0,\ 1,\ 2,\ \cdots)\\ \displaystyle\int_a^b|\ \varphi_m(x)\ |^2\ \mathrm{d}x=\int_a^b\varphi_m(x)\varphi_m^*(x)\ \mathrm{d}x=\lambda_m>1 & (m=0,\ 1,\ 2,\ \cdots)\end{cases} \tag{1.2-1}$$

则称函数系$\{\varphi_n(x)\}$在区间$[a,\ b]$上正交，其中 $\varphi_n^*(x)$是 $\varphi_n(x)$的复共轭函数。

如果 $\lambda_m=1$，则函数系$\{\varphi_n(x)\}$称为标准(归一化)正交函数系。

如果在正交函数系$\{\varphi_n(x)\}$之外，不存在函数 $\psi(x)$($\psi(x)\neq0$，且 $0<\int_a^b|\ \psi(x)\ |^2\mathrm{d}x<\infty$)使以下等式成立：

$$\int_a^b \psi^*(x)\varphi_n(x) = 0 \qquad (n = 1, 2, \cdots)$$

则此函数系称为完备的正交函数系。

在数学上可以把任意函数按上述正交函数系“正交函数展开”，这种方法可以方便地解决光学中的许多问题。现代光学中常用的正交函数系很多，如傅里叶光学中的三角函数系、复指数函数系，成像理论中的勒让德多项式、泽尼克多项式，光学数字计算中的沃尔什函数系等都是这类完备的正交函数系。

在三角函数系和复指数函数系展开得到的函数项级数，就是大家熟知的傅里叶级数。它是傅里叶和欧拉分别在18世纪末和19世纪初提出的。以 l 为周期的函数 $f(x)$ 满足狄里赫利条件，在区间 $[-l/2, l/2]$ 或 $[-l/2+a, l/2+a]$（a 为任意实常数）上可展开为如下形式的傅里叶级数：

$$f(x) = \frac{a_0}{2} + \sum_{n=1}^{\infty}(a_n \cos n\omega x + b_n \sin n\omega x) \tag{1.2-2}$$

式中：a_n、b_n 为傅里叶系数，分别为

$$\begin{cases} a_n = \dfrac{2}{l}\displaystyle\int_{-l/2}^{l/2} f(x)\cos n\omega x\,\mathrm{d}x \qquad (n = 0, 1, 2, \cdots) \\ b_n = \dfrac{2}{l}\displaystyle\int_{-l/2}^{l/2} f(x)\sin n\omega x\,\mathrm{d}x \qquad (n = 1, 2, \cdots) \end{cases} \tag{1.2-3}$$

式中：ω 为圆频率，它与周期 l 和频率 ξ 的关系为 $\omega=2\pi/l=2\pi\xi$。

同样，函数 $f(x)$ 也可以展开为复指数形式的傅里叶级数

$$f(x) = \sum_{n=-\infty}^{\infty} c_n \mathrm{e}^{\mathrm{i}n\omega x} = c_0 + \sum_{n=1}^{\infty}(c_n \mathrm{e}^{\mathrm{i}n\omega x} + c_{-n}\mathrm{e}^{-\mathrm{i}n\omega x}) \tag{1.2-4}$$

式中：c_n 为复数形式的傅里叶系数，且

$$c_n = \frac{1}{l}\int_{-l/2}^{l/2} f(x)\mathrm{e}^{-\mathrm{i}n\omega x}\,\mathrm{d}x \qquad (n = 0, \pm 1, \pm 2, \cdots) \tag{1.2-5}$$

复系数 c_n 与 a_n、b_n 之间的关系为

$$c_n = \frac{a_n - \mathrm{i}b_n}{2} = |c_n|\mathrm{e}^{\mathrm{i}\Phi_n}$$

$$c_{-n} = \frac{a_n + \mathrm{i}b_n}{2} = |c_{-n}|\mathrm{e}^{\mathrm{i}\Phi_{-n}}$$

式中：$|c_n|$ 和 $|c_{-n}|$ 为复系数 c_n 和 c_{-n} 的模，且

$$|c_n| = |c_{-n}| = \frac{1}{2}\sqrt{a_n^2 + b_n^2}$$

Φ_n 和 Φ_{-n} 为复系数 c_n 和 c_{-n} 的幅角，且

$$\Phi_n = \arctan\left(-\frac{b_n}{a_n}\right)$$

$$\Phi_{-n} = \arctan\left(\frac{b_n}{a_n}\right)$$

所以有 $\Phi_n=-\Phi_{-n}$。

2. 频谱的概念

由于满足一定条件的函数可展开为傅里叶级数，因此我们可以把一个复杂的周期性波形或振动，或者一个周期性的二维光学信号分解成各次谐波之和，这些谐波的振幅和相位可通过傅里叶系数 a_n、b_n 计算出来。在实际光学应用中，人们感兴趣的往往不是 a_n、b_n 本身，而是想知道一个复杂周期波由哪些谐波分量组成，它们各自占的比重有多大，也就是说，对各谐波分量的振幅和相位信息感兴趣。为此，下面引进频谱的概念。

设所研究的复杂波函数 $f(x)$ 的周期为 l，在区间 $[-l/2, l/2]$ 上绝对可积，则其傅里叶级数展开式可改写为

$$\begin{aligned} f(x) &= \frac{a_0}{2} + \sum_{n=1}^{\infty}\left(a_n \cos\frac{2\pi nx}{l} + b_n \sin\frac{2\pi nx}{l}\right) \\ &= \frac{a_0}{2} + \sum_{n=1}^{\infty}(a_n \cos 2\pi n\xi x + b_n \sin 2\pi n\xi x) \end{aligned} \tag{1.2-6}$$

式中：$\cos 2\pi n\xi x$ 和 $\sin 2\pi n\xi x$ 是同频率 $n\xi$ 的谐波分量，它们的和仍为同频率的余弦分量，即

$$a_n \cos 2\pi n\xi x + b_n \sin 2\pi n\xi x = A_n \cos(2\pi n\xi x + \varphi_n)$$

式中：$A_n = \sqrt{a_n^2 + b_n^2}$ 和 $\varphi_n = \arctan(b_n/a_n)$ 分别表示频率为 $n\xi$ 的谐波振幅和相位。因此该复杂波函数的傅里叶级数可进一步改写成如下形式：

$$f(x) = \frac{a_0}{2} + \sum_{n=1}^{\infty} A_n \cos(2\pi n\xi x + \varphi_n) \tag{1.2-7}$$

显然，一个复杂周期波函数(周期信号)可分解为分立频率的谐波分量之和。频率为 ξ 的谐波称为基频分量，频率为 2ξ，3ξ，…，$n\xi$ 的谐波分别称为二次，三次，…，n 次谐波分量(统称为高次谐波分量)，$a_0/2$ 则称为零频分量或直流分量。

频谱的概念，广义上讲就是求一个函数的傅里叶级数或一个函数的傅里叶变换，因此傅里叶分析也称为频谱分析。实际应用中的频谱是指各谐波分量振幅 A_n 的大小和相位 φ_n 随频率的分布，分别称为振幅频谱和相位频谱。由于相位频谱应用较少，通常提到的频谱大都指振幅频谱。周期函数也可以展开为复指数形式的傅里叶级数，因此把 $|c_n|$ 和 $|c_{-n}|$、Φ_n 和 Φ_{-n} 随频率的变化也称为振幅频谱和相位频谱，而把复系数 c_n 和 c_{-n} 随频率的变化也称为复系数频谱。

需要指出的是，由 $|c_n|$ 和 $|c_{-n}|$、复系数 c_n 和 c_{-n} 表示的频谱有两种特征：一是出现了负频率，把频率扩展到了 $-\infty$；二是各谐波分量的振幅减小了一半，即 n 次谐波振幅一分为二，一半放在了正频率 $n\xi$ 处，另一半放在了负频率 $-n\xi$ 处。与实际相矛盾的负频率的出现，是由于一个实函数展开成复指数形式的傅里叶级数，其和应是实函数，这只有级数中复指数函数成对以复共轭形式出现才可能。也就是说，有一个正的 n 次谐波出现，那么必然有一个负的 n 次谐波相对应。所以从数学上来讲，出现负频率是很自然的。在物理上，可以理解为在数学运算过程中把实际频率范围扩展了；也可以给负频率赋予新的解释，如在复振幅的空间频率表示中，正、负频率分别表示不同方向传播的平面波。因此，正、负频率可同等看待。我们同样可以从负频率处得到某次谐波的振幅和相位信息。

为了更深刻地理解不同形式的频谱的概念，我们以实例来进一步说明。图 1.2-1 所示为一周期为 T、幅度为 A、脉冲宽度为 τ 的矩形脉冲，其数学表达式为

$$f(t)=\begin{cases}A & -\frac{\tau}{2}<t<\frac{\tau}{2}\\ 0 & -\frac{T}{2}<t<-\frac{\tau}{2},\ \frac{\tau}{2}<t<\frac{T}{2}\end{cases}$$

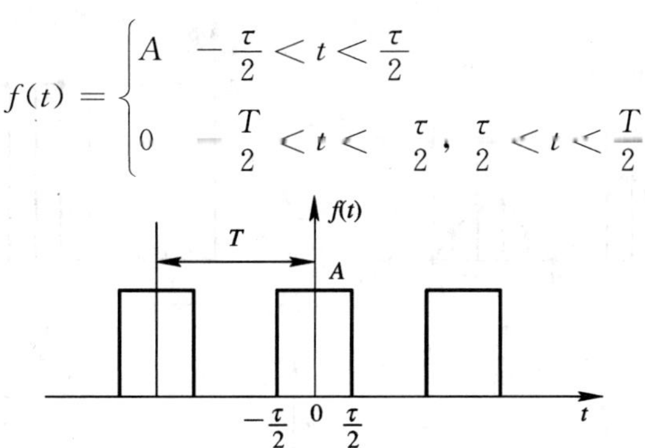

图 1.2-1　周期性矩形脉冲

由式(1.2-5)，其复数形式的傅里叶系数为

$$c_n=\frac{1}{T}\int_{-T/2}^{T/2}f(t)e^{-\frac{i2\pi nt}{T}}\,dt=\frac{1}{T}\int_{-\tau/2}^{\tau/2}Ae^{-\frac{i2\pi nt}{T}}\,dt$$

$$=\frac{A\tau}{T}\frac{\sin\frac{\pi n\tau}{T}}{\frac{\pi n\tau}{T}}\qquad (n=0,\pm 1,\cdots)\tag{1.2-8}$$

因此有

$$c_0=\lim_{n\to 0}\frac{A\tau}{T}\frac{\sin\frac{\pi n\tau}{T}}{\frac{\pi n\tau}{T}}=\frac{A\tau}{T}$$

$$c_n=c_{-n}=\frac{A\tau}{T}\frac{\sin\frac{\pi n\tau}{T}}{\frac{\pi n\tau}{T}}$$

该周期性矩形脉冲的第 n 次谐波的振幅为

$$A_n=\frac{2A\tau}{T}\left|\frac{\sin\frac{\pi n\tau}{T}}{\frac{\pi n\tau}{T}}\right|\tag{1.2-9}$$

至于相位 Φ_n，可由式(1.2-8)很简单地求出。由于 c_n 是一实数，当 $\pi n\tau/T$ 在Ⅰ、Ⅱ象限时，c_n 为正，写成复数形式为

$$c_n=\frac{A\tau}{T}\frac{\sin\frac{\pi n\tau}{T}}{\frac{\pi n\tau}{T}}e^{i0}$$

即相位 $\Phi_n=0$；当 $\pi n\tau/T$ 在Ⅲ、Ⅳ象限时，c_n 为负，写成复数形式为

$$c_n=\frac{A\tau}{T}\frac{\sin\frac{\pi n\tau}{T}}{\frac{\pi n\tau}{T}}e^{i\pi}$$

即相位 $\Phi_n=\pi$。由以上结果可以作出周期性矩形脉冲的各种频谱图，结果如图 1.2-2 所示(为作图方便，假设 $\tau/T=5$)。

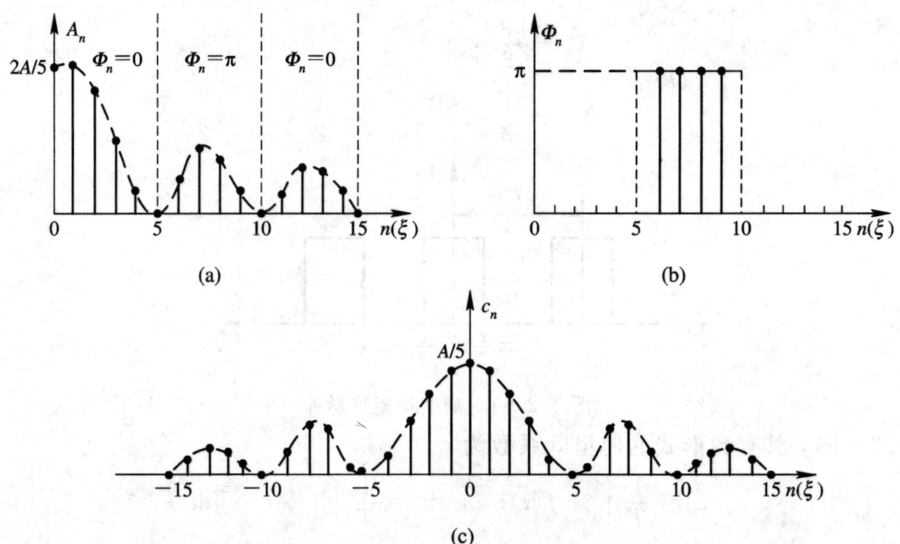

图 1.2-2　周期性矩形脉冲频谱图

(a) 振幅频谱图；(b) 相位频谱图；(c) 复系数频谱图

1.2.2　傅里叶变换与频谱函数

1. 傅里叶变换的定义与性质

傅里叶级数对分析周期性信号非常有效，但是在现代光学中，遇到的信号多是非周期性的，这需要采用傅里叶变换的方法将其展开为频率连续的无限谐波之和，因此傅里叶变换在实际应用中就显得更加重要、更为普遍。

在科学技术和许多实际应用领域，傅里叶变换是一个极其有用的数学工具。但是国际上对傅里叶变换和逆变换的定义形式还没有统一规定，不同的文献资料往往采用不同的形式，这里仅介绍工程上最常用、形式最简洁的傅里叶变换形式。类似于周期性函数的正交展开，如果函数$f(x)$在整个 x 轴上绝对可积，即

$$\int_{-\infty}^{+\infty} |f(x)| \, dx < \infty$$

则该函数可展开为频率连续的无限谐波分量之和

$$f(x) = \int_{-\infty}^{+\infty} F(\xi) e^{i2\pi x\xi} \, d\xi \tag{1.2-10}$$

式中：ξ 为频率；$F(\xi)$为 $f(x)$的频谱函数。$F(\xi)$由下式决定：

$$F(\xi) = \int_{-\infty}^{+\infty} f(x) e^{-i2\pi x\xi} \, dx \tag{1.2-11}$$

$f(x)$则叫做 $F(\xi)$的原函数。式(1.2-10)称为$F(\xi)$的傅里叶逆变换，式(1.2-11)则称为$f(x)$的傅里叶变换。$F(\xi)$的傅里叶逆变换和 $f(x)$的傅里叶变换可用符号简记为

$$f(x) = \mathrm{FT}^{-1}\{F(\xi)\}, \quad F(\xi) = \mathrm{FT}\{f(x)\}$$

或

$$f(x) \leftarrow F(\xi), \quad f(x) \rightarrow F(\xi)$$

如果 $f(x)$的傅里叶变换为 $F(\xi)$，而 $F(\xi)$的傅里叶逆变换正好是 $f(x)$，我们说 $f(x)$和 $F(\xi)$构成一个傅里叶变换对，并简记为

$$f(x) \leftrightarrow F(\xi)$$

下面介绍傅里叶变换的一些常用的性质。

1）线性性质

若 $f_1(x) \leftrightarrow F_1(\xi)$，$f_2(x) \leftrightarrow F_2(\xi)$，$c_1$ 和 c_2 为任意复常数，则

$$c_1 f_1(x) \pm c_2 f_2(x) \leftrightarrow c_1 F_1(\xi) \pm c_2 F_2(\xi)$$

即函数线性组合的傅里叶变换等于各函数傅里叶变换的线性组合，这表明傅里叶变换是线性变换，是分析线性系统的有力工具。

2）平移特性

（1）位移和时移。若 $f(x) \leftrightarrow F(\xi)$，$x_0$ 为任意实数，则有

$$f(x \pm x_0) \leftrightarrow F(\xi) e^{\pm i2\pi\xi x_0}$$

也就是函数 $f(x)$ 在空域或时域平移，只引起其频谱的相位线性平移，而不改变其振幅频谱。

（2）频移。若 $f(x) \leftrightarrow F(\xi)$，$\xi_0$ 为任意实数，则有

$$f(x) e^{\mp i2\pi\xi_0 x} \leftrightarrow F(\xi \pm \xi_0)$$

即频谱函数 $F(\xi)$ 在频率轴上平移 $\pm\xi_0$ 相当于原函数 $f(x)$ 乘以因子 $e^{\mp i2\pi\xi_0 x}$，即信号函数 $f(x)$ 与因子 $e^{\mp i2\pi\xi_0 x}$ 相乘相当于和频率为 ξ_0 的余弦函数相乘，这正是信号的调制过程，所以频移特性也称为调制特性。

3）相似性定理

相似性定理也称为尺度变换定理。若 $f(x) \leftrightarrow F(\xi)$，$a$，$b$ 为任意实常数，则有

$$f(ax) \leftrightarrow \frac{1}{|a|} F\left(\frac{\xi}{a}\right)$$

和

$$\frac{1}{|b|} f\left(\frac{x}{b}\right) \leftrightarrow F(b\xi)$$

这表明函数在空域或时域上压缩，则在频域上必然展宽，而且压缩和展宽的因子相同。

4）翻转性质

如果 $f(x) \leftrightarrow F(\xi)$，则有

$$f(-x) \leftrightarrow F(-\xi)$$

由于函数 $f(-x)$ 的图形是 $f(x)$ 的图形按垂直轴的翻转或镜像，因此该性质表明函数 $f(x)$ 按垂直轴翻转时，它的频谱将作相应的翻转。也就是说，在解决实际问题时，坐标轴方向的选取，并不改变函数的频谱。

5）对称性质

如果 $f(x) \leftrightarrow F(\xi)$，则有

$$F(-x) \leftrightarrow f(\xi)$$

这表明当频谱函数 $f(\xi)$ 与函数 $f(x)$ 相同时，它对应的原函数就是 $F(-x)$，其函数的形式与 $f(x)$ 的频谱函数 $F(\xi)$ 相同，只是自变量不同且异号。频谱函数 $F(\xi)$ 的逆变换是 $f(x)$，由翻转性质可知，它的正变换则是 $f(-x)$。这说明傅里叶变换和逆变换在数学上并没有本质区别，通过改变某个域内坐标轴的方向，正变换就变成逆变换。这为光学中分析空域到

频域、频域到空域的变换带来了极大方便。

6）共轭性质

如果 $f(x) \leftrightarrow F(\xi)$，$f^*(x)$和 $F^*(-\xi)$分别为 $f(x)$和 $F(-\xi)$的复共轭，则有

$$f^*(x) \leftrightarrow F^*(-\xi)$$

这一性质告诉我们，对于实函数(实际遇到的信号函数多是实函数)的频谱 $F(\xi)$，只要知道 $\xi \geqslant 0$ 的函数值，就知道了整个频谱分布，这是因为在 $\xi < 0$ 时，$F(\xi) = F^*(-\xi)$。

7）面积性质

若 $f(x) \leftrightarrow F(\xi)$，则有

$$f(0) = \int_{-\infty}^{+\infty} F(\xi)\,\mathrm{d}\xi$$

和

$$F(0) = \int_{-\infty}^{+\infty} f(x)\,\mathrm{d}x$$

该性质表明，$f(x)$在 $x=0$ 点的函数值 $f(0)$等于它的频谱 $F(\xi)$在频率坐标所包围的面积；同样，$F(0)$之值等于原函数 $f(x)$在空域或时域坐标所包围的面积。

由该性质不难得到

$$\left|\frac{\int_{-\infty}^{+\infty} f(x)\,\mathrm{d}x}{f(0)}\right| \times \left|\frac{\int_{-\infty}^{+\infty} F(\xi)\,\mathrm{d}\xi}{F(0)}\right| = 1$$

式中：前一个因子为等效面积；后一个因子为等效带宽。这表明对于任意信号函数，其等效面积和等效带宽的积都等于1。

8）微分性质

若 $f(x) \leftrightarrow F(\xi)$，则有

$$\frac{\mathrm{d}}{\mathrm{d}x} f(x) \leftrightarrow \mathrm{i}2\pi\xi F(\xi), \quad \frac{\mathrm{d}^{(n)}}{\mathrm{d}x^{(n)}} f(x) \leftrightarrow (\mathrm{i}2\pi\xi)^n F(\xi)$$

以及

$$(-\mathrm{i}2\pi x) f(x) \leftrightarrow \frac{\mathrm{d}}{\mathrm{d}\xi} F(\xi), \quad (-\mathrm{i}2\pi x)^n f(x) \leftrightarrow \frac{\mathrm{d}^{(n)}}{\mathrm{d}\xi^{(n)}} F(\xi)$$

这一性质表明，函数的微分运算可以通过傅里叶变换简化为乘积运算。

9）积分性质

设 $f(x) \leftrightarrow F(\xi)$，如果 $F(0)=0$，则有

$$\int_{-\infty}^{x} f(x')\,\mathrm{d}x' \leftrightarrow \frac{1}{\mathrm{i}2\pi\xi} F(\xi)$$

如果 $F(0) \neq 0$，则有

$$\int_{-\infty}^{x} f(x')\mathrm{d}x' \leftrightarrow \frac{1}{\mathrm{i}2\pi\xi} F(\xi) + \frac{1}{2} F(0)\delta(\xi)$$

式中：$\delta(\xi)$为 δ 函数。

当 $f(0)=0$ 时，有

$$\frac{1}{-\mathrm{i}2\pi x} f(x) \leftrightarrow \int_{-\infty}^{\xi} F(\xi')\,\mathrm{d}\xi'$$

由此性质可见，函数的积分运算可通过傅里叶变换简化为除法运算。

10）乘积定理

若 $f_1(x) \leftrightarrow F_1(\xi)$，$f_2(x) \leftrightarrow F_2(\xi)$，则有

$$f_1(x) \cdot f_2(x) \leftrightarrow \int_{-\infty}^{+\infty} F_1(\tau) F_2(\xi - \tau)\,\mathrm{d}\tau = F_1(\xi) * F_2(\xi)$$

即两个函数乘积的傅里叶变换等于两个函数傅里叶变换的卷积。

11）卷积定理

若 $f_1(x) \leftrightarrow F_1(\xi)$，$f_2(x) \leftrightarrow F_2(\xi)$，则有

$$f_1(x) * f_2(x) \leftrightarrow F_1(\xi) \cdot F_2(\xi)$$

即两个函数卷积的傅里叶变换等于两个函数傅里叶变换的乘积。

12）能量积分

若 $f(x) \leftrightarrow F(\xi)$，则有

$$\int_{-\infty}^{+\infty} |f(x)|^2\,\mathrm{d}x = \int_{-\infty}^{+\infty} |F(\xi)|^2\,\mathrm{d}\xi$$

如果 $f(x)$表示某光波场的复振幅分布，左端积分就表示该光波场在所研究的整个区域的总能量，通常称为能量积分。该性质表明空域或时域内的总能量等于频域内的总能量，能量总是守恒的。

2. 二维傅里叶变换

在现代光学中，通常研究的光学信号是指某个平面上的光强分布或振幅分布，它是二维空间坐标函数，需要用二维傅里叶变换的理论来分析。因此二维傅里叶变换理论在现代光学中应用更为普遍。二维傅里叶变换的定义可由一维傅里叶变换推广得到，二维傅里叶变换具有一维傅里叶变换的所有性质。这里仅给出二维傅里叶变换的定义，并作一些简要说明。

(1) 直角坐标系中可分离变量函数的二维傅里叶变换。如果函数 $f(x, y)$满足狄里赫利条件，则它的傅里叶变换存在，其变换式和逆变换式分别定义为

$$F(\xi, \eta) = \int_{-\infty}^{+\infty}\int_{-\infty}^{+\infty} f(x, y) \mathrm{e}^{-\mathrm{i}2\pi(\xi x + \eta y)}\,\mathrm{d}x\,\mathrm{d}y \tag{1.2-12}$$

和

$$f(x, y) = \int_{-\infty}^{+\infty}\int_{-\infty}^{+\infty} F(\xi, \eta) \mathrm{e}^{\mathrm{i}2\pi(\xi x + \eta y)}\,\mathrm{d}\xi\,\mathrm{d}\eta \tag{1.2-13}$$

若二维函数在直角坐标系中可以写成两个一元函数的乘积，即

$$f(x, y) = f_X(x) f_Y(y)$$

则有

$$\begin{aligned} \mathrm{FT}\{f(x, y)\} &= \int_{-\infty}^{+\infty}\int_{-\infty}^{+\infty} f(x, y) \mathrm{e}^{-\mathrm{i}2\pi(\xi x + \eta y)}\,\mathrm{d}x\,\mathrm{d}y \\ &= \int_{-\infty}^{+\infty} f_X(x) \mathrm{e}^{-\mathrm{i}2\pi\xi x}\,\mathrm{d}x \cdot \int_{-\infty}^{+\infty} f_Y(y) \mathrm{e}^{-\mathrm{i}2\pi\eta y}\,\mathrm{d}y \\ &= \mathrm{FT}\{f_X(x)\} \cdot \mathrm{FT}\{f_Y(y)\} \end{aligned} \tag{1.2-14}$$

可见，二维可分离变量函数的傅里叶变换可由两个一维傅里叶变换式的乘积获得。

(2) 极坐标系中可分离变量函数的二维傅里叶变换。极坐标系中可分离变量的二维函

数可表示为

$$f(r,\theta)=f_R(r)f_\Theta(\theta)$$

它的最简单的一类形式是圆对称函数

$$f(r,\theta)=f_R(r)$$

即它仅仅是半径 r 的函数，与极角 θ 无关。为了得到这类函数的傅里叶变换式，对空域和频域平面分别作坐标变换：

$$\left.\begin{array}{ll} x=r\cos\theta & r=\sqrt{x^2+y^2} \\ y=r\sin\theta & \theta=\arctan\left(\dfrac{y}{x}\right) \end{array}\right\} \quad \text{空域平面} \tag{1.2-15}$$

$$\left.\begin{array}{ll} \xi=\rho\cos\varphi & \rho=\sqrt{\xi^2+\eta^2} \\ \eta=\rho\sin\varphi & \varphi=\arctan\left(\dfrac{\eta}{\xi}\right) \end{array}\right\} \quad \text{频域平面} \tag{1.2-16}$$

若设函数 $f(r,\theta)$的傅里叶变换为 $F(\rho,\varphi)$，圆对称函数 $f_R(r)$的傅里叶变换为 $F_0(\rho,\varphi)$，把式(1.2-15)和式(1.2-16)代入式(1.2-12)，得到

$$\begin{aligned} F_0(\rho,\varphi) &= \int_0^{2\pi}\mathrm{d}\theta\int_0^{+\infty}\mathrm{d}r\cdot rf_R(r)\mathrm{e}^{-\mathrm{i}2\pi r\rho(\cos\theta\cos\varphi+\sin\theta\sin\varphi)} \\ &= \int_0^{+\infty}\mathrm{d}r\cdot rf_R(r)\int_0^{2\pi}\mathrm{d}\theta\,\mathrm{e}^{-\mathrm{i}2\pi r\rho\cos(\theta-\varphi)} \end{aligned} \tag{1.2-17}$$

利用零阶第一类贝塞尔函数的积分表达式

$$\mathrm{J}_0(a)=\frac{1}{2\pi}\int_0^{2\pi}\mathrm{e}^{-\mathrm{i}a\cos(\theta-\varphi)}\,\mathrm{d}\theta$$

式(1.2-17)简化为频域半径 ρ 的一维函数

$$F_0(\rho,\varphi)=2\pi\int_0^{+\infty}rf_R(r)\mathrm{J}_0(2\pi r\rho)\,\mathrm{d}r \tag{1.2-18}$$

可见，圆对称函数的傅里叶变换也是圆对称的，而且这一类函数可作为一维函数来处理。这类变换称为傅里叶-贝塞尔变换或零阶汉克尔变换，用 $\mathrm{BT}\{\cdot\}$和 $\mathrm{BT}^{-1}\{\cdot\}$分别表示傅里叶-贝塞尔变换和逆变换。这一类变换在现代光学中应用十分广泛。

傅里叶-贝塞尔变换除了具有傅里叶变换的所有性质之外，还有如下性质：

$$\mathrm{BTBT}^{-1}\{f_R(r)\}=\mathrm{BT}^{-1}\mathrm{BT}\{f_R(r)\}=f_R(r)$$

以及

$$\mathrm{BT}\{f_R(ar)\}=\frac{1}{a^2}F_0\left(\frac{\rho}{a}\right)$$

1.3 卷积与相关

卷积与相关都是由积分定义的两个函数的相乘运算。由于在一定条件下光学系统的成像过程就是一卷积过程，相关可用来研究两个函数的相似程度，相关函数可作为两束光相干性的量度等，因此在现代光学中应用十分广泛。本节介绍卷积与相关的定义、计算及其主要性质。

1.3.1　卷积的定义、性质和计算

1. 卷积的定义和性质

设 $f(x)$和 $h(x)$是两个实函数，其卷积定义为

$$g(x) = f(x) * h(x) = \int_{-\infty}^{+\infty} f(\xi)h(x-\xi)\,\mathrm{d}\xi \tag{1.3-1}$$

根据积分的几何意义，可以把求卷积理解为求两个函数 $f(\xi)$和 $h(x-\xi)$重叠部分的面积。

卷积具有下列的一些性质。

1）卷积的代数律

卷积满足交换律，即

$$f(x) * h(x) = h(x) * f(x)$$

卷积满足分配律，即若 a、b 为两实常数，则有

$$[av(x) + bw(x)] * h(x) = av(x) * h(x) + bw(x) * h(x)$$

卷积满足结合律，即

$$[v(x) * w(x)] * h(x) = v(x) * [w(x) * h(x)]$$

2）位移不变性

若 $g(x)=f(x) * h(x)$，x_0 为任意实常数，则

$$f(x-x_0) * h(x) = g(x-x_0), \quad f(x) * h(x-x_0) = g(x-x_0)$$

这一性质表明，在作卷积运算的两个函数中，其中任一个函数的位移都不改变卷积的函数形式，卷积的函数只是作一个相同的位移。

3）比例变换特性

若 $g(x)=f(x) * h(x)$，b 为任意实常数，则

$$f\left(\frac{x}{b}\right) * h\left(\frac{x}{b}\right) = |b|\, g\left(\frac{x}{b}\right)$$

上式表明，在卷积运算过程中不能随意进行变量代换，否则会导致错误的结论。

4）卷积的平滑性和扩散性

所谓卷积的平滑特性，是指两个函数卷积的结果将比任一个函数都要光滑，函数的精细结构都被平滑掉。这一点不难理解，如果把其中一个函数看做权函数，卷积计算就是求另一个函数的加权平均值。

扩散性质是指卷积结果的区间扩大。两个在有限区域有定义的函数卷积，其卷积结果的区间线度等于两个函数区间线度之和。如果卷积的结果表示光波场能量，分布范围的增加就意味着能量的扩散。

5）卷积的面积

若 $g(x)=f(x) * h(x)$，则

$$\int_{-\infty}^{+\infty} g(x)\,\mathrm{d}x = \int_{-\infty}^{+\infty}\left[\int_{-\infty}^{+\infty} f(\xi)h(\eta-\xi)\,\mathrm{d}\xi\right]\mathrm{d}\eta$$

$$= \left[\int_{-\infty}^{+\infty} f(\xi)\,\mathrm{d}\xi\right]\cdot\left[\int_{-\infty}^{+\infty} h(\eta)\,\mathrm{d}\eta\right]$$

6) 卷积定理

如果 $f(x) \leftrightarrow F(\xi)$，$h(x) \leftrightarrow H(\xi)$，则

$$f(x) * h(x) \leftrightarrow F(\xi) \cdot H(\xi), \quad f(x) \cdot h(x) \leftrightarrow F(\xi) * H(\xi)$$

2. 卷积的计算方法

卷积的计算有两种方法，即图解法和解析法。

1) 图解法

为了详细说明图解法的过程，我们选两个函数 $f(x)$和 $h(x)$实际计算其卷积 $g(x)$。设 $f(x)$和 $h(x)$为实函数，如图 1.3－1 所示，其具体数学表达式分别为

$$f(x) = \begin{cases} 2 & 0 \leqslant x \leqslant 3 \\ 0 & x < 0,\ x > 3 \end{cases}, \quad h(x) = \begin{cases} 1 & -1 \leqslant x \leqslant 2 \\ 0 & x < -1,\ x > 2 \end{cases}$$

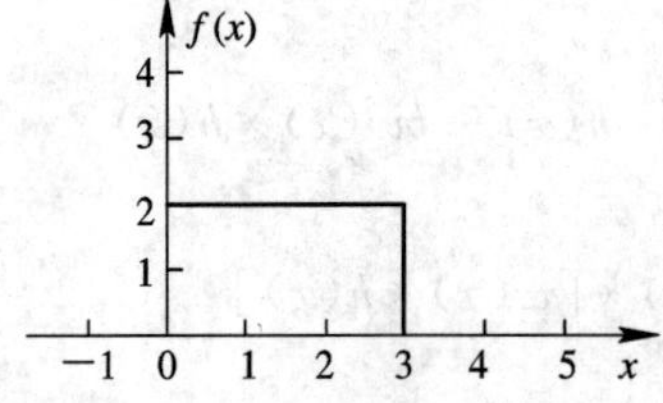

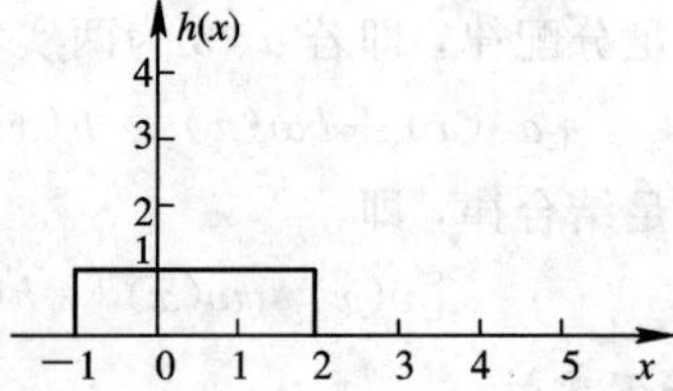

图 1.3－1 要作卷积的函数图形

图解法求卷积 $g(x)$有如下四个步骤：

(1) 折叠。由于卷积满足交换律，根据卷积的定义

$$g(x) = \int_{-\infty}^{+\infty} f(\xi) h(x-\xi)\, \mathrm{d}\xi = \int_{-\infty}^{+\infty} h(\xi) f(x-\xi)\, \mathrm{d}\xi$$

把任一个函数 $f(\xi)$或 $h(\xi)$相对于纵坐标作出其镜像 $f(-\xi)$或 $h(-\xi)$(这里我们作 $h(\xi)$的镜像 $h(-\xi)$)。为此，要虚设积分变量 ξ，作出 $f(\xi)$和 $h(-\xi)$的函数图形，如图 1.3－2(a)、(b)所示。

(2) 位移。为了得到 $f(x-\xi)$或 $h(x-\xi)$，需要把 $f(-\xi)$或 $h(-\xi)$沿 x 轴平移。为此，要再选一个坐标轴 x，它与 ξ 轴平行，并在其上选一坐标原点，$h(-\xi)$平移一段距离 x 便得到 $h(x-\xi)$。位移量 x 的正、负及原点选取的规定为当 $x>0$ 时，函数图形 $h(-\xi)$右移；当 $x<0$ 时，$h(-\xi)$左移；当 $x=0$ 时，$h(x-\xi)=h(-\xi)$，见图 1.3－2(b)。

(3) 相乘。将 $f(\xi)$与 $h(x-\xi)$按变量 ξ 逐点相乘得到 $f(\xi)\cdot h(x-\xi)$，从图形上来看就是这两个函数重叠部分的积。由于图解过程中 $f(\xi)$保持不动，因此必须沿 x 轴来回移动 $h(x-\xi)$，得到对应不同 x 值的两函数的乘积。在 $x=0$ 的情况下，当 $\xi<0$ 时，$f(\xi)=0$，故乘积 $f(\xi)\cdot h(-\xi)=0$；当 $\xi>1$ 时，$h(-\xi)=0$，乘积 $f(\xi)\cdot h(-\xi)=0$；当 $0<\xi<1$ 时，$f(\xi)\neq 0$ 和 $h(-\xi)\neq 0$，乘积 $f(\xi)\cdot h(-\xi)\neq 0$。两函数的乘积为图 1.3－2(b)中的直线 AB(一般为曲线)。

(4) 积分。求出乘积 $f(\xi)\cdot h(x-\xi)$曲线下的面积，即两函数重叠部分的面积，该面积值就是 x 处的卷积值。选择不同的位移量 $x=x_0$，即可得到相应的卷积值 $g(x_0)$，图 1.3－2(b)～(f)分别为 $g(0)$、$g(-1)$、$g(1)$、$g(3)$和 $g(5)$。我们还可以求出其他卷积值并画出 $g(x)$—x 曲线，该曲线就是 $f(x)$和 $h(x)$的卷积，如图 1.3－3 所示，它表明两个方波的卷积是一个三角波。

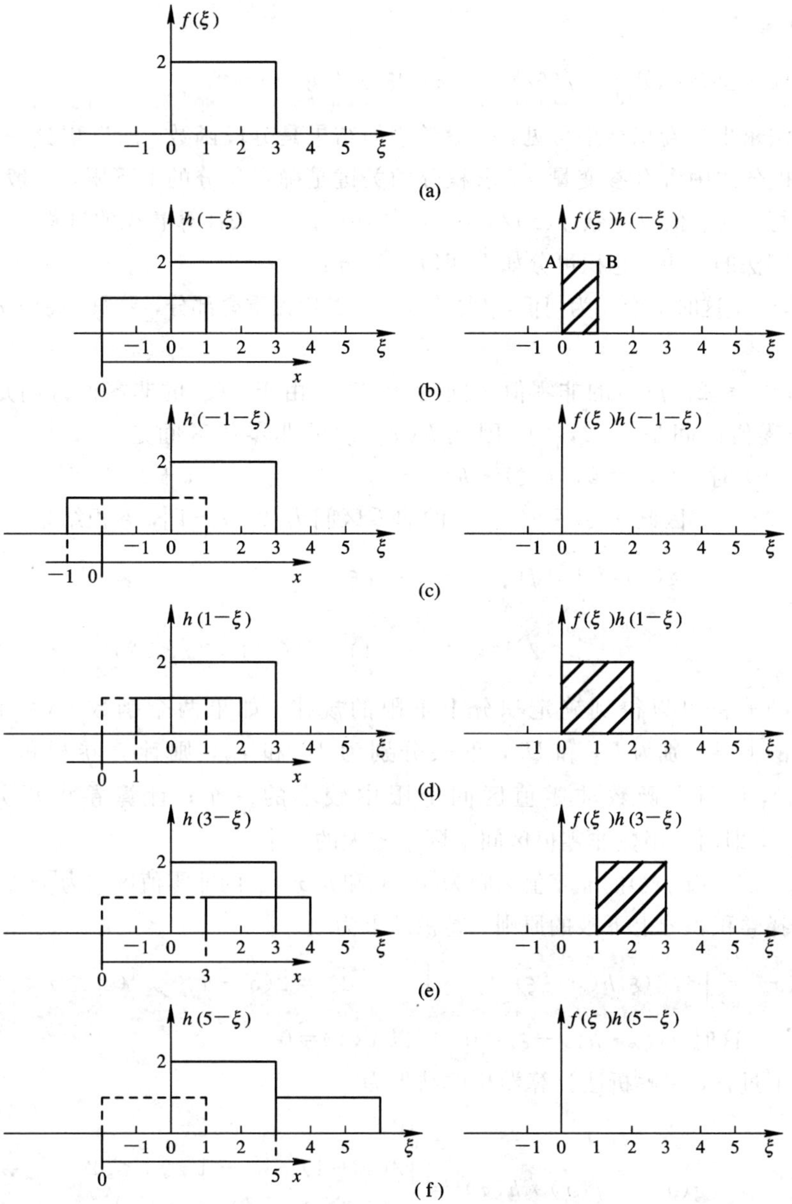

(a)

(b)

(c)

(d)

(e)

(f)

图 1.3-2　图解法计算卷积

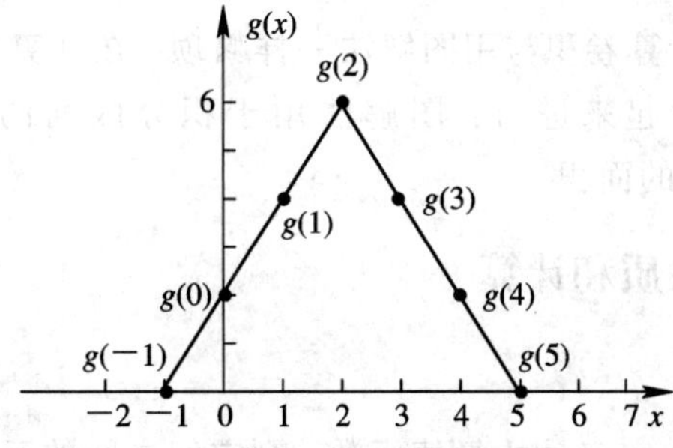

图 1.3-3　图解法计算卷积的结果

2）解析法

解析法就是直接积分 $\int_{-\infty}^{+\infty} f(\xi)h(x-\xi)\,d\xi$ 求出 $g(x)$ 的值。

由图解法求出的卷积结果可见，一般卷积的结果是分段函数，所以积分一般也要分段积分。由于积分式中含有参变量 x，求积分的关键是确定积分的上下限，一般要与图解法结合起来进行。以下仍以函数 $f(x)$ 和 $h(x)$ 为例说明解析法计算卷积的过程。

根据图解法的结果，卷积可分如下四段来积分：

(1) $x\leqslant -1$。这时不论 x 为何值，$f(\xi)$ 与 $h(x-\xi)$ 均无重叠部分，乘积 $f(\xi)\cdot h(x-\xi)=0$，其积分也等于零。

(2) $-1<x\leqslant 2$。$f(\xi)$ 的非零值区间为 $[0, 3]$，由于 $h(\xi)$ 的非零值区间是 $[-1, 2]$，$h(-\xi)$ 的非零值区间是 $[-2, 1]$，因此 $h(x-\xi)$ 的非零值区间是 $[-2+x, 1+x]$。当 $\xi\in(-2+x, 0)$ 时，$f(\xi)=0$，$f(\xi)\cdot h(x-\xi)=0$；当 $\xi\in(x+1, 3)$ 时，$h(x-\xi)=0$，$f(\xi)\cdot h(x-\xi)=0$。因此 $f(\xi)\cdot h(x-\xi)$ 的非零区间为 $[0, x+1]$，卷积结果为

$$
\begin{aligned}
g(x) &= \int_{-\infty}^{+\infty} f(\xi)h(x-\xi)\,d\xi \\
&= \int_{0}^{x+1} 2\,d\xi = 2(x+1) \qquad (-1 < x \leqslant 2)
\end{aligned}
$$

从上面的分析可以得到确定积分上下限的规律。如果两个函数 $f(\xi)$ 和 $h(x-\xi)$ 非零值区间的上限分别为 U_1 和 U_2，下限分别为 L_1 和 L_2，则计算卷积积分的上限为 $\min[U_1, U_2]$，即两个函数非零值区间上限中较小的一个；计算卷积积分的下限为 $\max[L_1, L_2]$，即两个函数非零值区间下限中较大的一个。

(3) $2<x\leqslant 5$。由 $f(\xi)$ 的非零值区间为 $[0, 3]$ 和 $h(x-\xi)$ 的非零值区间为 $[-2+x, 1+x]$，根据上述选择卷积积分上下限的原则，卷积结果为

$$
g(x) = \int_{-\infty}^{+\infty} f(\xi)h(x-\xi)\,d\xi = \int_{-2+x}^{3} 2\,d\xi = 2(5-x) \qquad (2 < x \leqslant 5)
$$

(4) $x>5$。这时 $f(\xi)\cdot h(x-\xi)=0$，所以 $g(x)=0$。

综合以上过程，用解析法计算卷积的结果为

$$
g(x) = f(x) * h(x) = \begin{cases} 0 & x \leqslant -1 \\ 2(x+1) & -1 < x \leqslant 2 \\ 2(5-x) & 2 < x \leqslant 5 \\ 0 & x > 0 \end{cases}
$$

由此可见，用解析法计算卷积与用图解法一样繁琐。在计算复杂函数的卷积时，一般要把解析法和图解法结合起来进行：图解法用于积分区间的分段；解析法用于计算 $f(\xi)\cdot h(x-\xi)$ 复杂曲线下的面积。

1.3.2 相关的定义、性质和计算

1. 定义和性质

若 $f(x)$ 和 $h(x)$ 是两个实变量的复值函数，则它们之间的互相关记作 $f(x)\otimes h(x)$ 或 $r_{fh}(x)$，并定义为

$$r_{fh}(x) = f(x) \otimes h(x) = \int_{-\infty}^{+\infty} f(\xi) h^{*}(\xi - x)\, d\xi \tag{1.3-2}$$

式中：$h^{*}(x)$为$h(x)$的复共轭函数。若令$\xi - x = \eta$，则有

$$r_{fh}(x) = f(x) \otimes h(x) = \int_{-\infty}^{+\infty} f(\eta + x) h^{*}(\eta)\, d\eta \tag{1.3-3}$$

当$f(x)$和$h(x)$是实函数时，它们的互相关为

$$\begin{aligned} r_{fh}(x) &= f(x) \otimes h(x) = \int_{-\infty}^{+\infty} f(\xi) h(\xi - x)\, d\xi \\ &= \int_{-\infty}^{+\infty} f(\xi + x) h(\xi)\, d\xi \end{aligned} \tag{1.3-4}$$

若$f(x)$是实变量的复值函数，则它的自相关定义为

$$\begin{aligned} r_{f}(x) &= f(x) \otimes f(x) = \int_{-\infty}^{+\infty} f(\xi) f^{*}(\xi - x)\, d\xi \\ &= \int_{-\infty}^{+\infty} f(\xi + x) f^{*}(\xi)\, d\xi \end{aligned} \tag{1.3-5}$$

当$f(x)$是实函数时，它的自相关为

$$\begin{aligned} r_{f}(x) &= f(x) \otimes f(x) = \int_{-\infty}^{+\infty} f(\xi) f(\xi - x)\, d\xi \\ &= \int_{-\infty}^{+\infty} f(\xi + x) f(\xi)\, d\xi \end{aligned} \tag{1.3-6}$$

在实际应用中，通常用$r_f(0)$把自相关函数归一化，记作

$$\gamma(x) = \frac{\int_{-\infty}^{+\infty} f(\xi + x) f^{*}(\xi)\, d\xi}{\int_{-\infty}^{+\infty} f(\xi) f^{*}(\xi)\, d\xi} \tag{1.3-7}$$

显然，$\gamma(0) = 1$。

相关有下述性质：

1）自相关性质

(1) 复函数$f(x)$的自相关函数$r_f(x)$是厄米函数，即$r_f(x) = r_f^{*}(-x)$。由于

$$\int_{-\infty}^{+\infty} f(\xi) f^{*}(\xi - x)\, d\xi = \left\{\int_{-\infty}^{+\infty} f^{*}(\xi) f[\xi - (-x)]\, d\xi\right\}^{*}$$

因此有$r_f(x) = r_f^{*}(-x)$。当$f(x)$为实函数时，其自相关函数$r_f(x)$也是实函数，而且是x的偶函数，即$r_f(x) = r_f(-x)$。

(2) 当$x=0$时，自相关函数的模达到最大值，即$|r_f(x)| \leqslant |r_f(0)|$。

(3) 复函数的自相关函数$r_f(x)$可以是实函数，也可以是复函数，但不可能是虚函数。

(4) 当$|x| \to \infty$时，$\lim\limits_{|x| \to \infty} r_f(x) \to 0$。

上述性质表明，若把自相关作为两个函数相似程度的量度，那么，当$x=0$时，两个函数完全重合，显然$r_f(x) = r_f(0)$为最大；当$x \neq 0$时，两个函数沿x轴错开，它们在各点处的相似程度减小，随着x的增加，相似程度越来越小，当$|x| \to \infty$时，两个函数毫无相似之处，所以$r_f(\infty) = 0$。

2）互相关性质

(1) 互相关不满足交换律，即$r_{fh}(x) \neq r_{hf}(x)$。若函数$f(x)$、$h(x)$的相关次序交换，

则有 $r_{fh}(x)=r_{hf}^*(-x)$。

(2) 互相关函数满足不等式 $|r_{fh}(x)|\leqslant\sqrt{r_f(0)\cdot r_h(0)}$。

(3) 当 $|x|\to\infty$ 时，$\lim\limits_{|x|\to\infty} r_{fh}(x)\to 0$。

3) 相关定理(维纳—辛钦定理)

(1) 自相关定理。若 $f(x)\leftrightarrow F(\xi)$，则

$$r_f(x)=f(x)\otimes f(x)\leftrightarrow |F(\xi)|^2$$

利用卷积定理和傅里叶变换的共轭特性，求 $|F(\xi)|^2$ 的傅里叶逆变换，有

$$\begin{aligned}\int_{-\infty}^{+\infty}[F(\xi)]^2 e^{i2\pi x\xi}\,d\xi &= \int_{-\infty}^{+\infty}F(\xi)F^*(\xi)e^{i2\pi x\xi}\,d\xi\\ &= f(x)*f^*(-x)\\ &= \int_{-\infty}^{+\infty}f(\xi)f^*\left(\frac{x-\xi}{-1}\right)d\xi\\ &= \int_{-\infty}^{+\infty}f(\xi)f^*(\xi-x)\,d\xi\\ &= r_f(x)\end{aligned}$$

在信息处理中，$|F(\xi)|^2$ 表示能量谱密度 $s(\xi)$，因此自相关定理表明自相关函数 $r_f(x)$ 和能量谱密度 $s(\xi)$ 构成一个傅里叶变换对。

(2) 互相关定理。若 $f(x)\leftrightarrow F(\xi)$，$h(x)\leftrightarrow H(\xi)$，则

$$r_{fh}(x)=f(x)\otimes h(x)\leftrightarrow F(\xi)H^*(\xi)$$

应用互相关的定义和傅里叶变换的性质，有

$$\begin{aligned}r_{fh}(x) &= \int_{-\infty}^{+\infty}f(\tau+x)h^*(\tau)\,d\tau\\ &= \int_{-\infty}^{+\infty}f(\tau+x)\left[\int_{-\infty}^{+\infty}H^*(-\xi)e^{i2\pi\tau\xi}\,d\xi\right]d\tau\\ &= \int_{-\infty}^{+\infty}H^*(-\xi)\left[\int_{-\infty}^{+\infty}f(\tau+x)e^{i2\pi\tau\xi}\,d\tau\right]d\xi\\ &= \int_{-\infty}^{+\infty}H^*(-\xi)\left[\int_{-\infty}^{+\infty}f(u)e^{i2\pi u\xi}\,du\right]e^{-i2\pi x\xi}\,d\xi\\ &= \int_{-\infty}^{+\infty}H^*(-\xi)F(-\xi)e^{-i2\pi x\xi}\,d\xi\\ &= \int_{-\infty}^{+\infty}F(\xi)H^*(\xi)e^{i2\pi x\xi}\,d\xi\end{aligned}$$

同样，定义 $s_{fh}(\xi)=F(\xi)H^*(\xi)$ 为互能量谱密度，则互相关定理表明，互相关函数和互能量谱密度构成一个傅里叶变换对。

2. 相关的计算

相关的计算方法和卷积的计算方法一样，有图解法和解析法两种，计算步骤也大致相同。由自相关的定义可知，图解法中位移的函数不需要折叠，因此只有位移、相乘和积分三个步骤。解析法直接按定义积分时，同样有积分域的分段和确定上下限的问题，其方法和规则与计算卷积相同，这里不再重复叙述。

1.4　现代光学中常用的函数

在现代光学中引入了一些函数，描述光学现象非常有用，数学表达也十分简单，但是所涉及的数学理论已超出了经典函数的范围。在这些函数中，有的本身就是广义函数，有的其傅里叶变换式是广义函数，有的函数存在间断点，函数值有突变。在对这些函数进行运算时，要十分细心。由于这些函数在现代光学中使用较为频繁，因此给它们赋予了专门的符号。

1. δ 函数

1) δ 函数的定义及表示方法

在 20 世纪 20 年代，狄拉克在研究处理一些包含某种无穷大量时，为了得到一个精确的符号，引入了 δ 函数，并将其定义为

$$\begin{cases}\delta(x)=0 & x\neq 0\\ \int_{-\infty}^{+\infty}\delta(x)\,\mathrm{d}x=1\end{cases}\tag{1.4-1}$$

及

$$\begin{cases}\delta(x-a)=0 & x\neq a\\ \int_{-\infty}^{+\infty}\delta(x-a)\,\mathrm{d}x=1\end{cases}\tag{1.4-2}$$

根据 δ 函数的定义，可以看出 δ 函数具有下列特征：

(1) $\delta(x)$的定义只是表明，在一个很小的范围内它的值不为零，而它在这个范围内的形状却没有规定。也就是说，允许 δ 函数有各种形状，甚至可以有轻微振荡。

(2) 根据积分性质，式(1.4 - 1)和式(1.4 - 2)中的积分上下限范围不一定为$-\infty\sim+\infty$，只要把 $\delta(x)$不为零的那一部分包括在积分区间即可。

(3) $\delta(x)$是奇异函数，本身没有确定值，但它作为被积函数中的一个乘积因子，其积分结果却有确定值。

(4) δ 函数是一个广义函数，它可以看成是函数序列的极限，常用的 δ 函数序列有

$$\delta(x)=\lim_{\alpha\to 0^+}\frac{1}{\pi}\frac{\alpha}{\alpha^2+x^2}\qquad(\alpha>0)$$

$$\delta(x)=\frac{1}{2\pi}\int_{-\infty}^{+\infty}\mathrm{e}^{\mathrm{i}\omega x}\,\mathrm{d}\omega$$

$$\delta(x)=\frac{1}{\pi}\lim_{a\to 0}\frac{\sin ax}{x}$$

$$\delta(x)=\frac{1}{2\pi}\int_{-\infty}^{+\infty}\cos\omega x\,\mathrm{d}\omega$$

$$\delta(x)=\lim_{u\to\infty}\frac{1}{\pi}\frac{1-\cos ux}{ux^2}=\lim_{u\to\infty}\frac{1}{2\pi}\frac{\sin^2\left(\frac{ux}{2}\right)}{u\left(\frac{x}{2}\right)^2}$$

$$\delta(x)=\lim_{\mu\to\infty}\frac{\mu}{\sqrt{\pi}}\mathrm{e}^{-\mu^2x^2}$$

$$\delta(x)=\lim_{\mu\to\infty}\frac{\mu}{\sqrt{\mathrm{i}\pi}}\mathrm{e}^{\mathrm{i}\mu^2x^2}$$

在现代光学中，δ 函数一般表示成高度为 1 的箭头，如图 1.4-1 所示。数值 1 不是表示 δ 函数的数值，而是表示 δ 函数与整个 x 轴围成的面积。

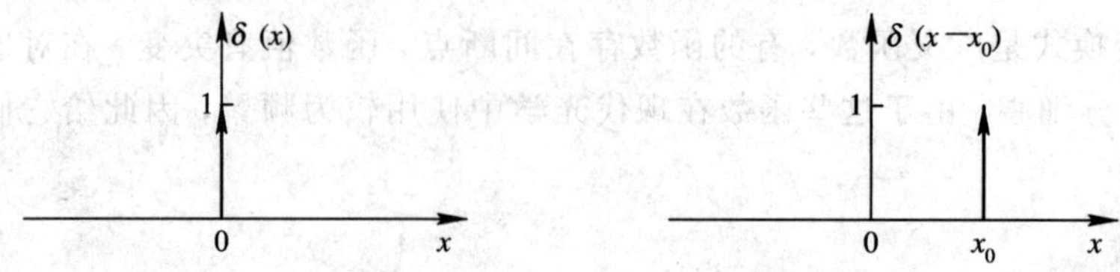

图 1.4-1 δ 函数的示意图

2) δ 函数的性质

根据 δ 函数的定义和广义函数的运算规则，不难证明 δ 函数有如下性质：

(1) 筛选特性。对任一个连续函数 $\varphi(x)$，有

$$\int_{-\infty}^{+\infty}\varphi(x)\delta(x)\ \mathrm{d}x=\varphi(0)$$

$$\int_{-\infty}^{+\infty}\varphi(x)\delta(x-x_0)\ \mathrm{d}x=\varphi(x_0)$$

可见，δ 函数能从函数 $\varphi(x)$的所有值中筛选出函数值 $\varphi(x_0)$。

(2) 尺度变换特性。若 a 为任意实数，则

$$\delta(ax)=\frac{1}{|a|}\delta(x)$$

如果 $a=-1$，则上式变为 $\delta(-x)=\delta(x)$，这表明 δ 函数是偶函数。同理，若 b 和 x_0 为任意实数，则有

$$\delta\left(\frac{x-x_0}{b}\right)=|b|\delta(x-x_0)$$

(3) 乘积特性。设 $\varphi(x)$是在 x_0 点连续的基本函数，有

$$\varphi(x)\delta(x-x_0)=\varphi(x_0)\delta(x-x_0)$$

当 $x_0=0$ 时，得

$$\varphi(x)\delta(x)=\varphi(0)\delta(x)$$

这种特性也称为 δ 函数的抽样特性。它表示一个连续函数与 δ 函数相乘，其结果只能抽取该函数在 δ 函数不为零处的函数值，这个离散点为 $\varphi(x_0)\delta(x-x_0)$。这样就把一个连续函数与离散点联系了起来，可以对离散点进行分析。

当 $\varphi(x)=x$ 时，有

$$x\delta(x-x_0)=x_0\delta(x-x_0)$$

若 $x_0=0$，则

$$x\delta(x)=0$$

该式表明 $x\delta(x)$作为被积函数中的一个因子与 0 的作用相同。可见引入 δ 函数以后，可以把奇异函数(例如分母可以为 0 的函数)当成普通函数来进行运算而不会出现错误结果。

(4) 卷积特性。设 $\varphi(x)$是任一连续函数，则

$$\delta(x) * \varphi(x) = \varphi(x) * \delta(x) = \varphi(x)$$

这是因为

$$\delta(x) * \varphi(x) = \int_{-\infty}^{+\infty} \varphi(\xi)\delta(x-\xi)\ \mathrm{d}\xi = \int_{-\infty}^{+\infty} \varphi(\xi)\delta(\xi-x)\ \mathrm{d}\xi = \varphi(x)$$

δ 函数的卷积特性又称为复制特性，因为任何函数与 δ 函数的卷积，其结果都是该函数的再现。$\delta(x)$在卷积运算中是一个单位元。

(5) 积分特性。由 δ 函数的定义可知，$\delta(x)$在区间$(-\infty, +\infty)$上的积分为 1，即

$$\int_{-\infty}^{+\infty} \delta(x)\ \mathrm{d}x = 1$$

$$\int_{-\infty}^{+\infty} \delta(x-x_0)\ \mathrm{d}x = 1$$

若 A 是任意实常数，则

$$\int_{-\infty}^{+\infty} A\delta(x-x_0)\ \mathrm{d}x = A$$

(6) δ 函数的傅里叶变换。δ 函数的傅里叶变换为 1，即

$$\int_{-\infty}^{+\infty} \delta(x)\mathrm{e}^{-\mathrm{i}2\pi x\xi}\ \mathrm{d}x = 1$$

其逆变换为

$$\int_{-\infty}^{+\infty} \mathrm{e}^{\mathrm{i}2\pi x\xi}\ \mathrm{d}x = \delta(x)$$

3) 二维 δ 函数

在直角坐标系中，二维 δ 函数定义为

$$\delta(x, y) = \delta(x)\delta(y)$$

$$\delta(x-x_0, y-y_0) = \delta(x-x_0)\delta(y-y_0)$$

即二维 δ 函数可以表示为两个一维 δ 函数的乘积。

2. 偶脉冲对与奇脉冲对

偶脉冲对与奇脉冲对分别用符号 $\delta\delta(x)$和 $\delta_\delta(x)$表示，如图 1.4 - 2 所示，并定义为

$$\begin{cases} \delta\delta(x) = \delta(x+1) + \delta(x-1) \\ \delta_\delta(x) = \delta(x+1) - \delta(x-1) \end{cases} \tag{1.4 - 3}$$

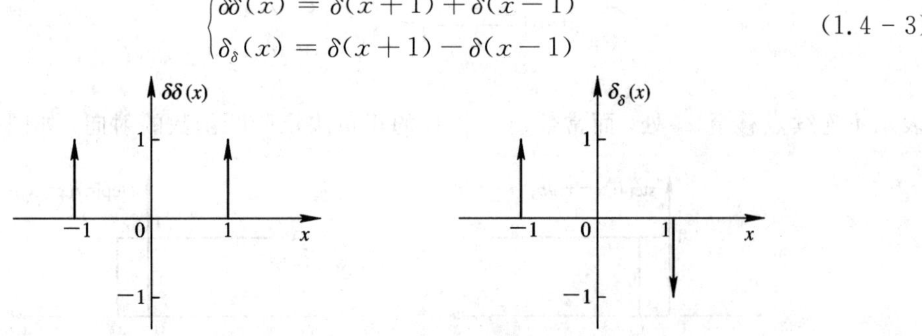

图 1.4 - 2　偶脉冲对与奇脉冲对

偶、奇脉冲对可以沿 x 轴平移，也可以改变比例，如图 1.4 - 3 所示，这时它们的表达式分别为

$$\begin{cases}\delta\delta\left(\dfrac{x-x_0}{b}\right)=|b|\left[\delta(x-x_0+b)+\delta(x-x_0-b)\right]\\ \delta_\delta\left(\dfrac{x-x_0}{b}\right)=|b|\left[\delta(x-x_0+b)-\delta(x-x_0-b)\right]\end{cases}\tag{1.4-4}$$

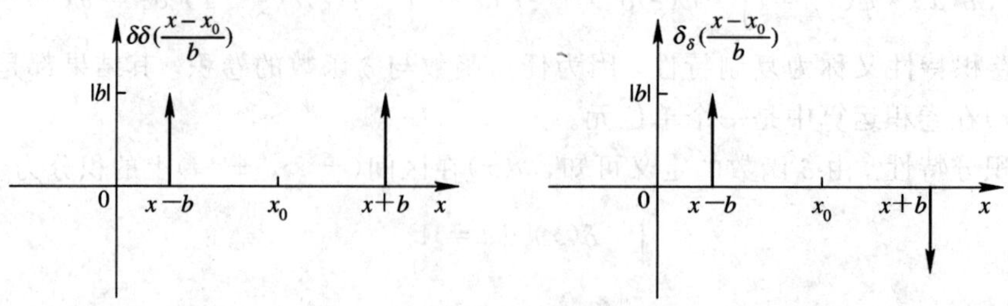

图 1.4-3　偶、奇脉冲对的位移和比例改变

偶、奇脉冲对可以用来表示天空中的双星，以及两个分开一定距离的点光源。偶、奇脉冲对是由两个 δ 函数的和、差构成的，由 δ 函数的定义不难得到偶、奇脉冲对的筛选特性、乘积特性和复制特性。此外，由图 1.4-2 可见，偶脉冲对是偶函数，奇脉冲对是奇函数，即

$$\delta\delta(x)=\delta\delta(-x),\quad \delta_\delta(x)=-\delta_\delta(-x)$$

偶、奇脉冲分别与余弦、正弦函数构成傅里叶变换对，即

$$\delta\delta(x)\leftrightarrow 2\cos 2\pi\xi,\quad \delta_\delta(x)\leftrightarrow \mathrm{i}2\sin 2\pi\xi$$

3. 阶跃函数

阶跃函数(刀口函数)用 step(x)表示，且定义为

$$\mathrm{step}(x)=\begin{cases}0 & x<0\\ 1 & x\geqslant 0\end{cases}\tag{1.4-5}$$

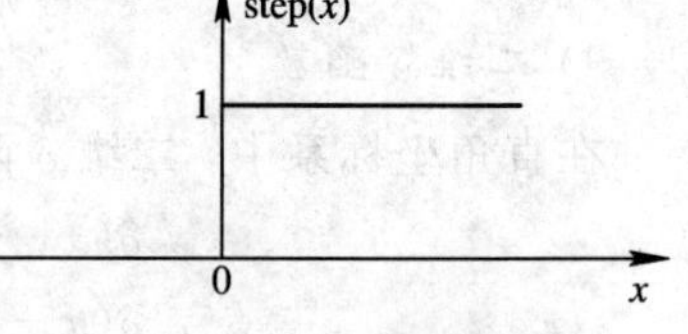

图 1.4-4　阶跃函数

如图 1.4-4 所示，在 $x=0$ 处为不连续点，其跃度为 1，所以称为单位阶跃函数。

阶跃函数可以平移和改变方向，如

$$\mathrm{step}\left(\frac{x-x_0}{b}\right)=\begin{cases}0 & \dfrac{x}{b}<\dfrac{x_0}{b}\\ 1 & \dfrac{x}{b}\geqslant\dfrac{x_0}{b}\end{cases}$$

表示不连续点移至 x_0 处，而常数 $b(=\pm 1)$的正负决定阶跃函数的射向，如图 1.4-5 所示。

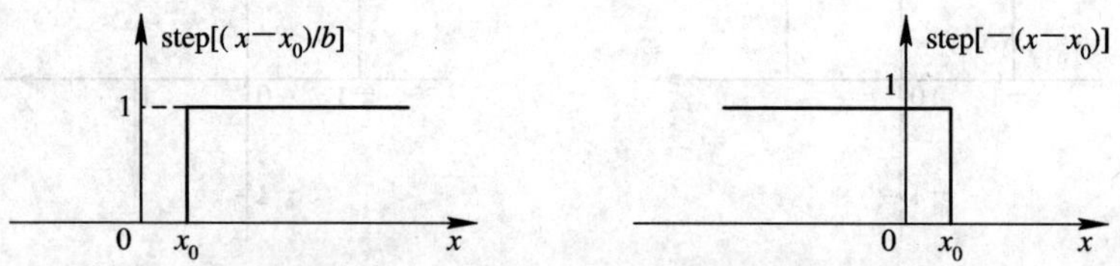

图 1.4-5　阶跃函数位移和反转

阶跃函数可以用来表示快门的开启，在研究直边衍射和像质评定时，用来描述衍射屏和成像物体。阶跃函数表示光强时，很像刀口检查仪的刀口，所以也称为刀口函数。它的

作用也像开关，用来在某点打开另一个函数，例如斜坡函数定义为

$$R(x) = x\,\mathrm{step}(x) \tag{1.4-6}$$

其中，step(x)的作用就是截取第Ⅰ象限内过原点的 45°斜线，如图 1.4-6 所示。

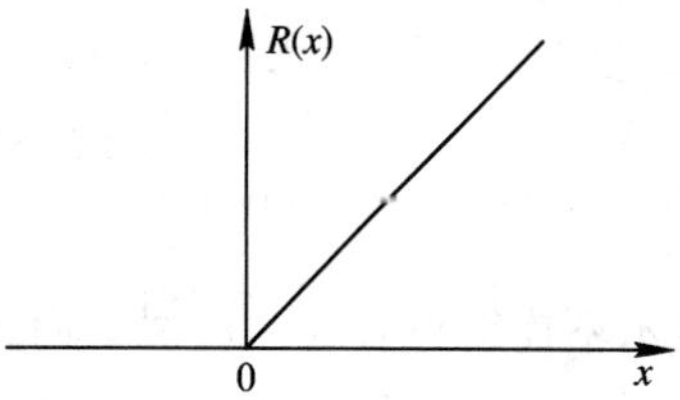

图 1.4-6　斜坡函数

阶跃函数的导数为 δ 函数，即

$$\frac{\mathrm{d}}{\mathrm{d}x}\,\mathrm{step}(x) = \delta(x)$$

因此，δ 函数的积分为阶跃函数

$$\mathrm{step}(x) = \int_{-\infty}^{x} \delta(x')\,\mathrm{d}x' = \begin{cases} 1 & x > 0 \\ 0 & x < 0 \end{cases}$$

阶跃函数的积分为斜坡函数

$$R(x) = \int_{-\infty}^{x} \mathrm{step}(x')\,\mathrm{d}x'$$

阶跃函数与任一函数 $f(x)$的卷积为

$$\mathrm{step}(x) * f(x) = \int_{-\infty}^{+\infty} f(x')\,\mathrm{step}(x-x')\,\mathrm{d}x' = \int_{-\infty}^{x} f(x')\,\mathrm{d}x'$$

或
$$f(x) = \frac{\mathrm{d}}{\mathrm{d}x}[\mathrm{step}(x) * f(x)]$$

由于阶跃函数不满足狄里赫利充分条件，因此不能直接得到其傅里叶变换式。但阶跃函数可看成是指数衰减函数当 $\tau\to\infty$ 时的极限，即

$$\mathrm{step}(x) = \lim_{\tau\to\infty} z(x) = \lim_{\tau\to\infty} \mathrm{e}^{-\frac{x}{\tau}} \qquad x > 0$$

而指数衰减函数的傅里叶变换为

$$Z(\xi) = \frac{\frac{1}{\tau}}{\left(\frac{1}{\tau}\right)^2 + (2\pi\xi)^2} - \frac{\mathrm{i}2\pi\xi}{\left(\frac{1}{\tau}\right)^2 + (2\pi\xi)^2}$$

所以

$$\mathrm{FT}\{\mathrm{step}(x)\} = \lim_{\tau\to\infty} Z(\xi) = \frac{1}{2}\delta(\xi) + \frac{1}{\mathrm{i}2\pi\xi}$$

因此有

$$\mathrm{step}(x) \leftrightarrow \frac{1}{2}\delta(x) + \frac{1}{\mathrm{i}2\pi\xi}$$

4. 符号函数

符号函数用 sgn(x)表示，且定义为

$$\mathrm{sgn}(x) = \begin{cases} -1 & x < 0 \\ 1 & x \geqslant 0 \end{cases} \tag{1.4-7}$$

根据 x 的正负，符号函数的值分别取+1 或−1，原点 $x=0$ 处为不连续点，其跃度为 2，如图 1.4-7 所示。符号函数也可以移位和反向，例如：

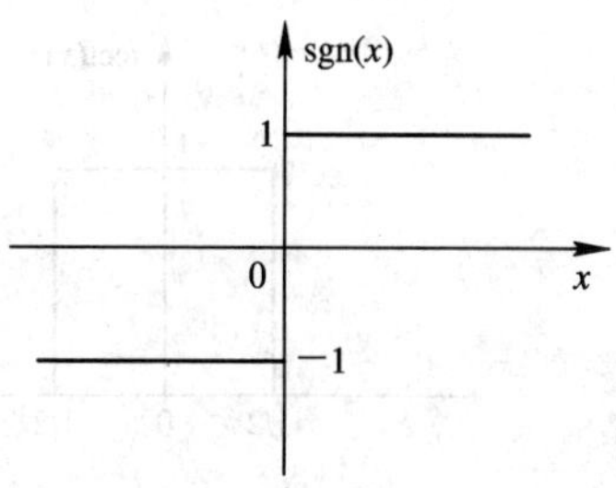

图 1.4-7　符号函数

$$\operatorname{sgn}\left(\frac{x-x_0}{b}\right)=\begin{cases}-1 & \dfrac{x}{b}<\dfrac{x_0}{b}\\ 1 & \dfrac{x}{b}\geqslant\dfrac{x_0}{b}\end{cases} \tag{1.4-8}$$

表示不连续点在 $x=x_0$ 处，而常数 $b(=\pm1)$ 的正负决定符号函数在 $x=x_0$ 处上跃或下跃，如图 1.4 - 8 所示。

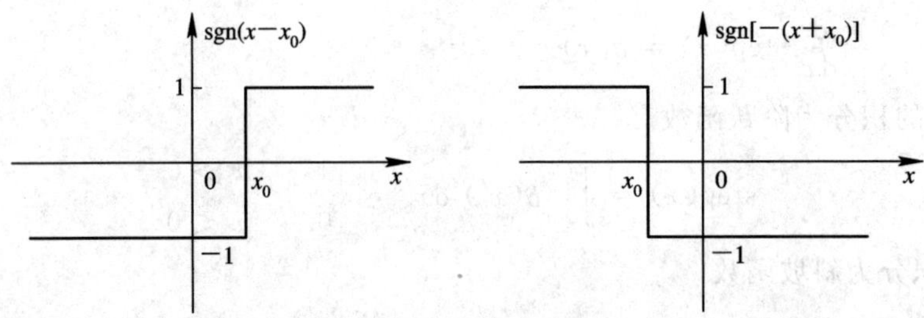

图 1.4 - 8　符号函数的移位和反向

符号函数可以用来改变一个变量或函数在某些点的正负，因此，在一个函数中引入符号函数，根据给定条件的不同相当于引入正号或负号。但符号函数与“+”、“−”号不同，它可以参加运算。

符号函数与 $1/(\mathrm{i}\pi\xi)$ 构成傅里叶变换对，即

$$\operatorname{sgn}(x)\leftrightarrow\frac{1}{\mathrm{i}\pi\xi}$$

5. 矩形函数

高度和长度均为 1，面积也为 1 的矩形函数如图 1.4 - 9 所示，并定义为

$$\operatorname{rect}(x)=\begin{cases}0 & |x|>\dfrac{1}{2}\\ 1 & |x|\leqslant\dfrac{1}{2}\end{cases} \tag{1.4-9}$$

矩形函数可以平移和改变比例，例如：

$$h\cdot\operatorname{rect}\left(\frac{x-x_0}{b}\right)=\begin{cases}0 & \left|\dfrac{x-x_0}{b}\right|>\dfrac{1}{2}\\ h & \left|\dfrac{x-x_0}{b}\right|\leqslant\dfrac{1}{2}\end{cases}$$

表示高为 h，宽为 b，面积等于 hb，中心位于 x_0 处的矩形函数，如图 1.4 - 10 所示。

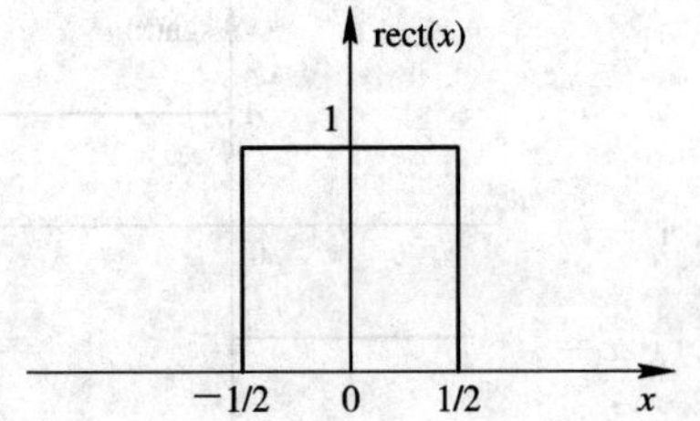

图 1.4 - 9　矩形函数

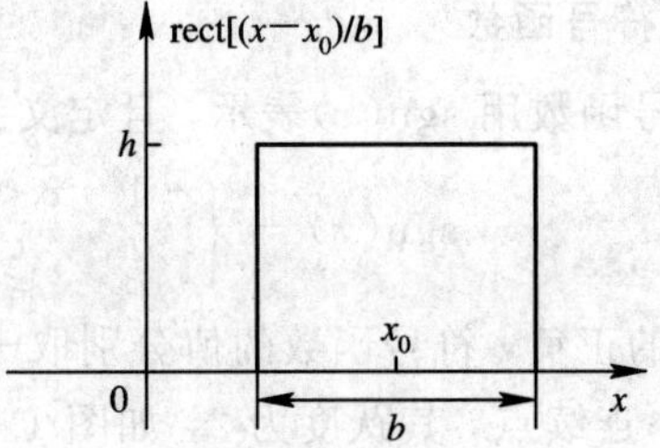

图 1.4 - 10　矩形函数的平移和改变比例

矩形函数是一个十分有用的函数，它可以用来以任意幅度 h 和任意宽度 b 截取某个函数的任一段，因此矩形函数也称为门函数或矩形窗函数。例如 $\mathrm{rect}(x-1/2)\sin\pi x$，如图 1.4－11 所示。它也提供了只在一个区段定义的函数的简洁记法，例如 $f(x)=\mathrm{rect}(x)\cos\pi x$ 就是下面函数的简洁表达式，即

$$f(x)=\begin{cases}0 & x<-\dfrac{1}{2}\\ \cos\pi x & -\dfrac{1}{2}\leqslant x\leqslant\dfrac{1}{2}\\ 0 & x>\dfrac{1}{2}\end{cases}$$

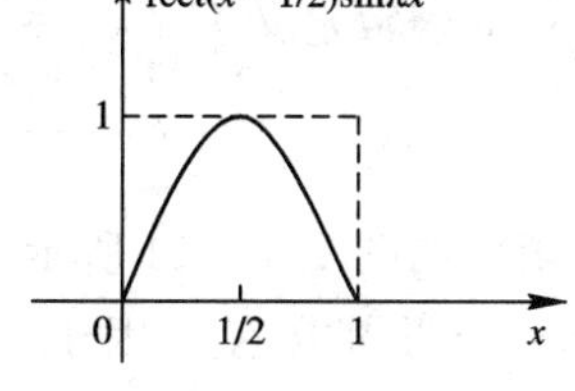

图 1.4－11　矩形函数的截断作用

在实际应用中，矩形函数在时域内表示电路中的门脉冲，照相机的快门；在空域内常用来表示狭缝的透过率，其组合形式则可表示矩形光栅；在频域内可表示理想的低通、带通滤波器。

矩形函数的傅里叶变换可按定义直接求出

$$\mathrm{rect}(x)\leftrightarrow\mathrm{sinc}(\xi)$$

由傅里叶变换的性质不难得到

$$h\,\mathrm{rect}\left(\frac{x-x_0}{b}\right)\leftrightarrow hb\,\mathrm{e}^{-\mathrm{i}2\pi x_0\xi}\,\mathrm{sinc}(b\xi)$$

$$\sum_n h_n\,\mathrm{rect}\left(\frac{x-x_n}{b_n}\right)\leftrightarrow\sum_n h_n b_n\,\mathrm{e}^{-\mathrm{i}2\pi x_n\xi}\,\mathrm{sinc}(b_n\xi)$$

6. 三角形函数

三角形函数用符号 $\Lambda(x)$ 表示，其定义为

$$\Lambda(x)=\begin{cases}0 & |x|>1\\ 1-|x| & |x|\leqslant 1\end{cases}\tag{1.4-10}$$

式(1.4－10)表示高度为 1，底边长为 2，面积为 1 的三角形，如图 1.4－12 所示。平移和展宽后的三角形函数如图 1.4－13 所示，它的表达式为

$$\Lambda\left(\frac{x-x_0}{b}\right)=\begin{cases}0 & \left|\dfrac{x-x_0}{b}\right|>1\\ 1-\left|\dfrac{x-x_0}{b}\right| & \left|\dfrac{x-x_0}{b}\right|\leqslant 1\end{cases}$$

该式表示高度为 1，底边长为 $2|b|$，面积为 $|b|$，中心移到 $x=x_0$ 处的三角形。b 的正负不影响三角形函数的图形形状。三角形函数可以用矩形函数的自卷积求得，即

$$\Lambda(x)=\mathrm{rect}(x)*\mathrm{rect}(x)$$

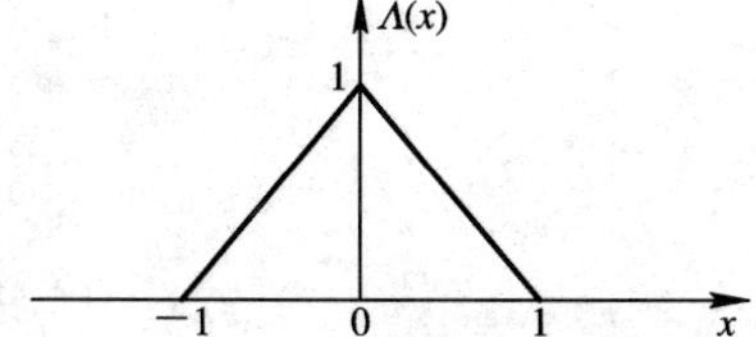

图 1.4－12　三角形函数

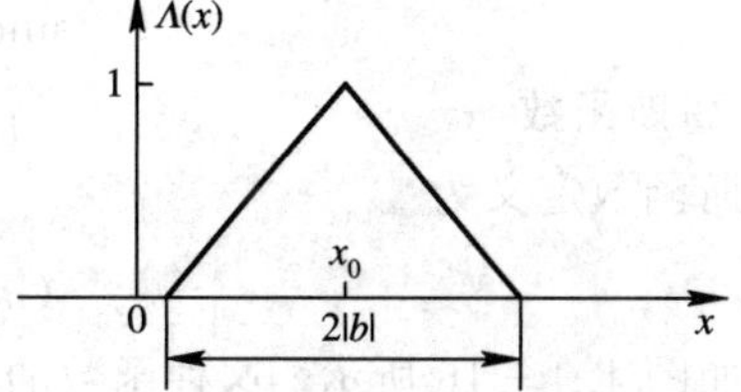

图 1.4－13　三角形函数的平移和展宽

根据傅里叶变换的定义直接积分可得

$$\Lambda(x) \leftrightarrow \mathrm{sinc}^2(\xi)$$

7. sinc 函数和 sinc^2 函数

sinc 函数定义为

$$\mathrm{sinc}(x) = \frac{\sin \pi x}{\pi x} \qquad (1.4-11)$$

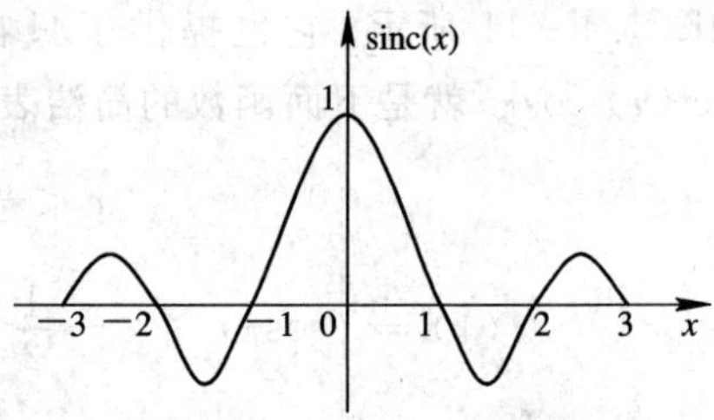

图 1.4 - 14　sinc 函数

sinc 函数如图 1.4 - 14 所示。由于 sinc 函数定义式中分子分母都含有 π 因子，因此当 x 为非零整数时，$\mathrm{sinc}(n)=0$；而当 $x=0$ 时，$\mathrm{sinc}(0)=1$，达到最大值。$\mathrm{sinc}(x)$第一级两个零点($n=\pm 1$)间的宽度等于 2，整个曲线包围的面积等于 1。

sinc 函数同样可以平移和扩展，如

$$\mathrm{sinc}\left(\frac{x-x_0}{b}\right) = \frac{\sin \pi\left(\frac{x-x_0}{b}\right)}{\pi\left(\frac{x-x_0}{b}\right)}$$

表示中心移至 $x=x_0$ 处，最大值仍为 1，但第一级两个零点之间的宽度等于 $2|b|$，曲线包围的总面积为$|b|$的 sinc 函数。

在一定条件下，sinc 函数有类似于 δ 函数的性质，如

$$\mathrm{sinc}(x) * \mathrm{sinc}(x) = \mathrm{sinc}(x)$$

又如，一个频谱仅在有限区域内不为零的带限函数 $f(x)$，若它的全带宽为 w(即当 $|\xi|\geqslant w/2$ 时，$F(\xi)\equiv 0$)，且 $w\leqslant 1/|b|$，则有

$$f(x) * \frac{1}{|b|}\mathrm{sinc}\left(\frac{x}{b}\right) = f(x)$$

sinc^2 函数定义为

$$\mathrm{sinc}^2(x) = \left(\frac{\sin \pi x}{\pi x}\right)^2 \qquad (1.4-12)$$

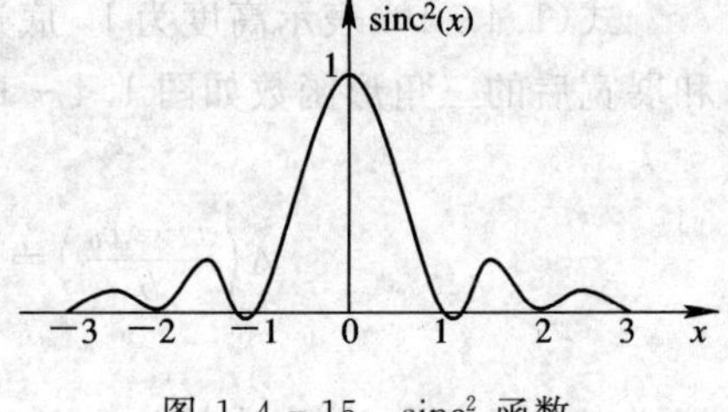

图 1.4 - 15　sinc^2 函数

该函数的图形如图 1.4 - 15 所示。与 sinc 函数一样，sinc^2 函数也可以平移和扩展。sinc 函数可用来表示单缝夫琅和费衍射的振幅分布，sinc^2 函数可用来表示单缝夫琅和费衍射的光强分布。

sinc 函数和 sinc^2 函数的傅里叶变换为

$$\mathrm{sinc}(x) \leftrightarrow \mathrm{rect}(\xi)$$

$$\mathrm{sinc}^2(x) \leftrightarrow \Lambda(\xi)$$

8. 高斯函数

高斯函数定义为

$$\mathrm{Gaus}(x) = \mathrm{e}^{-\pi x^2} \qquad (1.4-13)$$

其图形如图 1.4 - 16 所示。这种函数的最大值为 1，面积也为 1。平移和扩展后的高斯函数形式为

$$\mathrm{Gaus}\left(\frac{x-x_0}{b}\right)=\mathrm{e}^{-\pi\left(\frac{x-x_0}{b}\right)^2}$$

高斯函数也称为正态分布函数。高斯函数非常“光滑”，可以无穷次求导，属于“性质特别好”的一类函数。高斯函数的傅里叶变换仍为高斯函数，即

$$\mathrm{e}^{-\pi x^2}\leftrightarrow\mathrm{e}^{-\pi\xi^2}$$

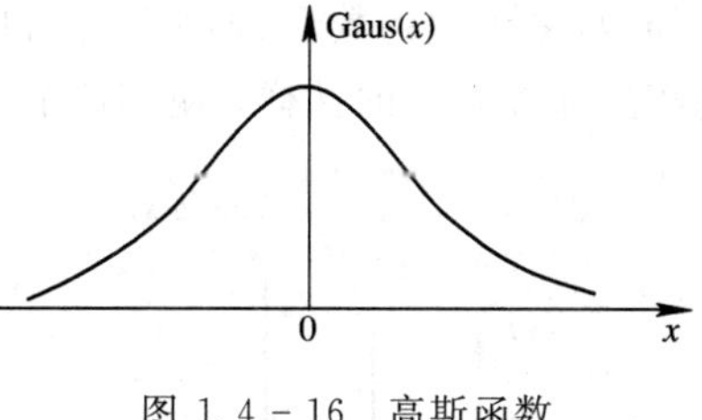

图 1.4 - 16　高斯函数

9. 圆域函数

圆域函数是一个二元函数，在光学中用来表示圆形光瞳的透过率。圆域函数在直角坐标系中的定义为

$$\mathrm{circ}(\sqrt{x^2+y^2})=\begin{cases}1 & \sqrt{x^2+y^2}\leqslant 1\\0 & \sqrt{x^2+y^2}>1\end{cases}\tag{1.4-14}$$

在极坐标系中圆域函数有简单的形式

$$\mathrm{circ}(r)=\begin{cases}1 & r\leqslant 1\\0 & r>1\end{cases}\tag{1.4-15}$$

以上两式表示的圆域函数在半径为 1、面积为 π 的区域内的值等于 1。显然，圆域函数只是半径 r 的函数，与极角无关，是圆对称的，即 $f(r,\theta)=f_R(r)$，如图 1.4 - 17 所示。因此圆域函数的傅里叶-贝塞尔变换为

$$\mathrm{BT}\{\mathrm{circ}(r)\}=2\pi\int_0^1 r\mathrm{J}_0(2\pi r\rho)\,\mathrm{d}r$$

令 $r'=2\pi r\rho$，并利用恒等式

$$\int_0^x \xi\mathrm{J}_0(\xi)\,\mathrm{d}\xi=x\mathrm{J}_1(x)$$

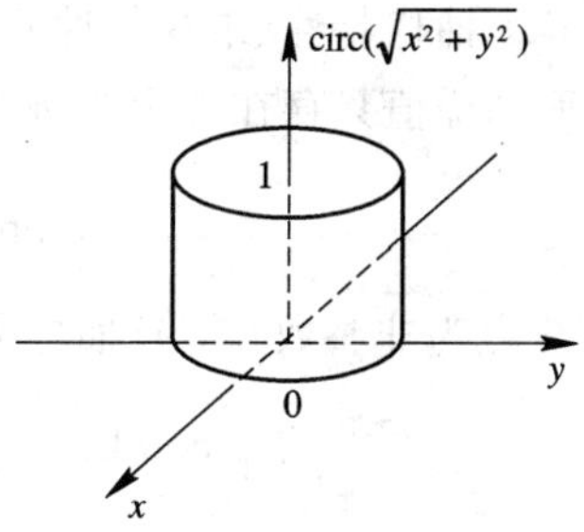

图 1.4 - 17　圆域函数

则有

$$\mathrm{BT}\{\mathrm{circ}(r)\}=\int_0^{2\pi\rho} r'\mathrm{J}_0(r')\,\mathrm{d}r'=\frac{\mathrm{J}_1(2\pi\rho)}{\rho}$$

式中：J_1 是一阶第一类贝塞尔函数。

10. 抽样函数

抽样函数(comb 函数)用符号 comb(x)表示，定义为

$$\mathrm{comb}(x)=\sum_{n=-\infty}^{+\infty}\delta(x-n)\tag{1.4-16}$$

式中：n 为整数。该函数是一距离间隔为 1 的 δ 函数序列，如图 1.4 - 18 所示。由图可见，comb 函数像一把梳子，因此也称为梳状函数。

comb 函数可以平移和改变比例，如

$$\mathrm{comb}\left(\frac{x-x_0}{b}\right)=|\,b\,|\sum_{n=-\infty}^{+\infty}\delta(x-x_0-nb)$$

表示间隔为 $|b|$，面积也为 $|b|$，位置移到 $x_0\pm nb$ ($n=0,1,2,\cdots$)处的 δ 函数序列，如图 1.4 - 19 所示。当比例因子 $|b|>1$ 时，δ 函数之间的间距增加，每一 δ 函数的面积也增加；当比例因子 $|b|<1$ 时，δ 函数之间的间距减小，每一 δ 函数的面积也减小。因此，在给定的

区间内，δ 函数的数目(即 $1/|b|$)和每个 δ 函数的面积 $|b|$ 的乘积保持不变。comb 函数主要用于对连续函数的抽样，使其离散化，以便进行数字处理和计算。

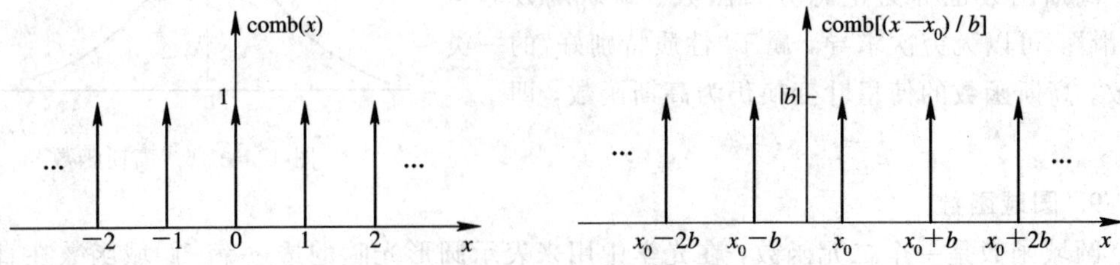

图 1.4-18　梳状函数　　　　图 1.4-19　梳状函数的平移和改变比例

由于抽样函数是一列 δ 函数的和式，因此由 δ 函数的性质可以得到 comb 函数有下列性质。

(1) 比例变换特性：$\mathrm{comb}(bx)=\dfrac{1}{|b|}\sum\limits_{n}\delta\left(x-\dfrac{n}{b}\right)$。

(2) 奇偶性：$\mathrm{comb}(x)$ 是偶函数，即 $\mathrm{comb}(x)=\mathrm{comb}(-x)$。

(3) 周期性：$\mathrm{comb}(x+n)=\mathrm{comb}(x)$，$n$ 为整数，即 $\mathrm{comb}(x)$ 是周期为 1 的周期函数。

(4) 抽样特性(乘积特性)：comb 函数与任一函数 $f(x)$ 相乘可以对该函数进行周期抽样，而抽样值只存在 δ 函数所在的整数点处，如图 1.4-20 所示，即

$$\mathrm{comb}(x)f(x)=\sum_{n=-\infty}^{+\infty}f(n)\delta(x-n)$$

若抽样点为非整数点，且抽样周期不等于 1，则有

$$\left[\frac{1}{|b|}\,\mathrm{comb}\left(\frac{x-x_0}{b}\right)\right]f(x)=\sum_{n=-\infty}^{+\infty}f(x_0+nb)\delta(x-x_0-nb)$$

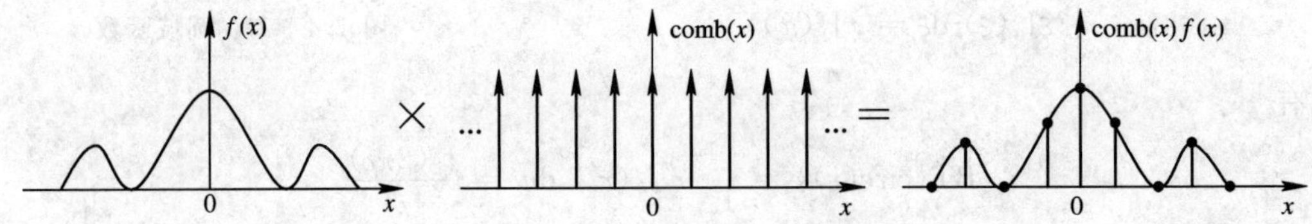

图 1.4-20　comb 函数的抽样特性

(5) 复制特性(卷积特性)：comb 函数与任一函数 $f(x)$ 的卷积的结果使 $f(x)$ 在 x 的整数点上重复出现，见图 1.4-21，即

$$\mathrm{comb}(x)*f(x)=\sum_{n=-\infty}^{+\infty}f(x-n)$$

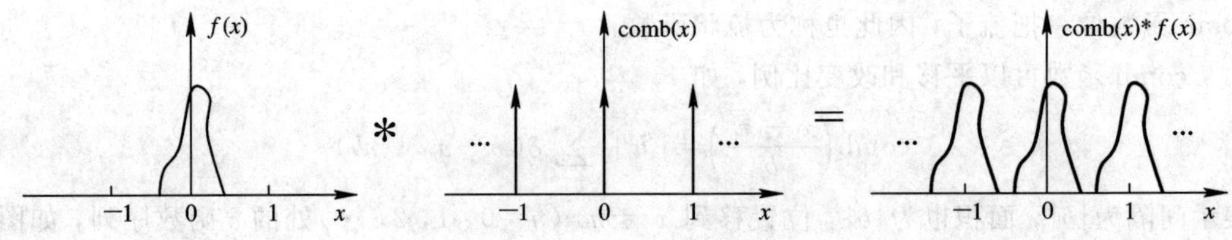

图 1.4-21　comb 函数的复制特性

comb 函数的傅里叶变换是不同间隔的另一个 comb 函数，即

$$\mathrm{FT}\{\mathrm{comb}(x)\} = \mathrm{comb}(\xi)$$

$$\mathrm{FT}\{\mathrm{comb}(ax)\} = \frac{1}{a}\mathrm{comb}\left(\frac{\xi}{a}\right)$$

1.5　连续函数信号的离散与抽样定理

随着微电子技术和光电子技术的发展，两者的联系越来越紧密，电子计算机在光学领域的应用也越来越广泛。我们可以用计算机来完成原来认为是纯光学的问题，如图像处理、制作全息图等；我们也可以利用光学系统完成数值计算、数据传输等原来认为是计算机的工作，而且具有现代计算机无法比拟的速度。因此，计算机与光学结合，集二者优点于一身的光电混合处理系统应运而生。由于计算机处理的数据不能是连续量，因此必须将连续信号离散化。本节讨论在离散信号能充分反映原函数的条件下，如何选择抽样间隔，减小计算量，并最终用抽样的离散函数恢复原函数。

1. 离散信号的表示

给定一个连续函数 $y=f(x)$，对其进行等间隔抽样使之离散化，若抽样间隔为 Δ，则在各抽样点 $x=n\Delta(n=0, \pm1, \pm2, \cdots)$所得到的离散函数记为 $y_n=f(n\Delta)$。可见，离散信号的表示方法，就是用自变量的离散值 $n\Delta$ 替代连续变量 x。例如，一个连续函数为

$$y = \mathrm{e}^{\alpha x^2}\cos 2\pi\beta x$$

若抽样间隔为 Δ，则其离散函数为

$$y_n = \mathrm{e}^{\alpha(n\Delta)^2}\cos 2\pi\beta(n\Delta) \qquad (n=0, \pm1, \pm2, \cdots)$$

显然，离散函数和连续函数是部分与整体的关系，而抽样得到的这个部分必须能全面反映整体。

2. 正弦函数的抽样定理

一正弦信号

$$s(x) = A\sin(2\pi\xi x+\varphi) \tag{1.5-1}$$

式中：A、ξ 和 φ 分别为振幅、频率和初相，它们是确定该正弦信号的三个特征量。若以抽样间隔 Δ 对其进行抽样，得到离散的正弦信号为

$$s(n\Delta) = A\sin(2\pi\xi n\Delta+\varphi) \tag{1.5-2}$$

它是如图 1.5-1 所示的离散点列。由离散函数 $s(n\Delta)$能否恢复出正弦信号 $s(x)$，要看由 $s(n\Delta)$能否惟一地确定出 A、ξ 和 φ 三个特征量。显然，这由该正弦信号一个周期 $T(=1/\xi)$内的抽样点数多少决定。

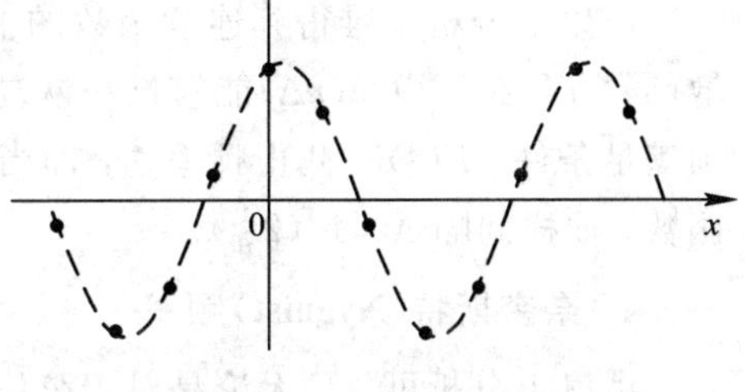

图 1.5-1　离散的正弦信号

抽样间隔 Δ 与正弦信号周期 T(或频率)之间的关系由正弦函数的抽样定理给出。对于与正弦信号，若抽样间隔 $\Delta<T/2\ (=1/(2\xi))$，则抽样得到的离散信号 $s(n\Delta)$能惟一恢复出 $s(x)$。这时，任取离散信号 $s(n\Delta)$三个点上的值可

以计算出正弦信号的三个特征量 A、ξ 和 φ。例如，取 $n=0$，±1 三点上的离散值 $s(0)(\neq0)$、$s(-\Delta)$ 和 $s(\Delta)$，且 $0<2\pi\xi\Delta<\pi$。由式(1.5-2)可得

$$s(n\Delta)=A\sin(2\pi\xi n\Delta)\cos\varphi+A\cos(2\pi\xi n\Delta)\sin\varphi \tag{1.5-3}$$

当 $n=0$ 时，有

$$s(0)=A\sin\varphi \tag{1.5-4}$$

将式(1.5-4)代入式(1.5-3)得

$$s(n\Delta)=A\sin(2\pi\xi n\Delta)\cos\varphi+s(0)\cos(2\pi\xi n\Delta) \tag{1.5-5}$$

将 $n=\pm1$ 代入式(1.5-5)，有

$$s(\Delta)=A\sin(2\pi\xi\Delta)\cos\varphi+s(0)\cos(2\pi\xi\Delta)$$
$$s(-\Delta)=-A\sin(2\pi\xi\Delta)\cos\varphi+s(0)\cos(2\pi\xi\Delta)$$

并可求得

$$s(\Delta)+s(-\Delta)=2s(0)\cos(2\pi\xi\Delta) \tag{1.5-6}$$
$$s(\Delta)-s(-\Delta)=2A\sin(2\pi\xi\Delta)\cos\varphi \tag{1.5-7}$$

在式(1.5-6)中，只有 ξ 是待求参量，因而 ξ 就由式(1.5-6)惟一确定了。再进一步联立式(1.5-4)和式(1.5-7)，求出参量 A 和 φ。这样，A、ξ 和 φ 三个参量就被 $s(0)$、$s(\Delta)$ 和 $s(-\Delta)$ 三个离散值惟一确定了，由 $s(n\Delta)$ 恢复出的正弦波只能是 $s(x)$。

如果 $s(0)=0$，则初相 φ 等于 0 或 π，由 $s(\Delta)$ 的正负可确定 $\varphi=0$ 还是 $\varphi=\pi$。再由 $s(\Delta)$ 和 $s(2\Delta)$ 求出 A 和 ξ。这样，A、ξ 和 φ 三个参量就由 $s(0)$、$s(\Delta)$ 和 $s(2\Delta)$ 三个离散值惟一确定。

综上所述，要对正弦信号正确抽样，只要抽样间隔 Δ 小于正弦信号的半周期 $T/2$，或抽样频率 $\xi_\Delta(1/\Delta)$ 大于该正弦信号的两倍频率 2ξ 即可。

3. 任意连续函数的抽样定理

对连续函数 $f(x)$ 以抽样间隔 Δ 抽样得到离散函数 $f(n\Delta)$，能否惟一地恢复 $f(x)$ 呢？由傅里叶分析可知，任一连续函数可以表示为频率连续的无穷多个谐波分量的叠加，其中每一个谐波分量的振幅 A 和初相 φ 由 $f(x)$ 的频谱函数 $F(\xi)$ 确定。如果 $f(x)$ 的每一个谐波分量都能惟一地恢复出来，那么这些谐波分量的线性组合必然是原函数 $f(x)$。对于频率为 ξ 的谐波，只要 $F(\xi)\neq0$，根据正弦信号的抽样定理，抽样间隔必须满足 $\Delta<1/2\xi$。如果 $F(\xi)\neq0$ 的频率 $\xi\to\infty$，则谐波的抽样间隔 $\Delta\to0$，这表明频谱函数 $F(\xi)$ 在整个频率域范围不等于零的原函数 $f(x)$ 不可能由离散函数 $f(n\Delta)$ 恢复出来。

由以上分析不难得到连续函数的抽样定理：对任意连续函数 $f(x)$ 正确抽样后得到离散函数 $f(n\Delta)$，由 $f(n\Delta)$ 能够惟一恢复原函数 $f(x)$，它的频谱函数 $F(\xi)$ 和抽样间隔 Δ 必须满足条件：$F(\xi)$ 有截止频率 ξ_c，即当 $|\xi|\geqslant\xi_c$ 时，$F(\xi)=0$。这就意味着 $f(x)$ 是一个带限函数，抽样间隔 $\Delta\leqslant1/(2\xi_c)$。

4. 奈奎斯特(Nyguist)频率

由以上分析可见，无论是对正弦信号抽样，还是对连续函数抽样，离散信号能够正确恢复原函数的关键是抽样间隔，且 $\Delta\leqslant1/(2\xi_c)$，其中 ξ_c 是被抽样正弦函数的频率或频谱函数 $F(\xi)$ 的截止频率。由此抽样间隔所决定的抽样频率 $1/\Delta$ 称为奈奎斯特频率，用 ξ_N 表示。因为 $\Delta\leqslant1/(2\xi_c)$，所以 $\xi_N\geqslant2\xi_c$，即对一个函数抽样时，要求抽样频率至少要两倍于它的截

止频率，才能由离散函数不失真、完整地再现原函数。如果实际抽样频率 $\xi_\Delta<\xi_N$，这时得到的周期离散频谱会出现图 1.5－2 所示的重叠现象，在恢复过程中必然会带来失真。所以，奈奎斯特频率就是最小抽样频率，由奈奎斯特频率所确定的抽样间隔是最大抽样间隔。

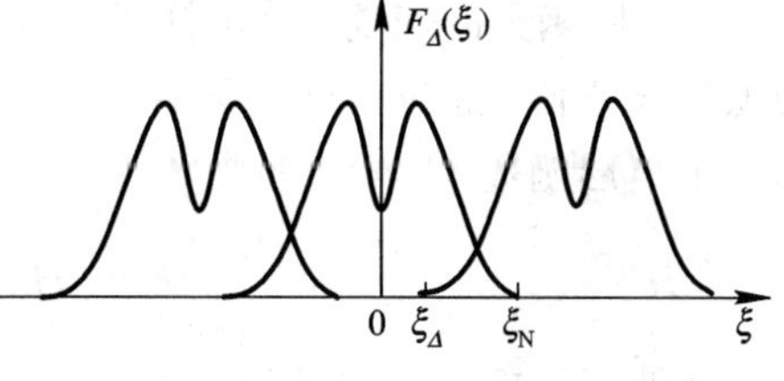

图 1.5－2　谱瓣重叠现象

5. 函数的抽样与恢复

根据抽样定理，应用抽样函数以及傅里叶分析的方法，就可实现对任意连续函数的抽样和恢复。具体步骤如下：

(1) 抽样。设有一个连续函数 $f(x)$，以满足抽样定理的抽样间隔 Δ 对其进行抽样。由 comb 函数的性质可知，$\text{comb}(x/\Delta)$ 与函数 $f(x)$ 相乘就把 $x=n\Delta$ 各点处的函数值抽取出来，得到一个离散函数

$$f_\Delta(x)=f(x)\ \text{comb}\left(\frac{x}{\Delta}\right)=\Delta\cdot\sum_{n=-\infty}^{+\infty}f(n\Delta)\delta(x-n\Delta)\tag{1.5-8}$$

显然，离散函数 $f_\Delta(x)$ 比 $f(n\Delta)$ 扩大了 Δ 倍，如图 1.5－3 所示。但这对原函数的恢复并不产生影响。

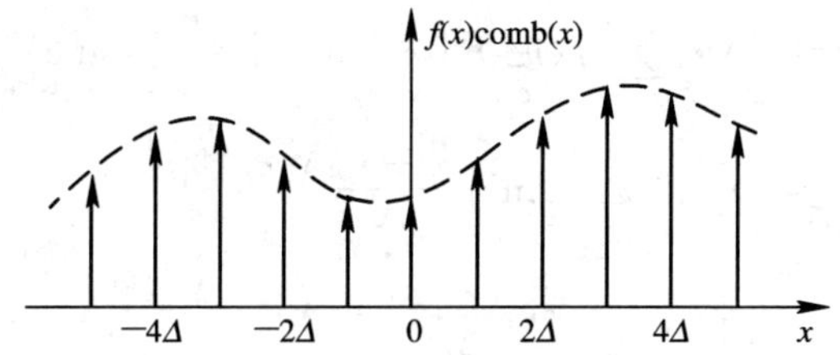

图 1.5－3　离散函数 $f_\Delta(x)$

(2) 求离散频谱。对离散函数 $f_\Delta(x)$ 进行傅里叶变换得到离散频谱 $F_\Delta(\xi)$，即

$$\begin{aligned}F_\Delta(\xi)&=\text{FT}\{f_\Delta(x)\}=\text{FT}\left\{f(x)\ \text{comb}\ \frac{x}{\Delta}\right\}\\&=F(\xi)*[\Delta\ \text{comb}(\Delta\xi)]\\&=F(\xi)*\sum_{n=-\infty}^{+\infty}\delta\left(\xi-\frac{n}{\Delta}\right)\\&=\sum_{n=-\infty}^{\infty}F\left(\xi-\frac{n}{\Delta}\right)\end{aligned}\tag{1.5-9}$$

可见，离散频谱 $F_\Delta(\xi)$ 是频谱函数 $F(\xi)$ 的周期性延拓，包含了频谱函数 $F(\xi)$，如图 1.5－4 所示。

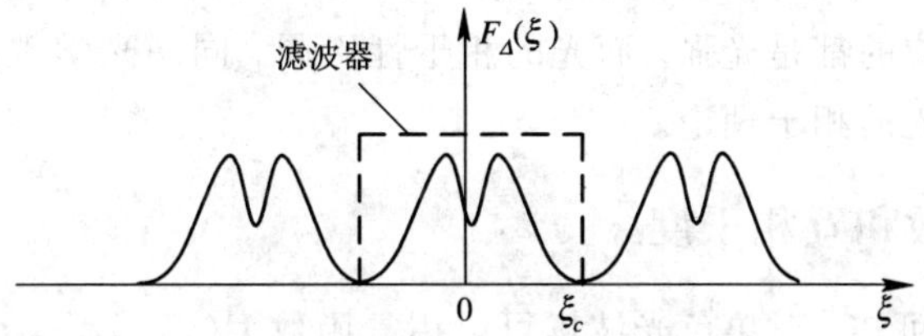

图 1.5－4　离散函数的频谱 $F_\Delta(\xi)$

(3) 原函数的恢复。为了恢复原函数 $f(x)$，必须使离散频谱 $F_\Delta(\xi)$无失真地通过一理想低通滤波器，通过该滤波器后得到原函数 $f(x)$的频谱 $F(\xi)$，显然该滤波器的传递函数是一个矩形函数

$$H(\xi) = \mathrm{rect}\left(\frac{\xi}{1/\Delta}\right) \tag{1.5-10}$$

通过滤波器后的输出频谱为

$$F_\Delta(\xi)H(\xi) = F\left(\xi - \frac{0}{\Delta}\right) = F(\xi) \tag{1.5-11}$$

由此可见，它就是原函数 $f(x)$的频谱 $F(\xi)$，求 $F(\xi)$的傅里叶逆变换必然得到函数 $f(x)$。

(4) 在空(时)域恢复原函数。在空间域可以由离散函数 $f_\Delta(x)$直接恢复原函数$f(x)$。对式(1.5－11)进行傅里叶逆变换得

$$f(x) = f_\Delta(x) * h(x) \tag{1.5-12}$$

式中：$h(x)$为低通滤波器的脉冲响应函数，它是 $H(\xi)$的傅里叶逆变换，且

$$h(x) = \mathrm{FT}^{-1}\{H(\xi)\} = \frac{1}{\Delta}\,\mathrm{sinc}\left(\frac{x}{\Delta}\right)$$

由式(1.5－8)、式(1.5－12)和上式得到

$$\begin{aligned} f(x) &= \left[\Delta \cdot \sum_{n=-\infty}^{+\infty} f(n\Delta)\delta(x-n\Delta)\right] * \left[\frac{1}{\Delta}\,\mathrm{sinc}\left(\frac{x}{\Delta}\right)\right] \\ &= \sum_{n=-\infty}^{+\infty} f(n\Delta)\,\mathrm{sinc}\left(\frac{x-n\Delta}{\Delta}\right) \\ &= \sum_{n=-\infty}^{+\infty} f(n\Delta)\,\frac{\sin\frac{\pi}{\Delta}(x-n\Delta)}{\frac{\pi}{\Delta}(x-n\Delta)} \end{aligned} \tag{1.5-13}$$

可见，在空域原函数可以表示为适当位移的 sinc 函数的线性组合，它在抽样点的幅度正好等于该点的抽样值。

1.6 光波场的部分相干理论简介

现代光学所研究的问题要涉及到光的传播、干涉、衍射等现象，光信号用空间平面上的复振幅分布或光强分布描述，对这些现象的研究及探测最终都归结为对空间光强分布的研究和探测。这是由于光振动太快，无论是人眼还是现有的最先进的光探测器，都无法探测其振幅的变化，响应的都是光强。而光的相干性不同，同一光学现象的光强分布差异很大，因此有必要了解光的相干理论。

1.6.1 互相干函数和互相干度

由 1.1 节的讨论可知，对单色光波场可以用复函数 $\mathbf{U}(x, y, z; t)=\mathbf{U}(r, t)$的实部描述。对于非单色光波场仍可用复函数 $\mathbf{U}(r, t)$描述，不过这时要把 $\mathbf{U}(r, t)$理解为 t 时刻光源中各原子辐射的光波列之和。

利用光波场如下两个性质来研究光波场的相干性：

(1) 由数学的观点来看，光波场是平稳随机场，即 $\mathbf{U}(r, t)$的时间平均值。

(2) 探测器的分辨时间远大于光扰动的周期，记录的只是一段时间间隔内的平均效果。所以，光强和描述光场其他特性的量采用时间平均值的概念。

一般用互相干函数来度量两束光的关联程度，如图 1.6-1 所示。Q 点处的光场可以由两小孔 P_1 和 P_2 处的次级波源产生的光扰动叠加而成，Q 点 t 时刻的光扰动可表示为

$$\mathbf{U}(Q, t) = \mathbf{K}_1\mathbf{U}_1(t-t_1) + \mathbf{K}_2\mathbf{U}_2(t-t_2) \tag{1.6-1}$$

式中：$\mathbf{U}_1(t-t_1)$和 $\mathbf{U}_2(t-t_2)$分别表示 P_1 和 P_2 处光扰动传播到 Q 点的光扰动；$\mathbf{K}_1$ 和 $\mathbf{K}_2$ 表示各自贡献的大小，取决于 P_1 和 P_2 点相对于光源 S 的位置以及光源的性质，且是纯虚数；$t_1=r_1/c$ 和 $t_2=r_2/c$ 分别表示 P_1 和 P_2 处光扰动到达 Q 点的时间。

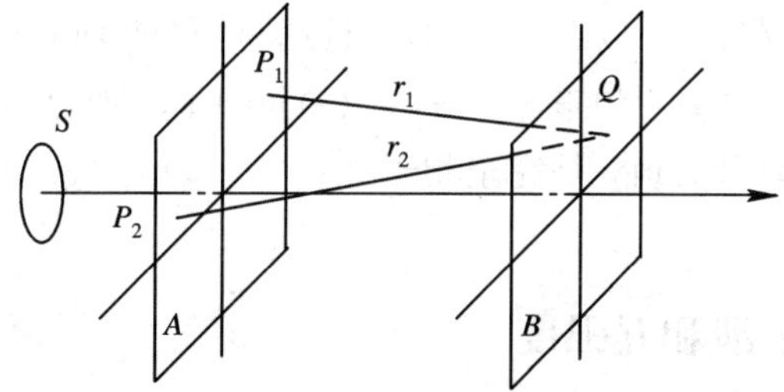

图 1.6-1　扩展光源的多色光干涉

由于光辐射的随机性，光波场中 Q 点的光强为时间的平均值，表示为

$$\begin{aligned} I(Q) &= \langle I(Q, t)\rangle = \langle [\mathrm{Re}\mathbf{U}(t)]^2\rangle \\ &= \lim_{T\to\infty}\frac{1}{2T}\int_{-T}^{T}\mathrm{Re}[\mathbf{U}(t)\mathbf{U}^*(t)]\,\mathrm{d}t \\ &= \langle \mathbf{U}(t)\mathbf{U}^*(t)\rangle \end{aligned} \tag{1.6-2}$$

把式(1.6-1)代入，整理后得

$$\begin{aligned} I(Q) = {} & \mathbf{K}_1\mathbf{K}_1^*\langle \mathbf{U}_1(t-t_1)\mathbf{U}_1^*(t-t_1)\rangle + \mathbf{K}_2\mathbf{K}_2^*\langle \mathbf{U}_2(t-t_2)\mathbf{U}_2^*(t-t_2)\rangle \\ & + \mathbf{K}_1\mathbf{K}_2^*\langle \mathbf{U}_1(t-t_1)\mathbf{U}_2^*(t-t_2)\rangle + \mathbf{K}_2\mathbf{K}_1^*\langle \mathbf{U}_2(t-t_2)\mathbf{U}_1^*(t-t_1)\rangle \end{aligned} \tag{1.6-3}$$

令 $\tau=t_2-t_1$，考虑到平稳场的时间平均值与时间原点的选取无关，移动时间原点得

$$\begin{aligned} I(Q) &= \mathbf{K}_1\mathbf{K}_1^*\langle \mathbf{U}_1(t+\tau)\mathbf{U}_1^*(t+\tau)\rangle + \mathbf{K}_2\mathbf{K}_2^*\langle \mathbf{U}_2(t)\mathbf{U}_2^*(t)\rangle \\ &\quad + \mathbf{K}_1\mathbf{K}_2^*\langle \mathbf{U}_1(t+\tau)\mathbf{U}_2^*(t)\rangle + \mathbf{K}_2\mathbf{K}_1^*\langle \mathbf{U}_2(t)\mathbf{U}_1^*(t+\tau)\rangle \\ &= I_1 + I_2 + 2\mid \mathbf{K}_1\mathbf{K}_2\mid \mathrm{Re}[\Gamma_{12}(\tau)] \end{aligned} \tag{1.6-4}$$

式中：I_1 和 I_2 分别为 P_1 和 P_2 处光扰动单独在 Q 点的光强；$\Gamma_{12}(\tau)=\langle \mathbf{U}_1(t+\tau)\mathbf{U}_2^*(t)\rangle$为 P_1 和 P_2 两点光扰动的互相干函数，用来描述光场中不同点、不同时刻光扰动的互相干性。显然，Q 点的光强不仅与 P_1、P_2 点的光强有关，而且与 P_1、P_2 点光扰动到 Q 点的时间差 τ 对应的互相关函数 $\Gamma_{12}(\tau)$有关。

当 P_1、P_2 点重合时，得到

$$\Gamma_{11}(\tau) = \langle \mathbf{U}_1(t+\tau)\mathbf{U}_1^*(t)\rangle$$

或

$$\Gamma_{22}(\tau) = \langle \mathbf{U}_2(t+\tau)\mathbf{U}_2^*(t)\rangle \tag{1.6-5}$$

$\Gamma_{11}(\tau)$、$\Gamma_{22}(\tau)$称为自相干函数，它表示光场中同一点、不同时刻的光扰动之间的相干性。显然，当$\tau=0$时，有

$$\Gamma_{11}(0) = I_1,\ \Gamma_{22}(0) = I_2$$

为了比较不同条件下的互相干函数，对$\Gamma_{12}(\tau)$进行归一化，定义复相干度

$$\gamma_{12}(\tau) = \frac{\Gamma_{12}(\tau)}{\sqrt{\Gamma_{11}(0)}\ \sqrt{\Gamma_{22}(0)}} = \frac{\Gamma_{12}(\tau)}{\sqrt{I_1}\ \sqrt{I_2}} \tag{1.6-6}$$

这样，式(1.6-4)可改写为

$$I(Q) = I_1 + I_2 + 2\sqrt{I_1}\ \sqrt{I_2}\mathrm{Re}[\gamma_{12}(\tau)] \tag{1.6-7}$$

这就是平稳光场部分相干理论的一般公式。式(1.6-7)表明要确定两束部分相干光干涉的光强，必须知道每束光的强度和复相干度。

复相干度的取值范围为$0\leqslant|\gamma_{12}(\tau)|\leqslant 1$。当$|\gamma_{12}(\tau)|=0$时，$I(Q)=I_1+I_2$，这样的两束光不产生干涉效应，是完全非相干光；当$|\gamma_{12}(\tau)|=1$时，$I(Q)=(\sqrt{I_1}+\sqrt{I_2})^2$，这样的两束光产生干涉的光强取最大值，是完全相干光；当$0<|\gamma_{12}(\tau)|<1$时，两束光是部分相干的。

1.6.2　准单色光的干涉和互强度

虽然理想的单色辐射光源不存在，但是像激光等光源的辐射场可以看做准单色光，下面研究这一类光场的相干性质。

1. 准单色光的互强度

前面定义的复相干度为一复函数，可以写成

$$\gamma_{12}(\tau) = |\gamma_{12}(\tau)|\ \mathrm{e}^{\mathrm{i}\varphi_{12}(\tau)} \tag{1.6-8}$$

在准单色光情况下，式(1.6-8)中的相位因子可表示为$\varphi_{12}(\tau)=\alpha_{12}(\tau)+2\pi\bar{\nu}\tau$，其中$\alpha_{12}(\tau)$为$P_1$和$P_2$点处的光扰动相位的表观相对延迟，反映这两个扰动相干时干涉条纹的位置；$\bar{\nu}$为中心频率。若令$\delta=2\pi\bar{\nu}\tau=\frac{2\pi}{\lambda}(r_2-r_1)$，根据式(1.6-7)，$Q$点的光强可写成

$$I(Q) = I_1 + I_2 + 2\sqrt{I_1}\ \sqrt{I_2}\ |\gamma_{12}(\tau)|\ \cos[\alpha_{12}(\tau)+\delta] \tag{1.6-9}$$

由于r_1，$r_2\gg\bar{\lambda}$，因此当Q点相对于P_1和P_2点移动时，δ的变化比τ的变化大得多。那么式(1.6-9)中的相位因子$\alpha_{12}(\tau)$和振幅$|\gamma_{12}(\tau)|$由于Q点位置改变所引起的变化比$\cos\delta$和$\sin\delta$缓慢得多，可视为常量。因此Q点光强的极大值、极小值分别为

$$\begin{cases} I_{\max} = I_1 + I_2 + 2\sqrt{I_1}\ \sqrt{I_2}\ |\gamma_{12}(\tau)| \\ I_{\min} = I_1 + I_2 - 2\sqrt{I_1}\ \sqrt{I_2}\ |\gamma_{12}(\tau)| \end{cases} \tag{1.6-10}$$

干涉条纹的对比度为

$$V_p = \frac{I_{\max}-I_{\min}}{I_{\max}+I_{\min}} = \frac{2\sqrt{I_1}\ \sqrt{I_2}}{I_1+I_2}\ |\gamma_{12}(\tau)| \tag{1.6-11}$$

这表明，对于准单色光，在I_1和I_2确定后，干涉条纹的对比度取决于复相干度。当$|\gamma_{12}(\tau)|=1$时，对比度最大，两束光完全相干；当$|\gamma_{12}(\tau)|=0$时，对比度为零，两束光完全不相干；当$0<|\gamma_{12}(\tau)|<1$时，是部分相干的情况。图1.6-2所示为上述三种情况下干涉条纹的强度分布。

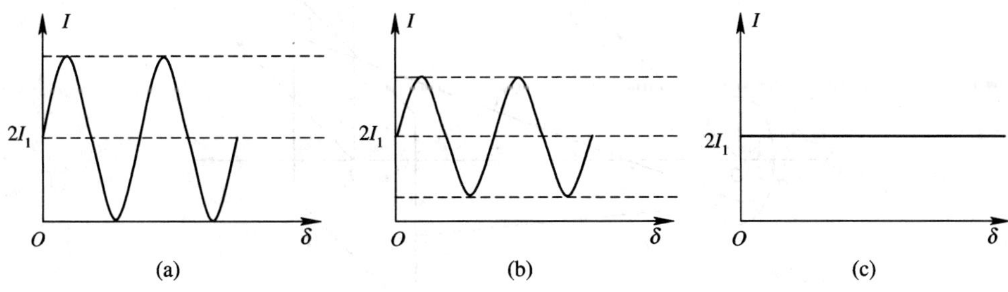

图 1.6－2　两束等光强相干的三种强度分布

(a) $|\gamma_{12}(\tau)|=1$；(b) $0<|\gamma_{12}(\tau)|<1$；(c) $|\gamma_{12}(\tau)|=0$

如果两准单色光束的光强相等，则对比度简化为

$$V_p = |\gamma_{12}(\tau)| \tag{1.6-12}$$

即对比度等于复相干度的模。可见通过实验，可用测量干涉条纹对比度的方法来确定复相干度的大小。

下面对准单色光的相干光强分布做进一步分析。当 $|\tau|$ 比相干时间 τ_c 小很多，即 $|\tau|\ll 1/\Delta\nu=\tau_c$，或 $|(\nu-\bar{\nu})\tau|\ll 1$ 时，若取 $\Gamma_{12}(\nu)$ 为 $\gamma_{12}(\tau)$ 的傅里叶变换，则有

$$\gamma_{12}(\tau) = \int_0^{+\infty} \Gamma_{12}(\nu)\mathrm{e}^{\mathrm{i}2\pi\nu\tau}\,\mathrm{d}\nu = \int_0^{+\infty} \Gamma_{12}(\nu)\mathrm{e}^{\mathrm{i}2\pi\tau(\nu-\bar{\nu})}\,\mathrm{d}\nu \cdot \mathrm{e}^{\mathrm{i}2\pi\bar{\nu}\tau}$$

由于 $|(\nu-\bar{\nu})\tau|\ll 1$，因此近似有

$$\gamma_{12}(\tau) = \mathrm{e}^{\mathrm{i}2\pi\bar{\nu}\tau}\int_0^{+\infty} \Gamma_{12}(\nu)\,\mathrm{d}\nu \tag{1.6-13}$$

令 $\tau=0$，则有

$$\gamma_{12}(0) = \int_0^{+\infty} \Gamma_{12}(\nu)\,\mathrm{d}\nu \tag{1.6-14}$$

因此

$$\gamma_{12}(\tau) = \mathrm{e}^{\mathrm{i}2\pi\bar{\nu}\tau}\gamma_{12}(0) \tag{1.6-15}$$

这意味着，当满足条件 $|\tau|\ll 1/\Delta\nu=\tau_c$ 时，$|\gamma_{12}(\tau)|$、$|\alpha_{12}(\tau)|$ 分别与 $|\gamma_{12}(0)|$、$|\alpha_{12}(0)|$ 相差很小。式(1.6－9)可近似表示为

$$I(Q) = I_1 + I_2 + 2\sqrt{I_1}\sqrt{I_2}\,|\gamma_{12}(0)|\cos[\alpha_{12}(0)+\delta] \tag{1.6-16}$$

令 $\mu_{12}=\gamma_{12}(0)$，$\beta_{12}=\alpha_{12}(0)$，则有

$$I(Q) = I_1 + I_2 + 2\sqrt{I_1}\sqrt{I_2}\,|\mu_{12}|\cos(\beta_{12}+\delta) \tag{1.6-17}$$

式(1.6－17)即为准单色光部分相干理论的基本公式。

可见，准单色光的干涉光强分布与时间差 τ 无关，只取决于 P_1、P_2 点的位置。在以后讨论准单色光场的传播和干涉性质时，用物理量互强度 $J_{12}=J(P_1, P_2)=\Gamma_{12}(0)$ 来描述。

2. 范西特－泽尼克定理

范西特－泽尼克定理所给出的是扩展不相干准单色光场的互强度和复相干度的计算公式。如图 1.6－3 所示，扩展准单色光源 σ 照明离光源距离 OO_1 的屏 M，光源 σ 与屏 M 之间为均匀介质。设 σ 的线度远小于 OO_1，所研究屏上的两点 P_1、P_2 离 O_1 不远。

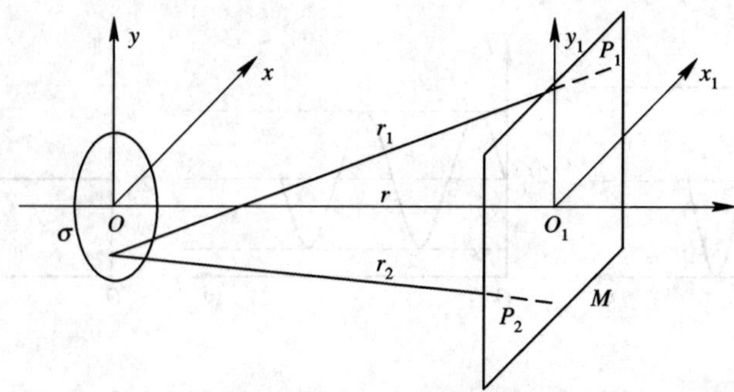

图 1.6-3 范西特-泽尼克定理示意图

把扩展光源看成是 N 个小面元组成的，屏 M 上两点 P_1、P_2 的光扰动为各面元引起的光扰动之和

$$\mathbf{U}_1(t)=\sum_m U_{m1}(t),\quad \mathbf{U}_2(t)=\sum_n \mathbf{U}_{n2}(t)$$

因此互强度可以表示为

$$\begin{aligned}J(P_1, P_2)&=\langle \mathbf{U}_1(t)\mathbf{U}_2^*(t)\rangle\\&=\sum_m\langle \mathbf{U}_{m1}(t)\mathbf{U}_{m2}^*(t)\rangle+\sum\sum_{m\neq n}\langle \mathbf{U}_{m1}(t)\mathbf{U}_{n2}^*(t)\rangle\end{aligned}$$

由于扩展光源各面元的光辐射没有确定的相位关系(不相关)，因此 $m\neq n$ 的面元对互强度的贡献为零，互强度可简化为

$$J(P_1, P_2)=\sum_m\langle \mathbf{U}_{m1}(t)\mathbf{U}_{m2}^*(t)\rangle \tag{1.6-18}$$

如果光源中第 m 面元 Δs_m 离 P_1、P_2 点的距离分别为 r_{m1}、r_{m2}，则该面元在 P_1、P_2 点的光扰动分别为

$$\begin{cases}\mathbf{U}_{m1}(t)=\mathbf{A}_{m1}\left(t-\dfrac{r_{m1}}{v}\right)\dfrac{e^{-i2\pi\bar{\nu}(t-r_{m1}/v)}}{r_{m1}}\\\mathbf{U}_{m2}(t)=\mathbf{A}_{m2}\left(t-\dfrac{r_{m2}}{v}\right)\dfrac{e^{-i2\pi\bar{\nu}(t-r_{m2}/v)}}{r_{m2}}\end{cases} \tag{1.6-19}$$

式中：$\mathbf{A}_{m1}$ 和 $\mathbf{A}_{m2}$ 是第 m 面元在 P_1、P_2 点的光扰动的振幅；v 为光波在媒质中的传播速度。将式(1.6-19)代入式(1.6-18)得

$$\begin{aligned}J(P_1, P_2)&=\sum_m\left\langle \mathbf{A}_{m1}\left(t-\frac{r_{m1}}{v}\right)\mathbf{A}_{m2}^*\left(t-\frac{r_{m2}}{v}\right)\frac{e^{-i2\pi\bar{\nu}(r_{m1}-r_{m2})/v}}{r_{m1}r_{m2}}\right\rangle\\&=\sum_m\left\langle \mathbf{A}_{m1}(t)\mathbf{A}_{m2}^*\left(t+\frac{r_{m1}}{v}-\frac{r_{m2}}{v}\right)\right\rangle\frac{e^{-i2\pi\bar{\nu}(r_{m1}-r_{m2})/v}}{r_{m1}r_{m2}}\end{aligned}$$

在准单色光条件下，$r_{m2}-r_{m1}$ 远小于相干长度，近似有 $\mathbf{A}_{m1}=\mathbf{A}_{m2}=\mathbf{A}_m$，并且振幅中 $(r_{m2}-r_{m1})/v$ 因子可以忽略，故上式简化为

$$J(P_1, P_2)=\sum_m\langle \mathbf{A}_{m1}(t)\mathbf{A}_{m2}^*(t)\rangle\frac{e^{-i2\pi\bar{\nu}(r_{m1}-r_{m2})/v}}{r_{m1}r_{m2}} \tag{1.6-20}$$

式中：$\langle \mathbf{A}_{m1}(t)\mathbf{A}_{m2}^*(t)\rangle$为光源面元 Δs_m 的辐射光强。若用 $I(s)$表示单位面积的光强，并令 $N\to\infty$，$\Delta s\to ds$，式(1.6-20)可用积分表示为

$$J(P_1, P_2)=\int_\sigma I(s)\frac{e^{-i\bar{k}(r_1-r_2)}}{r_1r_2}\,ds \tag{1.6-21}$$

式中：r_1、r_2 是面元 $\mathrm{d}s$ 到 P_1、P_2 点的距离；$\bar{k}=2\pi\bar{\nu}/v$ 为波数。由式(1.6-21)可得复相干度

$$\mu(P_1,\ P_2)=\frac{1}{\sqrt{I_1}\ \sqrt{I_2}}\int_{\sigma} I(s)\ \frac{\mathrm{e}^{-\mathrm{i}\bar{k}(r_1-r_2)}}{r_1 r_2}\ \mathrm{d}s \tag{1.6-22}$$

这就是范西特-泽尼克定理的表达式。由式(1.6-22)可以计算空间任意位置的互强度。

当观察面满足远场条件时，范西特-泽尼克定理分母部分中的 r_1 和 r_2 可近似取 $r_1\approx r$，$r_2\approx r$；而复指数因子中的 r_1 和 r_2 将其展开为幂级数并略去高次项

$$r_1=[(x_1-x_0)^2+(y_1-y_0)^2+r^2]^{1/2}\approx r+\frac{(x_1-x_0)^2+(y_1-y_0)^2}{2r}$$

$$r_2=[(x_2-x_0)^2+(y_2-y_0)^2+r^2]^{1/2}\approx r+\frac{(x_2-x_0)^2+(y_2-y_0)^2}{2r}$$

得到

$$\begin{cases} J(P_1,\ P_2)=c\displaystyle\iint_{\sigma} I(x_0,\ y_0)\ \frac{1}{r^2}\mathrm{e}^{-\mathrm{i}\frac{\bar{k}}{r}[(x_2-x_1)x_0+(y_2-y_1)y_0]}\ \mathrm{d}x_0\ \mathrm{d}y_0 \\ \mu(P_1,\ P_2)=\dfrac{c}{\sqrt{I_1}\ \sqrt{I_2}}\displaystyle\iint_{\sigma} I(x_0,\ y_0)\ \frac{1}{r^2}\mathrm{e}^{-\mathrm{i}\frac{\bar{k}}{r}[(x_2-x_1)x_0+(y_2-y_1)y_0]}\ \mathrm{d}x_0\ \mathrm{d}y_0 \end{cases} \tag{1.6-23}$$

式中：

$$\begin{cases} c=\mathrm{e}^{\mathrm{i}\frac{\bar{k}}{2r}[(x_1^2+y_1^2)-(x_2^2+y_2^2)]} \\ I_1=J_1(P_1,\ P_1)=\displaystyle\iint_{\sigma} I(x_0,\ y_0)\ \frac{1}{r_1^2}\ \mathrm{d}x_0\ \mathrm{d}y_0 \\ I_2=J_2(P_2,\ P_2)=\displaystyle\iint_{\sigma} I(x_0,\ y_0)\ \frac{1}{r_2^2}\ \mathrm{d}x_0\ \mathrm{d}y_0 \end{cases} \tag{1.6-24}$$

应用式(1.6-23)能够很方便地计算各类扩展光源照明的物平面上的互强度和复相干度。

3. 霍普金斯公式

范西特-泽尼克定理只适用于光源和所研究的平面之间是均匀介质的情况，霍普金斯将其推广到非均匀介质和介质是由若干不同折射率的均匀区域连接成的情形。

霍普金斯公式的推导过程与范西特-泽尼克定理完全相同，只是将范-泽式中的因子 $\mathrm{e}^{\mathrm{i}\bar{k}r_{mj}}/r_{mj}$ 用介质的透射函数 $\mathbf{K}(S_m,\ P,\ \bar{\nu})$ 来代替。$\mathbf{K}(S_m,\ P,\ \bar{\nu})$ 表示位于 S_m 处面积为 $\mathrm{d}s$ 的准单色点光源在 P 点引起的复扰动。显然，在均匀介质中，$\mathbf{K}(S,\ P,\ \bar{\nu})=-\mathrm{i}\mathrm{e}^{\mathrm{i}\bar{k}r}/(\bar{\lambda}r)$；在非均匀介质中，$\mathrm{i}\bar{\lambda}\mathbf{K}(S_m,\ P,\ \bar{\nu})=\mathrm{e}^{\mathrm{i}\bar{k}r_{mj}}/r_{mj}$，式(1.6-21)变为

$$J(P_1,\ P_2)=\bar{\lambda}^2\int_{\sigma} I(S)\mathbf{K}(S,\ P_1,\ \bar{\nu})\mathbf{K}^*(S,\ P_2,\ \bar{\nu})\ \mathrm{d}s \tag{1.6-25}$$

以及

$$\mu(P_1,\ P_2)=\frac{\bar{\lambda}^2}{\sqrt{I_1}\ \sqrt{I_2}}\int_{\sigma} I(S)\mathbf{K}(S,\ P_1,\ \bar{\nu})\mathbf{K}^*(S,\ P_2,\ \bar{\nu})\ \mathrm{d}s \tag{1.6-26}$$

为应用方便，取

$$\mathrm{i}\bar{\lambda}\mathbf{K}(S,\ P_1,\ \bar{\nu})\sqrt{I(S)}=\mathbf{U}(S,\ P_1),\quad \mathrm{i}\bar{\lambda}\mathbf{K}(S,\ P_2,\ \bar{\nu})\sqrt{I(S)}=\mathbf{U}(S,\ P_2)$$

得到

$$\begin{cases} J(P_1, P_2) = \int_\sigma \mathbf{U}(S, P_1)\mathbf{U}^*(S, P_2)\,\mathrm{d}s \\ \mu(P_1, P_2) = \dfrac{1}{\sqrt{I_1}\sqrt{I_2}}\int_\sigma \mathbf{U}(S, P_1)\mathbf{U}^*(S, P_2)\,\mathrm{d}s \end{cases} \tag{1.6-27}$$

这就是霍普金斯公式，可以用来计算非均匀介质空间任一位置的互强度和复相干度。其中$\mathbf{U}(S, P)$的物理意义是强度为$\sqrt{I(S)}$、初相为0的单色点光源S在P点的光扰动。

习 题 一

1. 一列波长为λ的平面波，振幅为A，传播方向平行于xOz面并与z轴夹角30°，写出其三维复振幅表达式及在$z=z_1$平面内的复振幅空间频率表示式，并求复振幅分布在x和y方向上的空间周期和频率。

2. 与复振幅互为复数共轭的光波称为相位共轭波。试分析习题1中光波的相位共轭波是什么样的光波。

3. 轴外点光源$Q(x_0, y_0, z_0)$发出一列球面光波，试写出它在$z=z_1(z_1>z_0)$平面上的复振幅表达式。若规定光波总是自左向右(沿z轴正方向)传播，试分析上述光波的相位共轭光波的特征。

4. 给定$f(x)=\mathrm{rect}(x+2)+\mathrm{rect}(x-2)$，画出以下函数的图形。

(1) $f(x)$；

(2) $f(x)\ \mathrm{sgn}(x)$；

(3) $f\left(\dfrac{x}{2}\right)$；

(4) $f(2x-1)$。

5. 画出下列函数的图形。

(1) $f(x)=\left[\mathrm{rect}\left(\dfrac{x}{4}\right)-\Lambda\left(\dfrac{x}{2}\right)\right]\mathrm{sgn}(x)$；

(2) $g(x, y)=\mathrm{rect}\left(\dfrac{x}{2}, \dfrac{y}{4}\right)-\mathrm{rect}\left(x, \dfrac{y}{2}\right)$；(画轴截面图)

(3) $p(x, y)=\mathrm{circ}\left(\dfrac{\sqrt{x^2+y^2}}{2}\right)-\mathrm{circ}(\sqrt{x^2+y^2})$。(画轴截面图)

6. 给定正实数b和x_0以及函数$f(x)=\Lambda(x)\ \mathrm{step}(x)$，画出下列函数图形。

(1) $f(x)$；

(2) $f(x-x_0)$；

(3) $f\left(\dfrac{x}{-b}\right)$；

(4) $f\left(\dfrac{x-x_0}{-b}\right)$。

7. $f(x)$为任意函数，b和x_0为实常数，试证明下列表达式成立。

(1) $f(x)\delta\delta\left(\dfrac{x-x_0}{b}\right)=|b|[f(x_0-b)\delta(x-x_0+b)]+|b|[f(x_0+b)\delta(x-x_0-b)]$；

(2) $f(x)\text{comb}\left(\frac{x-x_0}{b}\right)=|b|\sum_{n=-\infty}^{+\infty}f(x_0+nb)\delta(x-x_0-nb)$。

8. 设 $a>b>0$，求证：$\left[\text{rect}\left(\frac{x}{b}\right)+\text{rect}\left(\frac{x-a/2}{a-b}\right)\right]\frac{1}{a}\text{comb}\left(\frac{x}{b}\right)-1$。

9. 求证：$\int_{-\infty}^{+\infty}\delta\left(\frac{x-x_0}{b}\right)e^{i2\pi ux}\,dx=|b|e^{i2\pi ux_0}$。

10. 求下列卷积，并将结果用图表示出来。

(1) $g(x)=\text{step}(x)*\text{rect}(x)$；

(2) $g(x)=\text{step}(x)*\text{step}(x)$；

(3) $g(x)=\text{rect}(x)*\text{rect}(x-2)$；

(4) $g(x)=\text{rect}(x)*[\text{rect}(x+2)-\text{rect}(x-2)]$；

(5) $g(x)=\text{rect}(x)*\text{rect}(x)*\text{rect}(x)$；

(6) $f(x, y)=\text{rect}(x, y)*\text{rect}(x, y)$。

11. $f(x)$和 $g(x)$为任意函数，b，d，x_1 和 x_2 为实常数，证明下述等式成立。

(1) $\delta(x-x_1)*f(x)=f(x-x_1)$；

(2) $\delta(x)*f(x-x_2)=f(x-x_2)$；

(3) $\delta\left(\frac{x-x_1}{b}\right)*f\left(\frac{x-x_2}{b}\right)=|b|f\left(\frac{x-x_1-x_2}{b}\right)$；

(4) $\frac{1}{|b|}\delta\delta\left(\frac{1}{b}\right)*f(x)=f(x+b)+f(x-b)$；

(5) $\frac{1}{|b|}\text{comb}\left(\frac{x}{b}\right)*f(x)=\sum_{n=-\infty}^{\infty}f(x-nb)$。

12. 给定函数 $f(x)=e^{i\phi(x)}$，其傅里叶变换 $F(\xi)=\text{FT}\{f(x)\}$，证明：

(1) $\text{FT}\{\cos\phi(x)\}=0.5[F(\xi)+F^*(-\xi)]$；

(2) $\text{FT}\{\sin\phi(x)\}=0.5i[F^*(-\xi)-F(\xi)]$。

13. 设 x_0 和 b 为实常数，$F(\xi)=\text{FT}\{f(x)\}$，证明：

(1) $\text{FT}\left\{\delta\left(\frac{x-x_0}{b}\right)\right\}=|b|e^{-i2\pi x_0\xi}$；

(2) $\text{FT}\left\{f(x)*\delta\left(\frac{x-x_0}{b}\right)\right\}=|b|F(u)e^{-i2\pi x_0\xi}$；

(3) $\text{FT}\{f(x)\delta(x-x_0)\}=F(x_0)e^{-i2\pi x_0\xi}$。

14. 求下列函数的傅里叶变换。

(1) $f(x)=\text{rect}(0.5x)$；

(2) $f(x)=\text{rect}(x-1)$；

(3) $f(x)=\text{rect}\left(\frac{x}{3}\right)\text{rect}\left(\frac{x+3}{5}\right)$，画出其图形，并利用上式证明：

$$3\ \text{sinc}(3\nu)*5\ \text{sinc}(5\nu)\cdot e^{i6\pi\nu}=\text{sinc}(\nu)e^{i2\pi\nu}$$

(4) $f(x)=\int_{-\infty}^{x}\text{rect}(u)\,du$；

(5) $f(x, y)=\text{sinc}^2(0.5x, 0.25y)*\text{sinc}(x, 0.5y)$；

(6) $f(x, y)=0.04\ \text{comb}(0.2x, 0.2y)*\text{rect}(x, y)\text{circ}\left(\frac{\sqrt{x^2+y^2}}{55}\right)$；

(7) $f(x)=\text{rect}(x-1)\otimes\text{rect}(x-1)$。

15. 求下列函数的傅里叶逆变换。

(1) $F(\xi)=\frac{1}{10}\delta\delta\left(\frac{\xi}{10}\right)$；

(2) $F(\xi)=\text{sinc}^2\left(\frac{\xi-2}{2}\right)$；

(3) $F(\xi)=\Lambda(\xi+1)-\Lambda(\xi-1)$；

(4) $F(\xi)=\text{rect}\left(\frac{\xi}{3}\right)-\text{rect}(\xi)$。

16. 给定常数 a 和 b，正整数 N 以及函数 $F(\xi)=\frac{1}{|a|}\text{comb}\left(\frac{\xi}{a}\right)\text{rect}\left(\frac{\xi}{b}\right)$。

(1) 求 $f(x)=\text{FT}^{-1}\{F(\xi)\}$ 的一般表达式；

(2) 当 $\left|\frac{b}{a}\right|\to\infty$ 时，$f(x)$ 的性质如何？

(3) 对 $2(N-1)<\left|\frac{b}{a}\right|<2N$，证明：$f(x)=1+2\sum_{n=1}^{N-1}\cos(2\pi nax)$；

(4) 对 $2N<\left|\frac{b}{a}\right|<2(N+1)$，证明：$f(x)=1+2\sum_{n=1}^{N}\cos(2\pi nax)$。

17. 假设函数 $f(x)=\cos(2\pi x)$ 在 $x=n/4(n=0, \pm1, \pm2, \cdots)$ 处抽样，画出函数 $f(x)$ 并指出其抽样值。并确定 $f(x=7/8)$ 时(1.5-13)式的值，这里值要求对 $n=2, 3, 4, 5$ 进行求和。

18. 证明：在频率平面上的一个半径为 B 的圆域之外没有非零频谱分量的函数，遵从下述抽样定理

$$g(x, y)=\sum_{m=-\infty}^{+\infty}\sum_{n=-\infty}^{+\infty}g\left(\frac{m}{2B}, \frac{n}{2B}\right)\left\{2\pi B^2\frac{J_1\left[2\pi B\sqrt{\left(x-\frac{m}{2B}\right)^2+\left(y-\frac{n}{2B}\right)^2}\right]}{2\pi B\sqrt{\left(x-\frac{m}{2B}\right)^2+\left(y-\frac{n}{2B}\right)^2}}\right\}$$

第 2 章　线性系统概论

在现代光学中，光学装置被看成是收集、传递或变换信息的系统。一个光学系统的理想成像，就是将物空间的物体信息传递、变换到像空间，在像面上形成不失真的物体像。这样的理想光学系统显然是一线性系统。虽然实际光学成像系统由于不可避免地存在像差，总会产生失真，是非线性的，但在把研究的问题看做线性的而不会引起明显误差，或只在某个小范围内满足线性性质时，就可以将其当作线性问题来处理。所以，线性系统理论与傅里叶分析方法一样，是研究现代光学中成像系统和信息处理系统的重要理论基础。本章主要介绍线性系统特别是空间不变线性系统的定义、特点及其分析方法。

2.1　线性系统的基本概念

1. 系统及其分类

所谓系统，是指一组相互关联的事物构成的总体，如光学系统、通信系统、管理系统和指挥系统等。这样定义的系统可分为物理系统和非物理系统。这里仅讨论物理系统。

一个物理系统是这样一种装置：当对其作用一个激励时，它就产生一个响应。其示意图如图 2.1－1 所示。通常把激励称为系统的输入，响应称为系统的输出。一般的物理系统可以有数个输入端和输出端，而且输入、输出端的数目也不一定相同。由于光学系统一般只有一个输入端和一个输出端，这里只研究仅有一个输入端和一个输出端的物理系统。

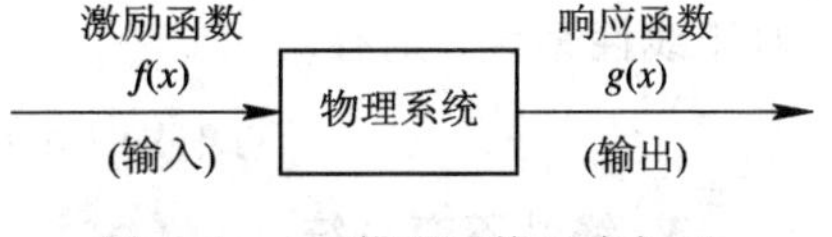

图 2.1－1　物理系统示意框图

实际物理系统种类繁多，按其性质通常将其分为如下几种类型：线性和非线性系统；位移不变和位移变化系统；连续变量和离散变量系统；确定性和非确定性系统；存储和非存储系统等。在科学技术领域，很多实际应用系统都可以简化为线性系统。线性系统既具有简单而明了的物理意义，同时也容易得到输入和输出之间的关系。

系统论的引入，使得我们在研究一个光学系统时，所关心的是系统对于给定的激励产生什么样的响应，而不去考虑系统内部的具体结构和具体工作原理。线性系统理论是从总体上研究这一类系统输入、输出之间的对应关系和它们的共同特性。

2. 线性系统的定义及其算符表示

假设一个激励 $f_1(x)$ 作用于某系统产生的响应为 $g_1(x)$，而激励 $f_2(x)$ 产生的响应为 $g_2(x)$，用符号表示为

$$f_1(x) \rightarrow g_1(x), \quad f_2(x) \rightarrow g_2(x) \tag{2.1-1}$$

如果系统满足可加性

$$f_1(x) + f_2(x) \rightarrow g_1(x) + g_2(x) \tag{2.1-2}$$

和齐次性(均匀性)

$$c_1 f_1(x) \rightarrow c_1 g_1(x) \tag{2.1-3}$$

式中：c_1 为任意常数。这样的系统称为线性系统。综合式(2.1-2)和式(2.1-3)，线性系统的定义可表示为

$$c_1 f_1(x) + c_2 f_2(x) \rightarrow c_1 g_1(x) + c_2 g_2(x) \tag{2.1-4}$$

式中：c_1、c_2 为任意常数。可加性表明，由几个激励函数相加产生的总响应是各个激励单独作用所产生的响应函数之和；齐次性表明，当系统未加激励时它不产生任何响应，有保持比例因子不变的特性。线性系统的可加性和齐次性是两个独立的性质，只有同时满足这两个性质的系统才是线性系统，缺一不可。

我们分析一个给定的系统，就是要确定系统输入、输出之间的对应关系，这种关系可用一个数学方程来描述。描述线性系统的数学方程必须是线性齐次方程，这种方程可以是代数方程、差分方程和微分方程等。例如，一个系统的输入、输出之间的关系是由线性方程 $y(t)=ax(t)+b$ 给定的。对于输入信号 $f_1(t)$，相应的输出为 $g_1(t)=af_1(t)+b$；对于输入信号 $f_2(t)$，相应的输出为 $g_2(t)=af_2(t)+b$；如果输入信号为 $f_1(t)+f_2(t)$，这时的输出为 $g_{1+2}(t)=a[f_1(t)+f_2(t)]+b$。显然，它不等于两个信号单独输入的输出之和，只有当 $b=0$，描述输入、输出的方程为齐次时，才有 $g_{1+2}(t)=g_1(t)+g_2(t)$。

描述系统输入、输出之间关系的数学方程是把一个激励转换为系统的一个响应，这种转换也可以用一个算子表示为

$$g(x) = \mathrm{L}\{f(x)\} \tag{2.1-5}$$

对于线性系统，则有

$$c_1 g_1(x) + c_2 g_2(x) = \mathrm{L}\{c_1 f_1(x) + c_2 f_2(x)\} \tag{2.1-6}$$

3. 线性不变系统

对于一个系统，一个输入函数 $f(x)$ 在不同的位置(空间域)或不同的时间(时间域)作用于系统，它的响应函数 $g(x)$ 不一定相同。也就是说，如果激励函数在 x_1、x_2 分别作用于系统，并记为 $f_1(x, x_1)$ 和 $f_2(x, x_2)$，则其响应 $g_1(x, x_1)$ 和 $g_2(x, x_2)$ 一般为 x 和 x_1、x 和 x_2 的函数，且函数形式可以不一样。

如果一个系统当输入函数的位置移动时，输出函数的形状不变，其输出函数位置仅产生相同的移动，则称该系统为位移不变系统，即若

$$\mathrm{L}\{f(x)\} = g(x)$$

则

$$\mathrm{L}\{f(x - x_0)\} = g(x - x_0) \tag{2.1-7}$$

式中：x_0 为实常数。

一个系统既是线性的，又是位移不变的，则称为线性位移不变系统，简称为线性不变系统。该系统用算符表示为

$$\mathrm{L}\{c_1 f_1(x - x_1) + c_2 f_2(x - x_2)\} = c_1 g_1(x - x_1) + c_2 g_2(x - x_2) \tag{2.1-8}$$

式中：x_1 和 x_2 为实常数。

2.2 线性系统分析方法

线性系统的最基本特点就是它对同时作用的几个激励函数的响应等于每个激励函数单独作用时所产生的响应之和。根据这一原理，就可以把线性系统对任一复杂激励的响应用它对某种“基元”激励的响应表示出来。因此，对线性系统的研究就可简化为系统对基元函数的响应，而系统对任一输入函数的响应可用基元函数响应的线性组合来表示。

所谓基元函数，是指不能再分解的基本函数元。线性系统理论中常用的基元函数有 δ 函数，阶跃函数，正、余弦函数以及复指数函数等。

下面分别介绍基元函数响应的空间域和频率域分析方法。

2.2.1 线性系统对基元函数的响应

1. 脉冲响应

当系统的输入是一个用 δ 函数表示的脉冲时，其对应的输出称为系统的脉冲响应。如果线性系统对位于 $x=x_0$ 处的输入脉冲 $\delta(x-x_0)$ 的响应用 $h(x;\ x_0)$ 表示，即

$$\mathrm{L}\{\delta(x-x_0)\} = h(x;\ x_0) \tag{2.2-1}$$

那么，在原点处的脉冲输入 $\delta(x)$，其输出为

$$\mathrm{L}\{\delta(x)\} = h(x;\ 0) \tag{2.2-2}$$

一般来说，$h(x;\ x_0)$ 和 $h(x;\ 0)$ 具有不同的函数形式。但对于线性不变系统，由于位移不变性，它对 $x=x_0$ 处的输入脉冲 $\delta(x-x_0)$ 的响应可以写成

$$\mathrm{L}\{\delta(x-x_0)\} = h(x;\ x_0) = h(x-x_0;\ 0) \tag{2.2-3}$$

可见，线性不变系统的脉冲响应仅由观察点 x 与输入作用点 x_0 间的间隔决定，而与单独 x、x_0 的位置无关。因此，线性不变系统的脉冲响应可以简化为

$$\mathrm{L}\{\delta(x-x_0)\} = h(x-x_0) \tag{2.2-4a}$$

和

$$\mathrm{L}\{\delta(x)\} = h(x) \tag{2.2-4b}$$

对于不同的线性系统，脉冲响应的具体表达式不同，分析一个系统，就是求出其具体的脉冲响应函数表达式。

2. 复指数函数的响应

当线性不变系统的输入为复指数函数 $\mathrm{e}^{\mathrm{i}2\pi\xi_0 x}$ 时，其输出为

$$\mathrm{L}\{\mathrm{e}^{\mathrm{i}2\pi\xi_0 x}\} = g(x;\ \xi_0) \tag{2.2-5}$$

式中：ξ_0 为一任意实参数。若输入为位移形式 $\mathrm{e}^{\mathrm{i}2\pi\xi_0 (x-x_0)}$（其中 x_0 为实常数），则由线性性质可得

$$\mathrm{L}\{\mathrm{e}^{\mathrm{i}2\pi\xi_0 (x-x_0)}\} = \mathrm{L}\{\mathrm{e}^{-\mathrm{i}2\pi\xi_0 x_0}\mathrm{e}^{\mathrm{i}2\pi\xi_0 x}\} = \mathrm{e}^{-\mathrm{i}2\pi\xi_0 x_0} g(x;\ \xi_0) \tag{2.2-6}$$

由位移不变性得

$$\mathrm{L}\{\mathrm{e}^{-\mathrm{i}2\pi\xi_0 (x-x_0)}\} = g(x-x_0;\ \xi_0) \tag{2.2-7}$$

因此有

$$g(x-x_0;\ \xi_0)=\mathrm{e}^{-\mathrm{i}2\pi\xi_0 x_0}g(x;\ \xi_0) \tag{2.2-8}$$

函数 $g(x-x_0;\ \xi_0)$是 $g(x;\ \xi_0)$的位移形式，它们一般是复函数。

把 $g(x;\ \xi_0)$表示成复数形式

$$g(x;\ \xi_0)=H(x;\ \xi_0)\mathrm{e}^{-\mathrm{i}\Phi(x;\ \xi_0)}$$

式中：$H(x;\ \xi_0)$和 $\Phi(x;\ \xi_0)$分别为 $g(x;\ \xi_0)$的振幅和相位函数。并由此得到

$$g(x-x_0;\ \xi_0)=H(x-x_0;\ \xi_0)\mathrm{e}^{-\mathrm{i}\Phi(x-x_0;\ \xi_0)}$$

应用式(2.2-8)可得

$$\frac{g(x-x_0;\ \xi_0)}{g(x;\ \xi_0)}=\frac{H(x-x_0;\ \xi_0)\mathrm{e}^{-\mathrm{i}\Phi(x-x_0;\ \xi_0)}}{H(x;\ \xi_0)\mathrm{e}^{-\mathrm{i}\Phi(x;\ \xi_0)}}=\mathrm{e}^{-\mathrm{i}2\pi\xi_0 x_0} \tag{2.2-9}$$

即

$$\begin{cases}\dfrac{H(x-x_0;\ \xi_0)}{H(x;\ \xi_0)}=1\\ \Phi(x-x_0;\ \xi_0)-\Phi(x;\ \xi_0)=2\pi\xi_0 x_0\end{cases} \tag{2.2-10}$$

由式(2.2-10)可见，复指数激励函数在不同点作用于线性不变系统所产生的响应函数振幅处处相同，因而振幅函数必然与 x 无关，仅是参量 ξ_0 的函数；而由不同点输出的相位函数的增量为一常量，这说明相位函数是位置 x 的线性函数。因此，输出 $g(x;\ \xi_0)$应具有的形式为

$$g(x;\ \xi_0)=H(\xi_0)\mathrm{e}^{\mathrm{i}2\pi\xi_0 x} \tag{2.2-11}$$

即对线性不变系统有

$$\mathrm{L}\{\mathrm{e}^{\mathrm{i}2\pi\xi_0 x}\}=H(\xi_0)\mathrm{e}^{\mathrm{i}2\pi\xi_0 x} \tag{2.2-12}$$

显然，线性不变系统的输入为复指数函数时，输出也为复指数函数，输出函数的形式不变，只是振幅有变化。这种输出保持输入形式不变的函数称为系统的特征函数，线性不变系统的特征函数就是复指数函数。

一般来说，如果一个线性不变系统的特征函数为 $\psi(x;\ \xi_0)$，当系统的输入也是 $\psi(x;\ \xi_0)$时，对应的输出为

$$\mathrm{L}\{\psi(x;\ \xi_0)\}=H(\xi_0)\psi(x;\ \xi_0) \tag{2.2-13}$$

式中：$H(\xi_0)$为一复比例系数，它表示系统特征函数所对应的输出与该特征函数之比，与空间位置变量 x 无关，仅取决于参量 ξ_0 的大小。它可用复数形式表示为

$$H(\xi_0)=A(\xi_0)\mathrm{e}^{-\mathrm{i}\Phi(\xi_0)}$$

式中：$A(\xi_0)$为复振幅，表示输出函数的衰减或增益；$\Phi(\xi_0)$为相位，表示输出函数沿 x 轴位移量的大小。这样式(2.2-13)可改写为

$$\mathrm{L}\{\psi(x;\ \xi_0)\}=A(\xi_0)\mathrm{e}^{-\mathrm{i}\Phi(\xi_0)}\psi(x;\ \xi_0) \tag{2.2-14}$$

众所周知，复指数函数 $\mathrm{e}^{-\mathrm{i}2\pi\xi_0 x}$是正、余弦函数 $\sin 2\pi\xi_0 x$ 和 $\cos 2\pi\xi_0 x$ 的一种表示形式，显然，参量 ξ_0 表示频率。由于 ξ_0 取值的任意性，实际上它是频率变量，因此复比例常数表征系统对特征函数的传递特性。通常把 $H(\xi)$称为线性不变系统的传递函数(频率响应)，而把 $A(\xi)$和 $\Phi(\xi)$分别称为振幅(调制)传递函数和相位传递函数。与脉冲响应一样，传递函数 $H(\xi)$也经常用来表征一个线性不变系统。

3. 余弦函数的响应

当线性不变系统的传递函数 $H(\xi)$是厄米函数，即 $H(\xi)=H^*(-\xi)$时，系统对余弦函数的响应仍为余弦函数。设输入为 $\cos 2\pi\xi_0 x$，则输出为

$$
\begin{aligned}
L\{\cos 2\pi\xi x\} &= L\left\{\frac{1}{2}(e^{i2\pi\xi x}+e^{-i2\pi\xi x})\right\} \\
&= \frac{1}{2}[H(\xi)e^{i2\pi\xi x}+H(-\xi)e^{i2\pi(-\xi)x}] \\
&= \frac{1}{2}[H(\xi)e^{i2\pi\xi x}]+\frac{1}{2}[H(\xi)e^{i2\pi\xi x}]^* \\
&= \frac{1}{2}A(\xi)[e^{-i\Phi(\xi)}e^{i2\pi\xi x}+e^{i\Phi(\xi)}e^{-i2\pi\xi x}] \\
&= A(\xi)\cos\left[2\pi\xi\left(x-\frac{\Phi(\xi)}{2\pi\xi}\right)\right]
\end{aligned}
\tag{2.2-15}
$$

这表明，满足一定条件的线性不变系统，当输入为余弦函数时，其输出仍为同频率的余弦函数，只不过是输出振幅为 $A(\xi)$，且产生一个相移 $\Phi(\xi)/(2\pi\xi)$。

2.2.2　线性系统的空间域和频率域分析方法

线性系统的分析方法一般分为空间域和频率域，它们都是建立在叠加原理的基础上的。下面分别介绍这两种分析方法。

1. 空间域分析法

空间域分析法的要点是用一个空间变量的函数，即脉冲响应函数 $h(x)$来表征系统的特性。对任一复杂的输入函数 $f(x)$，用脉冲分割法将其分解为基元函数的线性组合，这些基元可用 δ 函数表示。各基元响应的同样的线性组合就是 $f(x)$的响应 $g(x)$。

对于一个实际的线性系统，脉冲响应函数 $h(x)$应满足

$$
\int_{-\infty}^{+\infty}|h(x)|\,dx<\infty \tag{2.2-16}
$$

这一条件要求系统当输入函数有界时，输出函数必须有界。

设一个复杂的输入函数 $f(x)$可以近似表示为如图 2.2-1 所示的 n 个窄脉冲之和。我们考察第 i 个窄脉冲，该脉冲坐标为 x_i，宽度为 Δx_i，高度为 $f(x_i)$，该脉冲的面积为 $f(x_i)\Delta x_i$。当 $\Delta x_i\to 0$ 时，$f_i(x)$就是强度等于脉冲面积的 δ 函数，而该 δ 函数位于 $x=x_i$ 处，即

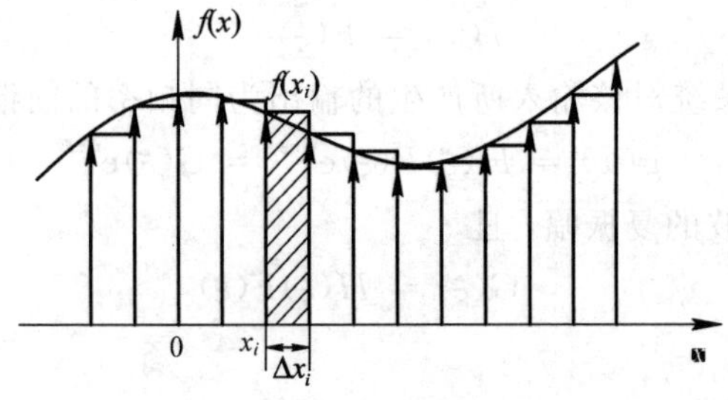

图 2.2-1　函数的脉冲分割

$$f_i(x) \approx f(x_i)\Delta x_i \delta(x - x_i) \tag{2.2-17}$$

这样，输入函数就可以分解为 δ 函数的线性组合

$$f(x) \approx \sum_i f_i(x) = \sum_i f(x_i)\Delta x_i \delta(x - x_i) \tag{2.2-18}$$

当式(2.2-17)所示的输入作用于系统时，由线性系统的齐次性可知其输出 $g_i(x)$ 为脉冲响应的 $f(x_i)\Delta x_i$ 倍，即

$$g_i(x) = f(x_i)\Delta x_i h(x;\ x_i) \tag{2.2-19}$$

若系统为线性不变系统，则

$$g_i(x) = f(x_i)\Delta x_i h(x - x_i) \tag{2.2-20}$$

由叠加原理，$f(x)$ 对应的输出 $g(x)$ 分别为

$$\begin{cases} g(x) = \sum_i g_i(x) = \sum_i f(x_i)\Delta x_i h(x;\ x_i) \\ g(x) = \sum_i g_i(x) = \sum_i f(x_i)\Delta x_i h(x - x_i) \end{cases} \tag{2.2-21}$$

令窄脉冲宽度 $\Delta x_i \to 0$，脉冲数 $n \to \infty$，应用 $h(x)$ 满足的条件，上面式(2.2-21)的极限变为下列积分：

$$\begin{cases} g(x) = \int_{-\infty}^{+\infty} f(x_i)h(x;\ x_i)\,\mathrm{d}x_i \\ g(x) = \int_{-\infty}^{+\infty} f(x_i)h(x - x_i)\,\mathrm{d}x_i \end{cases} \tag{2.2-22}$$

以上讨论表明：对于线性系统，任何复杂激励的响应都是输入函数与脉冲响应函数乘积的积分；对于线性不变系统，任何复杂激励的响应都是输入函数与脉冲响应函数的卷积，即

$$g(x) = f(x) * h(x) \tag{2.2-23}$$

2. 频率域分析法

频率域分析法只适用于线性不变系统。频率域分析的要点是用一个频率变量的函数，即系统传递函数 $H(\xi)$ 表征线性不变系统的特性。用频谱分析的方法(傅里叶变换)将激励函数 $f(x)$ 分解为各种频率的余弦或复指数函数的线性组合，由于复指数函数的响应等于该函数与传递函数 $H(\xi)$ 的乘积，把所有这些响应叠加，就能得到 $f(x)$ 的响应函数 $g(x)$。下面由简单到复杂分三种情况来讨论。

1) 输入为简单的简谐函数

一个单一频率的无限波列可表示为

$$f(x) = F(\xi)\mathrm{e}^{\mathrm{i}2\pi\xi x} \tag{2.2-24}$$

式中：$F(\xi)$ 为复振幅。系统对该输入所产生的输出为同频率的简谐波，即

$$g(x) = H(\xi)F(\xi)\mathrm{e}^{\mathrm{i}2\pi\xi x} = G(\xi)\mathrm{e}^{\mathrm{i}2\pi\xi x} \tag{2.2-25}$$

式中：$G(\xi)$ 为输出简谐波的复振幅，且

$$G(\xi) = H(\xi)F(\xi) \tag{2.2-26}$$

或

$$H(\xi) = \frac{G(\xi)}{F(\xi)} \tag{2.2-27}$$

式(2.2-27)表明，线性不变系统的传递函数 $H(\xi)$ 是输出与输入简谐波的复振幅比，它反映了系统对输入信号的传递能力。

2）输入为周期函数

设输入的周期函数 $f(x)$ 满足狄里赫利条件，则可展开为傅里叶级数

$$f(x) = \sum_{n=-\infty}^{+\infty} c_n \mathrm{e}^{\mathrm{i}2\pi n\xi x} \tag{2.2-28}$$

式中：ξ 为函数 $f(x)$ 的基频。对输入的 n 次谐波分量 $f_n(x)=c_n\mathrm{e}^{\mathrm{i}2\pi n\xi x}$，对应的输出为

$$g_n(x) = G(n\xi)\mathrm{e}^{\mathrm{i}2\pi n\xi x} = c_n H(n\xi)\mathrm{e}^{\mathrm{i}2\pi n\xi x} \tag{2.2-29}$$

则总输出为所有输出分量的叠加，即

$$g(x) = \sum_{n=-\infty}^{+\infty} c_n H(n\xi)\mathrm{e}^{\mathrm{i}2\pi n\xi x} \tag{2.2-30}$$

显然，对不同的谐波频率 $n\xi$，$H(n\xi)$ 有不同的值，它反映了线性不变系统对不同频率谐波的响应特性，所以，也把传递函数称为频率响应。

3）输入为非周期函数

如果输入的非周期函数 $f(x)$ 的傅里叶变换 $F(\xi)$ 存在，则 $f(x)$ 可表示为

$$f(x) = \int_{-\infty}^{+\infty} F(\xi)\mathrm{e}^{\mathrm{i}2\pi\xi x}\,\mathrm{d}\xi \tag{2.2-31}$$

即分解为频率 ξ 连续变化的谐波分量之和，相应于频率为 ξ 的谐波振幅为 $F(\xi)\,\mathrm{d}\xi$。对应输入 $f(x)$ 的输出为

$$g(x) = \int_{-\infty}^{+\infty} H(\xi)F(\xi)\mathrm{e}^{\mathrm{i}2\pi\xi x}\,\mathrm{d}\xi = \int_{-\infty}^{+\infty} G(\xi)\mathrm{e}^{\mathrm{i}2\pi\xi x}\,\mathrm{d}\xi \tag{2.2-32}$$

式中：$G(\xi)$ 是输出函数 $g(x)$ 的频谱(傅里叶变换)，且

$$G(\xi) = H(\xi)F(\xi) \tag{2.2-33}$$

或

$$H(\xi) = \frac{G(\xi)}{F(\xi)} \tag{2.2-34}$$

由以上讨论可见，线性不变系统输出的频谱等于系统传递函数与输入频谱的乘积，而传递函数等于输出谐波振幅与其相应的输入谐波振幅之比，这也给出了求具体线性不变系统传递函数的方法。

3. 线性不变系统传递函数与脉冲响应的关系

对于线性不变系统，由空间域分析的结果有：当输入为 δ 函数时，输出就是脉冲响应 $h(x)$；其输入函数的频谱为

$$F(\xi) = \int_{-\infty}^{+\infty} \delta(x)\mathrm{e}^{-\mathrm{i}2\pi\xi x}\,\mathrm{d}x = 1 \tag{2.2-35}$$

由频率域分析可知，输出函数的频谱为

$$G(\xi) = F(\xi)H(\xi) = H(\xi) \tag{2.2-36}$$

对式(2.2-36)进行傅里叶逆变换，得到输出函数

$$g(x) = h(x) = \int_{-\infty}^{+\infty} H(\xi)\mathrm{e}^{\mathrm{i}2\pi\xi x}\,\mathrm{d}\xi \tag{2.2-37}$$

可见，对于线性不变系统，脉冲响应 $h(x)$ 与传递函数 $H(\xi)$ 构成了一个傅里叶变换对。

2.3 复合系统的传递函数

实际工作中遇到的系统可能很复杂，但是我们可以把它看成是两个或两个以上的独立系统的组合，这样可以使问题的分析、解决大大简化。本节讨论这样的复合系统，并假设构成复杂系统的每一个独立系统都是线性不变系统。无论复合系统的连接多么复杂，其不外乎串联、并联和反馈三种形式。

1. 串联系统

设有两个线性不变系统 1 和 2，其脉冲响应分别为 $h_1(x)$ 和 $h_2(x)$，传递函数分别为 $H_1(\xi)$ 和 $H_2(\xi)$，构成图 2.3-1 所示的串联系统。

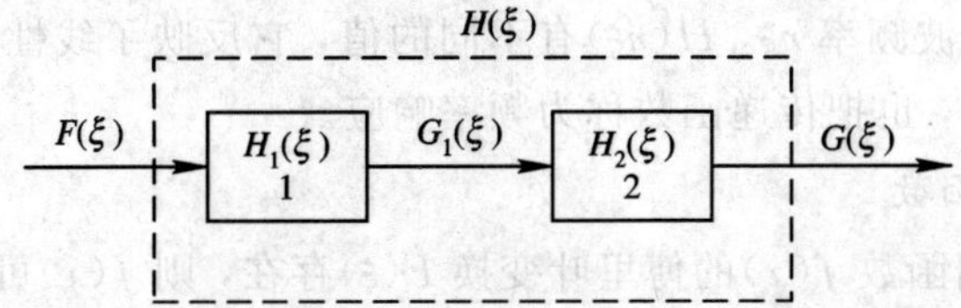

图 2.3-1 串联复合系统示意图

串联系统的特点是第一个系统的输出就是第二个系统的输入，第二个系统的输出则是复合系统的输出。因此，由空间域分析方法可知，第一个系统的输出为

$$g_1(x)=\int_{-\infty}^{+\infty} f(\zeta)h_1(x-\zeta)\,\mathrm{d}\zeta$$

第二个系统的输出为

$$g(x)=g_2(x)=\int_{-\infty}^{+\infty} g_1(\eta)h_2(x-\eta)\,\mathrm{d}\eta$$

$$=\iint_{-\infty}^{+\infty} f(\zeta)h_1(\eta-\zeta)h_2(x-\eta)\,\mathrm{d}\zeta\,\mathrm{d}\eta \tag{2.3-1}$$

对式(2.3-1)进行傅里叶变换，应用卷积定理得到串联系统输出的频谱为

$$G(\xi)=F(\xi)H_1(\xi)H_2(\xi)=F(\xi)H(\xi) \tag{2.3-2}$$

因此，串联系统的传递函数等于两个独立系统传递函数的乘积。相应的调制传递函数和相位传递函数分别为

$$A(\xi)=A_1(\xi)A_2(\xi),\quad \Phi(\xi)=\Phi_1(\xi)+\Phi_2(\xi)$$

以上结论推广到 n 个线性不变系统组成的串联系统，其传递函数、调制传递函数和相位传递函数分别为

$$\begin{cases} H(\xi)=\prod_{i=1}^{n} H_i(\xi) \\ A(\xi)=\prod_{i=1}^{n} A_i(\xi) \\ \Phi(\xi)=\sum_{i=1}^{n} \Phi_i(\xi) \end{cases} \tag{2.3-3}$$

2. 并联系统

图 2.3-2 所示为两个独立的线性不变系统的并联系统，两独立系统的传递函数分别为

$$H_1(\xi)=\frac{G_1(\xi)}{F(\xi)},\quad H_2(\xi)=\frac{G_2(\xi)}{F(\xi)}$$

由于 $G(\xi)=G_1(\xi)\pm G_2(\xi)$，因此并联复合系统的传递函数为

$$\begin{aligned}H(\xi)&=\frac{G(\xi)}{F(\xi)}\\&=\frac{G_1(\xi)\pm G_2(\xi)}{F(\xi)}\\&=H_1(\xi)\pm H_2(\xi)\end{aligned}\tag{2.3-4}$$

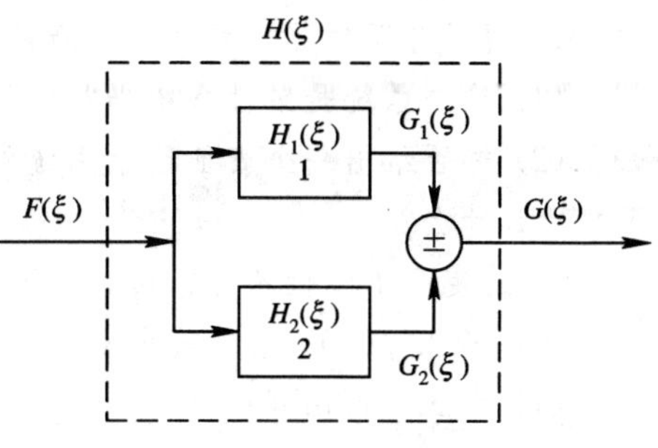

图 2.3-2　并联复合系统示意图

即并联系统的传递函数等于各独立系统传递函数的代数和。如果把并联地方出现的负号包含在各独立系统的传递函数中，则 n 个独立系统并联后的传递函数为

$$H(\xi)=\sum_{i=1}^{n}H_i(\xi)\tag{2.3-5}$$

3. 反馈系统

反馈系统的原理如图 2.3-3 所示。图中，$\pm$号分别表示正、负反馈。显然，正向通路的传递函数 $H_1(\xi)$ 和反馈通路的传递函数 $H_2(\xi)$ 分别为

$$H_1(\xi)=\frac{G(\xi)}{F_1(\xi)},\quad H_2(\xi)=\frac{G_2(\xi)}{G(\xi)}$$

而

$$F_1(\xi)=F(\xi)\pm G_2(\xi)$$

即

$$F(\xi)=F_1(\xi)\mp G_2(\xi)$$

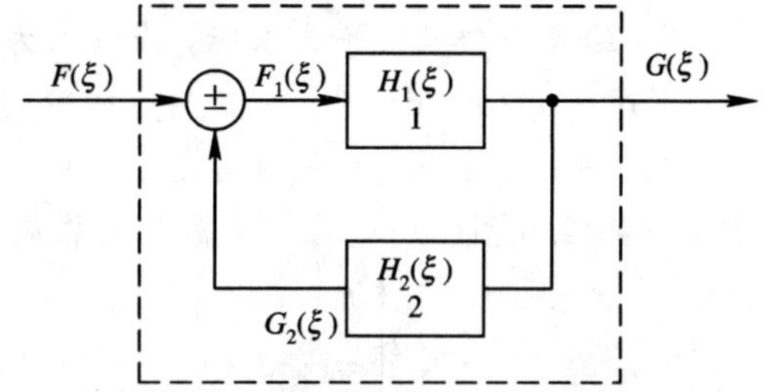

图 2.3-3　反馈复合系统示意图

因此反馈系统的传递函数为

$$H(\xi)=\frac{G(\xi)}{F(\xi)}=\frac{G(\xi)}{F_1(\xi)\mp G_2(\xi)}\tag{2.3-6}$$

分子分母同除以 $F_1(\xi)$，经简化得

$$H(\xi)=\frac{H_1(\xi)}{1\mp H_1(\xi)H_2(\xi)}\tag{2.3-7}$$

以上所讨论的几种复合系统在现代光学中有广泛的应用。

习　题　二

1. 假定系统由下列算子表征，它们是线性系统吗？是位移不变系统吗？

(1) $\mathrm{L}\{f(x)\}=\dfrac{1}{2}\displaystyle\int_{-\infty}^{x}f(u)\,\mathrm{d}u$；

(2) $L\{f(x)\}=a[f(x)]^2+bf(x)$，其中 a、b 是任意常数。

2. 傅里叶变换算子可以看成是函数到其变换式的变换，它满足关于系统的定义。

(1) 这个系统是线性系统吗？

(2) 能否给出一个表征这个系统的传递函数？如果能，给出传递函数的表达式；如果不能，为什么？

3. 给定一个线性不变系统，其脉冲响应为 $h(x)=\text{sinc}(x)$，用空间域分析的方法，对下列每一输入 $f(x)$，求其输出 $g(x)$。

(1) $f(x)=\text{comb}(x)$；

(2) $f(x)=\text{sinc}(5x)$；

(3) $f(x)=2\ \text{sinc}(2x)+5\ \text{comb}(5x)$；

(4) $f(x)=\delta\delta(x)$。

4. 给定一个线性不变系统，其脉冲响应为 $h(x)=7\ \text{sinc}(7x)$，用频率域分析的方法及合理的近似，对下列每一输入 $f(x)$，求其输出 $g(x)$。

(1) $f(x)=\cos(2\pi x)$；

(2) $f(x)=\cos(4\pi x)\ \text{rect}\left(\dfrac{x}{75}\right)$；

(3) $f(x)=\text{comb}(x) * \text{rect}(2x)$；

(4) $f(x)=\left[2\ \text{comb}(2x)\ \text{rect}\left(\dfrac{x}{24}\right)\right] * \text{rect}(4x)$。

5. 给定一个线性不变系统，当输入为 $f(x)$ 时，其输出为 $g(x)$，那么，当系统的输入为 $f'(x)=\mathrm{d}f(x)/\mathrm{d}x$ 时，求其相应的输出 $g'(x)$。

6. 一个线性不变系统对习题 2.6 图(a)所示输入的响应为习题 2.6 图(b)。分别求该系统对习题 2.6 图(c)和(d)所示输入的响应。

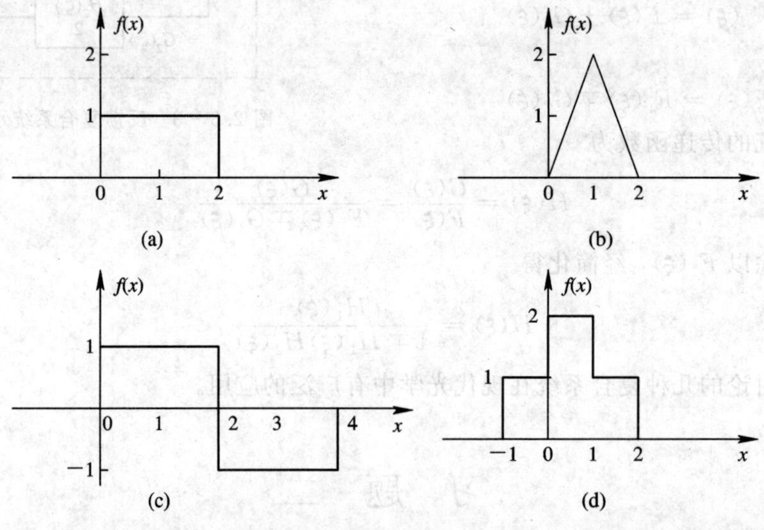

习题 2.6 图

第 3 章　傅里叶光学基础

衍射理论是波动光学的基本理论之一，也是傅里叶光学的基础。本章首先采用空间域和频率域两种分析方法讨论标量衍射问题，导出衍射公式，然后在讨论薄透镜变换特性的基础上，分析光学系统脉冲响应(点扩散函数)和传递函数。

3.1　光波的标量衍射理论

3.1.1　光衍射的数理基础

1. 衍射概述

索末菲把“不能用反射或折射来解释的、光线对直线光路的任何偏离”定义为衍射。衍射是波动光学的普遍现象，几何光学认为光按直线传播是衍射理论的“短波长”近似。

首先观察到衍射现象并对其作出精确描述的是格里马尔迪。惠更斯则在 1678 年提出了可以解释衍射现象的重要原理——惠更斯原理。惠更斯原理把光波的传播看成是这样一种过程：光波扰动(波前)所到达的每一点都起着一个次级波源(子波源)的作用，每一个次级波源发出次级球面波(子波)，它向四面八方扩展，所有这些次级波的包络面便是新的波前。惠更斯原理可以用来确定波的传播方向，但不能给出衍射光强的定量分布。

1818 年，菲涅耳综合惠更斯原理和干涉原理，认为次级波源是彼此相干的，由此得到惠更斯 - 菲涅耳原理：波前上任何一个未受阻挡的点，都可以看做一个次级波源，在其后空间任一点 P 处的光振动则是这些次级波源产生的次级波相干叠加的结果，其数学表达式为

$$\mathbf{U}(P)=\iint_{\Sigma}\mathbf{U}(P_1)\frac{e^{ikr}}{r}K(\theta)\,\mathrm{d}s \tag{3.1-1}$$

式中：$\mathbf{U}(P)$为观察点 P 的光波的复振幅；$\mathbf{U}(P_1)$为衍射孔面上(波前)任一点 P_1 的光复振幅；$K(\theta)$为倾斜因子；其余各参量如图 3.1 - 1 所示。

1882 年，基尔霍夫解决了惠更斯 - 菲涅耳原理的积分问题。之后，索末菲于 1894 年证明了基尔霍夫对衍射计算提出的边界条件互不相容(不自恰)，并利用格林函数修正了基尔霍夫理论。

应该指出的是，无论是基尔霍夫衍射理论还是索末菲衍射理论都把光波作为标量波处理，忽略了电场矢量和磁场矢量间的耦合作用，所采用的边界条件是近似的。不过，在实际工作中遇到的大量衍射问题大多满足以下两个条件：① 衍射体比波长大得多；② 观察点离衍射体比较远，即观察点到衍射体的距离远大于波长，那么标量衍射理论给出的结果相当准确。

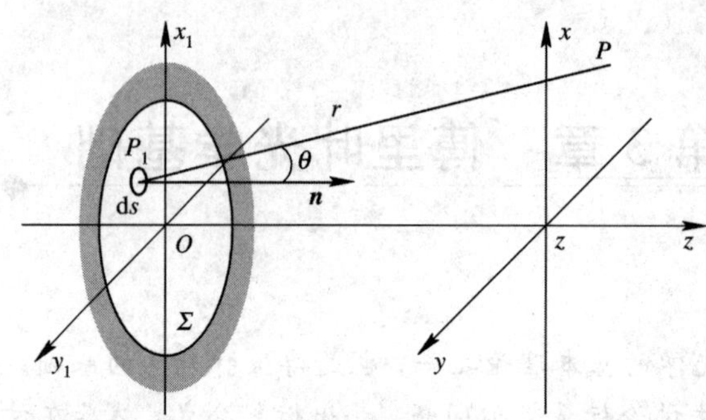

图 3.1-1 惠更斯-菲涅耳原理示意图

2. 亥姆霍兹方程

亥姆霍兹方程是讨论基尔霍夫衍射积分定理的物理基础。根据 1.1 节的知识，光波场中 P 点在 t 时刻的光振动用复值标量函数 $\mathbf{u}(P, t)$表示，对于单色光场，有

$$\mathbf{u}(P, t) = \mathbf{U}(P)\mathrm{e}^{-\mathrm{i}2\pi\nu t} \tag{3.1-2}$$

式中：$\mathbf{U}(P)$为光波场中 P 点的复振幅；ν 为光波的时间频率。根据电磁场理论，光波场中的每一个无源点上，光振动 $\mathbf{u}(P, t)$满足波动方程

$$\nabla^2\mathbf{u} - \frac{1}{c^2}\frac{\partial^2\mathbf{u}}{\partial t^2} = 0 \tag{3.1-3}$$

式中：c 为光在真空中的速度；$\nabla^2 = \dfrac{\partial^2}{\partial x^2} + \dfrac{\partial^2}{\partial y^2} + \dfrac{\partial^2}{\partial z^2}$为拉普拉斯算符。把式(3.1-2)代入式(3.1-3)，得到自由空间单色光场满足的波动方程为

$$(\nabla^2 + k^2)\mathbf{U}(P) = 0 \tag{3.1-4}$$

式中：$k = 2\pi\nu/c = 2\pi/\lambda$ 为波矢量的大小。该式称为亥姆霍兹方程。这表明自由空间传播的任何单色光波的复振幅必然满足亥姆霍兹方程。

3. 格林定理

格林定理是基尔霍夫衍射积分定理的数学基础。格林定理表述为设 V 是封闭曲面 S 所包围的体积，P 是空间任一点，$\mathbf{U}(P)$和 $\mathbf{G}(P)$为两个位置坐标的任意复函数，如果$\mathbf{U}(P)$、$\mathbf{G}(P)$及其一阶、二阶偏微商在 S 上和 S 内都单值、连续，则有

$$\iiint_V (\mathbf{G}\nabla^2\mathbf{U} - \mathbf{U}\nabla^2\mathbf{G})\,\mathrm{d}v = \oiint_S \left(\mathbf{G}\frac{\partial\mathbf{U}}{\partial n} - \mathbf{U}\frac{\partial\mathbf{G}}{\partial n}\right)\mathrm{d}s \tag{3.1-5}$$

式中：$\partial/\partial n$ 为 S 面上每一点沿外法线方向的偏微商。只要适当地选择函数 $\mathbf{G}(P)$(称为格林函数)和封闭曲面 S，把 $\mathbf{U}(P)$看做光波场的复振幅，并使 $\mathbf{U}(P)$、$\mathbf{G}(P)$都满足亥姆霍兹方程，则利用式(3.1-4)和式(3.1-5)就可以导出基尔霍夫积分定理。

3.1.2 基尔霍夫衍射公式

1. 基尔霍夫积分定理

为了应用格林定理，取如图 3.1-2 所示的积分面 S，S 包围的体积为 V。令观察点 P 在封闭曲面 S 内，选择格林函数 $\mathbf{G}$ 为以 P 点为中心，向外发散的单位振幅的球面波函数，

它在空间任一点 P' 处的复振幅为

$$\mathbf{G}(P') = \frac{e^{ikr}}{r} \tag{3.1-6}$$

式中：r 为 P 与 P' 间的距离。由于函数 $\mathbf{G}(P')$ 在 P 点的值为无穷大，因此为满足格林定理的要求，把 P 点从 V 内去掉。为此，以 P 点为中心，以 ε 为半径做小球面 S_ε，这样在以 S 和 S_ε 包围的体积 V' 上应用格林定理，有

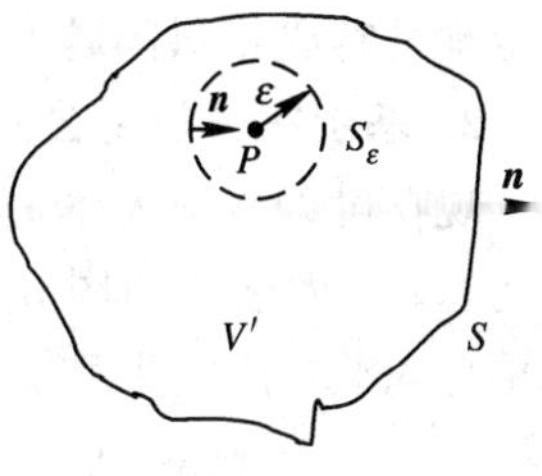

图 3.1-2　积分曲面的选取

$$\iiint\limits_{V'} (\mathbf{G}\nabla^2\mathbf{U} - \mathbf{U}\nabla^2\mathbf{G})\,\mathrm{d}v = \oiint\limits_{S+S_\varepsilon} \left(\mathbf{G}\frac{\partial \mathbf{U}}{\partial n} - \mathbf{U}\frac{\partial \mathbf{G}}{\partial n}\right)\mathrm{d}s \tag{3.1-7}$$

在 V' 中，$\mathbf{G}$ 和 $\mathbf{U}$ 都满足亥姆霍兹方程

$$\begin{cases}(\nabla^2 + k^2)\mathbf{G} = 0\\(\nabla^2 + k^2)\mathbf{U} = 0\end{cases}$$

把上式代入式(3.1-7)，得到

$$\iiint\limits_{V'} (\mathbf{G}\nabla^2\mathbf{U} - \mathbf{U}\nabla^2\mathbf{G})\,\mathrm{d}v = \iiint\limits_{V'} -k^2(\mathbf{GU} - \mathbf{UG})\,\mathrm{d}v = 0$$

于是式(3.1-7)简化为

$$\oiint\limits_{S+S_\varepsilon} \left(\mathbf{G}\frac{\partial \mathbf{U}}{\partial n} - \mathbf{U}\frac{\partial \mathbf{G}}{\partial n}\right)\mathrm{d}s = 0$$

或

$$\oiint\limits_{S} \left(\mathbf{G}\frac{\partial \mathbf{U}}{\partial n} - \mathbf{U}\frac{\partial \mathbf{G}}{\partial n}\right)\mathrm{d}s = -\oiint\limits_{S_\varepsilon} \left(\mathbf{G}\frac{\partial \mathbf{U}}{\partial n} - \mathbf{U}\frac{\partial \mathbf{G}}{\partial n}\right)\mathrm{d}s \tag{3.1-8}$$

在 S_ε 面上，$\boldsymbol{n}$ 与 $\boldsymbol{r}$ 处处反向，有 $\frac{\partial}{\partial n} = -\frac{\partial}{\partial r}$，$r=\varepsilon$，故

$$\begin{cases}\mathbf{G}(P') = \dfrac{e^{ik\varepsilon}}{\varepsilon}\\[2ex]\dfrac{\partial \mathbf{G}(P')}{\partial n} = \dfrac{e^{ik\varepsilon}}{\varepsilon}\left(\dfrac{1}{\varepsilon} - ik\right)\end{cases} \tag{3.1-9}$$

令 $\varepsilon \to 0$，则有

$$\begin{aligned}\lim_{\varepsilon\to 0}\left[-\oiint\limits_{S_\varepsilon}\left(\mathbf{G}\frac{\partial \mathbf{U}}{\partial n} - \mathbf{U}\frac{\partial \mathbf{G}}{\partial n}\right)\mathrm{d}s\right] &= \lim_{\varepsilon\to 0}\left[-\oiint\limits_{\Omega}\frac{e^{ik\varepsilon}}{\varepsilon}\left[-\frac{\partial \mathbf{U}}{\partial r} - \mathbf{U}\left(\frac{1}{\varepsilon} - ik\right)\right]\bigg|_{r=\varepsilon}\varepsilon^2\,\mathrm{d}\Omega\right]\\&= \lim_{\varepsilon\to 0}\frac{e^{ik\varepsilon}}{\varepsilon}\left[\frac{\partial \mathbf{U}}{\partial r} + \mathbf{U}\left(\frac{1}{\varepsilon} - ik\right)\right]\bigg|_{r=\varepsilon}\varepsilon^2 4\pi\\&= 4\pi\mathbf{U}(P)\end{aligned} \tag{3.1-10}$$

式中：Ω 为 S_ε 面对 P 点所张开的立体角。将式(3.1-10)代入式(3.1-8)得

$$\mathbf{U}(P) = \frac{1}{4\pi}\oiint\limits_{S}\left[\frac{e^{ikr}}{r}\frac{\partial \mathbf{U}}{\partial n} - \mathbf{U}\frac{\partial}{\partial n}\left(\frac{e^{ikr}}{r}\right)\right]\mathrm{d}s \tag{3.1-11}$$

这就是基尔霍夫积分定理的数学表达式。它表明，在光波场的无源区域，光波在任一点 P 的复振幅可以通过包围该点的任意闭合曲面上的光波场复振幅分布函数求得。基尔霍夫积

分定理是解决衍射问题的重要公式。

2. 基尔霍夫衍射公式

现在讨论无限大不透明屏幕上透光孔所引起的衍射问题。衍射装置如图 3.1-3 所示，从点源 P_0 发出的单色光波，传播并通过不透明屏 S'上的一个小孔 Σ，在屏后的 P 点观察。假设开孔 Σ 的线度、P_0 点和 P 点到孔 Σ 的距离远大于波长 λ，P_0 和 P 到 Σ 上任一点 P_1 的矢径分别为 $\boldsymbol{r}_0$ 和 $\boldsymbol{r}$。

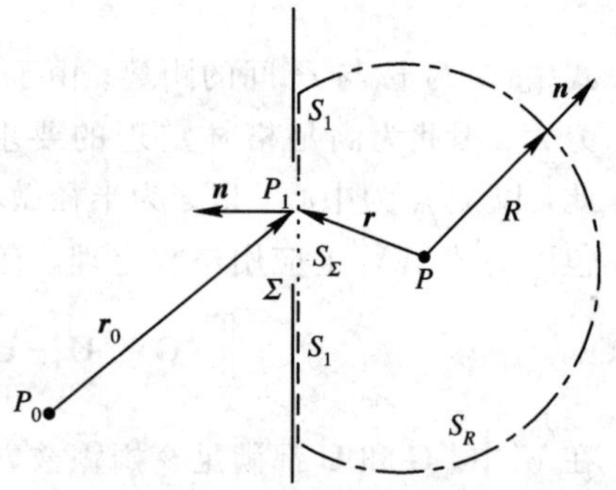

图 3.1-3 平面屏衍射装置示意图

为了应用基尔霍夫积分定理求 P 点的复振幅，选择包围 P 点闭合曲面 S 由三部分组成：① 开孔 Σ 部分 S_Σ；② 屏幕后表面部分面积 S_1；③ 以 P 点为中心，半径为 R 的部分球面 S_R。由基尔霍夫积分定理得到光场中 P 的复振幅为

$$\mathbf{U}(P)=\frac{1}{4\pi}\oiint_{S_\Sigma+S_1+S_R}\left[\frac{\mathrm{e}^{\mathrm{i}kr}}{r}\frac{\partial\mathbf{U}}{\partial n}-\mathbf{U}\frac{\partial}{\partial n}\left(\frac{\mathrm{e}^{\mathrm{i}kr}}{r}\right)\right]\mathrm{d}s \tag{3.1-12}$$

式(3.1-12)只是在原则上给出了如何求解任一点 P 的复振幅，而实际严格求解衍射问题十分复杂。基尔霍夫提出了一些边界假设，得到了大大简化的积分表达式。

1) 索末菲辐射条件和 S_R 上的积分

对于 S_R 面上的积分，由于基尔霍夫积分定理中积分面的选择的任意性，可以假定 $R\to\infty$，则 S_R 为趋于无限大的半球壳。考虑到 $\mathbf{U}$ 和 $\mathbf{G}$ 在 S_R 面上都按 $1/R$ 随 R 的增大而减小，所以，$R\to\infty$时，在 S_R 面上被积函数趋于零，但同时积分面的面积 S_R 按 R^2 增大，故不能直接认为 S_R 面上的积分为零。下面具体讨论 S_R 面上的积分。当 R 很大时，在 S_R 面上有

$$\begin{cases}\mathbf{G}=\dfrac{\mathrm{e}^{\mathrm{i}kR}}{R}\\[2ex]\dfrac{\partial\mathbf{G}}{\partial n}=\left(\mathrm{i}k-\dfrac{1}{R}\right)\dfrac{\mathrm{e}^{\mathrm{i}kR}}{R}\approx\mathrm{i}k\mathbf{G}\end{cases} \tag{3.1-13}$$

因此

$$\begin{aligned}\iint_{S_R}\left[\mathbf{G}\frac{\partial\mathbf{U}}{\partial n}-\mathbf{U}\frac{\partial\mathbf{G}}{\partial n}\right]\mathrm{d}s&=\iint_{\Omega}\mathbf{G}\left(\frac{\partial\mathbf{U}}{\partial n}-\mathrm{i}k\mathbf{U}\right)R^2\,\mathrm{d}\Omega\\&=\iint_{\Omega}\mathrm{e}^{\mathrm{i}kR}\left(\frac{\partial\mathbf{U}}{\partial n}-\mathrm{i}k\mathbf{U}\right)R\,\mathrm{d}\Omega\end{aligned} \tag{3.1-14}$$

式中：Ω 为 S_R对 P 点所张开的立体角。因为$|\mathrm{e}^{\mathrm{i}kR}|$在 S_R上有界，所以只要满足条件

$$\lim_{R\to\infty}\left(\frac{\partial\mathbf{U}}{\partial n}-\mathrm{i}k\mathbf{U}\right)R=0 \tag{3.1-15}$$

在 S_R 上的积分就等于零。我们称式(3.1-15)为索末菲辐射条件。

索末菲辐射条件在有限大小光源照明的条件下都能满足。简单证明如下：首先设照明光源为点光源，由图 3.1-3 可知，当 $R\to\infty$时，就 S_R 面上光场复振幅而言，P_0 和 P 间的距离以及屏幕的影响都可以忽略不计，于是 S_R 面上光场复振幅可近似取为

$$\mathbf{U} \approx \frac{a\mathrm{e}^{\mathrm{i}kR}}{R}$$

将其代入式(3.1－15)等号左面得到

$$\lim_{R\to\infty}\left(\frac{\partial\mathbf{U}}{\partial n}-\mathrm{i}k\mathbf{U}\right)R=\lim_{R\to\infty}\left[\left(\mathrm{i}k-\frac{1}{R}\right)\frac{a\mathrm{e}^{\mathrm{i}kR}}{R}-\mathrm{i}k\frac{a\mathrm{e}^{\mathrm{i}kR}}{R}\right]=\lim_{R\to\infty}\frac{a\mathrm{e}^{\mathrm{i}kR}}{-R^2}=0$$

由此可见，在点光源照明条件下，满足索末菲辐射条件。至于有限大小光源照明的情况，可以将其分解为点光源的线性组合，所以也满足索末菲辐射条件。

2) 基尔霍夫边界条件及其衍射公式

在忽略了 S_R 面上的积分之后，要求解 P 点的复振幅，仍需要知道 S_Σ 和 S_1 上的光场复振幅分布 $\mathbf{U}$ 以及$\partial\mathbf{U}/\partial n$。为此基尔霍夫提出以下两个边界条件：

(1) 在透光孔面 Σ 上，光场复振幅分布 $\mathbf{U}$ 及其微商$\partial\mathbf{U}/\partial n$ 与没有屏幕时完全相同；

(2) 在屏幕的背光面上，光场复振幅分布 $\mathbf{U}$ 及其微商$\partial\mathbf{U}/\partial n$ 恒为零。

应用基尔霍夫边界条件，式(3.1－12)可简化为

$$\mathbf{U}(P)=\frac{1}{4\pi}\oint\!\!\oint_{S_\Sigma}\left[\frac{\mathrm{e}^{\mathrm{i}kr}}{r}\frac{\partial\mathbf{U}}{\partial n}-\mathbf{U}\frac{\partial}{\partial n}\left(\frac{\mathrm{e}^{\mathrm{i}kr}}{r}\right)\right]\mathrm{d}s \tag{3.1－16}$$

写成一般形式为

$$\mathbf{U}(P)=\frac{1}{4\pi}\oint\!\!\oint_{S_\Sigma}\left(\mathbf{G}\frac{\partial\mathbf{U}}{\partial n}-\mathbf{U}\frac{\partial\mathbf{G}}{\partial n}\right)\mathrm{d}s \tag{3.1－17}$$

根据衍射装置给定的条件 r_0，$r\gg\lambda$；$k=2\pi/\lambda\gg1/r_0$，$1/r$。对于 S_Σ 面上点 P_1 可得

$$\mathbf{G}(P_1)=\frac{\mathrm{e}^{\mathrm{i}kr}}{r}$$

$$\frac{\partial\mathbf{G}(P_1)}{\partial n}=\cos(\boldsymbol{n},\boldsymbol{r})\left(\mathrm{i}k-\frac{1}{r}\right)\frac{\mathrm{e}^{\mathrm{i}kr}}{r}\approx\mathrm{i}k\cos(\boldsymbol{n},\boldsymbol{r})\frac{\mathrm{e}^{\mathrm{i}kr}}{r}$$

同理

$$\mathbf{U}(P_1)=\frac{A\mathrm{e}^{\mathrm{i}kr_0}}{r_0}$$

$$\frac{\partial\mathbf{U}(P_1)}{\partial n}=\cos(\boldsymbol{n},\boldsymbol{r}_0)\left(\mathrm{i}k-\frac{1}{r_0}\right)\frac{A\mathrm{e}^{\mathrm{i}kr_0}}{r_0}\approx\mathrm{i}k\cos(\boldsymbol{n},\boldsymbol{r}_0)\frac{A\mathrm{e}^{\mathrm{i}kr_0}}{r_0}$$

将以上各式代入式(3.1－17)，整理后得

$$\mathbf{U}(P)=\frac{A}{\mathrm{i}\lambda}\iint_{S_\Sigma}\frac{\mathrm{e}^{\mathrm{i}k(r_0+r)}}{r_0r}\left[\frac{\cos(\boldsymbol{n},\boldsymbol{r})-\cos(\boldsymbol{n},\boldsymbol{r}_0)}{2}\right]\mathrm{d}s \tag{3.1－18}$$

或者写成

$$\mathbf{U}(P)=\frac{1}{\mathrm{i}\lambda}\iint_{S_\Sigma}\mathbf{U}(P_1)\frac{\mathrm{e}^{\mathrm{i}kr}}{r}\left[\frac{\cos(\boldsymbol{n},\boldsymbol{r})-\cos(\boldsymbol{n},\boldsymbol{r}_0)}{2}\right]\mathrm{d}s \tag{3.1－19}$$

以上两式通常称为基尔霍夫衍射公式，它表明，衍射空间任一点 P 处的光场复振幅 $\mathbf{U}(P)$ 可以由光源辐照在衍射孔面 S_Σ 上的复振幅分布 $\mathbf{U}(P_1)$求得。

对于近轴点光源照明近轴衍射孔的情况，$\boldsymbol{n}$ 和 $\boldsymbol{r}_0$ 的夹角很小，在 S_Σ 面上各点都近似有 $\cos(\boldsymbol{n},\boldsymbol{r}_0)\approx-1$，则式(3.1－19)可改写为

$$\mathbf{U}(P)=\frac{1}{\mathrm{i}\lambda}\iint_{S_\Sigma}\mathbf{U}(P_1)\frac{\mathrm{e}^{\mathrm{i}kr}}{r}\left[\frac{1+\cos(\boldsymbol{n},\boldsymbol{r})}{2}\right]\mathrm{d}s \tag{3.1－20}$$

应该注意的是，式(3.1-18)～式(3.1-20)是在点光源照明的条件下得出的。对于非点光源照明的情况，只要光源满足近轴条件，使得光源上任一点到 S_Σ 面上各点的矢径 $\boldsymbol{r}_0$ 与 $\boldsymbol{n}$ 的夹角都很小，即满足 $\cos(\boldsymbol{n}, \boldsymbol{r}_0) \approx -1$，那么，仍可用式(3.1-20)求解衍射问题。此时，$\mathbf{U}(P_1)$ 为实际光源在 S_Σ 面上的复振幅分布。

基尔霍夫理论的结论与实验结果非常相符。

3. 巴比涅原理

设有一个衍射屏，衍射孔为 Σ_0，在衍射场中 P 点产生确定的光波复振幅 $\mathbf{U}_0(P)$。若把衍射孔分为 Σ_1 和 Σ_2 两部分，并且 Σ_1 的透光部分正好是 Σ_2 的不透光部分(这样的两个屏称为互补屏)，三者关系可表示为 $\Sigma_1+\Sigma_2=\Sigma_0$，如图 3.1-4 所示。

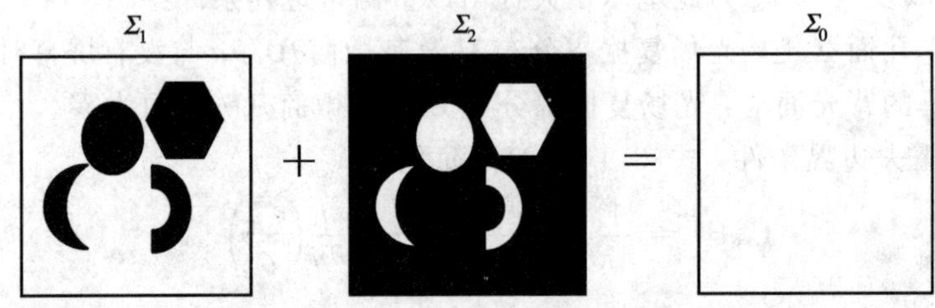

图 3.1-4 巴比涅原理

对于上述衍射屏，应用基尔霍夫衍射公式可得

$$\iint_{\Sigma_1}[\cdots]\,\mathrm{d}s+\iint_{\Sigma_2}[\cdots]\,\mathrm{d}s=\iint_{\Sigma_0}[\cdots]\,\mathrm{d}s$$

即

$$\mathbf{U}_1(P)+\mathbf{U}_2(P)=\mathbf{U}_0(P) \tag{3.1-21}$$

互补屏在 Σ_1 和 Σ_2 各自衍射场中产生的复振幅之和等于 Σ_0 产生的复振幅，这个结论称为巴比涅原理。

巴比涅原理在研究光的夫琅和费衍射中非常有用，比如用平行光照明衍射屏，并在透镜的焦平面上观察衍射光分布，只要 Σ_0 足够大，则除了焦点之外，其余部分有 $\mathbf{U}_0(P)=0$，由巴比涅原理，除去该点之外有

$$\mathbf{U}_1(P)=-\mathbf{U}_2(P) \tag{3.1-22}$$

相应光强分布为

$$I_1(P)=I_2(P) \tag{3.1-23}$$

由此可见，在上述条件下，衍射光场中除过个别小区域外，两个互补屏产生的衍射光场的复振幅的相位差为 π，幅值相同，光强分布也相同。

3.1.3 瑞利-索末菲衍射公式

由于基尔霍夫衍射公式的结论和实际情况非常相符，因此得到了广泛的应用。但在理论上存在不自恰性，这主要是由基尔霍夫边界条件引起的。基尔霍夫第二个边界条件规定，在屏的背光面，复振幅分布 $\mathbf{U}$ 及其微商 $\partial\mathbf{U}/\partial n$ 恒等于零。然而对于三维波动方程，理论表明，如果其存在一个解 $\mathbf{U}$ 在空间任何一个非无穷小的面上 $\mathbf{U}$ 和 $\partial\mathbf{U}/\partial n$ 都为零，则这个解 $\mathbf{U}$ 必定在全空间处处为零。这显然与基尔霍夫第一个边界条件相矛盾，也与物理实际相矛盾。索末菲通过巧妙地选择格林函数 $\mathbf{G}$，排除了边界条件中对 $\mathbf{U}$ 和 $\partial\mathbf{U}/\partial n$ 同时规定为零

的要求，从而克服了基尔霍夫理论的不自恰性。在解决了 S_R 上的积分之后，式(3.1-12)简化为

$$\mathbf{U}(P)=\frac{1}{4\pi}\oiint_{S_\Sigma+S_1}\left[\mathbf{G}\frac{\partial \mathbf{U}}{\partial n}-\mathbf{U}\frac{\partial \mathbf{G}}{\partial n}\right]\mathrm{d}s \tag{3.1-24}$$

分析式(3.1-24)可见，基尔霍夫边界条件规定，S_1 面上复振幅分布 $\mathbf{U}$ 及其微商 $\partial\mathbf{U}/\partial n$ 恒等于零的目的是使得 S_1 面上的积分对 $\mathbf{U}(P)$ 的贡献为零。索末菲重新选择了格林函数 $\mathbf{G}$，从而不再要求 S_1 面上 $\mathbf{U}$ 和 $\partial\mathbf{U}/\partial n$ 同时等于零。索末菲选择的格林函数为

$$\mathbf{G}_-=\frac{\mathrm{e}^{\mathrm{i}kr}}{r}-\frac{\mathrm{e}^{\mathrm{i}kr'}}{r'} \tag{3.1-25}$$

或

$$\mathbf{G}_+=\frac{\mathrm{e}^{\mathrm{i}kr}}{r}+\frac{\mathrm{e}^{\mathrm{i}kr'}}{r'} \tag{3.1-26}$$

式(3.1-25)和式(3.1-26)均由两项组成，第一项仍为中心在观察点 P 的单位球面波函数，第二项为中心在 P 对衍射屏的镜像点 P' 的单位球面波函数，$\boldsymbol{r}$ 和 $\boldsymbol{r}'$ 分别为 P 和 P' 到空间任一点的矢径。两个单位球面波具有相同的波长 λ(和波矢大小 k)，相位相反或相同，如图 3.1-5 所示。

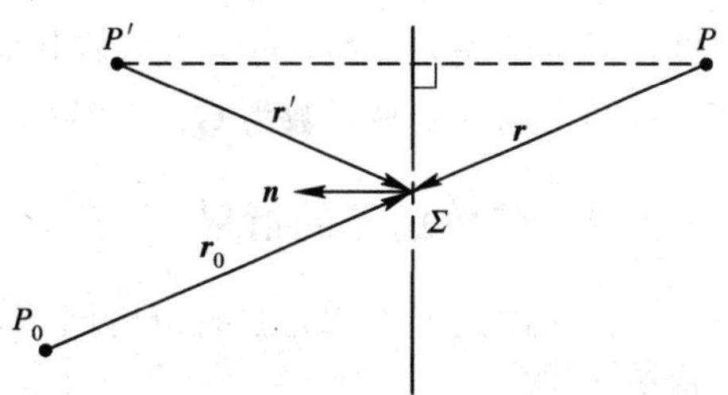

图 3.1-5　平面衍射屏的索末菲理论

对于式(3.1-25)表示的格林函数有

$$\begin{aligned}\frac{\partial \mathbf{G}_-}{\partial n}&=\frac{\partial}{\partial n}\left(\frac{\mathrm{e}^{\mathrm{i}kr}}{r}\right)-\frac{\partial}{\partial n}\left(\frac{\mathrm{e}^{\mathrm{i}kr'}}{r'}\right)\\&=\cos(\boldsymbol{n},\boldsymbol{r})\left(\mathrm{i}k-\frac{1}{r}\right)\frac{\mathrm{e}^{\mathrm{i}kr}}{r}-\cos(\boldsymbol{n},\boldsymbol{r}')\left(\mathrm{i}k-\frac{1}{r'}\right)\frac{\mathrm{e}^{\mathrm{i}kr'}}{r'}\end{aligned} \tag{3.1-27}$$

考虑到 P 和 P' 的镜像关系，在整个衍射屏面上，恒有 $r=r'$，$\cos(\boldsymbol{n},\boldsymbol{r})=-\cos(\boldsymbol{n},\boldsymbol{r}')$，这些结论应用到式(3.1-25)和式(3.1-27)，在屏幕面 S_1+S_Σ 上可得

$$\begin{cases}\mathbf{G}_-=0\\ \dfrac{\partial \mathbf{G}_-}{\partial n}=2\cos(\boldsymbol{n},\boldsymbol{r})\left(\mathrm{i}k-\dfrac{1}{r}\right)\dfrac{\mathrm{e}^{\mathrm{i}kr}}{r}\end{cases} \tag{3.1-28}$$

把式(3.1-28)代入式(3.1-24)得

$$\begin{aligned}\mathbf{U}(P)&=\frac{1}{4\pi}\iint_{S_1+S_\Sigma}\left(-\mathbf{U}\frac{\partial \mathbf{G}_-}{\partial n}\right)\mathrm{d}s\\&=\frac{1}{\mathrm{i}\lambda}\iint_{S_1+S_\Sigma}\left[\mathbf{U}\frac{\mathrm{e}^{\mathrm{i}kr}}{r}\cos(\boldsymbol{n},\boldsymbol{r})\right]\mathrm{d}s\end{aligned} \tag{3.1-29}$$

可以看出，由于格林函数 $\mathbf{G}_-$ 的正确选择，使积分式中只包含复振幅 $\mathbf{U}$，不包含 $\partial\mathbf{U}/\partial n$，因此只需对 $\mathbf{U}$ 应用基尔霍夫边界条件就够了，即假定：

(1) 在透光孔面 Σ 上，光场复振幅分布 $\mathbf{U}$ 与没有屏幕时完全相同；

(2) 在屏幕的背光面上，光场复振幅分布 $\mathbf{U}$ 恒为零。

于是式(3.1-29)简化为

$$\mathbf{U}(P)=\frac{1}{\mathrm{i}\lambda}\iint_{S_\Sigma}\left[\mathbf{U}(P_1)\frac{\mathrm{e}^{\mathrm{i}kr}}{r}\cos(\boldsymbol{n},\boldsymbol{r})\right]\mathrm{d}s \tag{3.1-30}$$

采用与基尔霍夫衍射公式相同的讨论方法，令衍射孔由来自 P_0 点的发散球面波照明，则有

$$\mathbf{U}(P_1)=\frac{A\mathrm{e}^{\mathrm{i}kr_0}}{r_0}$$

以及

$$\mathbf{U}(P)=\frac{A}{\mathrm{i}\lambda}\iint_{S_\Sigma}\left[\frac{\mathrm{e}^{\mathrm{i}k(r_0+r)}}{r_0 r}\cos(\boldsymbol{n},\boldsymbol{r})\right]\mathrm{d}s \tag{3.1-31}$$

式(3.1 - 30)和式(3.1 - 31)称为瑞利-索末菲衍射公式。瑞利-索末菲衍射公式消除了基尔霍夫衍射公式的不自恰性，但其结果与基尔霍夫衍射公式比较惟一的差别就是倾斜因子不同。由于所用到的边界条件仍然是近似的，因此它在理论上的自恰性并不意味着其精度比基尔霍夫公式高，也不意味着其应用范围更广。

如果选择格林函数为 $\mathbf{G}_+$，能够得到类似的结果，请读者自行推导。

3.1.4 非单色光的衍射

前面讨论了单色光波的衍射问题，下面用时间域傅里叶分析的方法讨论非单色光的衍射。

1. 复色光波的衍射公式

设不透明衍射屏上有通光孔 Σ，用复色光照明，复色光场用空间和时间变量的复值函数 $\mathbf{u}(P_1, t)$表示，现求解在孔后的衍射场中观察点 P 处的光扰动 $\mathbf{u}(P, t)$。采用时间域频谱分析方法，将 $\mathbf{u}(P_1, t)$和 $\mathbf{u}(P, t)$用傅里叶逆变换表示为各种单色光成分的线性组合：

$$\mathbf{u}(P_1, t)=\int_{-\infty}^{+\infty}\mathbf{U}(P_1, \nu)\mathrm{e}^{\mathrm{i}2\pi\nu t}\,\mathrm{d}\nu \tag{3.1-32}$$

$$\mathbf{u}(P, t)=\int_{-\infty}^{+\infty}\mathbf{U}(P, \nu)\mathrm{e}^{\mathrm{i}2\pi\nu t}\,\mathrm{d}\nu \tag{3.1-33}$$

式中：$\mathbf{U}(P_1, \nu)$和 $\mathbf{U}(P, \nu)$分别为 $\mathbf{u}(P_1, t)$和 $\mathbf{u}(P, t)$的时间频谱函数；ν 为光波时间频率。为了遵循我们前面的约定，即用 $\mathrm{e}^{-\mathrm{i}2\pi\nu t}$ 表示频率为 ν 的单位振幅的平面波，作变量代换 $\nu'=-\nu$，以上两式变为

$$\mathbf{u}(P_1, t)=\int_{-\infty}^{+\infty}\mathbf{U}(P_1, -\nu')\mathrm{e}^{-\mathrm{i}2\pi\nu' t}\,\mathrm{d}\nu' \tag{3.1-34}$$

$$\mathbf{u}(P, t)=\int_{-\infty}^{+\infty}\mathbf{U}(P, -\nu')\mathrm{e}^{-\mathrm{i}2\pi\nu' t}\,\mathrm{d}\nu' \tag{3.1-35}$$

对每一种单色光成分，由单色光衍射公式有

$$\mathbf{U}(P, -\nu')=\frac{1}{\mathrm{i}\lambda'}\iint_{S_\Sigma}\mathbf{U}(P_1, -\nu')\frac{\mathrm{e}^{\mathrm{i}k'r}}{r}K(\theta)\,\mathrm{d}s \tag{3.1-36}$$

把式(3.1 - 36)代入式(3.1 - 35)，并注意到 $k'=2\pi\nu'/c$，$\lambda'=c/\nu'$，可得

$$\begin{aligned}\mathbf{u}(P, t)&=\int_{-\infty}^{+\infty}\left[\frac{1}{\mathrm{i}\lambda'}\iint_{S_\Sigma}\mathbf{U}(P_1, -\nu')\frac{\mathrm{e}^{\mathrm{i}k'r}}{r}K(\theta)\,\mathrm{d}s\right]\mathrm{e}^{-\mathrm{i}2\pi\nu' t}\,\mathrm{d}\nu'\\&=\iint_{S_\Sigma}\frac{K(\theta)}{2\pi cr}\left[\int_{-\infty}^{+\infty}-\mathrm{i}2\pi\nu'\mathbf{U}(P_1, -\nu')\mathrm{e}^{-\mathrm{i}2\pi\nu'\left(t-\frac{r}{c}\right)}\,\mathrm{d}\nu'\right]\mathrm{d}s\end{aligned} \tag{3.1-37}$$

对式(3.1－34)求时间 t 的微商有

$$\frac{\mathrm{d}}{\mathrm{d}t}[\mathbf{u}(P_1, t)] = \frac{\mathrm{d}}{\mathrm{d}t}\left[\int_{-\infty}^{+\infty}\mathbf{U}(P_1, -\nu')\mathrm{e}^{-\mathrm{i}2\pi\nu' t}\,\mathrm{d}\nu'\right]$$
$$= \int_{-\infty}^{+\infty} -\mathrm{i}2\pi\nu'\mathbf{U}(P_1, -\nu')\mathrm{e}^{-\mathrm{i}2\pi\nu' t}\,\mathrm{d}\nu' \tag{3.1-38}$$

同理有

$$\frac{\mathrm{d}}{\mathrm{d}t}\left[\mathbf{u}\left(P_1, t-\frac{r}{c}\right)\right] = \int_{-\infty}^{+\infty} -\mathrm{i}2\pi\nu'\mathbf{U}(P_1, -\nu')\mathrm{e}^{-\mathrm{i}2\pi\nu'\left(t-\frac{r}{c}\right)}\,\mathrm{d}\nu' \tag{3.1-39}$$

因此式(3.1－37)可写成

$$\mathbf{u}(P, t) = \iint_{S_\Sigma}\frac{K(\theta)}{2\pi cr}\left[\frac{\mathrm{d}}{\mathrm{d}t}\mathbf{u}\left(P_1, t-\frac{r}{c}\right)\right]\mathrm{d}s \tag{3.1-40}$$

这就是复色光衍射公式。它表明 P 点的光振动是由 S_Σ 上各点光振动的时间微商决定的。由于光波从 P_1 点传播到 P 点需要一段时间 r/c，因此 S_Σ 面上 P_1 点在时刻 $t'=(t-r/c)$ 光振动的时间微商对 P 点的光振动有贡献。

2. 准单色光波的衍射公式

实际光源都不是理想的单色光源，发出的光波都有一定的线宽。如果光源的线宽比光波的平均频率小得多，满足 $\Delta\nu \ll \bar{\nu}$，光源发出的光波称为准单色光。对于准单色光，式(3.1－37)中的 ν'、λ' 可用 $\bar{\nu}$、$\bar{\lambda}$ 来代替，而指数因子中 k' 当 $\Delta kr \ll 2\pi$ 时，可近似为 $\mathrm{e}^{\mathrm{i}k'r} \approx \mathrm{e}^{\mathrm{i}\bar{k}r}$。这时式(3.1－37)可改写为

$$\mathbf{u}(P, t) = \frac{1}{\mathrm{i}\bar{\lambda}}\iint_{S_\Sigma}\frac{\mathrm{e}^{\mathrm{i}\bar{k}r}}{r}K(\theta)\left[\int_{-\infty}^{+\infty}\mathbf{U}(P_1, -\nu')\mathrm{e}^{-\mathrm{i}2\pi\nu' t}\,\mathrm{d}\nu'\right]\mathrm{d}s \tag{3.1-41}$$

再利用式(3.1－34)得到

$$\mathbf{u}(P, t) = \frac{1}{\mathrm{i}\bar{\lambda}}\iint_{S_\Sigma}\mathbf{u}(P_1, t)\,\frac{\mathrm{e}^{\mathrm{i}\bar{k}r}}{r}K(\theta)\,\mathrm{d}s \tag{3.1-42}$$

如果我们把光振动的复标量函数重新定义为

$$\begin{cases}\mathbf{u}(P_1, t) = \mathbf{U}(P_1, t)\mathrm{e}^{-\mathrm{i}2\pi\bar{\nu}t}\\ \mathbf{u}(P, t) = \mathbf{U}(P, t)\mathrm{e}^{-\mathrm{i}2\pi\bar{\nu}t}\end{cases} \tag{3.1-43}$$

式中：$\mathbf{U}(P_1, t)$ 和 $\mathbf{U}(P, t)$ 分别表示 P_1 点和 P 点处准单色光的复振幅，它们都是空间坐标和时间的函数。把式(3.1－43)代入式(3.1－42)得到

$$\mathbf{U}(P, t) = \frac{1}{\mathrm{i}\bar{\lambda}}\iint_{S_\Sigma}\mathbf{U}(P_1, t)\,\frac{\mathrm{e}^{\mathrm{i}\bar{k}r}}{r}K(\theta)\,\mathrm{d}s \tag{3.1-44}$$

式(3.1－42)和式(3.1－44)便是准单色光波的衍射公式，它们与理想单色光波的衍射公式形式完全相同，只是准单色光的复振幅不仅依赖于空间变量，而且依赖于时间变量。

3.2　衍射问题的频率域分析

前面在空间域讨论了标量波衍射问题，为了更深刻理解衍射过程的物理意义，这里进一步在空间频率域上讨论衍射问题。

3.2.1 频谱的传播效应

把式(3.1－30)写成直角坐标变量的函数

$$\mathbf{U}(x, y, z)=\frac{1}{\mathrm{i}\lambda}\iint_{S_\Sigma}\left[\mathbf{U}_\Sigma(x_1, y_1, z_1)\frac{\mathrm{e}^{\mathrm{i}kr}}{r}\cos(\boldsymbol{n}, \boldsymbol{r})\right]\mathrm{d}s \tag{3.2-1}$$

式中：(x, y, z)和(x_1, y_1, z_1)分别表示衍射场中P点和衍射屏上P_1点的坐标。利用二维傅里叶逆变换将$\mathbf{U}_\Sigma(x_1, y_1, z_1)$和$\mathbf{U}(x, y, z)$展开为

$$\mathbf{U}_\Sigma(x_1, y_1, z_1)=\iint_{-\infty}^{+\infty}A_\Sigma(\xi_1, \eta_1)\mathrm{e}^{\mathrm{i}2\pi(\xi_1 x_1+\eta_1 y_1)}\,\mathrm{d}\xi_1\,\mathrm{d}\eta_1 \tag{3.2-2}$$

$$\mathbf{U}(x, y, z)=\iint_{-\infty}^{+\infty}A_z(\xi, \eta)\mathrm{e}^{\mathrm{i}2\pi(\xi x+\eta y)}\,\mathrm{d}\xi\,\mathrm{d}\eta \tag{3.2-3}$$

式中：$A_\Sigma(\xi_1, \eta_1)$和$A_z(\xi, \eta)$分别为$\mathbf{U}_\Sigma(x_1, y_1, z_1)$和$\mathbf{U}(x, y, z)$的频谱函数。所以衍射问题既可以看成是空域中复振幅$\mathbf{U}_\Sigma(x_1, y_1, z_1)$到$\mathbf{U}(x, y, z)$的传播，也可以看成是频率域中频谱分布$A_\Sigma(\xi_1, \eta_1)$到$A_z(\xi, \eta)$的传播。为了导出$A_\Sigma$和$A_z$之间的关系，令$z_1=0$，即衍射屏位于$z=0$的平面上。在无源点上$\mathbf{U}$满足亥姆霍兹方程$(\nabla^2+k^2)\mathbf{U}=0$，应用到式(3.2－3)得到

$$(\nabla^2+k^2)\mathbf{U}(x, y, z)=\iint_{-\infty}^{+\infty}(\nabla^2+k^2)[A_z(\xi, \eta)\mathrm{e}^{\mathrm{i}2\pi(\xi x+\eta y)}]\,\mathrm{d}\xi\,\mathrm{d}\eta=0 \tag{3.2-4}$$

因此应有

$$(\nabla^2+k^2)[A_z(\xi, \eta)\mathrm{e}^{\mathrm{i}2\pi(\xi x+\eta y)}]=0 \tag{3.2-5}$$

由于$A_z(\xi, \eta)$仅是空间坐标z的函数，与x、y无关，故有

$$\nabla^2 A_z(\xi, \eta)=\frac{\mathrm{d}^2}{\mathrm{d}z^2}A_z(\xi, \eta)$$

由式(3.2－5)可以得到如下坐标变量的微分方程：

$$\frac{\mathrm{d}^2}{\mathrm{d}z^2}A_z(\xi, \eta)+\left(\frac{2\pi}{\lambda}\right)^2[1-(\lambda\xi)^2-(\lambda\eta)^2]A_z(\xi, \eta)=0 \tag{3.2-6}$$

当$z=0$时，应有$A_z(\xi, \eta)=A_\Sigma(\xi, \eta)$，那么式(3.2－6)的一个基本解为

$$A_z(\xi, \eta)=A_\Sigma(\xi, \eta)\mathrm{e}^{\mathrm{i}\frac{2\pi}{\lambda}[1-(\lambda\xi)^2-(\lambda\eta)^2]^{1/2}z} \tag{3.2-7}$$

这就是频谱的传播关系。

分析式(3.2－7)，可以看出频谱传播的物理意义：

(1) 当$(\lambda\xi)^2+(\lambda\eta)^2<1$时，$[1-(\lambda\xi)^2-(\lambda\eta)^2]$为实数。式(3.2－7)表示频谱传播一段距离$z$的效应是使各空间频谱分量仅产生一个相位变化，而振幅和传播方向保持不变。不同的空间频谱分量(ξ, η)对应的相位改变量不同，这是因为两个频谱面之间虽然有确定的距离z，但每个频谱分量(平面波分量)在不同的方向上传播，各自走过的实际路程不同。可见在这种情况下，传播的结果导致在新的频谱面上不同频谱分量的相位重新分布。

(2) 当$(\lambda\xi)^2+(\lambda\eta)^2=1$时，有$\lambda\zeta=[1-(\lambda\xi)^2-(\lambda\eta)^2]^{1/2}=0$，即$\zeta=0$。$\zeta$表示平面光波沿$z$轴方向的空间频率，该频率分量相当于传播方向垂直于$z$轴的平面波，它在$z$轴方向的净能流为零。

(3) 当$(\lambda\xi)^2+(\lambda\eta)^2>1$时，$[1-(\lambda\xi)^2-(\lambda\eta)^2]^{1/2}$为虚数。令

$$i\mu = \frac{2\pi[1-(\lambda\xi)^2-(\lambda\eta)^2]^{1/2}}{\lambda} \qquad (\mu\text{为正实数})$$

则式(3.2－7)可改写为

$$A_z(\xi, \eta) = A_\Sigma(\xi, \eta)e^{-\mu z} \tag{3.2－8}$$

这表明，当满足条件$(\lambda\xi)^2+(\lambda\eta)^2>1$的频谱分量沿$z$轴传播时，它将随$z$的增加急剧衰减。我们把这些光波分量称为衰逝波。衰逝波的穿透深度定义为$d_z=1/\mu$，一般d_z在波长量级。这表明，若照明波长为λ，那么衍射屏上所有精细结构中$|f_n|=(\xi^2+\eta^2)^{1/2}>1/\lambda$的高频信息将不能传播到足够远的衍射场中。

把式(3.2－7)代入式(3.2－3)，得到衍射屏面上频谱表示的空间复振幅表达式为

$$\mathbf{U}(x, y, z) = \iint_{-\infty}^{+\infty} A_\Sigma(\xi, \eta)e^{i\frac{2\pi}{\lambda}[1-(\lambda\xi)^2-(\lambda\eta)^2]^{1/2}z}e^{i2\pi(\xi x+\eta y)}\,d\xi\,d\eta \tag{3.2－9}$$

3.2.2　衍射过程的频谱分析

光波通过有限孔径的衍射可分为入射光波受衍射孔的限制和受限制光波的传播过程。

1. 衍射孔对光波频率的影响

设衍射屏的振幅透射系数为$t(x_1, y_1)$，照明光波入射在衍射屏面上的复振幅为$\mathbf{U}_1(x_1, y_1)$，出射光波为$\mathbf{U}_\Sigma(x_1, y_1)$，三者关系可表示为

$$\mathbf{U}_\Sigma(x_1, y_1) = \mathbf{U}_1(x_1, y_1)t(x_1, y_1) \tag{3.2－10}$$

根据傅里叶变换的乘积定理有

$$A_\Sigma(\xi, \eta) = A_1(\xi, \eta) * T(\xi, \eta) \tag{3.2－11}$$

式中：A_Σ、A_1和T分别为$\mathbf{U}_\Sigma$、$\mathbf{U}_1$和t的频谱函数。在单位振幅的单色平行光波垂直入射照明的情况下，有$A_1(\xi, \eta)=\delta(\xi, \eta)$，因此

$$A_\Sigma(\xi, \eta) = A_1(\xi, \eta) * T(\xi, \eta) = \delta(\xi, \eta) * T(\xi, \eta) = T(\xi, \eta) \tag{3.2－12}$$

可见，光波通过衍射孔后的频谱展宽了。这是由于衍射孔对光的空间限制之故。衍射孔越小，对光波的空间限制越厉害，频谱的展宽幅度就越大。特别是，当照明光波为单位振幅的单色平面波时，透射光的频谱就是衍射屏振幅透过系数函数的傅里叶变换。

2. 光波传播过程的"系统"分析

由3.2.1节的讨论，我们求得了衍射光场中任一面上的空间频谱和衍射屏面上的频谱，如果把这一传播过程看做光波经过了一个系统的变换，则由线性系统理论可知，线性不变系统的传递函数可由系统输出的频谱和输入的频谱求得。因此，光波传播过程的传递函数可由式(3.2－7)直接求得

$$H(\xi, \eta) = \frac{A_z(\xi, \eta)}{A_\Sigma(\xi, \eta)} = e^{i\frac{2\pi}{\lambda}[1-(\lambda\xi)^2-(\lambda\eta)^2]^{1/2}z} \tag{3.2－13}$$

若传播距离至少大于几个波长，则衰逝波可以忽略，得到传递函数为

$$H(\xi, \eta) = \begin{cases} e^{i\frac{2\pi}{\lambda}[1-(\lambda\xi)^2-(\lambda\eta)^2]^{1/2}z} & \xi^2+\eta^2 \leqslant 1/\lambda^2 \\ 0 & \xi^2+\eta^2 > 1/\lambda^2 \end{cases} \tag{3.2－14}$$

当$\xi^2+\eta^2\leqslant 1/\lambda^2$时，传递函数的模值为1，只存在与频率有关的相位延迟；对于其他频率成分，传递函数皆为零。可见光波的传播过程相当于经历一线性不变系统，该系统相当于一

低通滤波器，截止频率为$|f_c|=1/\lambda$。滤波器的振幅透过率在频率域平面内可用圆域函数表示为$t(\xi, \eta)=\mathrm{circ}[\lambda(\xi^2+\eta^2)^{1/2}]$。

3.3 基尔霍夫衍射公式的近似

有关衍射问题，尽管已经利用边界假设等一系列处理得出了基尔霍夫和瑞利-索末菲衍射公式，但它们应用于计算实际衍射问题时，仍然十分复杂。为了得到有广泛实用价值的衍射公式，需要对其作进一步的近似处理。本节讨论不同近似条件和不同适用范围的近似公式：菲涅耳衍射公式及夫琅和费衍射公式。

3.3.1 基尔霍夫衍射公式的近似处理方法

1. 衍射分区

为了区分不同情况给出不同条件下的衍射近似公式，首先仔细分析无限大不透明屏上的孔被单色平面光波垂直入射照明的衍射结果。实验得到的衍射场中离衍射屏不同距离各平面上的光强度分布，即衍射花样如图 3.3-1 所示。

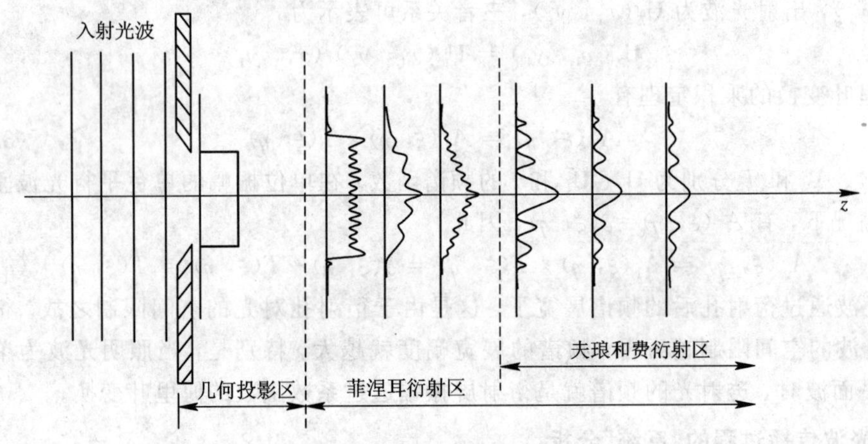

图 3.3-1 平面孔的衍射及其分区

观察可以发现，在临近衍射屏的一个很小范围内，光强度分布花样就是衍射孔的简单几何投影，它的形状和大小与孔保持一致，此范围称为几何投影区；随着离开衍射屏的距离增加，先是出现衍射现象，衍射图样锐变的边缘消失，随后衍射花样与孔的相似性也逐渐消失，而且衍射花样的中心产生亮暗变化，则称几何投影区以后的部分为菲涅耳衍射区；继续远离衍射屏观察，发现超过某一距离后，衍射花样只有大小变化，而形状基本保持不变，即光强分布具有相似性，则称衍射花样形状基本保持不变的区域为夫琅和费衍射区。显然菲涅耳衍射区包含夫琅和费衍射区。

2. 菲涅耳近似及夫琅和费近似

由衍射分区的讨论可知，不同的衍射区，衍射花样的主要特征不同，以下讨论不同衍射区相应光场分布的数学描述方法。

如图 3.3－2 所示，设衍射孔 Σ 处于$(x_1, y_1, 0)$面，光源位于(x_0, y_0, z_0)面(图上未画出)；则衍射场中(x, y, z)面上的光场分布由基尔霍夫衍射公式给出

$$\mathbf{U}(x, y)=\frac{1}{\mathrm{i}\lambda}\iint_{S_\Sigma}\mathbf{U}(x_1, y_1)\frac{\mathrm{e}^{\mathrm{i}kr}}{r}\left[\frac{\cos(\boldsymbol{n}, \boldsymbol{r})-\cos(\boldsymbol{n}, \boldsymbol{r}_0)}{2}\right]\mathrm{d}x_1\,\mathrm{d}y_1 \qquad (3.3-1)$$

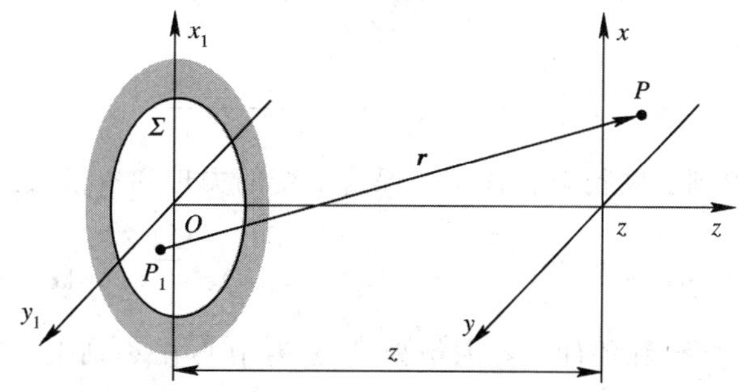

图 3.3－2　衍射公式近似讨论示意图

首先假设满足近轴条件：光源、衍射孔 Σ 和(x, y, z)面上观察范围都分布在 z 轴附近；并且光源的线度和衍射孔的线度远小于它们之间的距离，衍射孔的线度和观察范围的线度远小于它们之间的距离。则有 $\cos(\boldsymbol{n}, \boldsymbol{r})\approx 1$，$\cos(\boldsymbol{n}, \boldsymbol{r}_0)\approx -1$，$1/r\approx 1/z$，于是式(3.3－1)可改写为

$$\mathbf{U}(x, y)=\frac{1}{\mathrm{i}\lambda z}\iint_{-\infty}^{+\infty}\mathbf{U}_\Sigma(x_1, y_1)\mathrm{e}^{\mathrm{i}kr}\,\mathrm{d}x_1\,\mathrm{d}y_1 \qquad (3.3-2)$$

式中：$r=[z^2+(x-x_1)^2+(y-y_1)^2]^{1/2}$。在近轴条件下，$[(x-x_1)^2+(y-y_1)^2]/z^2\ll 1$，故 r 可展开为

$$r=z+\frac{(x-x_1)^2+(y-y_1)^2}{2z}-\frac{[(x-x_1)^2+(y-y_1)^2]^2}{8z^3}+\cdots$$

若满足菲涅耳近似条件：

$$\left\{\frac{k[(x-x_1)^2+(y-y_1)^2]^2}{8z^3}\right\}_{\max}\ll 2\pi$$

即

$$z^3\gg\frac{1}{8\lambda}\{[(x-x_1)^2+(y-y_1)^2]^2\}_{\max} \qquad (3.3-3)$$

得到近似式

$$\begin{aligned}r&=z+\frac{(x-x_1)^2+(y-y_1)^2}{2z}\\&=z+\frac{x^2+y^2}{2z}-\frac{x_1x+y_1y}{z}+\frac{x_1^2+y_1^2}{2z}\end{aligned} \qquad (3.3-4)$$

此近似式称为菲涅耳近似。

把式(3.3－4)代入式(3.3－2)，得到菲涅耳衍射公式

$$\mathbf{U}(x, y)=\frac{\mathrm{e}^{\mathrm{i}kz}}{\mathrm{i}\lambda z}\iint_{-\infty}^{+\infty}\mathbf{U}_\Sigma(x_1, y_1)\mathrm{e}^{\mathrm{i}k\frac{(x-x_1)^2+(y-y_1)^2}{2z}}\,\mathrm{d}x_1\,\mathrm{d}y_1 \qquad (3.3-5)$$

如果对衍射孔 Σ 作更严格的限制，使其满足夫琅和费近似条件

$$\left[\frac{k(x_1^2+y_1^2)}{2z}\right]_{\max} \ll 2\pi$$

即

$$z \gg \frac{1}{2\lambda}(x_1^2+y_1^2)_{\max} \tag{3.3-6}$$

可进一步得到近似式

$$r = z + \frac{x^2+y^2}{2z} - \frac{x_1 x + y_1 y}{z} \tag{3.3-7}$$

应用式(3.3-7)，可得到反映衍射花样基本保持不变的夫琅和费衍射公式

$$\mathbf{U}(x,\ y) = \frac{\mathrm{e}^{\mathrm{i}kz}\mathrm{e}^{\mathrm{i}k\frac{x^2+y^2}{2z}}}{\mathrm{i}\lambda z}\iint_{-\infty}^{+\infty}\mathbf{U}_\Sigma(x_1,\ y_1)\mathrm{e}^{-\mathrm{i}k\frac{xx_1+yy_1}{z}}\,\mathrm{d}x_1\,\mathrm{d}y_1 \tag{3.3-8}$$

为了说明夫琅和费衍射条件，考虑衍射孔 Σ 为中心在 z 轴上、边长为 $l=6$ mm 的方孔，入射的照明波长 $\lambda=0.6\ \mu$m，则夫琅和费近似条件要求 $z\gg 15$ m。如果以取近似值引起的相位变化小于 $\pi/10$ 作为忽略不计的判据，那么夫琅和费衍射区就在衍射孔后 $z>300$ m 处。

在解决实际问题时，是采用菲涅耳衍射公式还是夫琅和费衍射公式，要根据问题的精度要求来决定。在十分接近衍射孔的区域，菲涅耳衍射公式也不能采用。

3.3.2 菲涅耳及夫琅和费衍射的"系统"分析

下面进一步按照"系统"的观点讨论菲涅耳及夫琅和费衍射过程。

1. 菲涅耳衍射的"系统"分析

菲涅耳衍射公式，即式(3.3-5)可写成卷积形式

$$\begin{aligned}\mathbf{U}(x,\ y) &= \frac{\mathrm{e}^{\mathrm{i}kz}}{\mathrm{i}\lambda z}\iint_{-\infty}^{+\infty}\mathbf{U}_\Sigma(x_1,\ y_1)\mathrm{e}^{\mathrm{i}k\frac{(x-x_1)^2+(y-y_1)^2}{2z}}\,\mathrm{d}x_1\,\mathrm{d}y_1 \\ &= \iint_{-\infty}^{+\infty}\mathbf{U}_\Sigma(x_1,\ y_1)h(x-x_1,\ y-y_1)\,\mathrm{d}x_1\,\mathrm{d}y_1 \\ &= \mathbf{U}_\Sigma(x_1,\ y_1) * h(x,\ y)\end{aligned} \tag{3.3-9}$$

由于输出 $\mathbf{U}(x,\ y)$是输入 $\mathbf{U}_\Sigma(x_1,\ y_1)$的叠加积分，因此菲涅耳衍射系统具有线性空不变的性质，而式(3.3-9)中 $h(x-x_1,\ y-y_1)=\frac{\mathrm{e}^{\mathrm{i}kz}}{\mathrm{i}\lambda z}\mathrm{e}^{\mathrm{i}k\frac{(x-x_1)^2+(y-y_1)^2}{2z}}$ 就是系统的点扩散函数。根据线性不变系统点扩散函数与传递函数之间的关系有

$$\begin{aligned}H(\xi,\ \eta) &= \mathrm{FT}\{h(x,\ y)\} = \mathrm{FT}\left\{\frac{\mathrm{e}^{\mathrm{i}kz}}{\mathrm{i}\lambda z}\mathrm{e}^{\mathrm{i}k\frac{x^2+y^2}{2z}}\right\} \\ &= \mathrm{e}^{\mathrm{i}kz}\mathrm{e}^{-\mathrm{i}\pi\lambda z(\xi^2+\eta^2)}\end{aligned} \tag{3.3-10}$$

应用卷积定理有

$$A(\xi,\ \eta) = A_\Sigma(\xi,\ \eta)H(\xi,\ \eta) \tag{3.3-11}$$

式中：A、A_Σ分别为 $\mathbf{U}$、$\mathbf{U}_\Sigma$的频谱函数。由于系统的点扩散函数和相应的传递函数已知，对于给定的任意形状的衍射孔，我们可以很方便地求得衍射光场分布或其频谱函数。

此外，菲涅耳衍射公式还可以写成傅里叶变换形式

$$\mathbf{U}(x,\ y)=\frac{\mathrm{e}^{\mathrm{i}kz}\,\mathrm{e}^{\mathrm{i}k\frac{x^2+y^2}{2z}}}{\mathrm{i}\lambda z}\iint_{-\infty}^{+\infty}\mathbf{U}_\Sigma(x_1,\ y_1)\mathrm{e}^{\mathrm{i}k\frac{x_1^2+y_1^2}{2z}}\,\mathrm{e}^{-\mathrm{i}k\frac{xx_1+yy_1}{z}}\,\mathrm{d}x_1\,\mathrm{d}y_1$$

$$=\frac{\mathrm{e}^{\mathrm{i}kz}\,\mathrm{e}^{\mathrm{i}k\frac{x^2+y^2}{2z}}}{\mathrm{i}\lambda z}\iint_{-\infty}^{+\infty}\left[\mathbf{U}_\Sigma(x_1,\ y_1)\mathrm{e}^{\mathrm{i}k\frac{x_1^2+y_1^2}{2z}}\right]\mathrm{e}^{-\mathrm{i}2\pi(\xi x_1+\eta y_1)}\,\mathrm{d}x_1\,\mathrm{d}y_1\Bigg|_{\xi=\frac{x}{\lambda z},\ \eta=\frac{y}{\lambda z}}$$

$$=\frac{\mathrm{e}^{\mathrm{i}kz}\,\mathrm{e}^{\mathrm{i}k\frac{x^2+y^2}{2z}}}{\mathrm{i}\lambda z}\mathrm{FT}\left\{\mathbf{U}_\Sigma(x_1,\ y_1)\mathrm{e}^{\mathrm{i}k\frac{x_1^2+y_1^2}{2z}}\right\}\Bigg|_{\xi=\frac{x}{\lambda z},\ \eta=\frac{y}{\lambda z}}\tag{3.3 - 12}$$

可见，除了与$(x_1,\ y_1)$无关的振幅和相位因子外，菲涅耳衍射可以看做函数$\mathbf{U}_\Sigma(x_1,\ y_1)\times\mathrm{e}^{\mathrm{i}k\frac{x_1^2+y_1^2}{2z}}$的傅里叶变换。当用会聚球面波照明时，复振幅$\mathbf{U}_\Sigma(x_1,\ y_1)$中将会含有相位因子$\mathrm{e}^{-\mathrm{i}k\frac{x_1^2+y_1^2}{2z_0}}$，当$z=z_0$时，可与相位因子$\mathrm{e}^{\mathrm{i}k\frac{x_1^2+y_1^2}{2z}}$相消，使衍射积分对应的傅里叶变换大大简化。

2. 夫琅和费衍射的“系统”分析

与式(3.3 - 12)相似，夫琅和费衍射公式可改写为

$$\mathbf{U}(x,\ y)=\frac{\mathrm{e}^{\mathrm{i}kz}\,\mathrm{e}^{\mathrm{i}k\frac{x^2+y^2}{2z}}}{\mathrm{i}\lambda z}\iint_{-\infty}^{+\infty}\mathbf{U}_\Sigma(x_1,\ y_1)\mathrm{e}^{-\mathrm{i}k\frac{xx_1+yy_1}{z}}\,\mathrm{d}x_1\,\mathrm{d}y_1$$

$$=\frac{\mathrm{e}^{\mathrm{i}kz}\,\mathrm{e}^{\mathrm{i}k\frac{x^2+y^2}{2z}}}{\mathrm{i}\lambda z}\iint_{-\infty}^{+\infty}\mathbf{U}_\Sigma(x_1,\ y_1)\mathrm{e}^{-\mathrm{i}2\pi(\xi x_1+\eta y_1)}\,\mathrm{d}x_1\,\mathrm{d}y_1\Bigg|_{\xi=\frac{x}{\lambda z},\ \eta=\frac{y}{\lambda z}}$$

$$=\frac{\mathrm{e}^{\mathrm{i}kz}\,\mathrm{e}^{\mathrm{i}k\frac{x^2+y^2}{2z}}}{\mathrm{i}\lambda z}\mathrm{FT}\{\mathbf{U}_\Sigma(x_1,\ y_1)\}\Bigg|_{\xi=\frac{x}{\lambda z},\ \eta=\frac{y}{\lambda z}}\tag{3.3 - 13}$$

可见，除了与$(x_1,\ y_1)$无关的振幅和相位因子外，夫琅和费衍射可以看做函数$\mathbf{U}_\Sigma(x_1,\ y_1)$的傅里叶变换。特别是用单位振幅的平面波垂直入射照明时，有$\mathbf{U}_\Sigma(x_1,\ y_1)=t(x_1,\ y_1)$，夫琅和费衍射简化为衍射屏的透过函数$t(x_1,\ y_1)$的傅里叶变换。

由于输出$\mathbf{U}(x,\ y)$仍是输入的$\mathbf{U}_\Sigma(x_1,\ y_1)$的叠加积分，因此夫琅和费衍射系统是线性系统，但不具有空间不变性，这是多次取近似所致。

3.3.3　夫琅和费衍射实例

利用现代光学中的常用函数以及傅里叶变换的性质，可以很方便地求出夫琅和费衍射的振幅分布和光强分布。为简单起见，以下求解均假设用垂直入射的单色平面波照明。

1. 矩孔的夫琅和费衍射

如图 3.3 - 3 所示，衍射孔的宽、长分别为 a 和 b，求离孔距离为 z 的观察平面上的夫琅和费衍射分布。

显然，衍射屏后表面上的复振幅分布为

$$\mathbf{U}(x_1,\ y_1)=t(x_1,\ y_1)=\mathrm{rect}\left(\frac{x_1}{a},\ \frac{y_1}{b}\right)\tag{3.3 - 14}$$

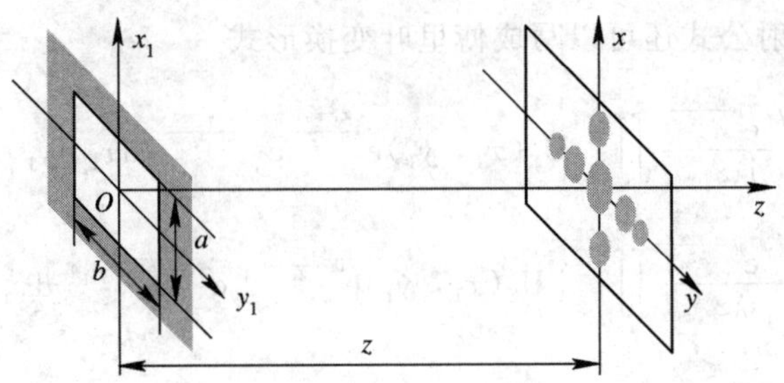

图 3.3-3　矩孔夫琅和费衍射

代入式(3.3-13)得

$$\mathbf{U}(x,\ y)=\frac{\mathrm{e}^{\mathrm{i}kz}\mathrm{e}^{\mathrm{i}k\frac{x^2+y^2}{2z}}}{\mathrm{i}\lambda z}\mathrm{FT}\left\{\mathrm{rect}\left(\frac{x_1}{a},\ \frac{y_1}{b}\right)\right\}\bigg|_{\xi=\frac{x}{\lambda z},\ \eta=\frac{y}{\lambda z}}$$

$$=\frac{\mathrm{e}^{\mathrm{i}kz}\mathrm{e}^{\mathrm{i}k\frac{x^2+y^2}{2z}}}{\mathrm{i}\lambda z}ab\ \mathrm{sinc}\left(\frac{ax}{\lambda z},\ \frac{by}{\lambda z}\right) \tag{3.3-15}$$

衍射强度分布为

$$I(x,\ y)=|\ \mathbf{U}(x,\ y)\ |^2=\left(\frac{ab}{\lambda z}\right)^2\ \mathrm{sinc}^2\left(\frac{ax}{\lambda z},\ \frac{by}{\lambda z}\right) \tag{3.3-16}$$

这表明夫琅和费衍射光强分布与波长的平方成反比，与衍射孔到观察面的距离的平方成反比，与衍射孔面积的平方成正比，并在 $x=y=0$ 处取最大值。矩孔夫琅和费衍射沿 x 轴的相对光强分布如图 3.3-4 所示。当 $a\to\infty$ 或 $b\to\infty$ 时，就得到了大家熟知的单缝夫琅和费衍射光强分布。

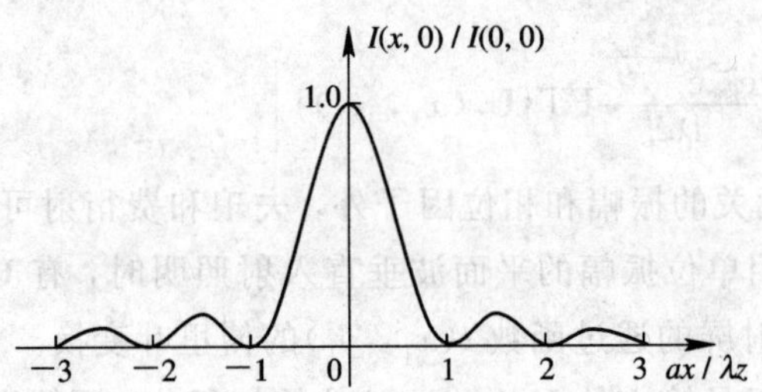

图 3.3-4　矩孔夫琅和费衍射光强分布曲线

2. 圆孔的夫琅和费衍射

设衍射孔的半径为 R，如图 3.3-5 所示，则衍射屏后表面上的复振幅分布为

$$\mathbf{U}(x_1,\ y_1)=\mathrm{circ}\left(\frac{\sqrt{x_1^2+y_1^2}}{R}\right)=\mathrm{circ}\left(\frac{r_1}{R}\right) \tag{3.3-17}$$

代入式(3.3-13)得

$$\mathbf{U}(x,\ y)=\frac{\mathrm{e}^{\mathrm{i}kz}\mathrm{e}^{\mathrm{i}k\frac{r^2}{2z}}}{\mathrm{i}\lambda z}\mathrm{BT}\left\{\mathrm{circ}\left(\frac{r_1}{R}\right)\right\}\bigg|_{\rho=\frac{r}{\lambda z}}=\frac{\mathrm{e}^{\mathrm{i}kz}\mathrm{e}^{\mathrm{i}k\frac{r^2}{2z}}}{\mathrm{i}\lambda z}R^2\ \frac{\mathrm{J}_1\left(\frac{2\pi Rr}{\lambda z}\right)}{\frac{Rr}{\lambda z}}$$

$$=\mathrm{e}^{\mathrm{i}kz}\mathrm{e}^{\mathrm{i}k\frac{r^2}{2z}}\left(\frac{\pi R^2}{\mathrm{i}\lambda z}\right)\left[\frac{2\mathrm{J}_1\left(\frac{2\pi Rr}{\lambda z}\right)}{\frac{2\pi Rr}{\lambda z}}\right] \tag{3.3-18}$$

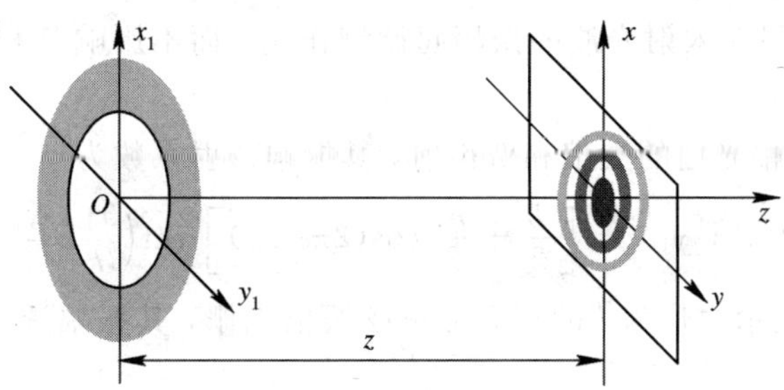

图 3.3－5　圆孔夫琅和费衍射

光强分布为

$$I(r) = \left(\frac{\pi R^2}{\lambda z}\right)^2 \left[\frac{2J_1\left(\frac{2\pi Rr}{\lambda z}\right)}{\frac{2\pi Rr}{\lambda z}}\right]^2 \tag{3.3-19}$$

圆孔衍射的光强分布一般称为爱里图样，中央亮斑称为爱里斑。爱里图样的相对强度分布曲线如图 3.3－6 所示。表 3.3－1 列出了爱里图样的一些极大值和极小值点的数据。

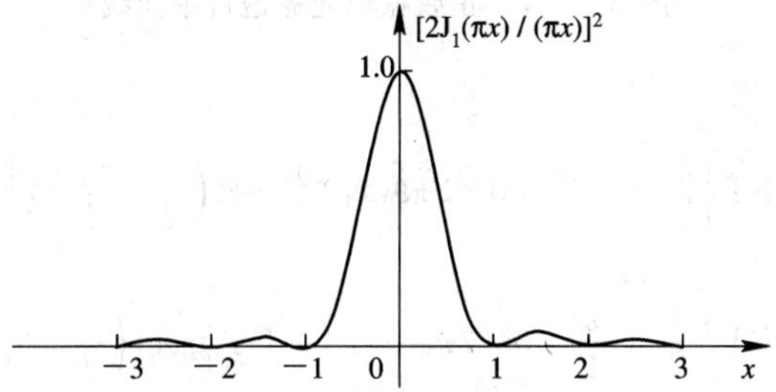

图 3.3－6　圆孔夫琅和费衍射光强分布曲线

表 3.3－1　爱里图样的极大值和极小值

$x=2Rr/\lambda z$	$[2J_1(\pi x)/(\pi x)]^2$	极大或极小
0	1	极大
0.1220	0	极小
1.635	0.0175	极大
2.233	0	极小
2.679	0.0042	极大
3.238	0	极小
3.699	0.0016	极大

由表 3.3－1 按第一级极小值点得到爱里斑的半径为

$$\Delta r = 0.61\frac{\lambda z}{R} = 1.22\frac{\lambda z}{D} \tag{3.3-20}$$

式中：$D=2R$ 为衍射孔的直径。应该指出的是，圆孔夫琅和费衍射的绝大部分光能量都衍射到了爱里斑范围内。

3. 正弦振幅光栅的夫琅和费衍射

一般来说，衍射屏的振幅透射系数 $t(P_1)$ 可以是模小于 1 的任意复值函数，当 $t(P_1)$ 为实值函数时，衍射屏只对入射光波的振幅起调制作用，而不影响其相位分布，这样的衍射屏称为振幅衍射屏。

这里讨论正弦振幅光栅的夫琅和费衍射，其振幅透射系数为

$$t(x_1, y_1)=\left[\frac{1}{2}+\frac{m}{2}\cos(2\pi\xi_0 x_1)\right]\mathrm{rect}\left(\frac{x_1}{l}, \frac{y_1}{l}\right) \tag{3.3-21}$$

式中：$0<m\leqslant 1$。这表示边长为 l 的正方形正弦振幅光栅，其振幅透过率曲线如图 3.3-7 所示。

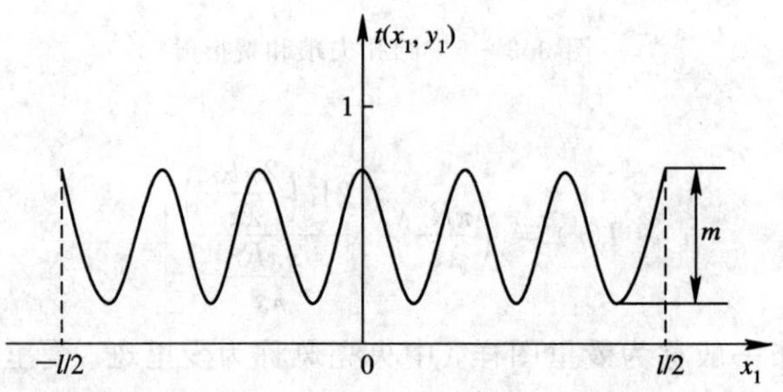

图 3.3-7 正弦振幅光栅透过率曲线

由式(3.3-13)得

$$\begin{aligned}\mathbf{U}(x, y)&=\frac{\mathrm{e}^{ikz}\mathrm{e}^{ik\frac{x^2+y^2}{2z}}}{\mathrm{i}\lambda z}\mathrm{FT}\left\{\left[\frac{1}{2}+\frac{m}{2}\cos(2\pi\xi_0 x_1)\right]\mathrm{rect}\left(\frac{x_1}{l}, \frac{y_1}{l}\right)\right\}\Bigg|_{\xi=\frac{x}{\lambda z},\ \eta=\frac{y}{\lambda z}}\\
&=\frac{\mathrm{e}^{ikz}\mathrm{e}^{ik\frac{x^2+y^2}{2z}}}{\mathrm{i}\lambda z}\mathrm{FT}\left\{\frac{1}{2}+\frac{m}{2}\cos(2\pi\xi_0 x_1)\right\}*\mathrm{FT}\left\{\mathrm{rect}\left(\frac{x_1}{l}, \frac{y_1}{l}\right)\right\}\Bigg|_{\xi=\frac{x}{\lambda z},\ \eta=\frac{y}{\lambda z}}\\
&=\frac{\mathrm{e}^{ikz}\mathrm{e}^{ik\frac{x^2+y^2}{2z}}}{\mathrm{i}\lambda z}\left\{\left[\frac{1}{2}\delta(\xi,\eta)+\frac{m}{4}\delta(\xi+\xi_0,\eta)+\frac{m}{4}\delta(\xi-\xi_0,\eta)\right]*\left[l^2\,\mathrm{sinc}(l\xi,l\eta)\right]\right\}\\
&=\frac{l^2\mathrm{e}^{ikz}\mathrm{e}^{ik\frac{x^2+y^2}{2z}}}{\mathrm{i}2\lambda z}\mathrm{sinc}\left(\frac{ly}{\lambda z}\right)\\
&\quad\cdot\left\{\mathrm{sinc}\left(\frac{lx}{\lambda z}\right)+\frac{m}{2}\mathrm{sinc}\left[\frac{l}{\lambda z}(x+\xi_0\lambda z)\right]+\frac{m}{2}\mathrm{sinc}\left[\frac{l}{\lambda z}(x-\xi_0\lambda z)\right]\right\}\end{aligned} \tag{3.3-22}$$

注意到依赖于变量 x 的三个 sinc 函数中央宽度均为 $2\lambda z/l$，而其相邻的间隔为 $\xi_0\lambda z$。当 $\xi_0\lambda z\gg 2\lambda z/l$ 时，即光栅总条(缝)数 $N=\xi_0 l\gg 2$，三个 sinc 函数之间的交叠可以忽略不计，所以计算衍射光强时，交叉相乘项可以忽略，于是有

$$\begin{aligned}I(x, y)&=|\mathbf{U}(x, y)|^2\\
&=\left(\frac{l^2}{2\lambda z}\right)^2\mathrm{sinc}^2\left(\frac{ly}{\lambda z}\right)\\
&\quad\cdot\left\{\mathrm{sinc}^2\left(\frac{lx}{\lambda z}\right)+\frac{m^2}{4}\mathrm{sinc}^2\left[\frac{l}{\lambda z}(x+\xi_0\lambda z)\right]+\frac{m^2}{4}\mathrm{sinc}^2\left[\frac{l}{\lambda z}(x-\xi_0\lambda z)\right]\right\}\end{aligned} \tag{3.3-23}$$

由此得到的正弦型振幅光栅夫琅和费衍射的相对强度分布曲线如图 3.3-8 所示。可见，正弦型振幅光栅的夫琅和费衍射只有 0 和 ±1 级频谱分量。

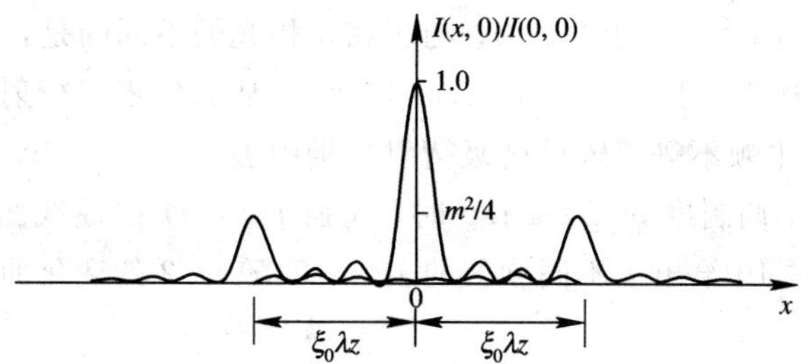

图 3.3 - 8　正弦振幅光栅衍射光强分布曲线

若用多色平面波垂直入射照明，所有波长的夫琅和费 0 级衍射极大值都位于 $x=0$ 处，而由正 1 级衍射极大值位置方程 $x-\xi_0\lambda z=0$ 可求得 1 级衍射谱线的色散为

$$\frac{\mathrm{d}x}{\mathrm{d}\lambda}=\xi_0 z \tag{3.3 - 24}$$

又根据瑞利判据可求得 1 级衍射谱线的分辨本领为

$$\frac{\lambda}{\Delta\lambda}=\xi_0 l=N \tag{3.3 - 25}$$

可见，正弦型振幅光栅的分辨本领正比于光栅的总条(缝)数。

4. 正弦相位光栅的夫琅和费衍射

若衍射屏只对入射光波的相位起调制作用，不影响其振幅分布，则称之为相位衍射屏。而正弦相位光栅的振幅透射系数为

$$t(x_1,\ y_1)=\mathrm{e}^{\mathrm{i}\frac{m}{2}\sin(2\pi\xi_0 x_1)}\operatorname{rect}\left(\frac{x_1}{l},\ \frac{y_1}{l}\right) \tag{3.3 - 26}$$

式中：$m/2$ 为相位调制度，m 为任意实数。应用数学关系

$$\mathrm{e}^{\mathrm{i}\frac{m}{2}\sin(2\pi\xi_0 x_1)}=\sum_{n=-\infty}^{+\infty}\mathrm{J}_n\left(\frac{m}{2}\right)\mathrm{e}^{\mathrm{i}2\pi n\xi_0 x_1}$$

有

$$\begin{aligned}\mathrm{FT}\{\mathbf{U}(x_1,\ y_1)\}&=\mathrm{FT}\{t(x_1,\ y_1)\}=\mathrm{FT}\left\{\sum_{n=-\infty}^{+\infty}\mathrm{J}_n\left(\frac{m}{2}\right)\mathrm{e}^{\mathrm{i}2\pi n\xi_0 x_1}\right\}*\mathrm{FT}\left\{\operatorname{rect}\left(\frac{x_1}{l},\ \frac{y_1}{l}\right)\right\}\\&=\left[\sum_{n=-\infty}^{+\infty}\mathrm{J}_n\left(\frac{m}{2}\right)\delta(\xi-n\xi_0,\ \eta)\right]*\left[l^2\operatorname{sinc}(l\xi,\ l\eta)\right]\\&=l^2\operatorname{sinc}(l\eta)\sum_{n=-\infty}^{+\infty}\mathrm{J}_n\left(\frac{m}{2}\right)\operatorname{sinc}[l(\xi-n\xi_0)]\end{aligned} \tag{3.3 - 27}$$

代入式(3.3 - 13)得到

$$\begin{aligned}\mathbf{U}(x,\ y)&=\frac{\mathrm{e}^{\mathrm{i}kz}\,\mathrm{e}^{\mathrm{i}k\frac{x^2+y^2}{2z}}}{\mathrm{i}\lambda z}\mathrm{FT}\{\mathbf{U}(x_1,\ y_1)\}\bigg|_{\xi=\frac{x}{\lambda z},\ \eta=\frac{y}{\lambda z}}\\&=\frac{l^2\mathrm{e}^{\mathrm{i}kz}\,\mathrm{e}^{\mathrm{i}k\frac{x^2+y^2}{2z}}}{\mathrm{i}\lambda z}\operatorname{sinc}\left(\frac{ly}{\lambda z}\right)\sum_{n=-\infty}^{\infty}\mathrm{J}_n\left(\frac{m}{2}\right)\operatorname{sinc}\left[\frac{l}{\lambda z}(x-n\xi_0\lambda z)\right]\end{aligned} \tag{3.3 - 28}$$

沿 x 轴的光强分布为

$$I(x,\ 0)=\left(\frac{l^2}{\lambda z}\right)^2\sum_{n=-\infty}^{+\infty}\mathrm{J}_n^2\left(\frac{m}{2}\right)\operatorname{sinc}^2\left[\frac{l}{\lambda z}(x-n\xi_0\lambda z)\right] \tag{3.3 - 29}$$

由式(3.3 - 29)可知，正弦相位光栅各级衍射分量的位置由 $x=n\xi_0\lambda z$ 确定，而 n 级衍

射分量的峰值强度等于$(l^2/\lambda z)^2 J_n^2(m/2)$。与正弦振幅光栅不同的是，正弦相位光栅衍射级次多，但是可以通过适当选择 $m/2$，使 $J_0(m/2)=0$，从而使零级衍射分量消失，将入射光波的能量转移到分辨本领不等于零的高级衍射分量中去。

图 3.3-9 示出了调制度 $m/2=4$ rad 时，光强 $I(x, 0)$ 的曲线图，其中以$(l^2/\lambda z)^2$ 为强度单位。而图 3.3-10 给出了不同 n 值的 $J_n^2(m/2)$随 $m/2$ 的变化曲线。

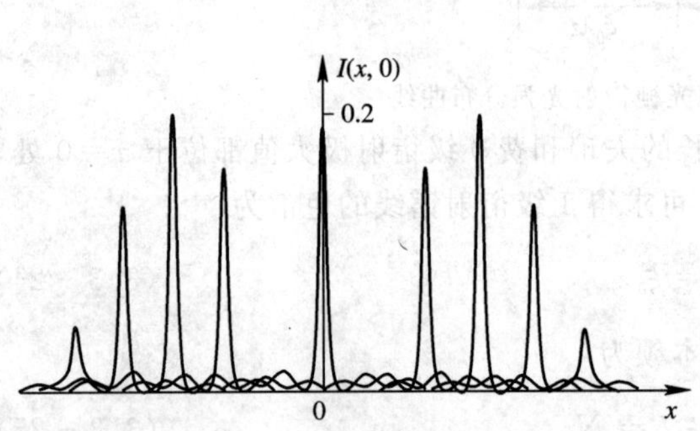

图 3.3-9　正弦相位光栅衍射强度分布曲线

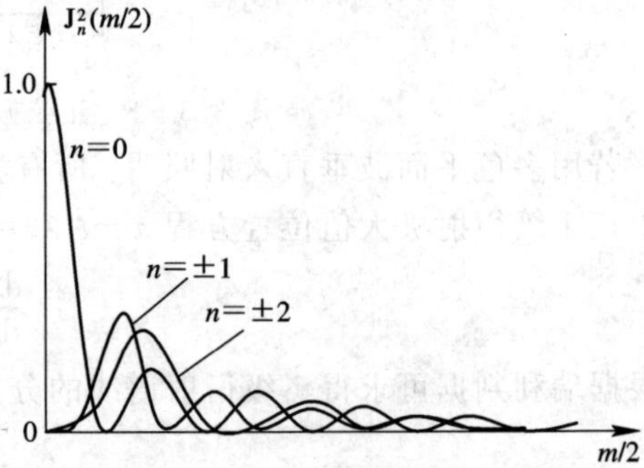

$J_n^2(m/2)$
1.0
n=0
n=±1
n=±2
0
m/2

图 3.3-10　$J_n^2(m/2)$随$(m/2)$的变化曲线

3.3.4　菲涅耳衍射计算

在菲涅耳衍射公式中，被积函数含有复指数函数，并且指数是 x_1 和 y_1 的二次项，这使衍射积分的求解比夫琅和费衍射困难得多。只是在一些特殊情况下，才能得到明晰的解析解。下面讨论一些特殊情况下的菲涅耳衍射问题。

1. 圆孔的菲涅耳衍射

1) 圆孔衍射的频率域计算

由衍射的系统分析，我们知道菲涅耳衍射系统是一线性不变系统，衍射光场的频谱函数可以用衍射系统的传递函数求得。为此，假设用单位振幅的平面波垂直入射照明半径为 R 的圆孔，则衍射屏后表面上的复振幅为 $\mathbf{U}_\Sigma(r_1)=\text{circ}(r_1/R)$，相应的频谱函数为

$$A_\Sigma(\xi, \eta) = \text{FT}\left\{\text{circ}\left(\frac{r_1}{R}\right)\right\} = R^2 \frac{J_1(2\pi R\sqrt{\xi^2+\eta^2})}{R\sqrt{\xi^2+\eta^2}} \tag{3.3-30}$$

利用线性不变系统的性质可求得衍射光场复振幅 $\mathbf{U}(x, y)$的频谱函数为

$$A(\xi, \eta) = A_\Sigma(\xi, \eta)H(\xi, \eta) = R^2 \frac{J_1(2\pi R\sqrt{\xi^2+\eta^2})}{R\sqrt{\xi^2+\eta^2}} e^{ikz} e^{-i\pi\lambda z(\xi^2+\eta^2)} \tag{3.3-31}$$

这就是圆孔菲涅耳衍射的空间频谱分布，它表示观察面上光波场不同空间频率成分的含量及其相位延迟量。而频谱强度分布为

$$|A(\xi, \eta)| = \left|R^2 \frac{J_1(2\pi R\sqrt{\xi^2+\eta^2})}{R\sqrt{\xi^2+\eta^2}}\right|^2 \tag{3.3-32}$$

可见，圆孔菲涅耳衍射的频谱分布具有简单而明晰的结果。对其频谱函数进行傅里叶逆变换即可求得衍射光场的复振幅和光强空间分布，但在一般情况下很难求出解析解。但是我们可用直接积分的方法求出衍射场中某一区域的复振幅和光强分布。

2）圆孔轴线上的菲涅耳衍射

为求得圆孔轴线上的菲涅耳衍射光场分布，建立如图 3.3-11 所示的柱坐标系，衍射孔半径为 R，圆孔轴线与 z 轴重合，圆孔上任一点 Q 的坐标为(r, θ)，观察面上 P 点的坐标为(ρ, φ, z)。假设用单位振幅的平面波垂直入射照明的圆孔，则衍射屏后表面上的复振幅为 $\mathbf{U}_\Sigma(r_1)=\mathrm{circ}(r/R)$。若观察点 $P(\rho, \varphi, z)$在 z 轴上，有 $\rho=0$，于是菲涅耳衍射积分式(3.3-5)可写成

$$\begin{aligned}\mathbf{U}(0, \varphi) &= \frac{\mathrm{e}^{\mathrm{i}kz}}{\mathrm{i}\lambda z}\iint_{-\infty}^{+\infty}\mathrm{circ}\left(\frac{r}{R}\right)\mathrm{e}^{\mathrm{i}k\frac{r^2}{2z}}r\ \mathrm{d}r\ \mathrm{d}\theta \\ &= \frac{\mathrm{e}^{\mathrm{i}kz}}{\mathrm{i}\lambda z}\int_0^{2\pi}\mathrm{d}\theta\int_0^R \mathrm{e}^{\mathrm{i}k\frac{r^2}{2z}}r\ \mathrm{d}r \\ &= \frac{2\pi\mathrm{e}^{\mathrm{i}kz}}{\mathrm{i}\lambda z}\int_0^R \frac{1}{2}\mathrm{e}^{\mathrm{i}k\frac{r^2}{2z}}\ \mathrm{d}(r)^2 \\ &= \mathrm{e}^{\mathrm{i}kz}\left(1-\mathrm{e}^{\mathrm{i}k\frac{R^2}{2z}}\right)\end{aligned} \tag{3.3-33}$$

相应的光强分布为

$$\begin{aligned}I(0, \varphi) &= \left|\mathrm{e}^{\mathrm{i}kz}\left(1-\mathrm{e}^{\mathrm{i}k\frac{R^2}{2z}}\right)\right|^2 = 2\left[1-\cos\left(\frac{kR^2}{2z}\right)\right] \\ &= 4\sin^2\left(\frac{\pi R^2}{2\lambda z}\right)\end{aligned} \tag{3.3-34}$$

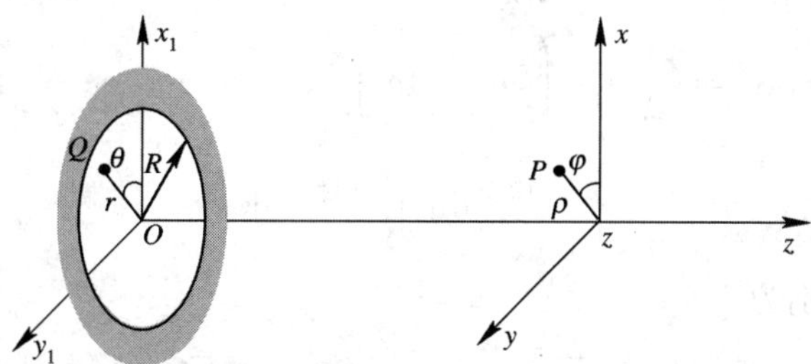

图 3.3-11　圆孔轴上菲涅耳衍射分析示意图

光强分布随 z 的变化曲线如图 3.3-12 所示，随着 z 的增大，$I(0, \varphi)$在 z 等于…，$R^2/5\lambda$，$R^2/3\lambda$，R^2/λ 处取极大值，在两个极大值之间有一极小值零，这说明轴线上的光强有亮暗变化；进一步，当 $z>R^2/\lambda$ 时，轴上衍射光强随着 z 的增加而单调减小，$I(0, \varphi)$不再有亮暗交替变化，即逐渐趋于满足夫琅和费衍射条件。

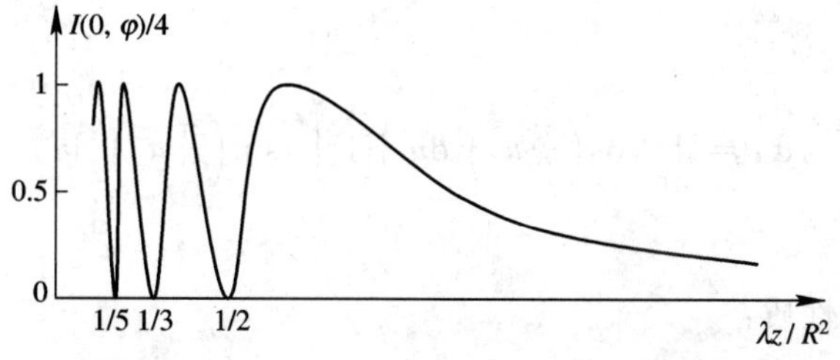

图 3.3-12　圆孔轴上菲涅耳衍射光强分布

2. 直边的菲涅耳衍射

菲涅耳衍射另一类能直接求解的特殊情况是由直边构成的简单孔的衍射，如矩形、单缝和半无限大开孔的情况。这些衍射问题可以通过菲涅耳积分来计算。

1）矩形孔的菲涅耳衍射和菲涅耳积分

设边长为 $2a$ 的方孔用单位振幅的单色平面波垂直入射照明，则衍射屏后表面的复振幅分布为

$$\mathbf{U}_\Sigma(x_1, y_1) = \mathrm{rect}\left(\frac{x_1}{2a}, \frac{y_1}{2a}\right)$$

代入式(3.3－5)得

$$\begin{aligned}\mathbf{U}(x, y) &= \frac{e^{ikz}}{i\lambda z}\iint_{-\infty}^{+\infty}\mathrm{rect}\left(\frac{x_1}{2a}, \frac{y_1}{2a}\right)e^{ik\frac{(x-x_1)^2+(y-y_1)^2}{2z}}\,dx_1\,dy_1 \\ &= \frac{e^{ikz}}{i\lambda z}\iint_{-a}^{a}e^{ik\frac{(x-x_1)^2+(y-y_1)^2}{2z}}\,dx_1\,dy_1 \\ &= \frac{e^{ikz}}{i\lambda z}\int_{-a}^{a}e^{ik\frac{(x-x_1)^2}{2z}}\,dx_1\int_{-a}^{a}e^{ik\frac{(y-y_1)^2}{2z}}\,dy_1\end{aligned} \qquad (3.3-35)$$

作变量代换：$v=\sqrt{\frac{k}{\pi z}}(x_1-x)$，$w=\sqrt{\frac{k}{\pi z}}(y_1-y)$，式(3.3－35)简化为

$$\begin{aligned}\mathbf{U}(x, y) &= \frac{e^{ikz}}{i\lambda}\,\frac{\pi}{k}\int_{v_1}^{v_2}e^{i\frac{\pi}{2}v^2}\,dv\int_{w_1}^{w_2}e^{i\frac{\pi}{2}w^2}\,dw \\ &= \frac{e^{ikz}}{i2}\int_{v_1}^{v_2}e^{i\frac{\pi}{2}v^2}\,dv\int_{w_1}^{w_2}e^{i\frac{\pi}{2}w^2}\,dw\end{aligned} \qquad (3.3-36)$$

其中积分上、下限分别为

$$\begin{cases} v_1 = -\sqrt{\dfrac{k}{\pi z}}(a+x), \quad v_2 = \sqrt{\dfrac{k}{\pi z}}(a-x) \\ w_1 = -\sqrt{\dfrac{k}{\pi z}}(a+y), \quad w_2 = \sqrt{\dfrac{k}{\pi z}}(a-y) \end{cases} \qquad (3.3-37)$$

为求解式(3.3－36)，引入菲涅耳积分

$$C(\tau) = \int_0^\tau \cos\left(\frac{\pi}{2}u^2\right)du, \quad S(\tau) = \int_0^\tau \sin\left(\frac{\pi}{2}u^2\right)du \qquad (3.3-38)$$

以及菲涅耳积分函数

$$F(\tau) = \int_0^\tau e^{i\frac{\pi}{2}u^2}\,du = \int_0^\tau \cos\left(\frac{\pi}{2}u^2\right)du + i\int_0^\tau \sin\left(\frac{\pi}{2}u^2\right)du = C(\tau) + iS(\tau) \qquad (3.3-39)$$

菲涅耳积分具有如下性质：

$$\begin{cases} C(\infty) = S(\infty) = \dfrac{1}{2}, \quad C(0) + S(0) = 0 \\ C(-\tau) = -C(\tau), \quad S(-\tau) = -S(\tau) \end{cases} \qquad (3.3-40)$$

应用菲涅耳积分，式(3.3－36)可改写为

$$\begin{aligned}\mathbf{U}(x, y) &= \frac{e^{ikz}}{i2}[F(v_2)-F(v_1)][F(w_2)-F(w_1)] \\ &= \frac{e^{ikz}}{i2}\{[C(v_2)-C(v_1)]+i[S(v_2)-S(v_1)]\} \\ &\quad \times\{[C(w_2)-C(w_1)]+i[S(w_2)-S(w_1)]\}\end{aligned} \tag{3.3-41}$$

相应的光强分布为

$$\begin{aligned}I(x, y) &= \frac{1}{4}\{[C(v_2)-C(v_1)]^2+[S(v_2)-S(v_1)]^2\} \\ &\quad \times\{[C(w_2)-C(w_1)]^2+[S(w_2)-S(w_1)]^2\}\end{aligned} \tag{3.3-42}$$

用菲涅耳积分求衍射光场分布一般按如下步骤进行：对于给定的观察点(x, y)，将其代入式(3.3－37)，确定积分上下限v_1、v_2、w_1、w_2；再查菲涅耳积分值表(表 3.3－2)确定$C(v_1)$、$C(v_2)$、$S(w_1)$、$S(w_2)$的值；然后把上述值代入式(3.3－41)和式(3.3－42)便可求得该观察点的复振幅$\mathbf{U}(x, y)$和光强度$I(x, y)$值。重复以上步骤，便可得到菲涅耳衍射光场分布。

表 3.3－2　菲涅耳积分值表

τ	$C(\tau)$	$S(\tau)$	τ	$C(\tau)$	$S(\tau)$	τ	$C(\tau)$	$S(\tau)$
0.0	0.0000	0.0000	2.0	0.4883	0.3434	4.0	0.4984	0.4205
0.2	0.1999	0.0042	2.2	0.6363	0.4556	4.2	0.5417	0.5632
0.4	0.3975	0.0334	2.4	0.5550	0.6197	4.4	0.4383	0.4623
0.6	0.5811	0.1105	2.6	0.3889	0.5500	4.6	0.5672	0.5162
0.8	0.7228	0.2493	2.8	0.4675	0.3915	4.8	0.4338	0.4968
1.0	0.7799	0.4383	3.0	0.6057	0.4963	5.0	0.5636	0.4992
1.2	0.7154	0.6234	3.2	0.4663	0.5933	5.2	0.4389	0.4969
1.4	0.5431	0.7135	3.4	0.4385	0.4297	5.4	0.5573	0.5140
1.6	0.3655	0.6389	3.6	0.5880	0.4923	5.6	0.4517	0.4700
1.8	0.3336	0.4509	3.8	0.4481	0.5656	5.8	0.5298	0.5461

对于正方形孔，菲涅耳衍射的复振幅和光强沿x和y的分布相同，图 3.3－13 所示为振幅随x的变化曲线。

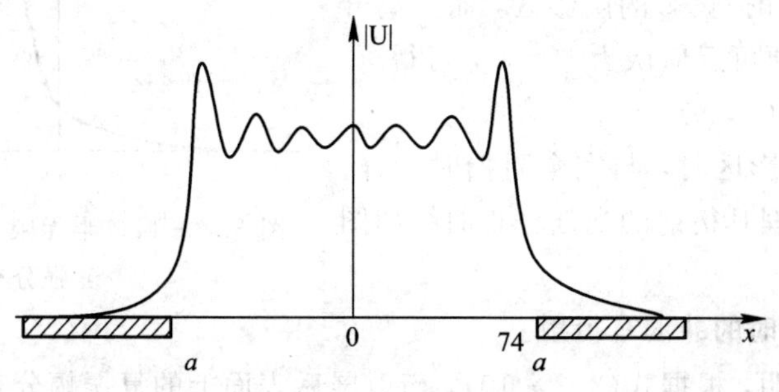

图 3.3－13　矩孔菲涅耳衍射振幅曲线

2) 单缝的菲涅耳衍射

单缝菲涅耳衍射可作为方孔衍射的一个特例来处理，只需将方孔的一个对边向 y(或 x)轴方向无限延伸，便成为单缝。此时有 $w_1=-\infty$，$w_2=\infty$。由菲涅耳积分性质可知

$$C(\infty)-C(-\infty)=S(\infty)-S(-\infty)=1$$

把此值代入式(3.3-41)和式(3.3-42)，分别得到单缝菲涅耳衍射的复振幅和光强分布为

$$\mathbf{U}(x, y)=\frac{(1-\mathrm{i})\mathrm{e}^{\mathrm{i}kz}}{2}\{[C(v_2)-C(v_1)]+\mathrm{i}[S(v_2)-S(v_1)]\} \qquad (3.3-43)$$

$$I(x, y)=\frac{1}{2}\{[C(v_2)-C(v_1)]^2+[S(v_2)-S(v_1)]^2\} \qquad (3.3-44)$$

3) 半无限大开孔的菲涅耳衍射

如果单缝的宽度远大于照明波长，在菲涅耳衍射中衍射的影响主要在直边附近的范围，求直边的菲涅耳衍射光场分布可以只考虑狭缝的一个边，而将其另一个边看做在无穷远处。此时，可以取 $v_1=-\infty$，及 $C(-\infty)=S(-\infty)=-1/2$，代入式(3.3-43)和式(3.3-44)，得到直边菲涅耳衍射的复振幅和光强分布为

$$\mathbf{U}(x, y)=\frac{(1-\mathrm{i})\mathrm{e}^{\mathrm{i}kz}}{2}\left\{\left[C(v_2)+\frac{1}{2}\right]+\mathrm{i}\left[S(v_2)+\frac{1}{2}\right]\right\} \qquad (3.3-45)$$

$$I(x, y)=\frac{1}{2}\left\{\left[C(v_2)+\frac{1}{2}\right]^2+\left[S(v_2)+\frac{1}{2}\right]^2\right\} \qquad (3.4-46)$$

如果观察点离开几何投影的阴影区足够远，这时可近似认为 $v_2=\infty$，及 $C(\infty)=S(\infty)=1/2$，代入式(3.3-45)得

$$\mathbf{U}(x, y)=\frac{(1-\mathrm{i})\mathrm{e}^{\mathrm{i}kz}}{2}(1+\mathrm{i})=\mathrm{e}^{\mathrm{i}kz}$$

这实际上就是无衍射屏时观察点上的复振幅。

如果观察点刚好在几何投影的阴影区边缘，则有 $v_2=0$，及 $C(0)=S(0)=0$，代入式(3.3-45)得

$$\mathbf{U}(x, y)=\frac{(1-\mathrm{i})\mathrm{e}^{\mathrm{i}kz}}{2}\left(\frac{1}{2}+\mathrm{i}\frac{1}{2}\right)=\frac{1}{2}\mathrm{e}^{\mathrm{i}kz}$$

可见，在几何阴影区边缘上的复振幅值等于无阻挡时复振幅的一半，而光强是无阻挡时的1/4。

如果观察点在几何投影的阴影区，而且离开阴影边缘足够远，便可近似认为$v_2=\infty$，可得

$$\mathbf{U}(x, y)=0$$

即观察点在较深阴影区时，与完全阻挡时一样。半无限大开孔的菲涅耳衍射的光强分布曲线如图3.3-14所示。

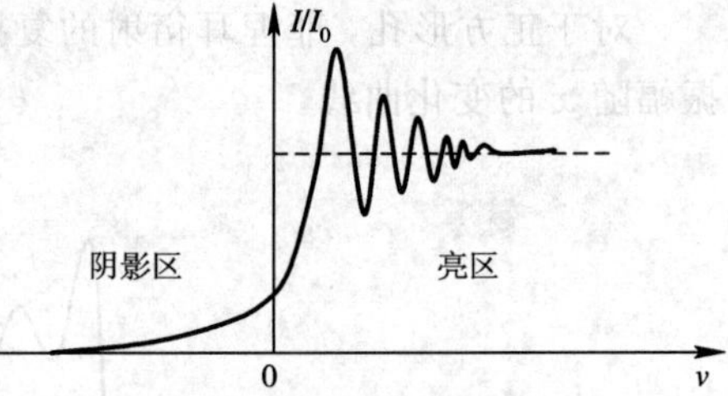

图 3.3-14 半无限大开孔的菲涅耳衍射光强分布曲线

3. 会聚光照明时的菲涅耳衍射

若用会聚光照明，根据式(3.2-10)，衍射屏后表面上的复振幅分布为

$$\mathbf{U}_\Sigma(x_1, y_1)=\mathbf{U}_1(x_1, y_1)t(x_1, y_1)=\frac{a_0}{z_1}\mathrm{e}^{-\mathrm{i}k\frac{x_1^2+y_1^2}{2z_1}}t(x_1, y_1) \qquad (3.4-47)$$

如果照明光波的会聚中心到衍射屏的距离 $z_1=z$，则根据式(3.3－12)，得到

$$\begin{aligned}U(x, y) &= \frac{e^{ikz} e^{ik\frac{x^2+y^2}{2z}}}{i\lambda z} FT\{U_2(x_1, y_1) e^{ik\frac{x_1^2+y_1^2}{2z}}\}\bigg|_{\xi=\frac{x}{\lambda z},\ \eta=\frac{y}{\lambda z}} \\ &= \frac{a_0 e^{ikz} e^{ik\frac{x^2+y^2}{2z}}}{i\lambda z^2} FT\{t(x_1, y_1)\}\bigg|_{\xi=\frac{x}{\lambda z},\ \eta=\frac{y}{\lambda z}}\end{aligned} \tag{3.3-48}$$

此时衍射光场分布的求解变得较为简单。实际上，这一类菲涅耳衍射问题的求解等同于平行光照明条件下的夫琅和费衍射问题的求解。

3.4　透镜的变换特性

在现代光学中，应用光学系统不仅能够实现成像、转像、调整倍率等功能，而且能够实现光学信息采集、处理、存储等功能。而透镜是构成光学系统的重要元件，在成像系统中起成像、转像、调整倍率等作用，在光学信息处理系统中起限制波面和变换波面的作用。本节研究透镜的相位变换特性和傅里叶变换特性。

3.4.1　透镜的相位变换特性

由于透镜的折射率与周围介质的折射率不同，因此光波通过透镜会产生相位延迟。又因为各光线入射点对应的透镜厚度不同，所以形成的相位延迟就不一样。为简单起见，我们仅讨论薄透镜的相位延迟。所谓薄透镜，是指透镜相当薄，以致于光线经过透镜之后的出射点和对应的入射点在垂直于光轴方向上产生的位移可以忽略。也就是说，光线在透镜内传播的几何路程就是该点处的透镜的厚度。

下面推导光波经过薄透镜的相位变化与透镜结构参数之间的关系。图 3.4－1 所示为所要研究的薄透镜。透镜的两表面曲率半径分别为 R_1 和 R_2，中心厚度为 Δ_0，折射率为 n；把点(x, y)处的透镜厚度记作$\Delta(x, y)$，对应于 R_1 和 R_2 上的拱高分别为 $z_1(x, y)$和 $z_2(x, y)$。若入射光波在入射平面(透镜前表面)的复振幅为 $\mathbf{U}(x, y)$，则经透镜后的出射面(透镜后表面)内的复振幅 $\mathbf{U}'(x, y)$应为

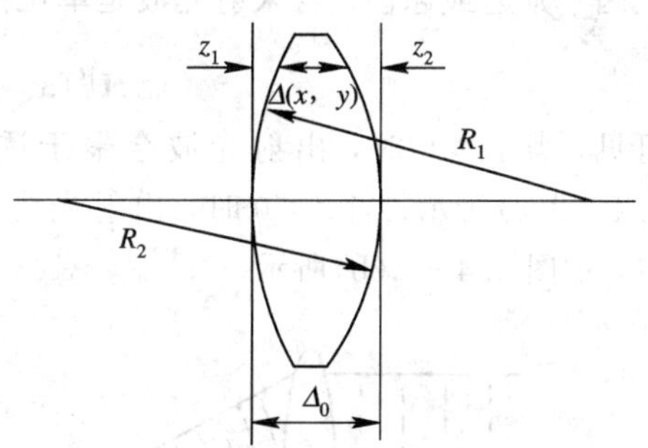

图 3.4－1　薄透镜相位变换

$$\mathbf{U}'(x, y) = t(x, y)\mathbf{U}(x, y) \tag{3.4-1}$$

式中：$t(x, y)=e^{i\varphi(x,y)}$，$\varphi(x, y)$表示光波经过透镜的相位延迟。按薄透镜假设，入射到点(x, y)处的相位延迟可以写成

$$\begin{aligned}\varphi(x, y) &= k[n\Delta(x, y) + z_1(x, y) + z_2(x, y)] \\ &= kn\Delta_0 - k(n-1)[z_1(x, y) + z_2(x, y)]\end{aligned} \tag{3.4-2}$$

由几何关系可求得用 R_1 和 R_2 所表示的 $z_1(x, y)$和 $z_2(x, y)$。若仍按几何光学中的符号规则来确定透镜曲率半径的正、负，则 $R_1>0$，$R_2<0$，应用旁轴近似条件，可以得到

$$x^2+y^2=|R_1|^2-[|R_1|-z_1(x, y)]^2$$
$$=[2|R_1|-z_1(x, y)]z_1(x, y)\approx 2|R_1|z_1(x, y)$$

即

$$z_1(x, y)=\frac{x^2+y^2}{2|R_1|}=\frac{x^2+y^2}{2R_1} \tag{3.4-3}$$

由于 $R_2<0$，同理可得

$$z_2(x, y)=\frac{x^2+y^2}{2|R_2|}=-\frac{x^2+y^2}{2R_2} \tag{3.4-4}$$

将式(3.4-3)和式(3.4-4)代入式(3.4-2)得

$$\varphi(x, y)=kn\Delta_0-k\frac{(n-1)}{2}\left(\frac{1}{R_1}-\frac{1}{R_2}\right)(x^2+y^2)$$
$$=kn\Delta_0-k\frac{x^2+y^2}{2f} \tag{3.4-5}$$

式中：f 为薄透镜焦距。将式(3.4-5)代入式(3.4-1)得

$$\mathbf{U}'(x, y)=\mathrm{e}^{ikn\Delta_0}\mathrm{e}^{-ik\frac{x^2+y^2}{2f}}\mathbf{U}(x, y) \tag{3.4-6}$$

则

$$t(x, y)=\mathrm{e}^{ikn\Delta_0}\mathrm{e}^{-ik\frac{x^2+y^2}{2f}} \tag{3.4-7}$$

它表示薄透镜的相位变换作用。式(3.4-7)中，第一个指数因子为常数相位延迟，研究问题时通常可以忽略；第二个指数因子表示球面波的二次曲面近似，称为透镜的相位变换因子。可见透镜的相位变换作用使得入射光波产生二次相位因子的变化，这种变化由透镜的焦距决定。这里应该指出，虽然式(3.4-7)是在双凸透镜情况下导出的，但它适用于任何形状(如平凸、弯月和双凹等)的透镜。焦距的正负分别使入射光波经透镜后产生的二次相位因子延迟或超前。若入射光波是单位振幅的轴向平面波，那么出射光分布为

$$\mathbf{U}'(x, y)=\mathrm{e}^{ikn\Delta_0}\mathrm{e}^{-ik\frac{x^2+y^2}{2f}}$$

可见，当 $f>0$ 时，出射光波会聚于透镜后距透镜为 f 的 F' 点，为会聚球面波，如图3.4-2(a)所示；当 $f<0$ 时，出射光为发散球面波，发散点位于透镜前距透镜为 f 的 F 点，如图3.4-2(b)所示。

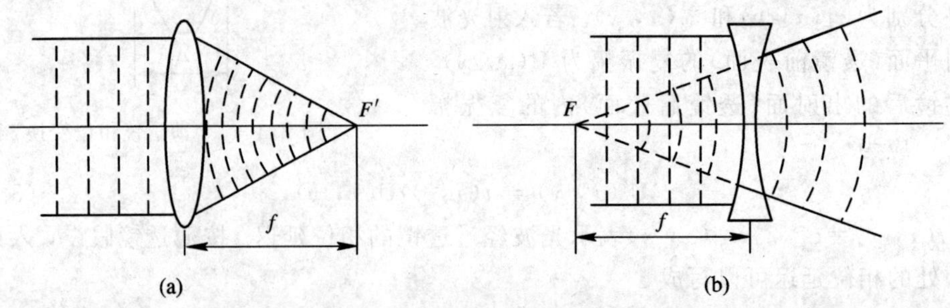

图 3.4-2　透镜对平面波的相位变换

(a) 会聚透镜对轴向平面波的作用；(b) 发散透镜对轴向平面波的作用

3.4.2　透镜的傅里叶变换特性

由于透镜是组成光学信息处理系统必不可少的重要元件，因此以下就几种典型情况来研究物面(输入面)和变换面(输出面)复振幅分布之间的变换关系。

1. 一般变换关系式

假设所研究物体置于透镜前 d 处的输入面 P_0，振幅透射系数为 $t(x_0, y_0)$，用复振幅分布为 $\mathbf{A}(x_0, y_0)$ 的光波照明物体，考察透镜后距透镜为 q 的 P 面上的复振幅分布，如图 3.4-3 所示。

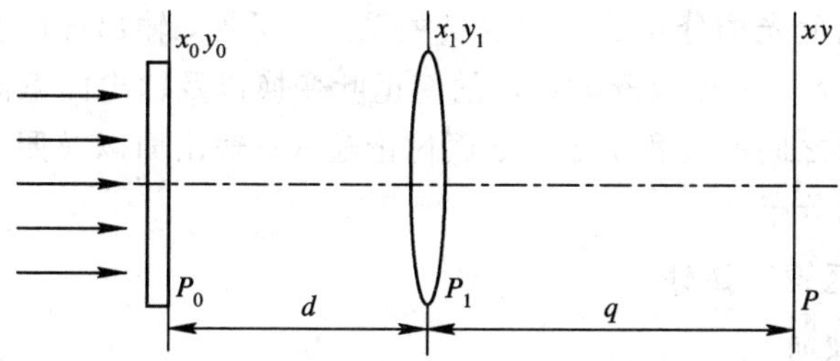

图 3.4-3　透镜的一般变换示意图

由图 3.4-3 看出，P_0 面的出射光场复振幅分布为

$$\mathbf{U}(x_0, y_0) = \mathbf{A}(x_0, y_0)t(x_0, y_0) \tag{3.4-8}$$

入射到透镜 P_1 面上的复振幅分布可由菲涅耳衍射公式求得

$$\begin{aligned}\mathbf{U}_1(x_1, y_1) &= \frac{\mathrm{e}^{\mathrm{i}kd}}{\mathrm{i}\lambda d}\iint_{-\infty}^{+\infty}\mathbf{U}_0(x_0, y_0)\mathrm{e}^{\mathrm{i}k\frac{(x_1-x_0)^2+(y_1-y_0)^2}{2d}}\,\mathrm{d}x_0\,\mathrm{d}y_0 \\ &= \frac{\mathrm{e}^{\mathrm{i}kd}}{\mathrm{i}\lambda d}\mathrm{e}^{\mathrm{i}k\frac{x_1^2+y_1^2}{2d}}\iint_{-\infty}^{+\infty}\mathbf{U}_0(x_0, y_0)\mathrm{e}^{\mathrm{i}k\frac{x_0^2+y_0^2}{2d}}\,\mathrm{e}^{-\mathrm{i}k\frac{x_1x_0+y_1y_0}{d}}\,\mathrm{d}x_0\,\mathrm{d}y_0\end{aligned} \tag{3.4-9}$$

应用式(3.4-6)，得到经透镜变换后光场的复振幅分布为

$$\mathbf{U}_1'(x_1, y_1) = \mathbf{U}_1(x_1, y_1)\mathrm{e}^{\mathrm{i}kn\Delta_0}\,\mathrm{e}^{-\mathrm{i}k\frac{x_1^2+y_1^2}{2f}} \tag{3.4-10}$$

再一次应用菲涅耳衍射公式，得到输出面 P 上的复振幅分布为

$$\begin{aligned}\mathbf{U}(x, y) &= \frac{\mathrm{e}^{\mathrm{i}kq}}{\mathrm{i}\lambda q}\mathrm{e}^{\mathrm{i}k\frac{x^2+y^2}{2q}}\,\mathrm{e}^{\mathrm{i}k\Delta_0 n}\iint_{-\infty}^{+\infty}\mathbf{U}_1(x_1, y_1)\mathrm{e}^{\mathrm{i}k\frac{x_1^2+y_1^2}{2q}}\,\mathrm{e}^{-\mathrm{i}k\frac{x_1x+y_1y}{q}}\,\mathrm{e}^{-\mathrm{i}k\frac{x_1^2+y_1^2}{2f}}\,\mathrm{d}x_1\,\mathrm{d}y_1 \\ &= \frac{\mathrm{e}^{\mathrm{i}k(q+d+n\Delta_0)}}{-\lambda^2 qd}\iint_{-\infty}^{+\infty}\mathbf{U}_0(x_0, y_0) \\ &\quad\cdot\left[\iint_{-\infty}^{+\infty}\mathrm{e}^{\mathrm{i}k\left[\frac{x^2+y^2}{2q}+\left(\frac{1}{2d}-\frac{1}{2f}+\frac{1}{2q}\right)(x_1^2+y_1^2)+\frac{x_0^2+y_0^2}{2d}-\frac{x_1x_0+y_1y_0}{d}-\frac{x_1x+y_1y}{q}\right]}\,\mathrm{d}x_1\,\mathrm{d}y_1\right]\mathrm{d}x_0\,\mathrm{d}y_0\end{aligned} \tag{3.4-11}$$

对中括号内指数部分变量 x 和 y 分别配方，积分后得

$$\mathbf{U}(x, y) = c\mathrm{e}^{\mathrm{i}k\frac{f-d}{m}(x^2+y^2)}\iint_{-\infty}^{+\infty}\mathbf{U}_0(x_0, y_0)\mathrm{e}^{\mathrm{i}k\frac{f-q}{2m}(x_0^2+y_0^2)}\,\mathrm{e}^{-\mathrm{i}k\frac{f}{m}(x_0x+y_0y)}\,\mathrm{d}x_0\,\mathrm{d}y_0 \tag{3.4-12}$$

式中：c 为一复常数；$m=fq-dq+df$。若取 $\xi=\frac{f}{m\lambda}x$，$\eta=\frac{f}{m\lambda}y$，则式(3.4-12)可改写为

$$\begin{aligned}\mathbf{U}(\xi,\eta)&=c\mathrm{e}^{\mathrm{i}m\pi\lambda\frac{f-d}{f^2}(\xi^2+\eta^2)}\iint_{-\infty}^{+\infty}\mathbf{U}_0(x_0,\ y_0)\mathrm{e}^{\mathrm{i}k\frac{f-q}{2m}(x_0^2+y_0^2)}\mathrm{e}^{-\mathrm{i}2\pi(x_0\xi+y_0\eta)}\,\mathrm{d}x_0\,\mathrm{d}y_0\\&=c\mathrm{e}^{\mathrm{i}m\pi\lambda\frac{f-d}{f^2}(\xi^2+\eta^2)}\mathrm{FT}\{\mathbf{U}_0(x_0,\ y_0)\}*\mathrm{FT}\{\mathrm{e}^{\mathrm{i}k\frac{f-q}{2m}(x_0^2+y_0^2)}\}\\&=c\mathrm{e}^{\mathrm{i}m\pi\lambda\frac{f-d}{f^2}(\xi^2+\eta^2)}\mathrm{FT}\{\mathbf{A}(x_0,\ y_0)\}*\mathrm{FT}\{t(x_0,\ y_0)\}*\mathrm{FT}\{\mathrm{e}^{\mathrm{i}k\frac{f-q}{2m}(x_0^2+y_0^2)}\}\\&=c\mathrm{e}^{\mathrm{i}m\pi\lambda\frac{f-d}{f^2}(\xi^2+\eta^2)}A(\xi,\ \eta)*T(\xi,\ \eta)*E(\xi,\ \eta)\end{aligned}\tag{3.4-13}$$

这就是输入面和输出面光场分布的一般变换关系式。可见，输出面的复振幅分布由照明光束的傅里叶变换、输入物体振幅透射系数的傅里叶变换以及输出面偏离后焦面所产生的附加相位的傅里叶变换之间的卷积决定。下面讨论输入、输出面以及照明光源处于特殊情况下输出面上的复振幅分布。

2. 输入面位于透镜前 d 处

1）轴上平行光照明

轴上平行光照明即轴上点光源位于透镜前无限远处。设照明平面波振幅为 1，则有

$$A(\xi,\ \eta)=\mathrm{FT}\{1\}=\delta(\xi,\ \eta)\tag{3.4-14}$$

考虑输出面位于透镜后焦平面，则有 $q=f$，$q-f=0$，因此 $E(\xi,\ \eta)=\delta(\xi,\ \eta)$，所以

$$\mathbf{U}(\xi,\ \eta)=c\mathrm{e}^{\mathrm{i}\pi\lambda(f-d)(\xi^2+\eta^2)}T(\xi,\ \eta)\tag{3.4-15}$$

可见，物体位于透镜前 d 处，用垂直入射的平面波照明时，透镜后焦面上的光场复振幅分布为物体透射系数的傅里叶变换和附加二次曲面相位弯曲，并且 $\xi=x/\lambda f$，$\eta=y/\lambda f$。由于二次曲面相位因子的存在，这一关系称为准傅里叶变换。

如果物体位于透镜前焦面，有 $d=f$，这时由于物面偏离前焦面带来的二次曲面相位弯曲为零，式(3.4-15)可简化为

$$\mathbf{U}(\xi,\ \eta)=cT(\xi,\ \eta)\tag{3.4-16}$$

即位于透镜前焦面的光场分布与透镜后焦面的光场分布之间的关系为傅里叶变换关系。

如果物体紧贴透镜，则有 $d=0$，$m=f^2$。此时，式(3.4-15)变为

$$\mathbf{U}(\xi,\ \eta)=c\mathrm{e}^{\mathrm{i}\pi\lambda f(\xi^2+\eta^2)}T(\xi,\ \eta)\tag{3.4-17}$$

输入、输出面之间为准傅里叶变换关系。

2）轴上点光源照明

设点光源 S 在透镜前距透镜 p 处，并与输出面轴上点 S' 成像共轭，即 $1/p+1/q=1/f$，如图 3.4-4 所示。

这时，照明光束在物面上的光场复振幅分布为

$$\mathbf{U}(x_0,\ y_0)=\frac{A}{p-d}\mathrm{e}^{\mathrm{i}k\frac{(x_0^2+y_0^2)}{2(p-d)}}$$

应用 $\mathrm{FT}\{\mathrm{e}^{\mathrm{i}ax^2}\}=\frac{\sqrt{\pi}}{a}\mathrm{e}^{-\mathrm{i}\frac{\pi^2u^2}{a}}$，则有

$$A(\xi,\ \eta)=\mathrm{FT}\left\{\frac{A}{p-d}\ \mathrm{e}^{\mathrm{i}k\frac{x_0^2+y_0^2}{2(p-d)}}\right\}=\lambda A\mathrm{e}^{-\mathrm{i}\pi\lambda(p-d)(\xi^2+\eta^2)}\tag{3.4-18}$$

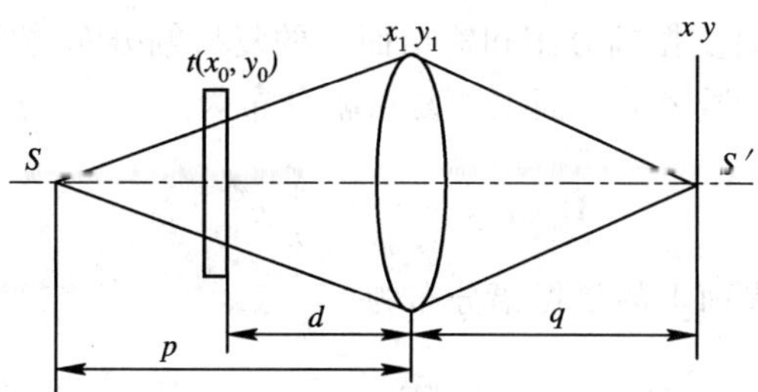

图 3.4－4　轴上光源照明

以及

$$E(\xi,\ \eta)=\mathrm{FT}\{\mathrm{e}^{\mathrm{i}k\frac{f-q}{2m}(x_0^2+y_0^2)}\}=\frac{m\lambda}{f-q}\,\mathrm{e}^{-\mathrm{i}\frac{\pi m\lambda}{f-q}(\xi^2+\eta^2)} \tag{3.4-19}$$

作卷积有

$$\begin{aligned}A(\xi,\ \eta)*E(\xi,\ \eta)&=c\iint_{-\infty}^{+\infty}\mathrm{e}^{-\mathrm{i}\frac{\pi m\lambda}{f-q}[(\xi-t)^2+(\eta-s)^2]}\ \mathrm{e}^{-\mathrm{i}\pi\lambda(p-d)(t^2+s^2)}\ \mathrm{d}t\ \mathrm{d}s\\&=c\iint_{-\infty}^{+\infty}\mathrm{e}^{-\mathrm{i}\pi\lambda\left[(p-d)+\frac{m}{f-q}\right](t^2+s^2)}\ \mathrm{e}^{-\mathrm{i}\frac{\pi m\lambda}{f-q}(\xi^2+\eta^2)}\ \mathrm{e}^{\mathrm{i}2\pi\frac{m\lambda}{f-q}(\xi t+\eta s)}\ \mathrm{d}t\ \mathrm{d}s\end{aligned} \tag{3.4-20}$$

考虑到 $1/p+1/q=1/f$，有 $p-d+m/(f-q)=0$，以及 $\delta(\xi,\ \eta)\leftrightarrow 1$ 和 δ 函数的乘积特性，式(3.4－20)可简化为

$$A(\xi,\ \eta)*E(\xi,\ \eta)=c\mathrm{e}^{-\mathrm{i}\frac{\pi m\lambda}{f-q}(\xi^2+\eta^2)}\,\delta(\xi,\ \eta)=c\delta(\xi,\ \eta)$$

将上述结果代入式(3.4－13)得到输出面上的复振幅分布为

$$\begin{aligned}\mathbf{U}(\xi,\ \eta)&=c\mathrm{e}^{\mathrm{i}m\pi\lambda\frac{f-d}{f^2}(\xi^2+\eta^2)}\ A(\xi,\ \eta)*T(\xi,\ \eta)*E(\xi,\ \eta)\\&=c'\mathrm{e}^{\mathrm{i}m\pi\lambda\frac{f-d}{f^2}(\xi^2+\eta^2)}\ T(\xi,\ \eta)\end{aligned} \tag{3.4-21}$$

这表明，当照明光源面和输出面对于透镜成像共轭时，输入物体透射率与输出面上的光场复振幅分布满足准傅里叶变换。相应的空间频率分别为

$$\xi=\frac{fx}{\lambda m}=\frac{fx}{\lambda(fq-dq+df)},\quad \eta=\frac{fy}{\lambda m}=\frac{fy}{\lambda(fq-dq+df)} \tag{3.4-22}$$

3. 物位于透镜后 d_1 处

如图 3.4－5 所示，振幅透射系数为 $t(x_0,\ y_0)$的物体位于透镜后距透镜 d_1 处，轴上点光源照明，仍考虑光源共轭面为输出面，即 $1/p+1/q=1/f$。

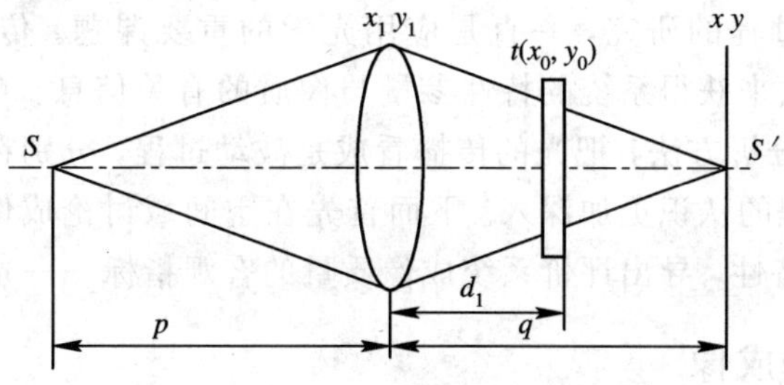

图 3.4－5　物体位于透镜后 d_1 处

下面我们来讨论物面复振幅分布和输出面上的复振幅分布之间的变换关系。

点源发出球面波，在透镜前表面上的复振幅分布为

$$\mathbf{U}_1(x_1, y_1) = \frac{A}{p} e^{ik\frac{x_1^2+y_1^2}{2p}} \tag{3.4 - 23}$$

经透镜变换后，透镜后表面上的复振幅分布为

$$\begin{aligned} \mathbf{U}_1'(x_1, y_1) &= \mathbf{U}_1(x_1, y_1) e^{ikn\Delta_0} e^{-ik\frac{x_1^2+y_1^2}{2f}} = \frac{A}{p} e^{ik\frac{x_1^2+y_1^2}{2p}} e^{ikn\Delta_0} e^{-ik\frac{x_1^2+y_1^2}{2f}} \\ &= \frac{A}{p} e^{ikn\Delta_0} e^{i\frac{k}{2}\left(\frac{1}{p}-\frac{1}{f}\right)(x_1^2+y_1^2)} = \frac{A}{p} e^{ikn\Delta_0} e^{-i\frac{k}{2q}(x_1^2+y_1^2)} \end{aligned} \tag{3.4 - 24}$$

显然，这是会聚于输出面轴上点的会聚球面波，因此入射在物体上的光场复振幅分布为

$$\mathbf{A}(x_0, y_0) = c e^{-i\frac{k}{2(q-d_1)}(x_0^2+y_0^2)}$$

物面出射光波场的复振幅分布为

$$\mathbf{U}_0(x_0, y_0) = \mathbf{A}(x_0, y_0) t(x_0, y_0) = c e^{-i\frac{k}{2(q-d_1)}(x_0^2+y_0^2)} t(x_0, y_0)$$

应用菲涅耳衍射公式，得到输出面上光场的复振幅分布为

$$\begin{aligned} \mathbf{U}(x, y) &= c' e^{i\frac{k}{2(q-d_1)}(x^2+y^2)} \iint_{-\infty}^{+\infty} t(x_0, y_0) e^{-i\frac{k}{2(q-d_1)}(x_0^2+y_0^2)} e^{i\frac{k}{2(q-d_1)}(x_0^2+y_0^2)} e^{-i\frac{k}{(q-d_1)}(xx_0+yy_0)} \, dx_0 \, dy_0 \\ &= c' e^{i\frac{k}{2(q-d_1)}(x^2+y^2)} \iint_{-\infty}^{+\infty} t(x_0, y_0) e^{-i\frac{k}{(q-d_1)}(xx_0+yy_0)} \, dx_0 \, dy_0 \\ &= c' e^{i\frac{k}{2(q-d_1)}(x^2+y^2)} \, \mathrm{FT}\{t(x_0, y_0)\} \end{aligned} \tag{3.4 - 25}$$

可见，输出面和物体之间仍满足傅里叶变换。空间频率和输出面坐标之间的关系为 $\xi=\frac{x}{\lambda(q-d_1)}$，$\eta=\frac{y}{\lambda(q-d_1)}$，由此可以看出，改变物体到透镜的距离 d_1，会改变空间频率和坐标的比值。也就是说，对于给定的 x、y，随物体位置的改变，相应的空间频率也会增大或减小，从而能起到调节空间频率的作用。值得注意的是，随着空间频率的改变，物体被照明的区域也会变大或缩小。频率增大时，照明区域减小；频率减小时，照明区域增大。

综上所述，无论用什么样的光源照明，无论输入面位于什么样的位置，只要把光源的成像共轭面作为输出面，都可以得到输入函数的傅里叶变换。

3.5 光学成像系统的空间变换特性

对光学系统成像过程的研究，一直是应用光学的重要课题。传统方法是运用光线概念，并通过光线追迹法来获得系统的特性参量与像质的有关信息。在现代光学中，引入线性系统理论和傅里叶分析方法，把光的传播看成是波动过程，分别在空间域和频率域研究成像过程，对成像过程的认识更加深入。下面首先在空间域讨论成像规律，然后在频率域研究成像系统的频率特性，导出评价系统成像质量的客观指标——光学传递函数。

3.5.1 正薄透镜的成像

由于光的传播过程是线性的，因此透镜成像系统是线性不变系统。这里应用线性系统

理论在空间域讨论其成像特性。

假设所研究的透镜是无像差的正薄透镜，它是最简单的光学成像系统。如图 3.5-1 所示，设物体置于透镜前 d_0 处，用单色光照明，并设紧贴物体后平面上的光场复振幅分布为 $\mathbf{U}_0(x_0, y_0)$，在透镜后 d_i 处平面上的光场复振幅分布为 $\mathbf{U}_i(x_i, y_i)$，且满足 $1/d_0+1/d_i=1/f$。

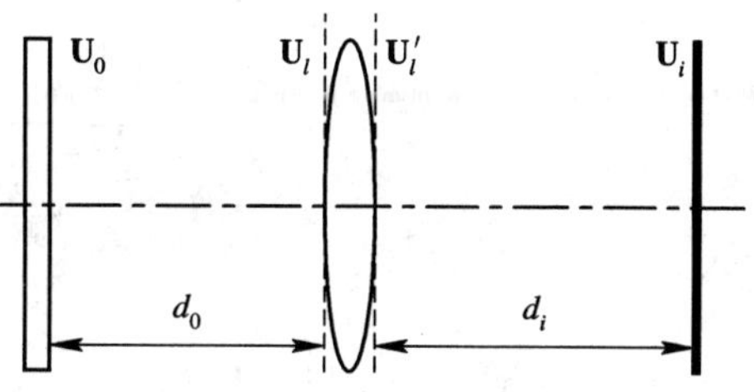

图 3.5-1　正薄透镜成像中各平面对应位置

把物函数 $\mathbf{U}_0(x_0, y_0)$ 分解为基元函数的线性组合

$$\mathbf{U}_0(x_0, y_0)=\iint_{-\infty}^{+\infty}\mathbf{U}_0(x_0', y_0')\delta(x_0-x_0', y_0-y_0')\,\mathrm{d}x_0'\,\mathrm{d}y_0' \tag{3.5-1}$$

则根据线性系统理论，只要求得基元函数 δ 函数的响应，即系统的点扩散函数 h，即可求得输出面上的复振幅分布 $\mathbf{U}_i(x_i, y_i)$ 为

$$\mathbf{U}_i(x_i, y_i)=\iint_{-\infty}^{+\infty}\mathbf{U}_0(x_0, y_0)h(x_i, x_0; y_i, y_0)\,\mathrm{d}x_0\,\mathrm{d}y_0 \tag{3.5-2}$$

由菲涅耳衍射公式，物面上点(x_0, y_0)处发出的单位振幅的光波在透镜前后表面上的复振幅分布分别为

$$\begin{cases}\mathbf{U}_l(x, y)=\dfrac{\mathrm{e}^{\mathrm{i}kd_0}}{\mathrm{i}\lambda d_0}\displaystyle\iint_{-\infty}^{+\infty}\delta(x_0'-x_0, y_0'-y_0)\mathrm{e}^{\mathrm{i}k\frac{(x-x_0')^2+(y-y_0')^2}{2d_0}}\,\mathrm{d}x_0'\,\mathrm{d}y_0'=\dfrac{\mathrm{e}^{\mathrm{i}kd_0}}{\mathrm{i}\lambda d_0}\mathrm{e}^{\mathrm{i}k\frac{(x-x_0)^2+(y-y_0)^2}{2d_0}}\\ \mathbf{U}_l'(x, y)=\mathbf{U}_l(x, y)\,\mathrm{e}^{\mathrm{i}kn\Delta_0}\,\mathrm{e}^{-\mathrm{i}k\frac{x^2+y^2}{2f}}=\dfrac{\mathrm{e}^{\mathrm{i}kd_0}}{\mathrm{i}\lambda d_0}\mathrm{e}^{\mathrm{i}k\frac{(x-x_0)^2+(y-y_0)^2}{2d_0}}\,\mathrm{e}^{\mathrm{i}kn\Delta_0}\,\mathrm{e}^{-\mathrm{i}k\frac{x^2+y^2}{2f}}\end{cases} \tag{3.5-3}$$

再应用一次菲涅耳衍射公式，略去相位延迟中的常数项，得到点扩散函数

$$\begin{aligned}h&=\frac{\mathrm{e}^{\mathrm{i}kd_i}}{\mathrm{i}\lambda d_i}\iint_{-\infty}^{+\infty}\mathbf{U}_l'(x, y)\mathrm{e}^{\mathrm{i}k\frac{(x_i-x)^2+(y_i-y)^2}{2d_i}}\,\mathrm{d}x\,\mathrm{d}y\\&=\frac{1}{\lambda^2 d_0 d_i}\iint_{-\infty}^{+\infty}\mathrm{e}^{\mathrm{i}k\frac{(x-x_0)^2+(y-y_0)^2}{2d_0}}\,\mathrm{e}^{\mathrm{i}kn\Delta_0}\,\mathrm{e}^{-\mathrm{i}k\frac{x^2+y^2}{2f}}\,\mathrm{e}^{\mathrm{i}k\frac{(x_i-x)^2+(y_i-y)^2}{2d_i}}\,\mathrm{d}x\,\mathrm{d}y\\&=\frac{1}{\lambda^2 d_0 d_i}\mathrm{e}^{\mathrm{i}k\frac{x_i^2+y_i^2}{2d_i}}\,\mathrm{e}^{\mathrm{i}k\frac{x_0^2+y_0^2}{2d_0}}\iint_{-\infty}^{+\infty}\mathrm{e}^{\mathrm{i}\frac{k}{2}\left(\frac{1}{d_0}+\frac{1}{d_i}-\frac{1}{f}\right)(x^2+y^2)}\,\mathrm{e}^{-\mathrm{i}k\left[\left(\frac{x_0}{d_0}+\frac{x_i}{d_i}\right)x+\left(\frac{y_0}{d_0}+\frac{y_i}{d_i}\right)y\right]}\,\mathrm{d}x\,\mathrm{d}y\end{aligned} \tag{3.5-4}$$

考虑到 $1/d_0+1/d_i=1/f$，则有

$$\begin{aligned}h&=\frac{1}{\lambda^2 d_0 d_i}\mathrm{e}^{\mathrm{i}k\frac{x_i^2+y_i^2}{2d_i}}\,\mathrm{e}^{\mathrm{i}k\frac{x_0^2+y_0^2}{2d_0}}\,\delta\left(\frac{x_0}{\lambda d_0}+\frac{x_i}{\lambda d_i}, \frac{y_0}{\lambda d_0}+\frac{y_i}{\lambda d_i}\right)\\&=\frac{d_i}{d_0}\mathrm{e}^{\mathrm{i}k\frac{x_i^2+y_i^2}{2d_i}}\,\mathrm{e}^{\mathrm{i}k\frac{x_0^2+y_0^2}{2d_0}}\,\delta\left(x_i+\frac{d_i}{d_0}x_0, y_i+\frac{d_i}{d_0}y_0\right)\\&=\frac{d_0}{d_i}\mathrm{e}^{\mathrm{i}k\frac{x_i^2+y_i^2}{2d_i}}\,\mathrm{e}^{\mathrm{i}k\frac{x_0^2+y_0^2}{2d_0}}\,\delta\left(x_0+\frac{d_0}{d_i}x_i, y_0+\frac{d_0}{d_i}y_i\right)\end{aligned} \tag{3.5-5}$$

由于透镜成像的横向放大率为 $M=d_i/d_0$，因此有

$$h = M e^{ik\frac{x_i^2+y_i^2}{2d_i}} e^{ik\frac{x_0^2+y_0^2}{2d_0}} \delta(x_i + Mx_0, y_i + My_0)$$

$$= \frac{1}{M} e^{ik\frac{x_i^2+y_i^2}{2d_i}} e^{ik\frac{x_0^2+y_0^2}{2d_0}} \delta\left(x_0 + \frac{1}{M}x_i, y_0 + \frac{1}{M}y_i\right) \tag{3.5-6}$$

代入式(3.5－2)得

$$\mathbf{U}_i(x_i, y_i) = \frac{1}{M}\iint_{-\infty}^{+\infty} \mathbf{U}_0(x_0, y_0) e^{ik\frac{x_i^2+y_i^2}{2d_i}} e^{ik\frac{x_0^2+y_0^2}{2d_0}} \delta\left(x_0 + \frac{1}{M}x_i, y_0 + \frac{1}{M}y_i\right) dx_0\, dy_0$$

$$= \frac{1}{M} e^{ik\frac{x_i^2+y_i^2}{2d_i}} e^{ik\frac{x_0^2+y_0^2}{2d_0}} \mathbf{U}_0\left(-\frac{1}{M}x_i, -\frac{1}{M}y_i\right) \tag{3.5-7}$$

可见，像面上实现了物函数的再现，而且物点、像点一一对应。以上的推导过程没有考虑透镜的有限通光孔径，认为透镜是无限大的，即忽略了透镜孔径大小有限的衍射效应。这对应理想的几何成像，因此式(3.5－7)的像称为几何像。考虑到最终测量和观测的是光强分布，所以式(3.5－7)中相位项不影响光强分布，故几何像为

$$\mathbf{U}_g(x_i, y_i) = \frac{1}{M}\mathbf{U}_0\left(-\frac{1}{M}x_i, -\frac{1}{M}y_i\right) \tag{3.5-8}$$

相应几何像的点扩散函数为

$$h = \frac{1}{M}\delta\left(x_0 + \frac{1}{M}x_i, y_0 + \frac{1}{M}y_i\right) \tag{3.5-9}$$

实际透镜尺寸有限，为此，引入光瞳函数 $P(x, y)$ 描述透镜的有限孔径，这时透镜的相位变换函数为

$$P(x, y) e^{ikn\Delta_0} e^{-ik\frac{x^2+y^2}{2f}}$$

且光瞳函数 $P(x, y)$ 定义为

$$P(x, y) = \begin{cases} 1 & \text{光瞳内} \\ 0 & \text{光瞳外} \end{cases} \tag{3.5-10}$$

这时，忽略二次相位因子的点扩散函数为

$$h = \frac{1}{\lambda^2 d_0 d_i}\iint_{-\infty}^{+\infty} P(x, y) e^{-ik\left[\left(\frac{x_0}{d_0}+\frac{x_i}{d_i}\right)x + \left(\frac{y_0}{d_0}+\frac{y_i}{d_i}\right)y\right]} dx\, dy \tag{3.5-11}$$

作变量代换：$\tilde{x} = \frac{x}{\lambda d_i}$，$\tilde{y} = \frac{y}{\lambda d_i}$，以几何像点为参考点，式(3.5－11)可改写为

$$h = M\iint_{-\infty}^{+\infty} P(\lambda d_i \tilde{x}, \lambda d_i \tilde{y}) e^{-i2\pi[(x_i - x_g)\tilde{x} + (y_i - y_g)\tilde{y}]} d\tilde{x}\, d\tilde{y}$$

$$= h(x_i - x_g, y_i - y_g) \tag{3.5-12}$$

式中：$x_g = -Mx_0$，$y_g = -My_0$ 为几何像点的位置坐标。所以有

$$h(x_i, y_i) = M\iint_{-\infty}^{+\infty} P(\lambda d_i \tilde{x}, \lambda d_i \tilde{y}) e^{-i2\pi(x_i\tilde{x} + y_i\tilde{y})} d\tilde{x}\, d\tilde{y} \tag{3.5-13}$$

若用几何像点的位置坐标代替物面坐标，式(3.5－7)可改写为

$$\mathbf{U}_i(x_i, y_i) = \iint_{-\infty}^{+\infty} \left[\frac{1}{M}\mathbf{U}_0\left(-\frac{x_g}{M}, -\frac{y_g}{M}\right)\right]\left[\frac{1}{M}h(x_i - x_g, y_i - y_g)\right] dx_g\, dy_g$$

$$= \mathbf{U}_g(x_i, y_i) * h'(x_i, y_i) \tag{3.5-14}$$

式中：

$$h'(x_i, y_i) = \frac{1}{M}h(x_i, y_i)$$
$$= \iint_{-\infty}^{+\infty} P(\lambda d_i \tilde{x}, \lambda d_i \tilde{y}) e^{-i2\pi(x_i\tilde{x}+y_i\tilde{y})} d\tilde{x} d\tilde{y} \tag{3.5-15}$$

为光瞳的傅里叶变换。

3.5.2　一般光学系统的黑箱模型及线性特性

1. 一般光学成像系统的黑箱模型

前面讨论的是单色光照明情况下单个薄透镜的成像过程。下面讨论一般光学成像系统在空间相干和空间非相干准单色光照明情况下的成像特性。假定光学成像系统由若干(其中有正透镜，也有负透镜)透镜、光阑和转像棱镜等组成，该系统总是产生实像。若系统给出虚像，把人眼作为系统的最后一个光学元件，则可满足假设需要。

由物理光学的知识可知，在所有光学元件中，总可以找到一个孔径光阑，它实际限制物点的成像光束宽度。孔径光阑经它前面的光学元件所成的像就是入射光瞳，经它后面的光学元件所成的像就是出射光瞳。入射光瞳(入瞳)和出射光瞳(出瞳)是一对等光程共轭面。因此，对于无像差的光学系统，其成像过程可描述为物点(x_0, y_0)所发出的发散球面波自由传播到入射光瞳，由于其入射孔径为有限大小，光波发生衍射，入射光瞳面上的每一点都成为次级子波源，次级子波传播到出射光瞳面叠加成会聚球面波，最后在像面上给出以($-Mx_0$, $-My_0$)为中心的夫琅和费衍射花样。鉴于入射光瞳和出射光瞳之间的等光程性，系统的衍射效应既可归结为是由入射光瞳引起的，也可归结为是由出射光瞳引起的。

这样，就不需要考虑系统的真实结构，形象地认为把全部光学元件装入黑箱中，入射光瞳和出射光瞳是它的两个端面。其模型如图 3.5-2 所示。

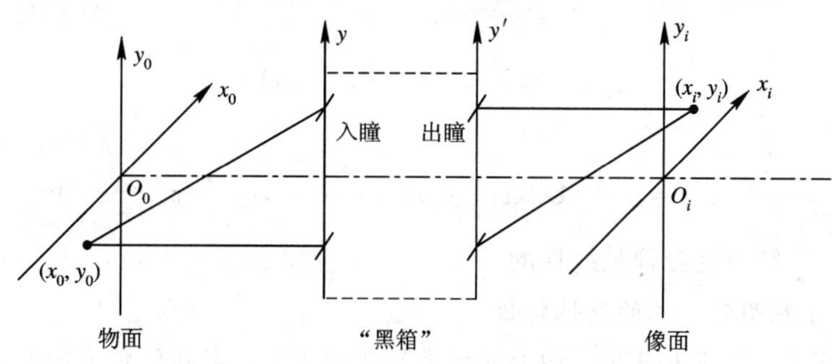

图 3.5-2　成像系统的黑箱模型

在无像差条件下，系统的成像只受衍射限制，这样的系统称为衍射受限系统。衍射受限系统的特征是把输入的理想球面波转换为输出的理想球面波。衍射受限系统的点扩散函数以及物、像面上的复振幅关系与正薄透镜相同，只不过在这里把 d_0、d_i 分别理解为物面到入瞳、出瞳到像面之间的距离。

实际光学系统一般不满足空间不变性，这是因为物点的位置不同时，经系统后所产生的像差和衍射均不同。但是可以把像面分为若干等晕区，每一个等晕区可认为是空间不变的，系统仍可以看成是衍射受限的。所谓等晕，由像差理论可知对轴上物点应满足正弦条件，而对轴外物点应满足余弦条件。这样，实际光学系统的物像关系式以及点扩散函数仍与正薄透镜相同。

2. 一般光学系统的线性特性

实际照明光源不是理想的单色光，一般只能获得准单色光。当用准单色光照明时，物面光场可以是空间相干的、部分相干的和非相干的。我们讨论相干和非相干两种情况。当物面光场完全空间相干时，称为相干照明，把系统称为相干系统；而非相干时，称为非相干照明，则把系统称为非相干系统。

1）相干光照明时系统的线性特性

由部分相干理论可知，准单色光波可看做波长是中心波长的单色光波，因此，相干光照明时的物像关系仍可由式(3.5－14)描述，不过系统点扩散函数中的波长应当理解为准单色光的中心波长。像面上的光强分布由下式给出：

$$I_i(x_i,\ y_i)=\mathbf{U}_i(x_i,\ y_i,\ t)*\mathbf{U}^*(x_i,\ y_i,\ t) \tag{3.5-16}$$

把式(3.5－14)代入，交换积分和求时间平均值的顺序得到

$$\begin{aligned}I_i(x_i,\ y_i)=&\iint_{-\infty}^{+\infty}\mathrm{d}x_g\mathrm{d}y_g\iint_{-\infty}^{+\infty}\mathrm{d}x_g'\ \mathrm{d}y_g'\ h'(x_i-x_g,\ y_i-y_g)h'^*(x_i-x_g',\ y_i-y_g')\\&\times\langle\mathbf{U}_g(x_g,\ y_g,\ t)*\mathbf{U}_g^*(x_g',\ y_g',\ t)\rangle\end{aligned} \tag{3.5-17}$$

当物面完全相干时有

$$\mathbf{U}_g(x_g,\ y_g,\ t)=\frac{\mathbf{U}_g(0,\ 0,\ t)}{\langle|\mathbf{U}_g(0,\ 0,\ t)|^2\rangle^{1/2}}\mathbf{U}_g(x_g,\ y_g) \tag{3.5-18}$$

即把物面上任一点的复振幅随时间的变化用原点复振幅随时间的变化来表示。对$\mathbf{U}_g(x_g',\ y_g',\ t)$作同样处理，并应用于式(3.5－17)得到

$$I_i(x_i,\ y_i)=\left|\iint_{-\infty}^{+\infty}\mathbf{U}_g(x_g,\ y_g)h'(x_i-x_g,\ y_i-y_g)\mathrm{d}x_g\ \mathrm{d}y_g\right|^2 \tag{3.5-19}$$

同理有

$$I_i(x_i,\ y_i)=|\mathbf{U}_i(x_i,\ y_i,\ t)|^2 \tag{3.5-20}$$

所以

$$\mathbf{U}_i(x_i,\ y_i)=\iint_{-\infty}^{+\infty}\mathbf{U}_g(x_g,\ y_g)h'(x_i-x_g,\ y_i-y_g)\ \mathrm{d}x_g\ \mathrm{d}y_g \tag{3.5-21}$$

可见，相干成像系统对复振幅是线性的。

2）非相干光照明时系统的线性特性

当物面光场为空间非相干时，像面光场也是非相干的，不同位置上的几何像点的光扰动互不相关。因此有

$$\langle\mathbf{U}_g(x_g,\ y_g,\ t)*\mathbf{U}_g^*(x_g',\ y_g',\ t)\rangle=I_g(x_g,\ y_g)\delta(x_g-x_g',\ y_g-y_g') \tag{3.5-22}$$

代入式(3.5－17)得

$$I_i(x_i,\ y_i)=\iint_{-\infty}^{+\infty}|h'(x_i-x_g,\ y_i-y_g)|^2I_g(x_g,\ y_g)\ \mathrm{d}x_g\ \mathrm{d}y_g \tag{3.5-23}$$

式中：$I_g(x_g,\ y_g)$为几何像的光强分布函数；$|h'(x_i-x_g,\ y_i-y_g)|^2$为以几何像点为中心的强度点扩散函数。显然，非相干成像系统对光强是线性的。

3.6　光学成像系统的频率特性及其传递函数

以上对光学成像系统的讨论都是在空间域进行的，得出物像关系为一卷积积分，大家知道，卷积的计算相当繁琐，求解也十分困难。采用频率域分析方法，将使问题大大简化。以下是在频率域研究相干成像系统，得出光学传递函数的概念及其物理意义。

3.6.1　相干成像系统的频率特性和相干传递函数

1. 相干传递函数的概念

由 3.5.2 节的讨论可知，相干成像系统对复振幅是线性的，对于衍射受限系统，像面上的复振幅分布与物体理想几何像的复振幅分布的关系为

$$\mathbf{U}_i(x_i, y_i) = \mathbf{U}_g(x_i, y_i) * h'(x_i, y_i) \tag{3.6-1}$$

式中：$h'(x_i, y_i)$为相干光学成像系统的点扩散函数。对式(3.6-1)两边进行傅里叶变换，并由卷积定理得

$$\mathbf{G}_i(\xi, \eta) = \mathbf{G}_g(\xi, \eta)\mathbf{H}_c(\xi, \eta) \tag{3.6-2}$$

式中：$\mathbf{G}_i(\xi, \eta)$、$\mathbf{G}_g(\xi, \eta)$分别为像和几何像复振幅的频谱；$\mathbf{H}_c(\xi, \eta)$为相干光学成像系统点扩散函数的傅里叶变换，显然它是系统的传递函数，这里定义为相干光学成像系统的相干传递函数。

由于 $h'(x_i, y_i)=\mathrm{FT}\{P(\lambda d_i\tilde{x}, \lambda d_i\tilde{y}\}$，因此由傅里叶变换的性质得

$$\mathbf{H}_c(\xi, \eta) = \mathrm{FTFT}\{P(\lambda d_i\tilde{x}, \lambda d_i\tilde{y})\} = P(-\lambda d_i\xi, -\lambda d_i\eta) \tag{3.6-3}$$

其中，“－”是由于一个函数连续两次傅里叶变换所产生的，它与光瞳坐标的指向有关。若使坐标指向反向，则式中负号消失。这并不影响所研究的问题，故式(3.6-3)可改写为

$$\mathbf{H}_c(\xi, \eta) = P(\lambda d_i\xi, \lambda d_i\eta) \tag{3.6-4}$$

这表明，光学成像系统的相干传递函数就等于光瞳函数，只不过将光瞳函数 $P(x, y)$中的空间坐标变量 x、y 用频率域变量 $\lambda d_i\xi$、$\lambda d_i\eta$ 代替。此外，由于光瞳函数 $P(x, y)$的取值不是 1 就是 0，因此 $P(\lambda d_i\xi, \lambda d_i\eta)$的取值也为 1 或 0。也就是说，相干光学成像系统允许一定空间频率范围内的光波无衰减地通过系统，而超过此频率范围的光波不能通过。这一特性表明，相干光学成像系统是一低通滤波器，通频带由光瞳尺寸决定。

2. 相干传递函数的计算实例

例 3.1　方形光瞳。设相干成像系统的出射光瞳为边长 l 的正方形，则光瞳函数为

$$P(x, y) = \mathrm{rect}\left(\frac{x}{l}, \frac{y}{l}\right) = \mathrm{rect}\left(\frac{x}{l}\right)\mathrm{rect}\left(\frac{y}{l}\right)$$

于是根据式(3.6-4)得到相干传递函数为

$$\mathbf{H}_c(\xi, \eta) = P(\lambda d_i\xi, \lambda d_i\eta) = \mathrm{rect}\left(\frac{\xi}{l/\lambda d_i}\right)\mathrm{rect}\left(\frac{\eta}{l/\lambda d_i}\right) \tag{3.6-5}$$

即

$$\mathbf{H}_c(\xi,\ \eta)=\begin{cases}1 & |\xi|\leqslant\dfrac{l}{2\lambda d_i}\quad |\eta|\leqslant\dfrac{l}{2\lambda d_i}\\[2ex] 0 & |\xi|>\dfrac{l}{2\lambda d_i}\quad |\eta|>\dfrac{l}{2\lambda d_i}\end{cases}\tag{3.6-6}$$

把 $\mathbf{H}_c$ 取值开始为零时对应的频率称为截止频率。方形光瞳在 ξ 和 η 方向上的截止频率均为 $\xi_0=\eta_0=l/2\lambda d_i$，其通频带如图 3.6-1 所示。显然，沿图 3.6-2 所示 $\theta=45°$方向上，其截止频率最大，是 ξ 或 η 方向的$\sqrt{2}$倍，即 $\xi_{\theta 0}=\sqrt{2}\xi_0=\sqrt{2}l/(2\lambda d_i)$。

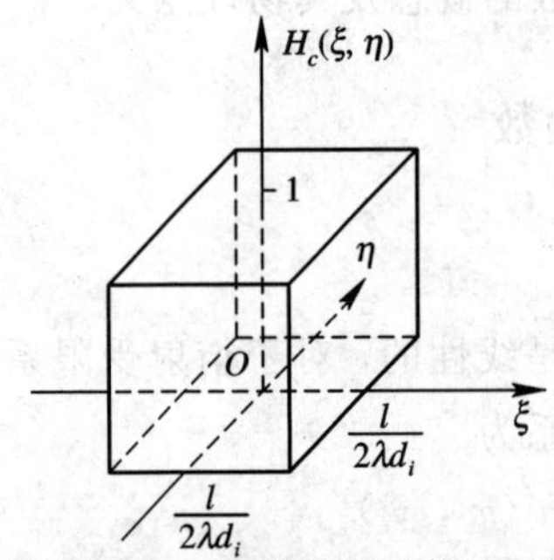

图 3.6-1　方形光瞳的传递函数

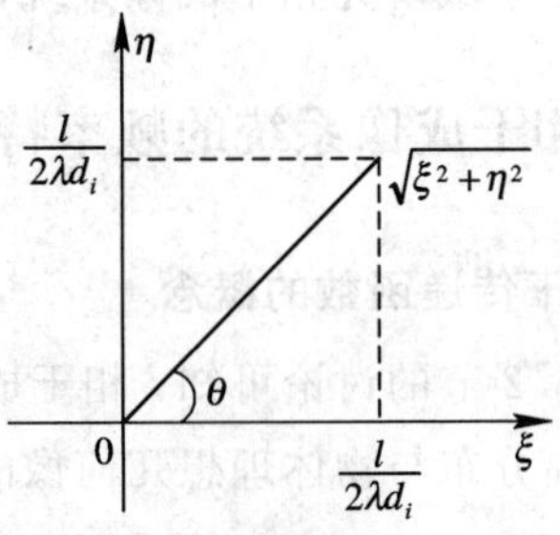

图 3.6-2　45°方向上的相干传递函数

例 3.2　圆形光瞳。当光学成像系统的出射光瞳为直径等于 l 的圆孔时，其光瞳函数为圆域函数

$$P(x,\ y)=\mathrm{circ}\left(\frac{\sqrt{x^2+y^2}}{l/2}\right)$$

则相干传递函数为

$$\mathbf{H}_c(\xi,\ \eta)=\mathrm{circ}\left(\frac{\sqrt{\xi^2+\eta^2}}{l/(2\lambda d_i)}\right)\tag{3.6-7}$$

即

$$\mathbf{H}_c(\xi,\ \eta)=\begin{cases}1 & \sqrt{\xi^2+\eta^2}\leqslant\dfrac{l}{2\lambda d_i}\\[2ex] 0 & \sqrt{\xi^2+\eta^2}>\dfrac{l}{2\lambda d_i}\end{cases}\tag{3.6-8}$$

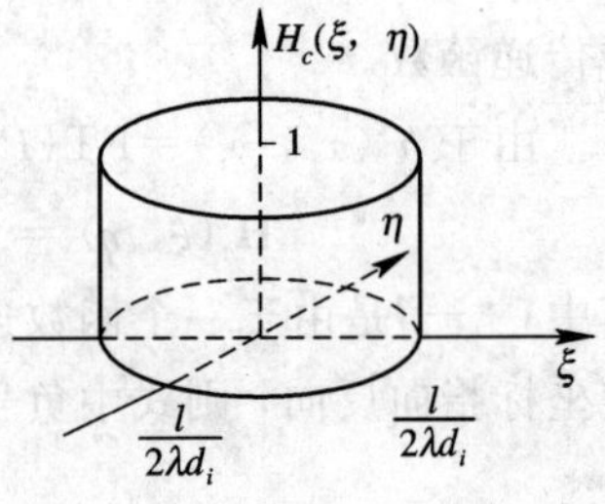

图 3.6-3　圆形光瞳的传递函数

此时，截止频率 $\xi_0=l/(2\lambda d_i)$，如图 3.6-3 所示。

为了对截止频率 ξ_0 的大小有一数量级的概念，设光学系统圆形光瞳直径为 20 mm，像距 d_i 为 100 mm，照明波长为 632.8 nm，则可求得 ξ_0 为 168 l/mm。

3. 相干传递函数的物理意义

由式(3.6-2)可知，相干传递函数

$$\mathbf{H}_c(\xi,\ \eta)=\frac{\mathbf{G}_i(\xi,\ \eta)}{\mathbf{G}_g(\xi,\ \eta)}\tag{3.6-9}$$

如果输入 $\mathbf{G}_g(\xi,\ \eta)$表示一个以空间频率 $\xi'(=\cos\alpha_0/\lambda)$，$\eta'(=\cos\beta_0/\lambda)$传播的平面波复振幅，那么输出 $\mathbf{G}_i(\xi,\ \eta)$也是同一传播方向$(\cos\alpha_0,\ \cos\beta_0)$的平面波的复振幅。即输入、输出具有相同的空间频率，只是输出平面波的振幅产生衰减、相位发生平移，且衰减和平移量均由传递函数 $\mathbf{H}_c(\xi',\ \eta')$给出。如果输入为任意复杂波，可经傅里叶变换分解为一系列平面波，$\mathbf{G}_g(\xi,\ \eta)$表示平面波复振幅的权重因子。每个方向的平面波复振幅与该空间频率的传递函数相乘，得到相应输出平面波的复振幅。

相干传递函数定义为点扩散函数的傅里叶变换。在空间域，点扩散函数是物面上一个点(数学表示为 δ 函数)通过成像系统后在像面上形成的复振幅分布；在频率域，输入 δ 函数的傅里叶变换 $\mathrm{FT}\{\delta(x, y)\}=1$，它表示一个点源是由无穷多个同振幅不同频率的平面波组成的，受成像系统出射(入射)光瞳的限制，只有其中一部分谐波分量能够通过系统，这些谐波的叠加形成输入 δ 函数的输出 h'。显然，h' 的傅里叶变换就表示系统对各种频率谐波分量的传递能力，也就是我们定义的系统相干传递函数。

式(3.6 - 4)表明，相干传递函数与光瞳函数等价。前者在频率域描述系统对平面波的传递能力，后者表示成像系统对球面波的空间限制作用，因此，二者之间的等价作用就不难理解了。

3.6.2　非相干成像系统的频率特性和光学传递函数

1. 光学传递函数的概念

当光学系统用非相干光照明时，物、像光强分布之间的关系是线性的，而对复振幅是高度非线性的。为了表示光学成像系统的这种特性，引入光学传递函数的概念。在非相干光照明情况下，像面光场强度分布与几何像光强分布之间的关系为

$$I_i(x_i, y_i) = h_I'(x_i, y_i) * I_g(x_i, y_i) \tag{3.6 - 10}$$

式中：$h_I'(x_i, y_i)=|h'(x_i, y_i)|^2$ 为强度点扩散函数。对式(3.6 - 10)两边进行傅里叶变换得

$$\mathrm{FT}\{I_i(x_i, y_i)\} = \mathrm{FT}\{h_I'(x_i, y_i)\}\mathrm{FT}\{I_g(x_i, y_i)\} \tag{3.6 - 11}$$

定义 I_i、I_g 和 h_I' 的归一化频谱分别为

$$\mathscr{G}_i(\xi, \eta) = \frac{\mathrm{FT}\{I_i(x_i, y_i)\}}{\mathrm{FT}\{I_i(x_i, y_i)\}\,|_{\xi=\eta=0}} = \frac{\iint_{-\infty}^{+\infty} I_i(x_i, y_i)\mathrm{e}^{-\mathrm{i}2\pi(x_i\xi+y_i\eta)}\,\mathrm{d}x_i\,\mathrm{d}y_i}{\iint_{-\infty}^{+\infty} I_i(x_i, y_i)\,\mathrm{d}x_i\,\mathrm{d}y_i}$$

$$\mathscr{G}_g(\xi, \eta) = \frac{\mathrm{FT}\{I_g(x_i, y_i)\}}{\mathrm{FT}\{I_g(x_i, y_i)\}\,|_{\xi=\eta=0}} = \frac{\iint_{-\infty}^{+\infty} I_g(x_i, y_i)\mathrm{e}^{-\mathrm{i}2\pi(x_i\xi+y_i\eta)}\,\mathrm{d}x_i\,\mathrm{d}y_i}{\iint_{-\infty}^{+\infty} I_g(x_i, y_i)\,\mathrm{d}x_i\,\mathrm{d}y_i}$$

$$\mathscr{H}(\xi, \eta) = \frac{\mathrm{FT}\{h_I'(x_i, y_i)\}}{\mathrm{FT}\{h_I'(x_i, y_i)\}\,|_{\xi=\eta=0}} = \frac{\iint_{-\infty}^{+\infty} |h'(x_i, y_i)|^2\mathrm{e}^{-\mathrm{i}2\pi(x_i\xi+y_i\eta)}\,\mathrm{d}x_i\,\mathrm{d}y_i}{\iint_{-\infty}^{+\infty} |h'(x_i, y_i)|^2\,\mathrm{d}x_i\,\mathrm{d}y_i}$$

则非相干成像的物像强度归一化频谱间的关系为

$$\mathscr{G}_i(\xi, \eta) = \mathscr{G}_g(\xi, \eta)\mathscr{H}(\xi, \eta) \tag{3.6 - 12}$$

式中：$\mathscr{H}(\xi, \eta)$ 描述了非相干光照明时成像系统的频率特性，称为光学传递函数(OTF)。一般来说，$\mathscr{H}(\xi, \eta)$ 是一个复值函数，即

$$\mathscr{H}(\xi, \eta) = |\mathscr{H}(\xi, \eta)|\,\mathrm{e}^{\mathrm{i}\theta(\xi, \eta)}$$

式中：$|\mathscr{H}(\xi, \eta)|$ 为光学传递函数的模，称为调制传递函数(MTF)；$\theta(\xi, \eta)$ 为光学传递函数的幅角，称为相位传递函数(PTF)。

2. 光学传递函数的性质

1）光学传递函数与相干传递函数的关系

应用相关定理有

$$\mathscr{H}(\xi,\eta)=\frac{\mathrm{FT}\{h_I'(x_i,y_i)\}}{\mathrm{FT}\{h_I'(x_i,y_i)\}|_{\xi=\eta=0}}=\frac{\mathrm{FT}\{|h'(x_i,y_i)|^2\}}{\mathrm{FT}\{|h'(x_i,y_i)|^2\}_{\xi=\eta=0}}$$

$$=\frac{\iint_{-\infty}^{+\infty}\mathbf{H}_c^*(\tau_x',\tau_y')\mathbf{H}_c(\tau_x'+\xi,\tau_y'+\eta)\,\mathrm{d}\tau_x'\,\mathrm{d}\tau_y'}{\iint_{-\infty}^{+\infty}|\mathbf{H}_c(\tau_x',\tau_y')|^2\,\mathrm{d}\tau_x'\,\mathrm{d}\tau_y'} \tag{3.6-13}$$

作变量代换 $\tau_x=\tau_x'+\xi/2$，$\tau_y=\tau_y'+\eta/2$，得到具有对称性的表达式

$$\mathscr{H}(\xi,\eta)=\frac{\iint_{-\infty}^{+\infty}\mathbf{H}_c^*\left(\tau_x-\frac{\xi}{2},\tau_y-\frac{\eta}{2}\right)\mathbf{H}_c\left(\tau_x+\frac{\xi}{2},\tau_y+\frac{\eta}{2}\right)\mathrm{d}\tau_x\,\mathrm{d}\tau_y}{\iint_{-\infty}^{+\infty}|\mathbf{H}_c(\tau_x,\tau_y)|^2\,\mathrm{d}\tau_x\,\mathrm{d}\tau_y} \tag{3.6-14}$$

这表示同一成像系统在相干光照明和非相干光照明情况频率特性之间的联系。

2）$\mathscr{H}(0,0)=1$

把 $\xi=\eta=0$ 代入式(3.6-14)，则有 $\mathscr{H}(0,0)=1$，即 $|\mathscr{H}(0,0)|=1$，$\theta(\xi,\eta)=0$。这表明，物体的零频分量通过系统后其振幅和相位均保持不变。

3）光学传递函数是厄米函数

由于实函数的傅里叶变换是厄米函数，而 $\mathscr{H}(\xi,\eta)=\mathrm{FT}\{h_I'\}=\mathrm{FT}\{|h'|^2\}$ 为实函数的傅里叶变换，因此 $\mathscr{H}(\xi,\eta)$ 是厄米函数，即

$$|\mathscr{H}(-\xi,-\eta)|\,\mathrm{e}^{\mathrm{i}\theta(-\xi,-\eta)}=|\mathscr{H}(\xi,\eta)|\,\mathrm{e}^{-\mathrm{i}\theta(\xi,\eta)} \tag{3.6-15}$$

这表示光学成像系统的 MTF 为频率的偶函数，而 PTF 为频率的奇函数。

4）$\mathscr{H}(\xi,\eta)\leqslant\mathscr{H}(0,0)=1$

根据许瓦兹不等式有

$$\left|\iint_{-\infty}^{+\infty}\mathbf{H}_c^*\left(\tau_x-\frac{\xi}{2},\tau_y-\frac{\eta}{2}\right)\mathbf{H}_c\left(\tau_x+\frac{\xi}{2},\tau_y+\frac{\eta}{2}\right)\mathrm{d}\tau_x\,\mathrm{d}\tau_y\right|^2$$

$$\leqslant\iint_{-\infty}^{+\infty}\left|\mathbf{H}_c^*\left(\tau_x-\frac{\xi}{2},\tau_y-\frac{\eta}{2}\right)\right|^2\mathrm{d}\tau_x\,\mathrm{d}\tau_y\iint_{-\infty}^{+\infty}\left|\mathbf{H}_c\left(\tau_x+\frac{\xi}{2},\tau_y+\frac{\eta}{2}\right)\right|^2\mathrm{d}\tau_x\,\mathrm{d}\tau_y$$

$$=\left[\iint_{-\infty}^{+\infty}|\mathbf{H}_c(\tau_x,\tau_y)|^2\,\mathrm{d}\tau_x\,\mathrm{d}\tau_y\right]^2$$

经化简后得

$$\mathscr{H}(\xi,\eta)=\frac{\iint_{-\infty}^{+\infty}\mathbf{H}_c^*\left(\tau_x-\frac{\xi}{2},\tau_y-\frac{\eta}{2}\right)\mathbf{H}_c\left(\tau_x+\frac{\xi}{2},\tau_y+\frac{\eta}{2}\right)\mathrm{d}\tau_x\,\mathrm{d}\tau_y}{\iint_{-\infty}^{+\infty}|\mathbf{H}_c(\tau_x,\tau_y)|^2\,\mathrm{d}\tau_x\,\mathrm{d}\tau_y}$$

$$\leqslant\mathscr{H}(0,0)=1$$

应当说明的是，光学中的零频分量就是物体或像的定常强度背景，$\mathscr{H}(0,0)=1$ 并不表示像的定常强度背景等于物体的绝对背景强度。由于成像系统光瞳的大小有限，像的绝对强度

背景总要降低，$\mathscr{H}(0, 0)=1$ 起因于光学传递函数的归一化。

5）光学传递函数与光瞳函数的关系

把相干系统的相干传递函数 $\mathbf{H}_c(\xi, \eta)=P(\lambda d_i\xi, \lambda d_i\eta)$ 代入式(3.6－14)得

$$\mathscr{H}(\xi, \eta)=\frac{\iint_{-\infty}^{+\infty} P^*\left(\tau_x-\frac{\lambda d_i\xi}{2}, \tau_y-\frac{\lambda d_i\eta}{2}\right)P\left(\tau_x+\frac{\lambda d_i\xi}{2}, \tau_y+\frac{\lambda d_i\eta}{2}\right)\mathrm{d}\tau_x\,\mathrm{d}\tau_y}{\iint_{-\infty}^{+\infty} |P(\tau_x, \tau_y)|^2\,\mathrm{d}\tau_x\,\mathrm{d}\tau_y}$$

$$=\frac{\iint_{-\infty}^{+\infty} P\left(\tau_x-\frac{\lambda d_i\xi}{2}, \tau_y-\frac{\lambda d_i\eta}{2}\right)P\left(\tau_x+\frac{\lambda d_i\xi}{2}, \tau_y+\frac{\lambda d_i\eta}{2}\right)\mathrm{d}\tau_x\,\mathrm{d}\tau_y}{\iint_{-\infty}^{+\infty} P(\tau_x, \tau_y)\,\mathrm{d}\tau_x\,\mathrm{d}\tau_y} \tag{3.6-16}$$

其中用到了如下关系：光瞳函数的取值要么等于 0，要么等于 1，因此可将 P^2 换成 P；在系统没有像差的情况下，P 是实函数，因此可将 P^* 换成 P。

由积分的几何意义可知，光学传递函数中分子上的积分表示两个错开光瞳交叠部分的面积，其中一个光瞳的中心在$(\lambda d_i\xi/2, \lambda d_i\eta/2)$处，另一个光瞳的中心在$(-\lambda d_i\xi/2, -\lambda d_i\eta/2)$处，如图 3.6－4 所示。而分母的积分则是光瞳的总面积。因此有

$$\mathscr{H}(\xi, \eta)=\frac{\text{重叠面积 } S}{\text{总面积 } A} \tag{3.6-17}$$

这给出了计算具体成像系统光学传递函数的方法。

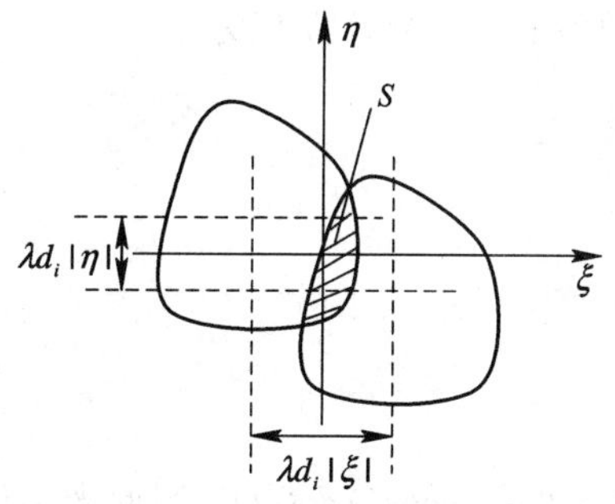

图 3.6－4　衍射受限系统 OTF 的几何解释

3. 光学传递函数的计算实例

例 3.3　方形光瞳。为了与相干传递函数比较，仍取光瞳为边长等于 l 的正方形。光瞳的面积为 $A=l^2$，由图 3.6－4 可求得两光瞳错开一定距离后的重叠面积 $S(\xi, \eta)$为

$$S(\xi, \eta)=\begin{cases}(l-\lambda d_i|\xi|)(l-\lambda d_i|\eta|) & |\xi|\leqslant\frac{l}{\lambda d_i}\quad |\eta|\leqslant\frac{l}{\lambda d_i}\\ 0 & |\xi|>\frac{l}{\lambda d_i}\quad |\eta|>\frac{l}{\lambda d_i}\end{cases} \tag{3.6-18}$$

应用式(3.6－17)得到

$$\mathscr{H}(\xi, \eta)=\begin{cases}\left(1-\frac{|\xi|}{l/(\lambda d_i)}\right)\left(1-\frac{|\eta|}{l/(\lambda d_i)}\right) & |\xi|\leqslant\frac{l}{\lambda d_i}\quad |\eta|\leqslant\frac{l}{\lambda d_i}\\ 0 & |\xi|>\frac{l}{\lambda d_i}\quad |\eta|>\frac{l}{\lambda d_i}\end{cases} \tag{3.6-19}$$

或

$$\mathscr{H}(\xi, \eta)=\Lambda\left(\frac{\xi}{2\xi_0}\right)\Lambda\left(\frac{\eta}{2\eta_0}\right) \tag{3.6-20}$$

式中：$\xi_0=\eta_0=l/(2\lambda d_i)$为相干传递函数的截止频率。由三角函数的定义知，光学传递函数的截止频率为 $2\xi_0$ 是相干传递函数的两倍，如图 3.6－5 所示。

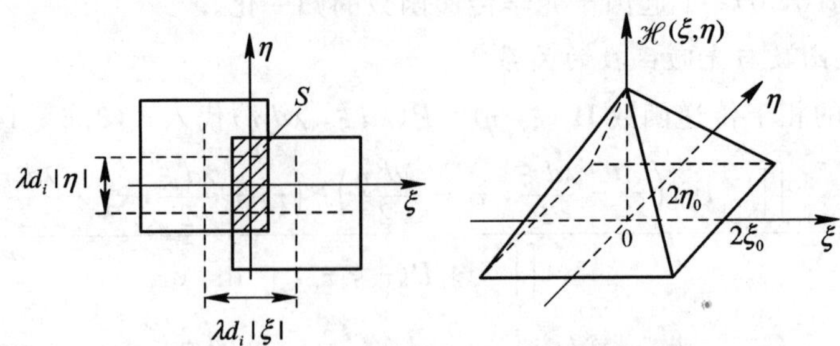

图 3.6-5 正方形光瞳的光学传递函数

例 3.4 圆形光瞳。设圆形光瞳的直径为 l，其面积为 $A=\pi l^2/4$。由于圆有对称性，沿任意方向错开相同频率的位移量时重叠面积是相等的，因此光学传递函数是圆对称的，只要求出某方向(如 ξ 方向)的光学传递函数分布，绕垂直轴旋转一周就得到光学传递函数在频率空间的分布了。当两个光瞳错开 $\lambda d_i|\xi|$ 时，其重叠面积如图 3.6-6 所示，为弓形 B 面积的两倍，弓形 B 面积为

$$\begin{aligned} S_B &= \frac{1}{2}\left(\frac{l}{2}\right)^2(2\theta-\sin 2\theta) \\ &= \left(\frac{l}{2}\right)^2(\theta-\sin\theta\cos\theta) \\ &= \left(\frac{l}{2}\right)^2\left[\theta-\cos\theta\sqrt{1-\cos^2\theta}\right] \end{aligned} \tag{3.6-21}$$

式中：$\theta=\arccos(\lambda d_i\xi/l)$。因此光学传递函数为

$$\mathscr{H}(\xi,0)=\frac{2S_B}{\pi(l/2)^2}=\frac{2}{\pi}\left[\arccos\left(\frac{\xi}{l/\lambda d_i}\right)-\frac{\xi}{l/\lambda d_i}\sqrt{1-\left(\frac{\xi}{l/\lambda d_i}\right)^2}\right] \tag{3.6-22}$$

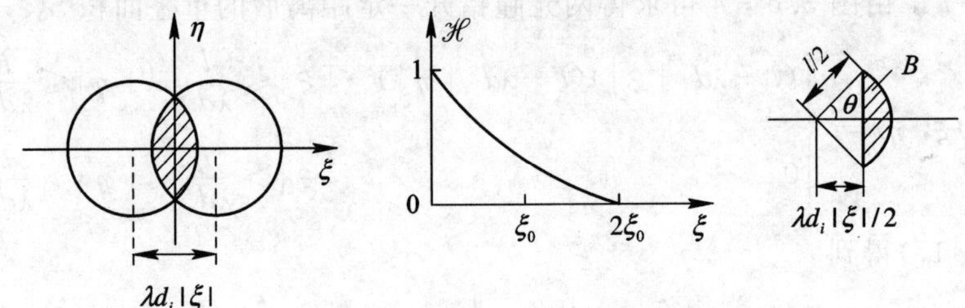

图 3.6-6 圆形光瞳的光学传递函数

若设某个方向上的频率为 ρ，则该方向上的光学传递函数为

$$\mathscr{H}(\rho)=\begin{cases}\dfrac{2}{\pi}\left[\arccos\left(\dfrac{\rho}{2\rho_0}\right)-\dfrac{\rho}{2\rho_0}\sqrt{1-\left(\dfrac{\rho}{2\rho_0}\right)^2}\right] & \rho\leqslant 2\rho_0 \\ 0 & \rho>2\rho_0\end{cases} \tag{3.6-23}$$

式中：$\rho_0=l/2\lambda d_i=\xi_0$ 为相干传递函数的截止频率。可见，对非相干成像系统来说，截止频率拓宽了一倍。方形光瞳和圆形光瞳相干传递函数和光学传递函数同时绘制于图 3.6-7 上，以资比较。

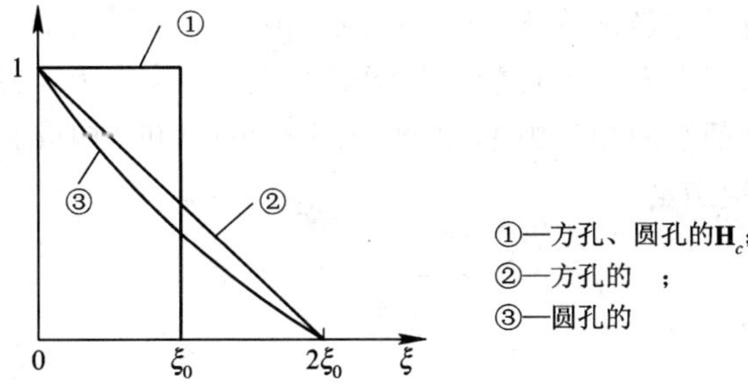

图 3.6－7　相干传递函数的光学传递函数的比较

4. 光学传递函数的物理意义

上面所定义的光学传递函数，是像强度归一化频谱与理想几何像强度归一化频谱的比值。其物理含义与相干传递函数相同，只是前者对强度频谱而言，后者对复振幅频谱而言。相干传递函数就是系统的光瞳函数，而光学传递函数与光瞳函数之间的关系就复杂得多，是光瞳函数的自相关，它的几何意义就是两个错开光瞳的重叠面积与光瞳面积之比。为了理解光学传递函数几何解释的物理意义，我们以正弦光栅物体的成像为例说明。

如图 3.6－8 所示，设物光栅的光强度分布为

$$I(x_0,\ y_0)=1+\cos 2\pi\xi x_0 \tag{3.6-24}$$

由部分相干理论的范希特-泽尼克定理，可以得到光瞳面上任意两点 P_1 和 P_2 所发出子波的复可干度 $\mu(P_1,\ P_2)$ 为

$$\mu(P_1,\ P_2)=c\iint_{-\infty}^{+\infty} I(x_0,\ y_0)\ \mathrm{e}^{-\mathrm{i}2\pi\left[\frac{(x_1-x_2)}{\lambda d_i}x_0+\frac{(y_1-y_2)}{\lambda d_i}y_0\right]}\ \mathrm{d}x_0\ \mathrm{d}y_0 \tag{3.6-25}$$

如果用 X、Y 分别表示 P_1 和 P_2 两点在 x 轴和 y 轴方向上的坐标差，即

$$X=\frac{x_1-x_2}{\lambda d_i},\quad Y=\frac{y_1-y_2}{\lambda d_i}$$

则式(3.6－25)可改写为

$$\begin{aligned}\mu(X,\ Y)&=c\iint_{-\infty}^{+\infty} I(x_0,\ y_0)\mathrm{e}^{-\mathrm{i}2\pi[Xx_0+Yy_0]}\ \mathrm{d}x_0\ \mathrm{d}y_0\\&=c\ \mathrm{FT}\{I(x_0,\ y_0)\}\\&=c\left[\delta(X,\ Y)+\frac{1}{2}\delta(X-\xi,\ Y)+\frac{1}{2}\delta(X+\xi,\ Y)\right]\end{aligned} \tag{3.6-26}$$

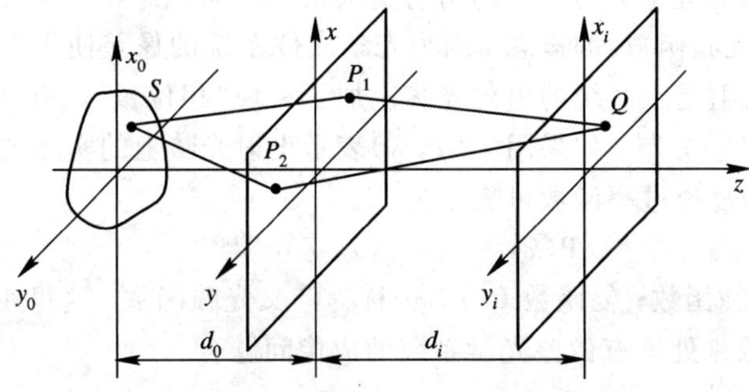

图 3.6－8　物面强度分布与光瞳面复可干度的关系

这说明，光瞳面上具有任意坐标差 X、Y 的两点一般是完全不相干的，因为 $\mu(X, Y)=0$。但是，对于光瞳面上给定点 P_1，有可能在光瞳面上找到对应点 P_2，这一对点源是完全相干的。若余弦分布的物体的空间频率为 ξ，由式(3.6－26)可知，构成完全相干的任一对点源 P_1、P_2 之间的距离必须满足

$$\begin{cases} X = \dfrac{x_1 - x_2}{\lambda d_i} = \pm \xi \\ Y = 0 \end{cases} \tag{3.6 - 27}$$

这些成对的相干点源在像面上形成余弦分布的干涉条纹就是光栅的像。

对应于物体的某一空间频率 ξ，光瞳面上的相干区和非相干区如图 3.6－9 所示。Ⅰ$_1$ 区和Ⅰ$_2$ 区为相干区，因为在Ⅰ$_1$ 区中任何一点，例如 P_1、Q_1 等点，都可以在Ⅰ$_2$ 区中与其距离 ξ 处找到对应的 P_2、Q_2 点等，由式(3.6－26)可知，它们发出的次级波是相干的。而Ⅱ区的所有点，例如 R_1 点，与其相距 ξ 或 $-\xi$ 的点都超出了光瞳范围，所以Ⅱ区为非相干区域，这些点源发出的次级波形成像的背景，使干涉条纹对比度下降。相干区域的面积等于光瞳错开 $(x_1-x_2)=\lambda d_i\xi$ 时两光瞳的重叠面积。当两光瞳的错开量达到圆形光瞳的直径 l 时，两光瞳重叠面积为零，当然相干区的面积也为零，在像面上不能形成光强的起伏，此时对应的空间频率 $l/\lambda d_i$ 就是非相干成像系统的截止频率。

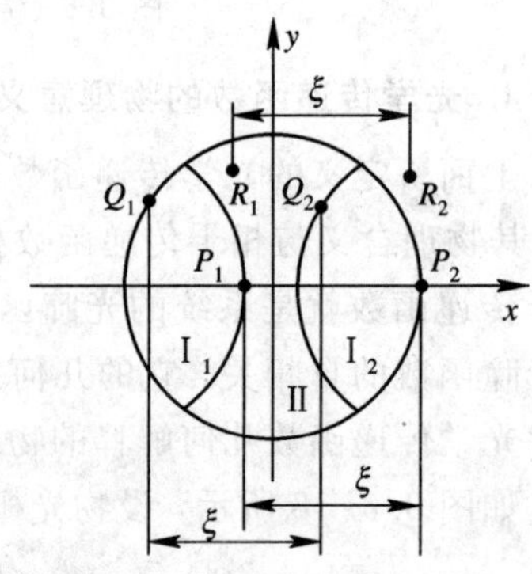

图 3.6－9　光瞳面上相干区分布

3.7　实际光学系统的传递函数

前面讨论光学成像系统时没有考虑系统的像差，认为成像系统是理想的衍射受限系统，而实际光学系统总是存在像差。根据像差理论，这些像差的存在使得出射光瞳上的实际波前偏离了理想球面波前，而这一偏离是由相位偏差引起的。因此，像差的存在要影响成像系统的频率特性。本节主要讨论像差对光学成像系统传递函数的影响。

1. 广义光瞳函数

当成像系统存在像差时，为了应用衍射受限系统的研究结论，同时又能反映系统像差的影响，引入“广义光瞳函数”的概念。因为光学成像系统的像差使出射光瞳上的波前产生畸变，这相当于在衍射受限系统的出射光瞳上加了一块“相位板”，相位板上的相位分布取决于成像系统的波像差分布。如果用 $w(x, y)$ 表示出射光瞳上的实际波前与理想波前的光程差，则出射光瞳的复透过率函数可表示为

$$\mathbf{P}(x, y) = P(x, y)\mathrm{e}^{ikw(x, y)} \tag{3.7 - 1}$$

式中：$P(x, y)$ 为光瞳函数；复函数 $\mathbf{P}(x, y)$ 称为广义光瞳函数。这里用广义光瞳函数代替前几节中的光瞳函数来处理有像差光学系统的成像问题。

2. 有像差系统的相干传递函数

我们知道，衍射受限系统的相干传递函数是光瞳函数的连续两次傅里叶变换。同样，

当光学成像系统存在像差时，用广义光瞳函数代替光瞳函数，并对其进行两次傅里叶变换得

$$\mathbf{H}_c(\xi, \eta) = \mathbf{P}(\lambda d_i \xi, \lambda d_i \eta) = P(\lambda d_i \xi, \lambda d_i \eta) e^{ikw(\lambda d_i \xi, \lambda d_i \eta)} \tag{3.7-2}$$

与衍射受限系统的相干传递函数相比，有像差成像系统的相干传递函数只是多了一个相位偏差因子 $kw(\lambda d_i \xi, \lambda d_i \eta)$，该相位因子只影响像的对比度，不改变系统的截止频率，截止频率由光瞳函数 $P(x, y)$惟一确定。

3. 有像差系统的光学传递函数

与研究有像差相干成像系统的相干传递函数类似，可以将有像差非相干成像系统的光学传递函数表示为广义光瞳函数的自相关：

$$\mathscr{H}(\xi, \eta) = \frac{\iint_{-\infty}^{+\infty} P\left(\tau_x - \frac{\lambda d_i \xi}{2}, \tau_y - \frac{\lambda d_i \eta}{2}\right) P\left(\tau_x + \frac{\lambda d_i \xi}{2}, \tau_y + \frac{\lambda d_i \eta}{2}\right) e^{ik(w_+ - w_-)} \, d\tau_x \, d\tau_y}{\iint_{-\infty}^{+\infty} P(\tau_x, \tau_y) \, d\tau_x \, d\tau_y} \tag{3.7-3}$$

式中：$w_- = w\left(\tau_x - \frac{\lambda d_i \xi}{2}, \tau_y - \frac{\lambda d_i \eta}{2}\right)$；$w_+ = w\left(\tau_x + \frac{\lambda d_i \xi}{2}, \tau_y + \frac{\lambda d_i \eta}{2}\right)$。

同样，式(3.7－3)也给出了非相干成像系统的波像差与光学传递函数的关系。

和相干成像系统相同，有像差非相干成像系统的传递函数只是多了一个相位偏差因子 $k(w_+ - w_-)$。相位偏差因子的存在并不影响系统的截止频率，因此有像差非相干成像系统与无像差时的截止频率相同。通常把由光瞳大小确定的截止频率称为绝对截止频率。但是，由于系统像差的存在，使系统高频部分和较高频部分的传递能力降低，因此像差的存在使像的光强分布中高频分量的对比度下降，当对比度下降到探测器无法分辨时的频率称为有效截止频率。有像差系统的有效截止频率小于绝对截止频率。

根据许瓦兹不等式可知，有像差非相干成像系统的光学传递函数的模要小于无像差时的模，即有像差时系统传递信息的能力要下降。当像差非常严重时，可以使光学传递函数在某些频率上的值为负，也就是像的对比度翻转，即像强度的最大值变为最小值，而像强度的最小值则变为强度的最大值。也会出现对某些频率的传递能力为 0(MTF＝0)的情形。有像差和无像差非相干成像系统的调制传递函数和相位传递函数的比较如图 3.7－1 所示。

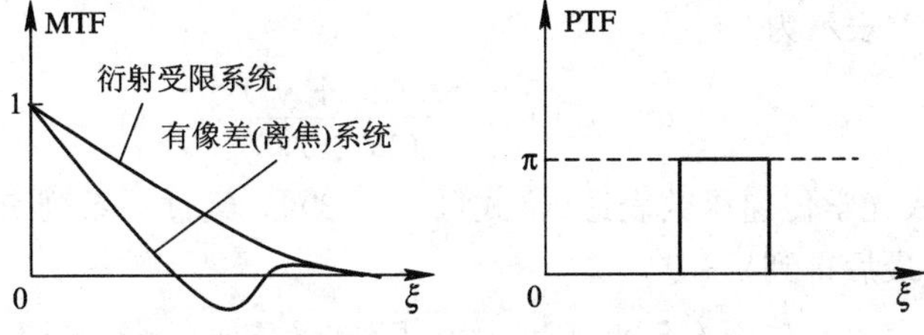

图 3.7－1　有像差和无像差系统的光学传递函数的比较

4. 离焦成像系统的光学传递函数

作为研究有像差成像系统的一个例子，这里讨论各种像差中最容易从数学上描述的离焦误差。如图 3.7－2 所示，设 Σ 为出射光瞳上的理想球面波前，它会聚于像面上 F 处，会聚球心到出射光瞳的距离为 d_i；Σ′为离焦球面波，它会聚于点 F'处，F'到出射光瞳的距离

为 $d_i - \Delta$。由于离焦所产生的像差$w(x, y)$为两个球面波前的光程差 Δz。设出射光瞳面为 $x-y$ 平面，光瞳面上一点 $P(x, y)$到光轴的距离为 r，则有 $r^2 = x^2 + y^2$，这时 $w(x, y)$可表示为

$$w(x, y) = \Delta z \approx \frac{r^2}{2}\left(\frac{1}{d_i - \Delta} - \frac{1}{d_i}\right) \approx \frac{\Delta}{2d_i^2}(x^2 + y^2) \tag{3.7-4}$$

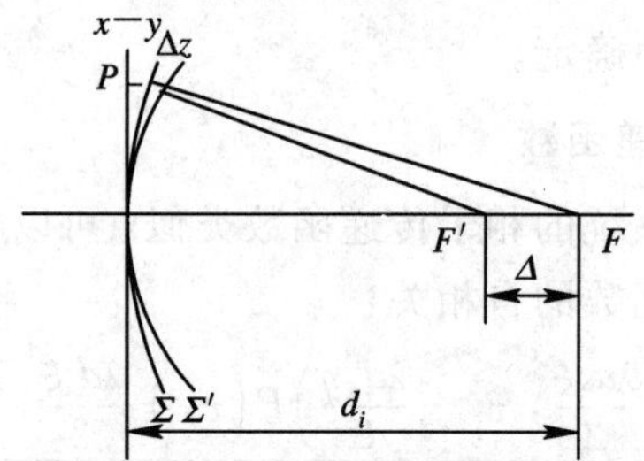

图 3.7-2 离焦引起的波像差

当像面准确聚焦时，透镜定律成立，即

$$\frac{1}{d_i} + \frac{1}{d_0} - \frac{1}{f} = 0 \tag{3.7-5}$$

当像面离焦时，则有

$$\frac{1}{d_i - \Delta} + \frac{1}{d_0} - \frac{1}{f} = \varepsilon \tag{3.7-6}$$

式中：ε 为离焦引起的误差参量；f 为成像系统的焦距。由式(3.7-5)和式(3.7-6)可求得 $\varepsilon \approx \Delta / d_i^2$。将其代入式(3.7-4)得到

$$w(x, y) = \frac{\varepsilon}{2}(x^2 + y^2) \tag{3.7-7}$$

因此，具有离焦误差的广义光瞳函数为

$$\mathbf{P}(x, y) = P(x, y)\mathrm{e}^{\mathrm{i}\frac{k}{2}\varepsilon(x^2+y^2)} \tag{3.7-8}$$

下面我们计算离焦成像系统的光学传递函数。为此，假设光瞳是边长为 l 的正方形，其相干截止频率 $\xi_0 = \eta_0 = l/2\lambda d_i$，沿 x 或 y 轴的最大离焦量对应的最大光程差为

$$w_{\mathrm{m}} = \frac{\varepsilon}{2} \times \left(\frac{l}{2}\right)^2 = \frac{\varepsilon l^2}{8} \tag{3.7-9}$$

像差可用最大光程差表示为

$$w(x, y) = \frac{w_{\mathrm{m}}(x^2 + y^2)}{(\lambda d_i \xi_0)^2} \tag{3.7-10}$$

把式(3.7-10)代入光学传递函数表达式(式(3.7-3))，经过一系列直接积分运算，并用总面积 l^2 归一化，最后得到

$$\begin{aligned}\mathscr{H}(\xi, \eta) = {} & \Lambda\left(\frac{\xi}{2\xi_0}\right)\Lambda\left(\frac{\eta}{2\eta_0}\right)\operatorname{sinc}\left[\frac{8w_{\mathrm{m}}}{\lambda}\left(\frac{\xi}{2\xi_0}\right)\left(1 - \frac{|\xi|}{2\xi_0}\right)\right] \\ & \cdot \operatorname{sinc}\left[\frac{8w_{\mathrm{m}}}{\lambda}\left(\frac{\eta}{2\eta_0}\right)\left(1 - \frac{|\eta|}{2\eta_0}\right)\right]\end{aligned} \tag{3.7-11}$$

离焦成像系统不同 w_{m} 的光学传递函数如图 3.7-3 所示。当 $\varepsilon = 0$ 时，$w_{\mathrm{m}} = 0$，$\mathscr{H}(\xi, 0)$是衍射受限系统的传递函数，为一条直线；当 $w_{\mathrm{m}} > \lambda/2$ 时，离焦系统的光学传递函数出现负值，这时就可以观察到由于光学传递函数小于零而出现的对比度翻转现象。

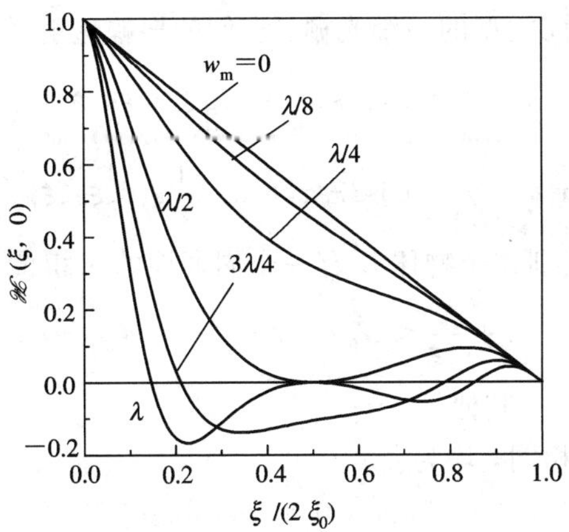

图 3.7－3　离焦系统的光学传递函数

3.8　相干成像和非相干成像的比较

由成像系统的传递函数的讨论可知，非相干成像系统的截止频率是相干成像系统的截止频率的二倍。这似乎可以得出这样的结论：对同一成像系统和同一物体，采用非相干光照明比采用相干光照明成像的效果要好。其实由此下结论为时过早。这是因为相干截止频率指的是像振幅分布的最高空间频率分量，而非相干截止频率则指像强度分布的最高空间频率分量，振幅和强度是两个不同的物理量，它们不能直接比较。无论采用什么光源照明，人们最终接收的是像的强度。因此，为了得到同一成像系统在不同类型光源照明情况下成像结果的某些差异，下面从像强度频谱与对比度和像两点间的分辨率两方面进行讨论。

1. 像的强度频谱与对比度

为了比较像强度的频谱和对比度，必须首先求出相干照明和非相干照明情况下像强度分布的频谱。相干照明和非相干照明时像的强度分别为

$$I_i = | h' * \mathbf{U}_g |^2$$

和

$$I_i = | h' |^2 * I_g = | h' |^2 * | \mathbf{U}_g |^2$$

对以上两式进行傅里叶变换，并应用卷积和相关定理得到

相干照明时

$$\mathrm{FT}\{I_i\} = \mathbf{H}_c\mathbf{G}_g \otimes \mathbf{H}_c\mathbf{G}_g \tag{3.8-1}$$

非相干照明时

$$\mathrm{FT}\{I_i\} = [\mathbf{H}_c \otimes \mathbf{H}_c][\mathbf{G}_g \otimes \mathbf{G}_g] \tag{3.8-2}$$

式中：$\mathbf{H}_c=\mathrm{FT}\{h'\}$为相干传递函数，是脉冲响应 h'的频谱；$\mathbf{G}_g=\mathrm{FT}\{\mathbf{U}_g\}$为理想几何像振幅分布 $\mathbf{U}_g$ 的频谱。

可见在两种照明情况下，像的强度频谱的确不同，它不仅与物的强度分布有关，与物体的相位分布也有关，但是还看不出哪种照明的成像质量更高。下面以两个不同的物体为例，具体比较不同光源照明下成像效果的优劣。

设两个物体为两个不同类型的一维光栅，它们的振幅透射系数分别为

物体 A： $t_a(x_0, y_0)=\cos 2\pi\xi x_0 \qquad \frac{1}{2}\xi_0<\xi<\xi_0$

物体 B： $t_b(x_0, y_0)=|\cos 2\pi\xi x_0| \qquad \frac{1}{2}\xi_0<\xi<\xi_0$

物体 B 和物体 A 的差别在于物体 B 有一个周期性的 π 相位分布：

$$\varphi_b(x_0)=\begin{cases}\pi & n+\frac{1}{4\xi}\leqslant x_0\leqslant n+\frac{3}{4\xi} \quad (n=0, \pm 1, \pm 2, \cdots)\\ 0 & \text{其他}\end{cases}$$

这两个物体的强度透过率相同，均为

$$\tau(x_0, y_0)=\cos^2 2\pi\xi x_0$$

为简单起见，设成像系统的出射光瞳为方形孔，则

$$\mathbf{H}_c(\xi', 0)=\mathrm{rect}\left(\frac{\xi'}{2\xi_0}\right) \tag{3.8-3}$$

$$\mathbf{H}_c(\xi', 0)\otimes\mathbf{H}_c(\xi', 0)=\mathrm{rect}\left(\frac{\xi'}{2\xi_0}\right)\otimes\mathrm{rect}\left(\frac{\xi'}{2\xi_0}\right)=\Lambda\left(\frac{\xi'}{2\xi_0}\right) \tag{3.8-4}$$

对于物体 A，几何像振幅的频谱为

$$\mathbf{G}_g=\frac{1}{2}\delta(\xi'-\xi)+\frac{1}{2}\delta(\xi'+\xi) \tag{3.8-5}$$

几何像频谱的自相关为

$$\mathbf{G}_g\otimes\mathbf{G}_g=\frac{1}{4}\delta(\xi'-2\xi)+\frac{1}{2}\delta(\xi')+\frac{1}{4}\delta(\xi'+2\xi) \tag{3.8-6}$$

相干光照明时，由于 $\xi<\xi_0$，几何像振幅频谱各分量可完全通过系统，所以有 $\mathbf{H}_c\mathbf{G}_g=\mathbf{G}_g$。因此，相干光照明时，像强度分布的频谱为

$$\begin{aligned}\mathrm{FT}\{I_i\}&=\mathbf{H}_c\mathbf{G}_g\otimes\mathbf{H}_c\mathbf{G}_g=\mathbf{G}_g\otimes\mathbf{G}_g\\&=\frac{1}{4}\delta(\xi'-2\xi)+\frac{1}{2}\delta(\xi')+\frac{1}{4}\delta(\xi'+2\xi)\end{aligned} \tag{3.8-7}$$

非相干光照明时，由于 $2\xi<2\xi_0$，几何像强度分布的各频谱分量也可以通过系统，像强度分布的频谱为

$$\begin{aligned}\mathrm{FT}\{I_i\}&=[\mathbf{H}_c\otimes\mathbf{H}_c][\mathbf{G}_g\otimes\mathbf{G}_g]\\&=C\delta(\xi'-2\xi)+\frac{1}{2}\delta(\xi')+C\delta(\xi'+2\xi)\end{aligned} \tag{3.8-8}$$

式中：C 为小于 1/4 的常数。两种照明情况下，像强度频谱的计算过程形象地表示在图 3.8－1 中。由像强度频谱图可以看出，两种照明情况下对物体的所有频率都有传递作用。但就像的对比度而言，两种照明情况的像强度频谱的直流(零频)分量相同，但频率为 2ξ 的频率分量的幅度，相干照明比非相干照明要大些，所以，相干照明成像的对比度大一些。从这个意义上讲，相干成像比非相干成像质量要好。

对于物体 B，振幅透过率周期变化的基频为 2ξ，其频谱如图 3.8－2 所示。因为 2ξ 大于相干截止频率 ξ_0，所以相干照明时，成像系统只允许直流分量通过，基频、倍频及其他高频分量都被截止。在像面上强度分布均匀不变，对比度为零。非相干照明时，物体透过率函数的自相关类似于物体的频谱分布情况，只是频谱值都乘了一个小于 1 的因子。因为

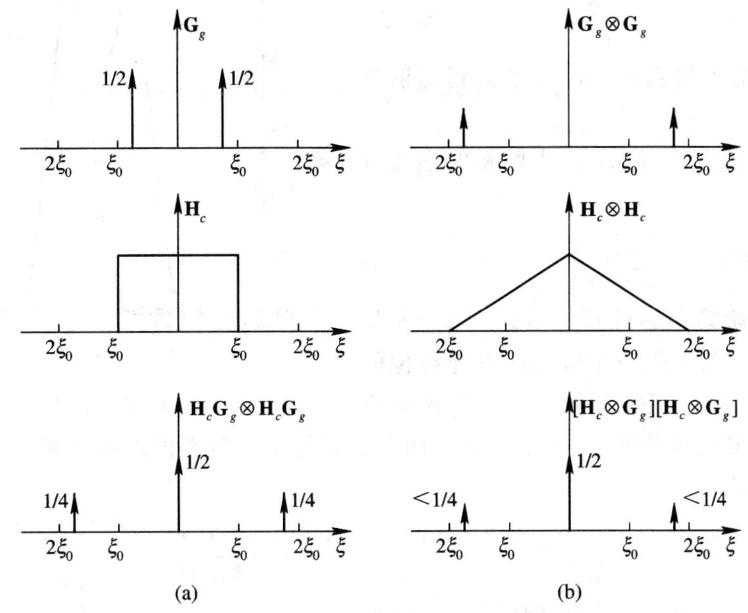

图 3.8－1　物体 A 的像的强度频谱

(a) 相干成像；(b) 非相干成像

非相干成像系统的截止频率 $2\xi_0$ 大于基频 2ξ，所以基频分量可以通过系统成像，在像面上形成周期性的光强分布。其传递能力优于相干成像，像的对比度也大于零。从这个意义上讲，非相干成像比相干成像好。

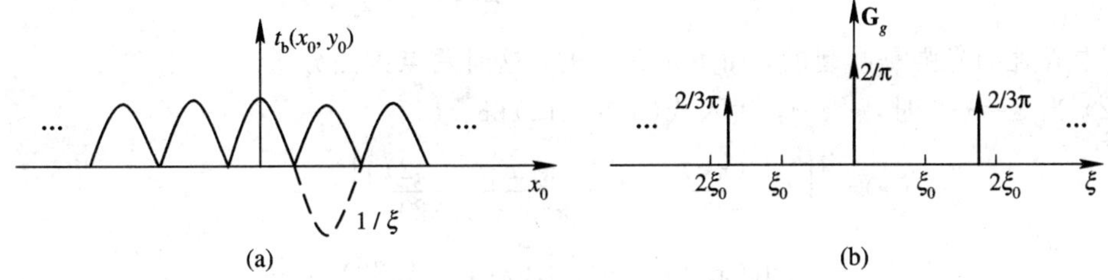

图 3.8－2　物体 B 的像强度频谱

(a) 物体 B 的振幅透射系数；(b) 物体 B 的像强度频谱

由以上讨论可见，同一个成像系统的像质不仅与照明状况有关，而且与物体的精细结构特别是物体的相位分布有关。至于两种照明情况成像的优劣，仍无法给出明确的结论，只能说在不同条件下两种成像系统各有所长，应具体情况具体分析。

2. 像两点间的分辨率

对于光学成像系统，分辨物面上两点的能力是其主要性能指标之一。因此，有必要比较在相干照明和非相干照明情况下对靠近两点的成像效果。根据瑞利分辨率可判断，两个非相干点光源，若一个点源产生的爱里斑中心正好落在另一个点源产生的爱里斑的第一级零点上，则说它们经成像系统成像后恰好能分辨，如图 3.8－3 所示。像面上的最小可分辨距离为

$$\delta = 1.22\frac{\lambda d_i}{l} = \frac{0.61}{\xi_0} \qquad (3.8-9)$$

式中：l 为出射光瞳直径；d_i 为像面到出射光瞳的距离。

由第 3 章的讨论可知，像点的相对强度分布满足

$$I(x) = \left[2\frac{J_1(\pi x)}{\pi x}\right]^2 \qquad (3.8-10)$$

式中：J_1 为一阶第一类贝塞尔函数。对于非相干光源，像面上的光强分布应为两点光源像的光强叠加；对于相干光源，像面上的复振幅应等于两点源像复振幅的叠加。因此，对于两个恰好处于分辨率极限的非相干点光源，像面上的光强分布为

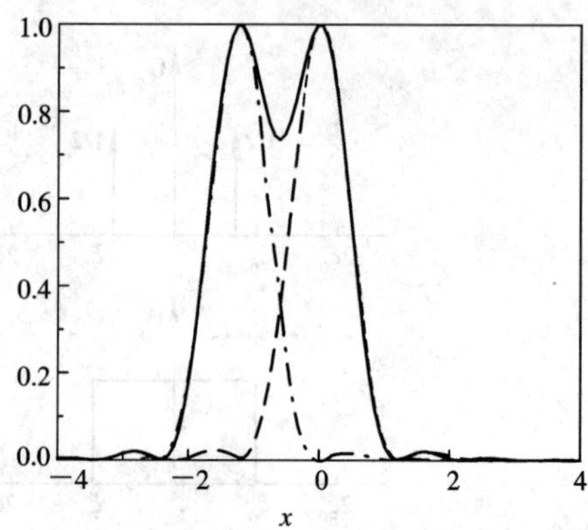

图 3.8-3　两非相干点源的像强度分布

$$I(x) = \left\{2\frac{J_1(\pi x)}{\pi x}\right\}^2 + \left\{2\frac{J_1[\pi(x+1.22)]}{\pi(x+1.22)}\right\}^2 \qquad (3.8-11)$$

如果这样的两个点源是相干的，其光强分布则为

$$I(x) = \left|2\frac{J_1(\pi x)}{\pi x} + 2e^{i\phi}\frac{J_1[\pi(x+1.22)]}{\pi(x+1.22)}\right|^2 \qquad (3.8-12)$$

式中：ϕ 为两个点源的相位差。显然，当 ϕ 值不一样时，其光强分布 $I(x)$ 就不同。

(1) 当 $\phi=0$ 时，$e^{i\phi}=1$，代入式(3.8-12)得

$$I(x) = \left|2\frac{J_1(\pi x)}{\pi x} + 2\frac{J_1[\pi(x+1.22)]}{\pi(x+1.22)}\right|^2 \qquad (3.8-13)$$

显然，中心处的光强是凸起的，而不是凹陷的，这时两点无法分辨。

(2) 当 $\phi=\pi/2$ 时，$e^{i\phi}=i$，代入式(3.8-12)得

$$I(x) = \left|2\frac{J_1(\pi x)}{\pi x} + i2\frac{J_1[\pi(x+1.22)]}{\pi(x+1.22)}\right|^2 = \left\{2\frac{J_1(\pi x)}{\pi x}\right\}^2 + \left\{2\frac{J_1[\pi(x+1.22)]}{\pi(x+1.22)}\right\}^2 \qquad (3.8-14)$$

其光强分布与非相干成像的光强分布一致，这时两点恰好可以分辨。

(3) 当 $\phi=\pi$ 时，$e^{i\phi}=-1$，代入式(3.8-12)得

$$I(x) = \left\{2\frac{J_1(\pi x)}{\pi x} - 2\frac{J_1[\pi(x+1.22)]}{\pi(x+1.22)}\right\}^2 \qquad (3.8-15)$$

中心处的光强为零，比两非相干点光源恰能分辨时中心下降 19%要下降得多。这时的分辨能力比非相干情况要好。上面三种情况的光强分布如图 3.8-4 所示。

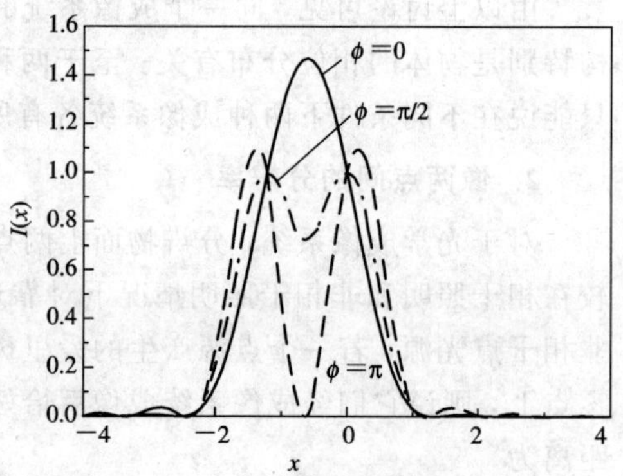

图 3.8-4　两相干点源的像强度分布

由以上讨论可见，如果离开物点的相位分布，单纯比较相干成像和非相干成像分辨率的高低没有任何意义。因此，到底哪一种照明对提高像的两点间的分辨率更为有利，同样无法得出一个普遍性的结论。

习 题 三

1. 在瑞利－索末菲衍射理论中，采用下列格林函数

$$\mathbf{G}_+ = \frac{e^{ikr}}{r} + \frac{e^{ikr'}}{r'}$$

(1) 证明 $\mathbf{G}_+$ 在衍射屏上法线方向的导数为零；

(2) 如果要利用 $\mathbf{G}_+$ 导出衍射场中 P 点的复振幅 $\mathbf{U}(P)$ 和衍射孔上复振幅分布的关系式，需要应用什么样的边界条件？

2. 用波长 $\lambda=630$ nm 的平行光垂直照射半径为 $r_1=2$ mm 的衍射孔。若观察范围是与衍射孔共轴的半径为 $r_2=30$ mm 的圆域，设相位因子中相位变化小于 $\pi/10$ 时可以忽略，试分别求出菲涅耳衍射及夫琅和费衍射的范围。

3. 如习题3.3图所示的衍射屏被单位振幅的单色平面波垂直入射照明。

(1) 求其夫琅和费衍射的复振幅分布和强度分布；

(2) 求其互补屏的夫琅和费衍射，并验证巴比涅原理。

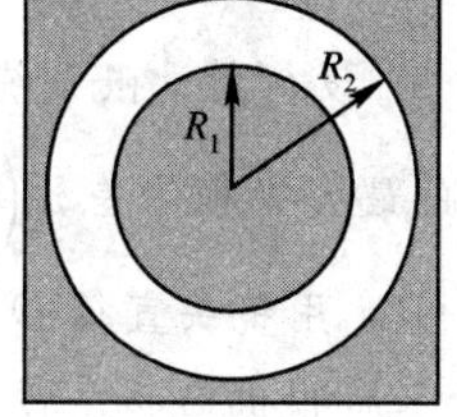

习题3.3图

4. 利用透镜的相位变换关系证明双凸、平凸和正弯月透镜的焦距总是正的，而双凹、平凹和负弯月透镜的焦距总是负的。

5. 在薄透镜假设下，求出下列三种光学元件的相位变换因子。并说明以下每种元件对正入射平行光的效应是什么。

(1) 光楔(习题3.5图(a))；

(2) 柱面镜(习题3.5图(b))；

(3) 锥面镜(习题3.5图(c))。

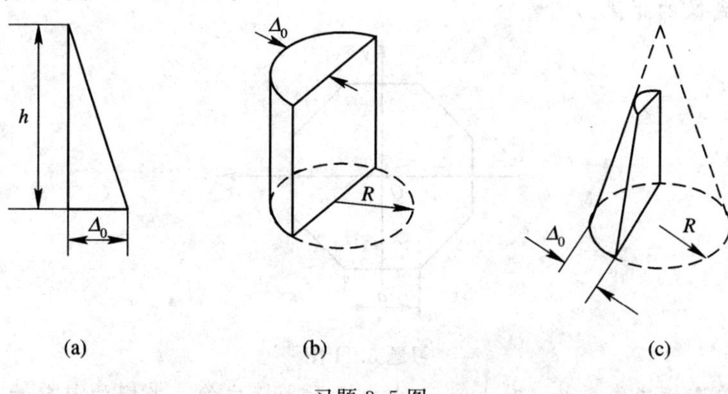

习题3.5图

6. 一物的振幅透射系数 $t(x, y)=\frac{1}{2}(1+\cos 2\pi\xi_1 x)$，用单位振幅的单色平面波垂直入

射照明，通过衍射受限系统成像，若 ξ_1 小于系统相干传递函数的截止频率。

(1) 求理想成像平面的光强度分布；

(2) 证明在距离像平面为 $d=\dfrac{2j}{\lambda\xi_1^2}(j=1, 2, 3, \cdots)$ 的一系列平面上的光强分布相同。

7. 一个衍射受限相干成像系统的光瞳是边长为 L' 的正方形，若在其光瞳中心放置一边长为 L 的不透明正方形屏，试画出相干传递函数 $H(\xi, 0)$ 的图形。

8. 一个衍射受限相干成像系统的光瞳是直径为 d 的圆，若在其光瞳中嵌入一直径为 d 的不透明半圆形屏，如习题 3.8 图所示。试求相干传递函数 $H(\xi, 0)$ 和 $H(0, \eta)$ 的表达式。

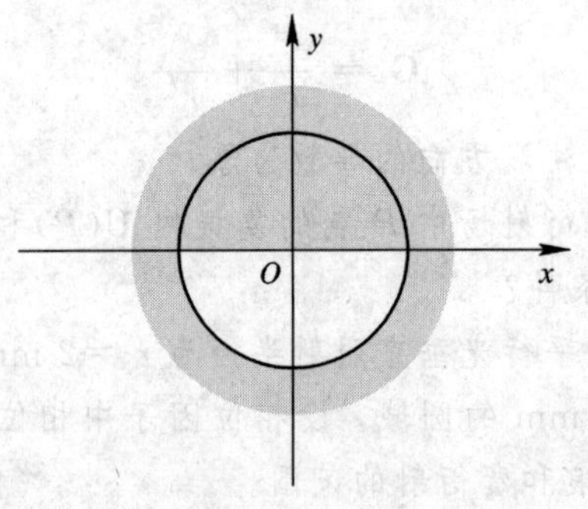

习题 3.8 图

9. 设衍射受限系统的光瞳是边长为 a 的正方形，由于离焦使光瞳面上在 x 方向(y 方向)的最大光程偏差 $w\left(\dfrac{a}{2}, 0\right)=\dfrac{\lambda}{2}$，求其光学传递函数。

10. 用镜头直径 $D=2$ cm，焦距 $f=7$ cm 的照相机拍摄 2 m 远处相干光照明物体的照片，求照相机的相干传递函数以及像的截止频率，设照明波长 $\lambda=500$ nm。若被成像物体是周期为 d 的矩形光栅，问当 d 分别为 0.4 mm，0.2 mm 和 0.1 mm，像的强度分布大致情形是怎样的。

11. 一个照相机带有如习题 3.11 图所示的边长为 a 的正八边形快门，求此镜头沿 ξ 轴的光学传递函数，并画出函数图形。(提示：对 $\xi<\dfrac{a}{\lambda d_i}$ 和 $\xi>\dfrac{a}{\lambda d_i}$ 分别求光学传递函数的表达式，d_i 为透镜到像的距离。)

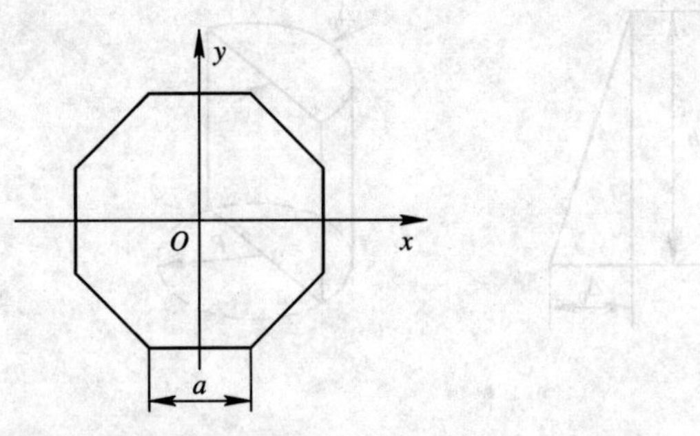

习题 3.11 图

12. 一个单透镜成像系统，对 1 m 远处的矩形光栅成像，光栅的基频为 100 cm^{-1}。若分别做相干光照明和非相干光照明，要使像面出现光强度的变化，透镜的直径至少应多大？设照明光波长为 500 nm，成像系统的放大率 $M=-1$。

13. 一个非相干成像系统的光瞳是两个直径为 D 的圆孔，两孔中心距离为 $3D$，如习题 3.13 图所示。试求成像系统沿两轴向的光学传递函数。

14. 一个非相干成像系统的光瞳是两个边长为 1 cm 的正方形孔，两孔中心距离为 3 cm，如习题 3.14 图所示。试求当这一光瞳与像面的距离为 10 cm 时，ξ 方向和 η 方向的截止频率。

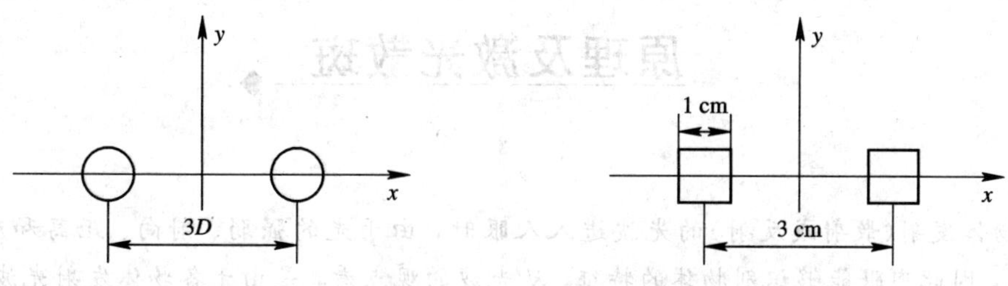

习题 3.13 图　　习题 3.14 图

15. 习题 3.15 图所示为一双透镜非相干成像系统，由一正透镜和一负透镜构成，用来对包括砖砌的楼房、树林等远景成像。可变光阑（孔径光阑）调节到仍能在像中看到砖块。其有关数据如下：砖的最小周期为 8 cm，$z_1=1000$ cm，$z_2=3$ cm，$z_3=2$ cm，$f_1=10$ cm，$f_2=-10$ cm，$\lambda=500$ nm，$P(r)\approx\mathrm{circ}(r/d)$，$L_1$ 透镜的直径为 4 cm，L_2 透镜的直径为 2 cm。求：

(1) 像的位置和成像系统的放大率；

(2) 忽略所有像差，能在像中观察到砖所允许的最小的 d；

(3) 等效的单透镜成像系统。

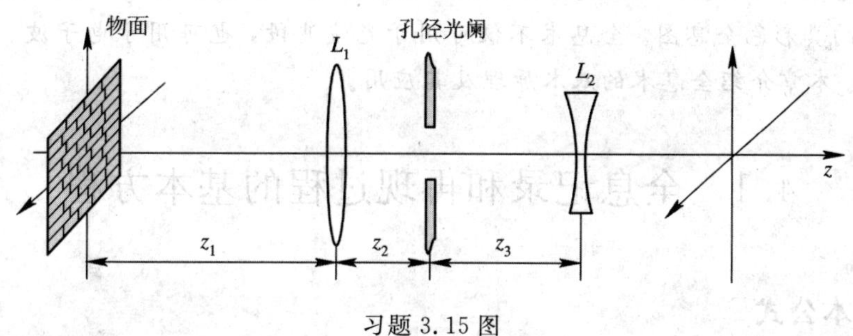

习题 3.15 图

第4章 光学全息、数字全息的原理及激光散斑

当物体发射(散射或反射)的光波进入人眼时，由于光的强弱、射向、距离和颜色(波长)不同，因此肉眼能够识别物体的特征。从光波的观点看，是由于各物体发射光波的振幅(强弱)、相位(等相面形状)和波长(颜色)各不相同。如果物体实际不存在，但能得到物体的特定光波，仍然能够看到物体逼真的像。

全息术就是利用光的干涉和衍射原理，将物体发射的特定光波的振幅和相位以干涉条纹的形式记录下来，并在一定条件下使其再现的技术。由于记录了物体光波的全部(包括振幅和相位)信息，因此称为全息术或全息照相。全息术是英国科学家丹尼斯·伽伯提出的，1960年激光出现以后得到迅速发展，并相继出现了多种全息方法，开辟了全息应用的新领域，成为光学的一个重要分支。

全息术的发展已经历了四代。第一代为全息的萌芽时代，使用汞灯记录同轴全息图；第二代使用激光记录、激光再现原始像和共轭像分离的离轴全息图；第三代是激光记录白光再现的全息术，主要有反射全息、像全息、彩虹全息和合成全息等；第四代是多色光记录白光再现的真彩色全息图。全息术不仅可用于光波波段，也可用于电子波、X射线、微波和声波等。本章介绍全息术的基本原理及其应用。

4.1 全息记录和再现过程的基本方程

4.1.1 基本公式

全息的记录和再现过程可用简单的数学公式表示。如图4.1-1所示，取全息图平面H位于坐标平面xOy，原点O位于全息图中心，z轴垂直于全息图平面，光波自左向右传播。并规定：物在xOy面左面为实物，在xOy面右面为虚物；像在xOy面左面为虚像，在xOy面右面为实像。

设记录时全息图平面上相干的物光波和参考光波复振幅分别为

$$\left.\begin{aligned}\mathbf{O}(x, y) &= O_O(x, y)\mathrm{e}^{\mathrm{i}\varphi_O(x, y)}\\ \mathbf{R}(x, y) &= R_R(x, y)\mathrm{e}^{\mathrm{i}\varphi_R(x, y)}\end{aligned}\right\} \tag{4.1-1}$$

式中：相位分布用相对于原点的相位差表示为

$$\left.\begin{aligned}\varphi_O(x, y) &= \boldsymbol{k}_0\cdot(I_O - r_O)\\ \varphi_R(x, y) &= \boldsymbol{k}_0\cdot(I_R - r_R)\end{aligned}\right\} \tag{4.1-2}$$

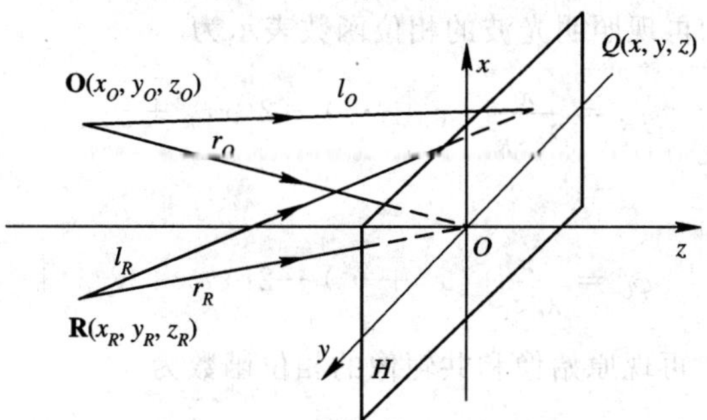

图 4.1-1　全息记录过程示意图

式中：$k_0=2\pi/\lambda_0$ 为波矢量的大小，λ_0 为记录波长。在 xOy 平面，光波场的复振幅分布为

$$\mathbf{U}(x, y)=\mathbf{O}(x, y)+\mathbf{R}(x, y) \tag{4.1-3}$$

光强分布为

$$\begin{aligned} I(x, y) &= |\mathbf{U}(x, y)|^2 \\ &= |\mathbf{O}(x, y)+\mathbf{R}(x, y)|^2 \\ &= |\mathbf{O}|^2+R_R^2+\mathbf{OR}^*+\mathbf{O}^*\mathbf{R} \end{aligned} \tag{4.1-4}$$

在线性记录条件下，全息图的振幅透射系数为

$$\begin{aligned} t(x, y) &= \beta_0+\beta I(x, y) \\ &= \beta_0+\beta(|\mathbf{O}|^2+R_R^2+\mathbf{OR}^*+\boldsymbol{O}^*\boldsymbol{R}) \end{aligned} \tag{4.1-5}$$

再现时，设照明全息图的光波场在全息图上的复振幅分布为

$$\mathbf{C}(x, y)=C_0(x, y)\mathrm{e}^{\mathrm{i}\varphi_C(x, y)} \tag{4.1-6}$$

则透过全息图光波的复振幅分布为

$$\begin{aligned} \mathbf{U}'(x, y) &= \mathbf{C}(x, y)t(x, y) \\ &= [\beta_0+\beta(O_O^2+R_R^2)]\mathbf{C}+\beta\mathbf{OR}^*\mathbf{C}+\beta\mathbf{O}^*\mathbf{RC} \end{aligned} \tag{4.1-7}$$

式中：第一项是直射光；第二项是原始像(含 **O**)；第三项是共轭像(含 $\mathbf{O}^*$)。这就是全息照相的基本公式。应当指出，一般情况参考光是平面波或球面波，可看成是点光源；而物体都有一定的大小，可看成点光源的线性组合，则

$$|\mathbf{O}|^2=\sum_i|\mathbf{O}_i|^2+\sum_{i\neq j}\mathbf{O}_i\mathbf{O}_j^* \tag{4.1-8}$$

式中：第一项为物体各点的自相干项；第二项为互相干项。由于物体上各点距离较近，在全息图中记录的干涉条纹空间频率很小，在波前再现过程中其衍射光偏离直射光的角度很小，因此互相干项产生的衍射光在照明光波附近形成一种晕轮光。

4.1.2　物像关系

物像关系仍采用图 4.1-1 所示光路，把物光波相位函数写成

$$\varphi_O=k_0\{[(x-x_O)^2+(y-y_O)^2+z_O^2]^{1/2}-(x_O^2+y_O^2+z_O^2)^{1/2}\} \tag{4.1-9}$$

把式(4.1-9)用二项式定理展开，并用菲涅耳理论近似得

$$\varphi_O=\frac{\pi}{\lambda_0 z_O}[(x^2+y^2)-2(xx_O+yy_O)] \tag{4.1-10}$$

类似地，把参考光波和再现照明光波的相位函数表示为

$$\varphi_R = \frac{\pi}{\lambda_0 z_R}[(x^2+y^2)-2(xx_R+yy_R)] \tag{4.1-11}$$

和

$$\varphi_C = \frac{\pi}{\lambda_C z_C}[(x^2+y^2)-2(xx_C+yy_C)] \tag{4.1-12}$$

根据式(4.1-7)，再现原始像和共轭像的相位函数为

$$\varphi_i = \varphi_C \pm (\varphi_O - \varphi_R) \tag{4.1-13}$$

将式(4.1-10)～式(4.1-12)代入式(4.1-13)得

$$\varphi_i = \frac{\pi}{\lambda_C}\left[(x^2+y^2)\left(\frac{1}{z_C}\pm\frac{\mu}{z_O}\mp\frac{\mu}{z_R}\right)-2x\left(\frac{x_C}{z_C}\pm\mu\frac{x_O}{z_O}\mp\mu\frac{x_R}{z_R}\right)-2y\left(\frac{y_C}{z_C}\pm\mu\frac{y_O}{z_O}\mp\mu\frac{y_R}{z_R}\right)\right] \tag{4.1-14}$$

式中：$\mu=\lambda_C/\lambda_0$。

仿照式(4.1-10)～式(4.1-12)，把再现像的相位函数表示为

$$\varphi_i = \frac{\pi}{\lambda_C z_i}[(x^2+y^2)-2(xx_i+yy_i)] \tag{4.1-15}$$

比较式(4.1-14)和式(4.1-15)，即可求得物像关系为

$$\left.\begin{aligned}\frac{1}{z_i} &= \frac{1}{z_C}\pm\mu\left(\frac{1}{z_O}-\frac{1}{z_R}\right)\\ \frac{x_i}{z_i} &= \frac{x_C}{z_C}\pm\mu\left(\frac{x_O}{z_O}-\frac{x_R}{z_R}\right)\\ \frac{y_i}{z_i} &= \frac{y_C}{z_C}\pm\mu\left(\frac{y_O}{z_O}-\frac{y_R}{z_R}\right)\end{aligned}\right\} \tag{4.1-16}$$

并由此求得像点的坐标(x_i, y_i, z_i)为

$$\left.\begin{aligned}z_i &= \frac{z_C z_O z_R}{z_O z_R \pm \mu z_C(z_R-z_O)}\\ x_i &= \frac{x_C z_O z_R \pm \mu z_C(x_O z_R - x_R z_O)}{z_O z_R \pm \mu z_C(z_R-z_O)}\\ y_i &= \frac{y_C z_O z_R \pm \mu z_C(y_O z_R - y_R z_O)}{z_O z_R \pm \mu z_C(z_R-z_O)}\end{aligned}\right\} \tag{4.1-17}$$

以上各式中的“±”号当取“+”时，表示原始像；当取“−”时，表示共轭像。当 $z_i<0$ 时，为虚像；当 $z_i>0$ 时，为实像。

在全息再现过程中，一种最常用的方法是用原参考光作为照明光。于是有 $x_C=x_R$，$y_C=y_R$，$z_C=z_R$ 和 $\mu=1$，上述物像关系可大大简化。

对于原始像，有

$$\left.\begin{aligned}z_i &= z_O\\ x_i &= x_O\\ y_i &= y_O\end{aligned}\right\} \tag{4.1-18}$$

可见，原始像和物完全重合。

对于共轭像，有

$$\left.\begin{aligned} z_i &= \frac{z_O z_R}{2z_O - z_R} \\ x_i &= \frac{2x_R z_O - x_O z_R}{2z_O - z_R} \\ y_i &= \frac{2y_R z_O - y_O z_R}{2z_O - z_R} \end{aligned}\right\} \tag{4.1-19}$$

可见，共轭像的位置与物体和参考光源的相对位置有关，既可以是实像，也可以是虚像，既可以是放大的像，也可以是缩小的像。

4.1.3 再现像的放大率

全息图再现像的放大率与光学成像系统的放大率类似，也有横向放大率、轴向放大率和视觉放大率，下面分别介绍。

1. 横向放大率

当物光和参考光的夹角不大时，横向放大率定义为

$$M = \frac{\partial x_i}{\partial x_O} = \frac{\partial y_i}{\partial y_O} \tag{4.1-20}$$

应用式(4.1-17)，分别求关于 x_i 和 x_O 的一阶导数，得到横向放大率的显式表达式为

$$M = \left[1 - \frac{z_O}{z_R} \pm \mu \frac{z_O}{z_C}\right]^{-1} \tag{4.1-21}$$

式中：正号对应于原始像；负号对应于共轭像。

2. 轴向放大率

轴向放大率定义为

$$M_a = \frac{\partial z_i}{\partial z_O} \tag{4.1-22}$$

其显式表达式为

$$M_a = \pm \frac{1}{\mu} M^2 \tag{4.1-23}$$

显然，再现原始像和共轭像轴向放大率的绝对值相同。式(4.1-23)中，正号表示像的凹凸性与物的相同；负号表示像的凹凸性与物的相反。

3. 视觉放大率

当用眼睛观察时，具有重要意义的是视觉放大率。视觉放大率定义为像和物对人眼睛张角的正切值之比，即

$$M_r = \frac{\partial (x_i / z_i)}{\partial (x_O / z_O)} = \pm \mu \tag{4.1-24}$$

式中：正、负号分别对应于原始像和共轭像。由式(4.1-24)可见，原始像和共轭像的视觉放大率相同，但在空间的正倒相反。

4.1.4　全息图的分类

全息图按记录时感光介质平面上的光波场分布可分为菲涅耳全息图、傅里叶变换全息图、像全息图和无透镜全息图。记录前三种全息图时物面与记录平面的相对位置如图4.1-2所示。记录无透镜全息图时物面与记录平面的相对位置如图4.1-1所示。

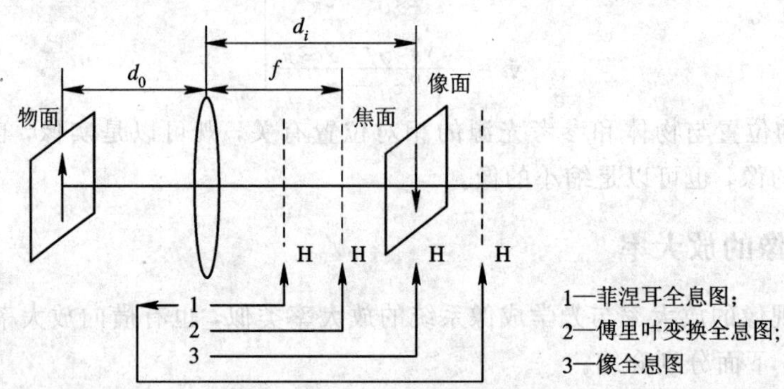

图4.1-2　全息图分类示意图

4.2　傅里叶变换全息图

傅里叶变换全息图在光学信息处理和超高密度光存储中具有重要意义，故在本节较详细地加以分析。傅里叶变换全息图不是记录物光波本身，而是记录物光波的空间频率，或者说是记录物光波的傅里叶变换。

4.2.1　标准傅里叶变换全息图

1. 标准傅里叶变换全息图的记录

记录标准傅里叶变换全息图的光路如图4.2-1所示。

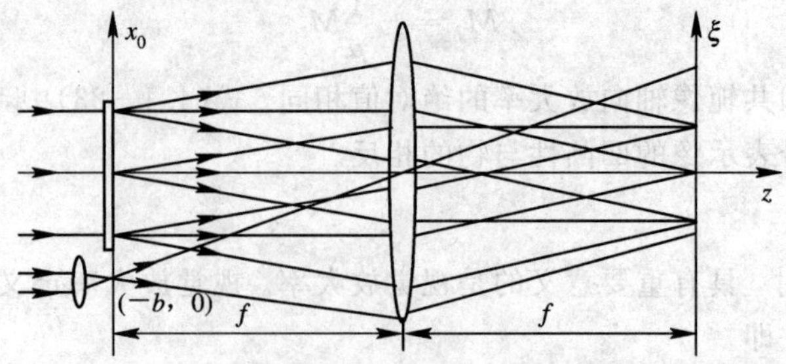

图4.2-1　记录标准傅里叶变换全息图的光路

图4.2-1中，记录物体为一透明图片，位于透镜的前焦平面上；参考点光源(针孔)与物共面，位置坐标为$(-b, 0)$；记录介质位于透镜的后焦面。用相干单色平面波垂直入射照明物面时，透明图片后表面上的光波场复振幅分布即为物光的复振幅，表示为$\mathbf{O}(x_0, y_0)$，在记录平面即透镜的后焦面上得到其傅里叶变换为

$$\mathbf{O}(\xi, \eta) = \iint_{-\infty}^{+\infty} \mathbf{O}(x_0, y_0)\mathrm{e}^{-\mathrm{i}2\pi(\xi x_0+\eta y_0)}\,\mathrm{d}x_0\,\mathrm{d}y_0 \tag{4.2-1}$$

式中：$\xi=x/(\lambda f)$，$\eta=y/(\lambda f)$为空间频率的两垂直分量，x、y为记录平面上的直角坐标，f为透镜焦距。

参考光在前焦面上的复振幅可用δ函数表示为$\mathbf{R}(x_0, y_0)=R_0\delta(x_0+b, y_0)$，它在记录平面上的复振幅是振幅为$R_0$、空间频率为$b/(\lambda f)$的平面波前，即为

$$\mathbf{R}(\xi, \eta) = \mathrm{FT}\{\mathbf{R}(x_0, y_0)\} = R_0\,\mathrm{e}^{\mathrm{i}2\pi\xi b} \tag{4.2-2}$$

于是记录时曝光光强为

$$\begin{aligned} I(\xi, \eta) &= [\mathbf{O}(\xi, \eta)+\mathbf{R}(\xi, \eta)]\cdot[\mathbf{O}(\xi, \eta)+\mathbf{R}(\xi, \eta)]^* \\ &= |\mathbf{O}(\xi, \eta)|^2+R_0^2+\mathbf{O}(\xi, \eta)R_0\mathrm{e}^{-\mathrm{i}2\pi\xi b}+\mathbf{O}^*(\xi, \eta)R_0\mathrm{e}^{\mathrm{i}2\pi\xi b} \\ &= \mathbf{U}_1'+\mathbf{U}_2'+\mathbf{U}_3'+\mathbf{U}_4' \end{aligned} \tag{4.2-3}$$

2. 标准傅里叶变换全息图的再现

由式(4.1-5)可知，在线性记录条件下，全息图的振幅透过系数$t(x,y)=\beta_0+\beta I(x,y)$，式中常数$\beta_0$的傅里叶逆变换是一个$\delta$函数，即在再现像面上出现一个亮点。为简单起见不考虑这一常数，令全息图的振幅透过系数$t(x, y)$正比于$I(\xi, \eta)$。再现时，将全息图放入图 4.2-2 所示的光路中，使其位于焦距为f变换透镜的前焦面。用单位振幅的平面波垂直入射照明全息图，则在紧贴全息图后表面上的光波场复振幅为$t(x, y)$，在透镜的后焦面上就得到了$t(x, y)$的傅里叶变换。如果使后焦面上的直角坐标取向与记录时记录平面上的坐标取向相反，那么透镜对$t(x, y)$的傅里叶变换$\mathrm{FT}\{t(x, y)\}$也等于对它的逆变换$\mathrm{FT}^{-1}\{t(x, y)\}$。根据式(4.2-3)，后焦面上的再现光波场包含四项，分别为

$$\left.\begin{aligned} \mathrm{FT}^{-1}\{\mathbf{U}_1'\} &= \mathbf{O}(x_i, y_i)\otimes\mathbf{O}^*(x_i, y_i) \\ \mathrm{FT}^{-1}\{\mathbf{U}_2'\} &= R_0^2\delta(x_i, y_i) \end{aligned}\right\}\quad \text{晕轮斑}$$

$$\mathrm{FT}^{-1}\{\mathbf{U}_3'\} = R_0\mathbf{O}(x_i-b, y_i)\qquad \text{原始像}$$

$$\mathrm{FT}^{-1}\{\mathbf{U}_4'\} = R_0\mathbf{O}(-x_i+b, -y_i)\qquad \text{共轭像}$$

可见，晕轮斑中心位于坐标(x_i, y_i)的(0, 0)处；原始像的中心位于$(b, 0)$处，为倒立的实像；共轭像中心位于$(-b, 0)$处，为正立的实像。

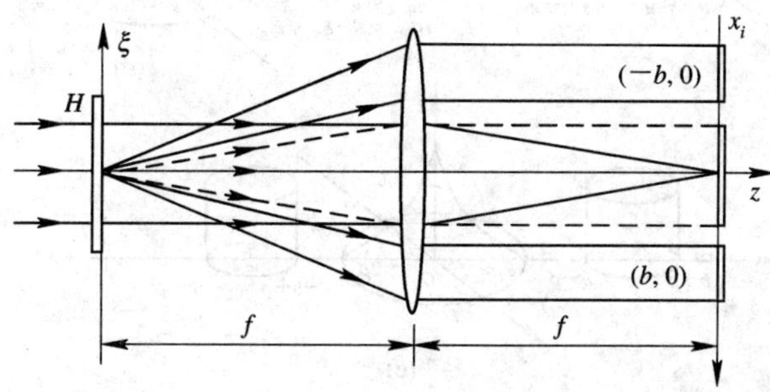

图 4.2-2　傅里叶变换全息图的再现光路

对于空间频率较低的物体，傅里叶变换全息图的尺寸一般较小(1 mm 左右)，可用细激光束直接照射全息图，在足够远处(夫琅和费衍射区)得到放大的实像。这种再现方式，在高密度全息信息存储技术中经常采用。

3. 衍射像分离条件

由于照明光波的相干性，式(4.2－3)中的四个分波场实际上是相干的。要使再现像不受其他衍射光波的影响，图4.2－1所示的记录光路中的b应大于一定值。下面讨论衍射像分离的一般性条件。

为了简单起见，设物体是半径为ρ的圆形透明片，参考点源位于$(-b, 0)$处，如图4.2－3(a)所示。

参考光波与物光波通过透镜后，在透镜的后焦面上干涉，构成全息图。全息图的光栅结构(空间频谱)与物体的大小、物体和参考光源之间的距离有关。设物光波在全息图平面上的空间频率分别为$-\xi_{HM}\sim\xi_{HM}$和$-\eta_{HM}\sim\eta_{HM}$，参考光在全息图平面上的空间频率为ξ_{HR}，如图4.2－3(b)所示。各空间频率量的大小均与其在物面上的位置有关，即

$$\xi_{HM} = \eta_{HM} = \pm\frac{\rho}{\lambda f}, \quad \xi_{HR} = \frac{b}{\lambda f} \tag{4.2-4}$$

这些光波的叠加，就构成了全息图的光栅结构，这种叠加既有物光和参考光间的叠加，也有物体各点所发出光的叠加。这样形成全息图的频谱成分如图4.2－3(c)所示。如果用图4.2－2所示的光路再现，透过全息图的光波出现负频率分量，其频谱成分如图4.2－3(d)所示。每一种空间频率代表一个方向的平行光，通过透镜以后聚焦在透镜焦平面上的一个点，形成如图4.2－3(e)所示的再现像。

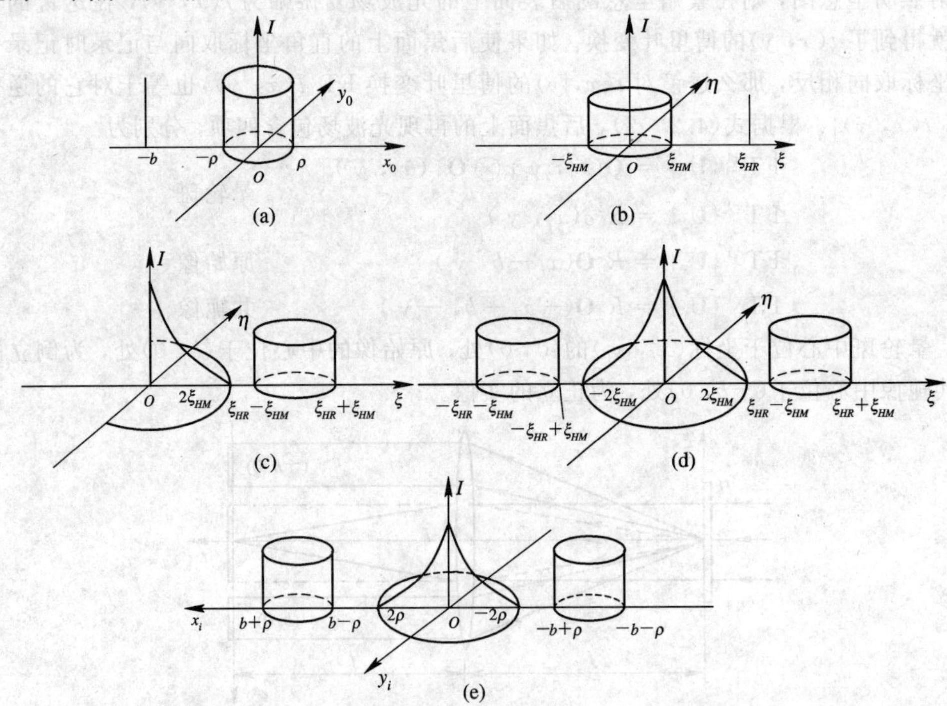

图4.2－3　讨论衍射像分离条件的示意图

(a) 物面光强分布；(b) 物光波和参考光波的频谱；(c) 全息图的频谱；(d) 再现光波的频谱；(e) 再现像面光强分布

由以上分析可见，要使再现像分离，且不受晕轮光斑干扰，必须使ξ_{HR}满足

$$\xi_{HR} \geqslant 3\xi_{HM} \tag{4.2-5}$$

亦即

$$b \geqslant 3\rho \tag{4.2-6}$$

这就是再现像分离的条件。以上由傅里叶变换全息图得出的再现像分离条件对其他种类全息图同样适用。

4. 对记录介质的分辨率的要求

对记录介质分辨率的要求，取决于全息图中最精细的光栅结构，它与物体本身的大小以及物体中心与参考点源的距离有关，而与物体本身的精细结构无关。根据上面的讨论，光栅结构的最高空间频率为 $\xi_{HM}+\xi_{HR}$，由于衍射像分离的最低要求为 $\xi_{HR}=3\xi_{HM}$，因此对记录介质分辨率的要求为

$$\nu_c \geqslant 4\xi_{HM} \tag{4.2-7}$$

4.2.2　准傅里叶变换全息图

在记录光路中，如果记录介质位于透镜的后焦面，而物体不在其前焦面上，当用单色平面波垂直入射照明时，透镜后焦面上的光波场复振幅分布因多出一个二次相位因子不再是物面的严格傅里叶变换，因此常把这样记录的全息图称为准傅里叶变换全息图。图 4.2-4 所示为一种典型的记录光路，物面紧贴透镜前表面放置，参考点源与物共面。

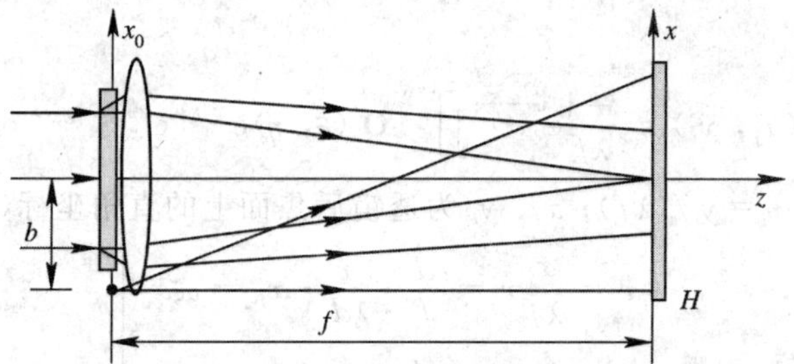

图 4.2-4　准傅里叶变换全息图的记录光路

如果物体后表面上的光波场复振幅仍用 $\mathbf{O}(x_0, y_0)$表示，则透镜后焦面上的物光波场复振幅可由夫琅和费衍射积分求出

$$\mathbf{O}'(\xi, \eta) = \frac{-\mathrm{i}}{\lambda f}\mathrm{e}^{\mathrm{i}\pi\frac{x^2+y^2}{\lambda f}}\iint_{-\infty}^{+\infty}\mathbf{O}(x_0, y_0)\mathrm{e}^{-\mathrm{i}2\pi(\xi x_0+\eta y_0)}\,\mathrm{d}x_0\,\mathrm{d}y_0 = \frac{-\mathrm{i}}{\lambda f}\mathrm{e}^{\mathrm{i}\pi\frac{x^2+y^2}{\lambda f}}\mathbf{O}(\xi, \eta) \tag{4.2-8}$$

同理可求得参考点源在透镜后焦面上的光波场复振幅为

$$\mathbf{R}'(\xi, \eta) = \frac{-\mathrm{i}}{\lambda f}\mathrm{e}^{\mathrm{i}\pi\frac{x^2+y^2}{\lambda f}}R_0\mathrm{e}^{\mathrm{i}2\pi\xi b} \tag{4.2-9}$$

此时透镜后焦面上的光强为

$$\begin{aligned} I'(\xi, \eta) &= [\mathbf{O}'(\xi, \eta)+\mathbf{R}'(\xi, \eta)]\cdot[\mathbf{O}'(\xi, \eta)+\mathbf{R}'(\xi, \eta)]^* \\ &= \frac{1}{(\lambda f)^2}[\,|\,\mathbf{O}(\xi, \eta)\,|^2+R_0^2+\mathbf{O}(\xi, \eta)R_0\mathrm{e}^{-\mathrm{i}2\pi\xi b}+\mathbf{O}^*(\xi, \eta)R_0\mathrm{e}^{\mathrm{i}2\pi\xi b}\,] \end{aligned} \tag{4.2-10}$$

与式(4.2-3)比较，式(4.2-10)除了多一个常系数外，其余完全相同。这说明准傅里叶变换全息图在干涉图样结构上与标准傅里叶变换全息图完全相同。当用图 4.2-2 所示的光路再现时，得到的结果完全相同。

4.2.3 无透镜傅里叶变换全息图

无透镜傅里叶变换全息图的记录光路如图 4.2-5 所示，单色平面波垂直入射照明物体，根据衍射理论，记录介质表面上的物光波场复振幅分布由菲涅耳衍射积分给出

$$\begin{aligned}\mathbf{O}'(\xi,\ \eta) &= \frac{-\mathrm{i}}{\lambda d}\mathrm{e}^{\mathrm{i}\pi\frac{x^2+y^2}{\lambda d}}\iint_{-\infty}^{+\infty}\mathbf{O}(x_0,\ y_0)\mathrm{e}^{\mathrm{i}\pi\frac{x_0^2+y_0^2}{\lambda d}}\mathrm{e}^{-\mathrm{i}2\pi(\xi x_0+\eta y_0)}\,\mathrm{d}x_0\,\mathrm{d}y_0\\ &= \mathbf{C}\mathrm{e}^{\mathrm{i}\pi\frac{x^2+y^2}{\lambda d}}\mathbf{O}_F(\xi,\ \eta)\end{aligned}\tag{4.2-11}$$

式中：$\mathbf{C}=-\mathrm{i}/(\lambda d)$；$\xi=x/(\lambda d)$；$\eta=y/(\lambda d)$。

同理可写出参考点源在介质表面上的光波场复振幅为

$$\mathbf{R}'(\xi,\ \eta)=\mathbf{C}\mathrm{e}^{\mathrm{i}\pi\frac{x^2+y^2}{\lambda d}}\mathrm{e}^{\mathrm{i}\pi\frac{b^2}{\lambda d}}R_0\mathrm{e}^{\mathrm{i}2\pi\xi b}\tag{4.2-12}$$

记录平面上的光强分布为

$$I(\xi,\ \eta)=|\mathbf{C}|^2[\mathbf{O}'(\xi,\ \eta)\mathbf{O}'^*(\xi,\ \eta)+R_0^2+R_0\mathbf{O}'(\xi,\ \eta)\mathrm{e}^{-\mathrm{i}2\pi\xi b}+R_0\mathbf{O}'^*(\xi,\ \eta)\mathrm{e}^{\mathrm{i}2\pi\xi b}]\tag{4.2-13}$$

当用图 4.2-5(b)所示的光路再现时，式(4.2-13)中的第三项将给出原始像，它位于透镜的后焦面。由于光波的衍射仍为菲涅耳型，若设 $\mathbf{G}_3(x_i,\ y_i)$为第三项所产生的衍射光波场复振幅，则有

$$\mathbf{G}_3(x_i,\ y_i)=\frac{-\mathrm{i}}{\lambda f}\mathrm{e}^{\mathrm{i}\pi\frac{x_i^2+y_i^2}{\lambda f}}\iint_{-\infty}^{+\infty}\mathbf{O}'(\xi,\ \eta)\mathrm{e}^{-\mathrm{i}2\pi\xi b}\mathrm{e}^{\mathrm{i}2\pi(\xi_i x+\eta_i y)}\,\mathrm{d}\xi\,\mathrm{d}\eta\tag{4.2-14}$$

式中：$\xi_i=x_i/(\lambda f)$；$\eta_i=y_i/(\lambda f)$；x_i、y_i 为透镜后焦面上的直角坐标(已反向)。因此

$$\left.\begin{aligned}\xi_i x&=\frac{x_i}{\lambda f}x=\frac{d}{f}\cdot\frac{x}{\lambda d}\cdot x_i=\alpha\xi x_i\\ \eta_i y&=\frac{y_i}{\lambda f}y=\frac{d}{f}\cdot\frac{y}{\lambda d}\cdot y_i=\alpha\eta y_i\end{aligned}\right\}\tag{4.2-15}$$

式中：$\alpha=d/f$。把式(4.2-11)代入式(4.2-14)，交换积分次序，并应用式(4.2-15)得到

$$\mathbf{G}_3(x_i,\ y_i)=\frac{1}{\lambda^2 df}\mathrm{e}^{\frac{\mathrm{i}\pi}{\lambda}\left(\frac{x^2+y^2}{d}+\frac{x_i^2+y_i^2}{f}\right)}\mathbf{O}'(\alpha x_i-b,\ \alpha y_i)\mathrm{e}^{\frac{\mathrm{i}\pi}{\lambda d}[(\alpha x_i-b)^2+(\alpha y_i)^2]}\tag{4.2-16}$$

显然，原始像的中心位于透镜后焦面上的$(b/\alpha,\ 0)$处，并且是沿 x_i 轴正向的正立像。同理可得共轭像的复振幅表达式，且共轭像的中心在$(-b/\alpha,\ 0)$处，是倒立像。

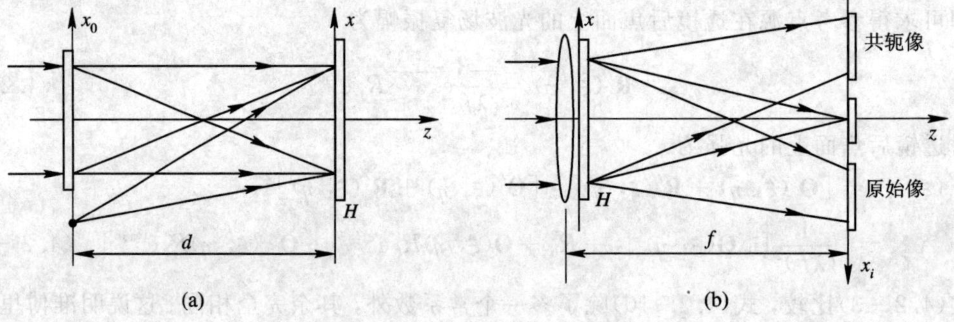

图 4.2-5 无透镜傅里叶变换全图

(a) 全息图的记录；(b) 全息图的再现

由以上分析可见，无透镜傅里叶变换全息图具有傅里叶变换全息图的一切基本特征，这种全息图的优点是记录和再现光路中不用透镜。

在上面所有关于傅里叶变换全息图的讨论中，都令参考点源与物共面，大家不要误解为这是记录傅里叶变换全息图的必要条件。事实上，参考点源可以不与物共面，只要求记录平面位于夫琅和费衍射区之内，那么记录下来的全息图也是傅里叶变换全息图，习惯上又称为夫琅和费全息图。

4.3　像 全 息 图

如果将记录介质放在透镜的成像面上，参考光不经过透镜而直接入射到记录介质上，这样记录的全息图称为像全息图。图 4.3 - 1 所示为像全息图的记录光路，其中物是三维的。

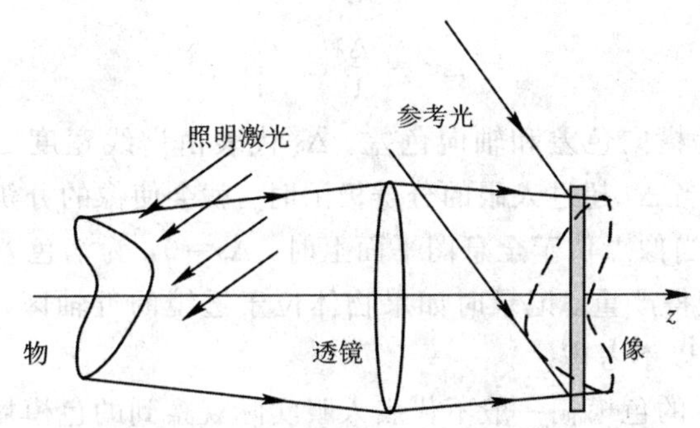

图 4.3 - 1　像全息图的记录光路

像全息图用原参考光照明时，它所再现的三维立体像，一部分是虚的，一部分是实的，并以全息片为分界面。像全息图的另一特点是，由于记录时物点与像点一一对应，虽经参考光波的调制仍不失此对应关系，但记录介质的局部损坏将使存储在该部分上的信息丢失。

像全息图的最大优点是对照明光源的大小和单色性要求低，可以用非单色光源再现。对于平面物体，可以使用白光面光源，再现像无色差。对于三维物体，在全息图像面上的再现像是消色差的，离开这一平面，像点由于色散而产生弥散，色弥散斑的大小与像点到全息图的距离成比例，亦即从全息图平面起向外逐渐模糊。

1. 再现照明光源单色性的影响

假设像全息图记录时使用单色光，波长为 λ_0，而再现时照明光源中心波长为 λ_c，谱线宽度为 $\Delta\lambda=\lambda_0-\lambda_c$。为简单起见，设记录时的参考光和再现时的照明光波为平面波，入射倾角同为 θ_R，如图 4.3 - 2 所示。

当 θ_R 较小时，取 $x_C/z_C=x_R/z_R=\theta_R$，可根据式(4.1 - 17)求得原始像的位置

$$\left.\begin{aligned} x_i-x_0&=\left(\frac{1}{\mu}-1\right)z_0\theta_R \\ z_i&=\frac{1}{\mu}z_0 \end{aligned}\right\} \tag{4.3 - 1}$$

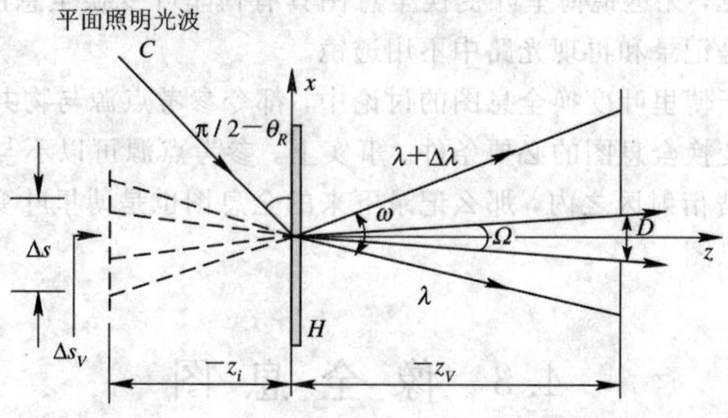

图 4.3-2 可见色模糊与眼瞳直径的关系

若令 $\Delta s = x_i - x_0$，$\Delta z = z_i - z_0$，式(4.3-1)可改写为

$$\left.\begin{aligned}\Delta s &= \frac{\Delta\lambda}{\lambda_c} z_0 \theta_R \\ \Delta z &= \frac{\Delta\lambda}{\lambda_c} z_0\end{aligned}\right\} \tag{4.3-2}$$

式中：Δs、Δz 分别称为横向色差和轴向色差。Δs 代表由谱线宽度 $\Delta\lambda$ 引起的像点色弥散量，故也称为色模糊。当 Δs 超过人眼的分辨极限时，就会使像的分辨率下降。显然，z_0 越小，色模糊也就越小。当像点位于全息图平面上时，$\Delta s=0$，为消色差；而远离全息图平面时，Δs 增大，色模糊变得严重。记录时如果物体位于透镜的近轴区，则轴向色差 Δz 一般不影响像的分辨率，可以不考虑。

式(4.3-2)所表示的色模糊一般不代表人眼实际观察到的色模糊，因为人眼瞳孔直径很小，只能接收到一部分色散光。设 ω 代表再现像的色散角宽度，Ω 为人眼接收到的色散角宽度。若可见色模糊用 Δs_V 表示，则由图 4.3-2 所示几何关系可得

$$\Delta s_V = \frac{z_i}{z_V} D \tag{4.3-3}$$

式中：z_i 为像点到全息图的距离，也称景深；z_V 为眼瞳到全息图的距离；D 为眼瞳直径。

显然，当 Δs_V 小于分辨极限时，景深与观察距离 z_V 成正比。但不应由此推断，可用增大 z_V 的办法来无限扩大景深。因为景深的极限值本质上取决于记录时物光与参考光的最大光程差，即光波的相干长度。当像的轴向深度使得物光与参考光的光程差大于光波相干长度时，超过部分将不能被参考光调制，因而再现时这一部分像也就丢失了。

2. 再现照明光源大小的影响

由式(4.3-3)可知，Δs_V 与全息图的光栅结构无关，因而再现时可用扩展照明。但随之产生的问题是，像点也发生弥散，影响了像的分辨率。如图 4.3-3 所示，取照明线光源中心与参考点光源重合，以此为中心向上下各延伸 $\Delta r/2$，扩展的照明光源端点位置坐标可表示为

$$\left.\begin{aligned}x_C &= x_R \pm \frac{\Delta r}{2} \\ z_C &= z_R\end{aligned}\right\} \tag{4.3-4}$$

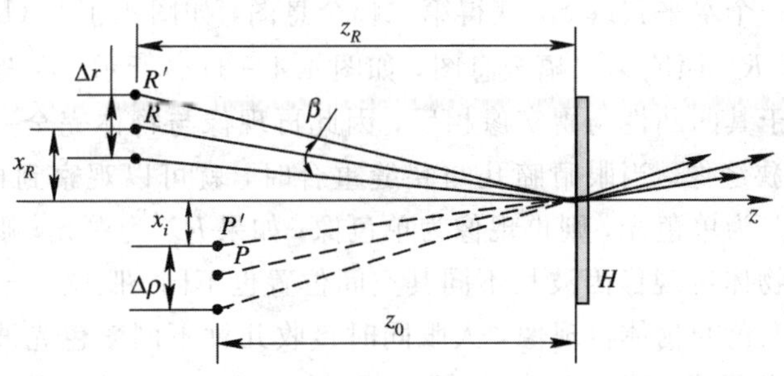

图 4.3-3　扩展光源照明带来的像点弥散

为简单起见，再假定照明光波与记录时的参考光波波长相同，则 $\mu=1$，且照明光是空间非相干的，可以认为是无数非相干的点源所组成的。每一点源照明全息图时，都产生一个相应的再现像点。例如点源 R 再现出像点 P，而点源 R' 再现出像点 P' 等，于是全息图在扩展光源照明下，再现像就发生了弥散。根据式(4.1-17)可得像点 P' 的位置坐标为

$$\left.\begin{aligned} x_i &= x_0 + \frac{z_0}{z_R}\cdot\frac{\Delta r}{2} \\ z_i &= z_0 \end{aligned}\right\} \tag{4.3-5}$$

令 $\Delta\rho=2(x_i-x_0)$，式(4.3-5)可改写为

$$\Delta\rho = z_i\frac{\Delta r}{z_R} \tag{4.3-6}$$

当 $z_R\gg\Delta r$ 时，可用 $\beta=\Delta r/z_R$ 表示扩展光源对全息图中心的张角，于是有

$$\Delta\rho = \beta z_i \tag{4.3-7}$$

显然，在限定像的弥散量为 $\Delta\rho$ 时，z_i 越小，所允许的照明光源的孔径角 β 就越大。对于平面物体，再现像的 z_i 值可以趋于零，因而对照明光源大小的要求也就越低，可用扩展光源照明，这将增加像的亮度，对观察十分有利。

应当指出，若用激光作再现照明光源，由于其良好的空间相干性和单色性，只要景深小于相干长度，就可以认为像的分辨率不受影响。

4.4　彩虹全息图

彩虹全息图可以用白光照明，得到物体再现像连续变化的色彩，如同彩虹一样，彩虹全息图因此而得名。彩虹全息图有二步彩虹(需先后制备两幅全息图)和一步彩虹(只需制备一幅全息图)之分。彩虹全息图的记录光路与像全息图的记录光路十分相似，只是在光路中增加了一个水平放置的狭缝。

1. 二步彩虹全息图

二步彩虹全息图的记录和再现光路如图 4.4-1 所示。记录过程分为两步，首先对要记录的物体拍摄第一幅离轴全息图 H_1，如图 4.4-1(a)所示。然后用记录时参考光的共轭光波 R_1^* 照明全息图，它再现出物体的赝实像，凹凸性与记录的物体相反。以再现的赝实像光波作为记录第二幅全息图的物光波，以会聚光 R_2 作为参考光对赝实像进行编码，并

在 H_1 的后面放置一个水平狭缝 S，获得第二幅全息图，如图 4.4－1(b)所示。再现时用与 R_2 共轭的发散光波 R_2^* 照明第二幅全息图，如图 4.4－1(c)所示。在全息图的左方空间再现出正实虚像，由于其凹凸性与赝实像相反，因此再现像与物体完全一致。在全息图的右方空间同时再现出狭缝像。当眼睛瞳孔与狭缝重合时，就可以观察到再现像的整个视场。如果再现照明光 R_2^* 为单色光，则再现像为单色像；如果 R_2^* 为白光，则由于全息图衍射色散效应，狭缝像和物体再现像因波长不同其空间位置也不同。眼瞳位于不同颜色的狭缝像处，会观察到不同颜色的物体再现像，人眼同时接收几种不同颜色光波时，观察到物体的再现像就呈现彩虹色彩了。图 4.4－1(c)给出了相应于红、绿、蓝三种颜色的狭缝像位置和相应的再现像位置示意图。

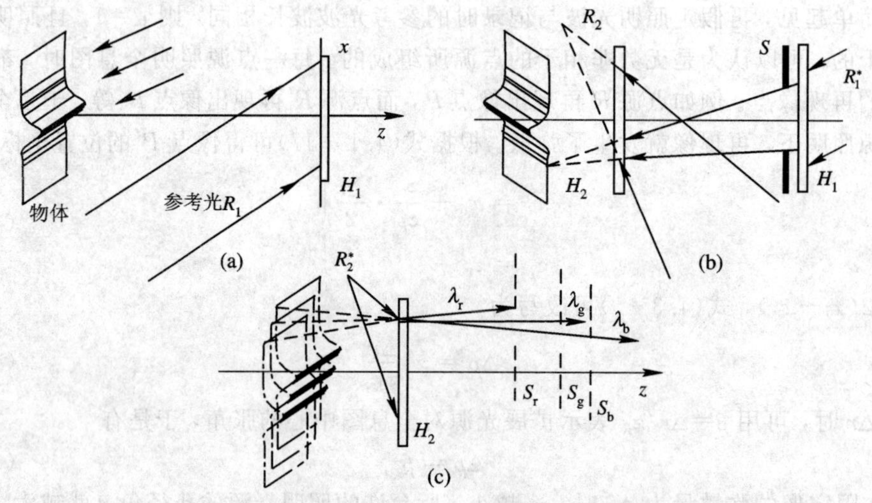

图 4.4－1 二步彩虹全息图的记录和再现

(a) 第一幅全息图的记录；(b) 第二幅全息图的记录；(c) 白光再现彩虹像

二步彩虹全息图的优点是视场大；缺点是因二次记录，全息图上的散斑噪声较大。

2. 一步彩虹全息图

由以上讨论可见，彩虹全息图的重要特征是在观察者与物体的再现像之间产生一个狭缝像，因此，可以利用透镜的成像性质一步记录彩虹全息图。一步彩虹全息图常用的记录光路如图 4.4－2 所示。在图 4.4－2(a)所示的记录光路中，水平狭缝 S 位于物体和透镜之间且在透镜的前焦点内，它经透镜成虚像 S_i。图 4.4－2(b)所示的记录光路中，水平狭缝 S 也位于物体和透镜之间，但在透镜的前焦点外，故经透镜后成实像。在这两种记录光路中，物的成像光波同时也是狭缝的成像光波，因此在记录平面上，参考光对物光波调制的同时，也实现了对狭缝光波的调制，从而实现了物光波信息和狭缝信息的记录。

图 4.4－2(a)方式记录的全息图再现时，可用记录时参考光的共轭光从记录介质背面照明；图 4.4－2(b)方式记录的全息图再现时，可用原参考光同方向照明，这时衍射再现物光波在空间形成狭缝的再现实像位于观察者和物体之间，成为观察物体像的出瞳，如图 4.4－2(c)所示。图 4.4－2(c)中，$-L_1'$ 为照明光源到全息图沿 z 方向的距离。在彩虹全息图记录光确定后，L_1、L 的值就确定了。再现时，只要正确选择照明点光源的空间位置，使 $L'>0$，就可实现对再现像的观察了。

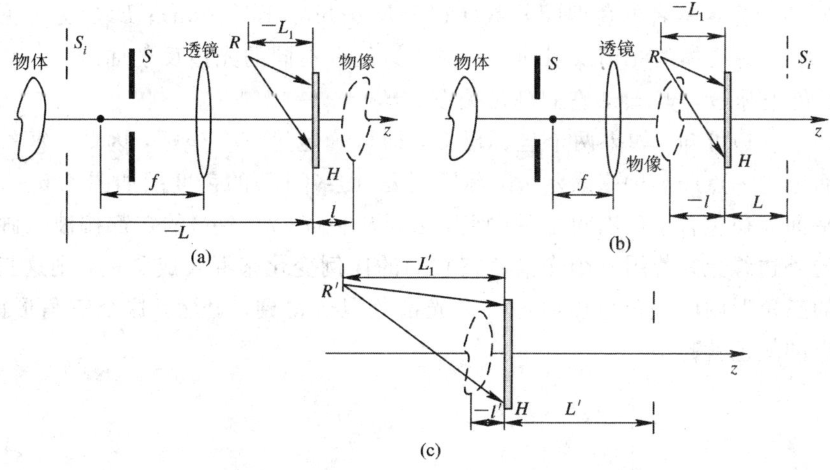

图 4.4－2　一步彩虹全息图的记录和再现

(a) 狭缝成虚像；(b) 狭缝成实像；(c) 再现

4.5　真彩色全息图

真彩色全息术用于记录和再现颜色与原始物体十分接近的三维图像，与普通彩色印刷类似。彩色全息术涉及三基色信息的获取和再现两个基本问题。三基色的获取目前有两种方法，一种是用三基色激光器照射彩色物体获取三基色；另一种是对彩色二维图片进行类似于彩色印刷的分色处理，以黑白的三基色图片作为全息记录的物。获得三基色信息后，并不是对三基色信息进行普通的全息记录就能得到彩色全息图。因为用含有三基色的激光代替单色激光进行普通全息记录，在同一张全息干板上得到的是三幅全息图，它们分别由红、绿、蓝三色激光相干而成。当用三色激光再现时，每一波长的激光将再现三幅大小不同和位置略有不同的全息像，三个波长的激光将再现九幅全息像，它们重叠在一起，图像模糊不清，这种现象就是色串扰。消除色串扰就成为彩色全息要解决的重要问题。激光再现彩色全息常用编码技术或多方向参考光来解决色串扰；而白光再现彩色全息常用彩虹全息或反射全息方法来解决色串扰。本节简要介绍白光再现彩色全息的制作和再现。

4.5.1　记录彩色全息的三基色激光器

根据颜色的视觉理论，人的视网膜上有三种感色的锥体细胞，分别对红(R)、绿(G)、蓝(B)三种颜色敏感。通常人们用三基色的刺激值来描述颜色，每一种颜色都可以用三刺激值线性叠加。三刺激值定义为一定光源照射物体时对正常观察者的色彩感，物体的三刺激值为

$$\left.\begin{aligned} x &= \int_\lambda \bar{x}(\lambda)S(\lambda)E(\lambda)d(\lambda) \\ y &= \int_\lambda \bar{y}(\lambda)S(\lambda)E(\lambda)d(\lambda) \\ z &= \int_\lambda \bar{z}(\lambda)S(\lambda)E(\lambda)d(\lambda) \end{aligned}\right\} \tag{4.5-1}$$

式中：$\bar{x}$、$\bar{y}$ 和 $\bar{z}$ 为观察者的色匹配函数(Color-Matching Function)；$E(\lambda)$为可见光范围的光源功率；$S(\lambda)$为物体的光谱反射曲线，每种颜色有不同的光谱反射曲线。三刺激值也称色品，又称色坐标(x, y, z)，它们满足关系 $x+y+z=1$。

由式(4.5-1)可知，如果两个坐标已知，即可确定第三个坐标，因此，每一种颜色都可以用平面上的一点(x, y)来表示。国际照明委员会(CIE)的色度图如图 4.5-1 所示。图中画出的平面面积包含了所有可能的颜色，表示单色光(光谱色)的点都按波长画在色度图中马蹄形的外边缘上。若用三个光谱色按它们的比例变化来混合成彩色，则这三个光谱色坐标围成的三角形内的颜色可以由这三个光谱色混合得到，显然，这个三角形面积越大，可能匹配出的颜色就越多。

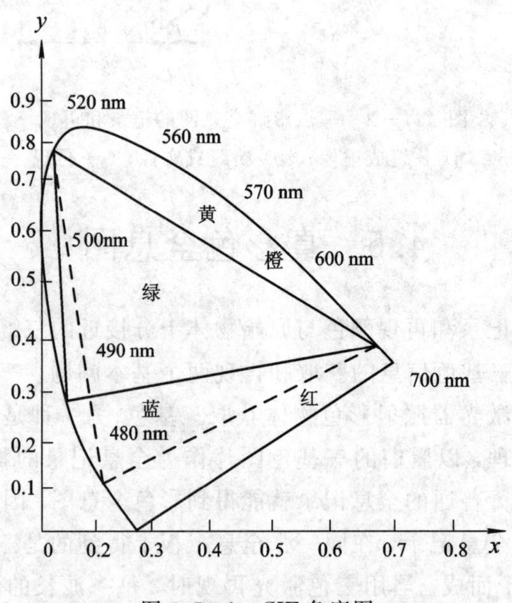

图 4.5-1　CIE 色度图

真彩色全息图记录时，若采用多个激光器输出的波长照明，则全息图的三基色值可表示为

$$\left.\begin{aligned} x^h &= \sum_i E(\lambda_i)S(\lambda_i)\bar{x}(\lambda_i) \\ y^h &= \sum_i E(\lambda_i)S(\lambda_i)\bar{y}(\lambda_i) \\ z^h &= \sum_i E(\lambda_i)S(\lambda_i)\bar{z}(\lambda_i) \end{aligned}\right\} \tag{4.5-2}$$

式中：i 为全息图记录时采用的激光波长数。这就是说，单色激光对物光谱引入了采样，而且是一种欠采样，这就导致了全息图的三基色和物体的三基色不同，如图 4.5-2 所示。

图 4.5-2 中所示的物体 A 是灰色的，物体 B 是蓝紫色的，但在 476 nm、532 nm 和 647 nm 波长处，两个物体有相同的反射谱。假设用这三种波长分别记录物体 A 和物体 B 的全息图，则两个物体的全息图将显示相同的颜色。可见，这种波长欠采样导致了色混叠(Aliasing)现象，因此使用足够的激光波长数以避免欠采样是非常重要的。显然，增加记录的激光波长数可以改善色彩，但同时也增加了记录系统的复杂性。

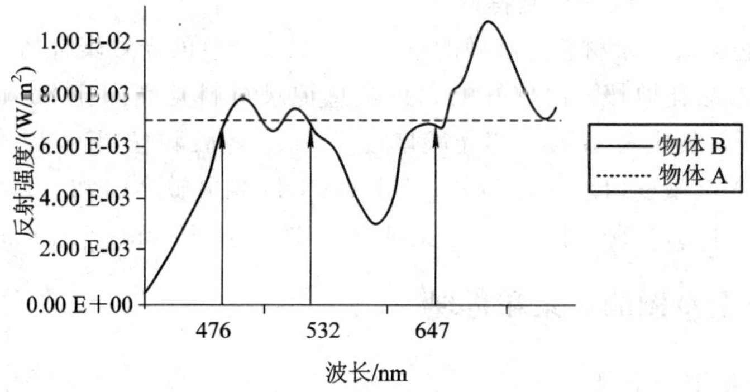

图 4.5-2　欠采样引起的色混叠

全息图的记录一般采用激光，但现有的激光器输出的波长与标准的三基色波长一般不符，故只能选用比较接近的波长。目前，适合于真彩色全息记录的激光器输出波长组合见表 4.5-1。选择的原则主要从色度学原理或者色的真实感考虑，应该使三种波长在色度图(图 4.5-1)中所占据的三角形面积为最大。但也要考虑实际情况，如激光器的输出功率。对于表 4.5-1 中第 3 组(图 4.5-1 中实线三角形)和第 4 组(图 4.5-1 中虚线三角形)波长的三基色激光，从色度图来看，显然第 4 组优越，但从激光器输出功率考虑，477.1 nm 波长的功率比 488.0 nm 的要小很多，所以第 3 组较为合适。另外，也要根据实验室条件来选取合适的三基色激光波长，第 2 组也是可取的。

表 4.5-1　彩色全息选用的三基色激光波长

组	波长/nm	激光器	颜色	组	波长/nm	激光器	颜色
1	647.1	氪	红	3	632.8	氦一氖	红
	520.8	氪	绿		532.0	YAG	绿
	441.6	氦一镉	蓝		488.0	氩	蓝
2	632.8	氦一氖	红	4	632.8	氦一氖	红
	514.5	氩	绿		514.5	氩	绿
	488.0	氩	蓝		477.1	氩	蓝

记录真彩色全息图时，物体的颜色是由照射激光的散射光产生的，有时看到的颜色是荧光(如染料或塑料产生的荧光)，荧光不能记录成全息图。

应该指出的是，与单色全息相比，真彩色全息由于采用多波长记录，全息图的激光散斑和莫尔条纹的影响能得到较好的抑制。

4.5.2　真彩色全息记录材料

真彩色全息记录材料的选取与记录波长的选取同等重要。要记录高质量的彩色反射全息图，必须要选择合适的全息记录材料。彩色全息记录材料主要考虑如下特性：

(1) 感光乳胶颗粒须在纳米级(5～10 nm)，具有高的分辨率，全色感光；

(2) 高的灵敏度，通常小于 2mJ(cm)$^{-2}$；

(3) 低图像噪声和低光散射，高信噪比；

(4) 在红、绿和蓝三色之间存在合理的等色灵敏度；

(5) 长时间的稳定特性和存储特性。

目前的真彩色全息记录材料有红敏的重铬酸明胶、全色的光致聚合物等，杜邦公司的光致聚合物已进入商品化阶段。比较好的彩色全息记录材料是立陶宛 Slavich 公司的 DFG－03c 全色银盐干板，其主要参数为感光胶厚度 7 μm，乳胶颗粒尺寸 12～20 nm，分辨率 10000 l/mm，蓝光灵敏度$(1.1\sim1.5)\times10^{-3}$ J/cm²，绿光灵敏度$(1.2\sim1.6)\times10^{-3}$ J/cm²，红光灵敏度$(0.8\sim1.2)\times10^{-3}$ J/cm²，色灵敏峰值波长为 480 nm、530 nm 或 633 nm。

4.5.3 真彩色全息图的记录和再现

1. 真彩色全息图的记录

真彩色反射全息图一般采用 Denisyuk 技术记录，图 4.5－3 所示是一种典型的记录光路。三基色 RGB 激光同时通过同一扩束和滤波器后，合成的白色激光照射在全息干板。直接入射全息干板的光作为参考光，透过干板照射物体并经物体反射的光作为物光。每一波长的光在乳胶上形成了各自的干涉条纹，三者又叠加在一起。三色激光的输出功率比可以调整，以便控制不同波长的曝光量。这种全息图的特点是，它所记录的干涉条纹几乎平行于全息干板的表面，干涉条纹的周期接近半个波长。因此，在全息图再现时以布拉格衍射为主，这就使得 Denisyuk 全息图能够记录并可能在白光下再现物体的真彩色。

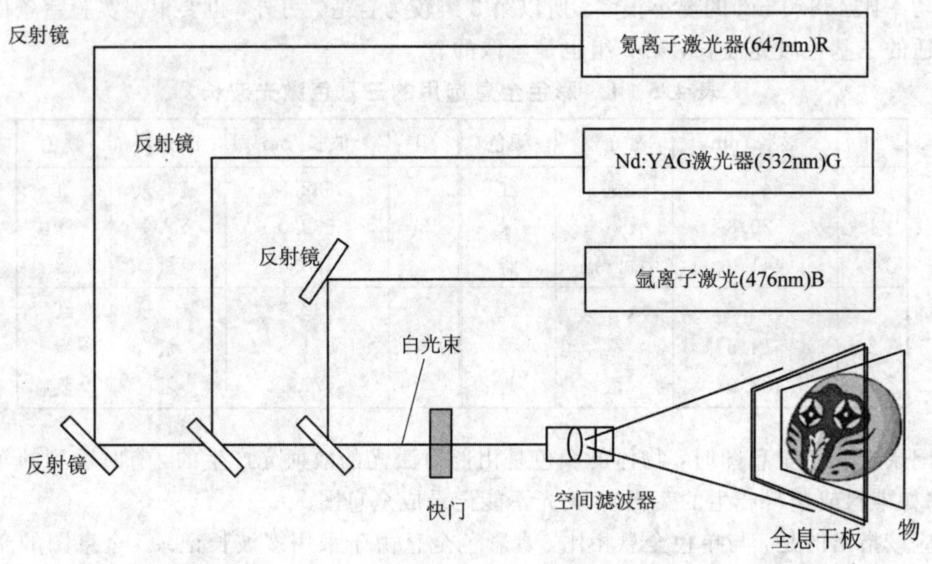

图 4.5－3 真彩色反射全息图记录光路

不同波长曝光量的控制根据记录材料的特性而定。一般记录材料对三基色的敏感度不同，因此要对不同输出波长的激光功率和曝光时间做相应调整，以满足再现物体的真彩色对各波长曝光量的要求。实际记录真彩色全息图时，通常采用固定曝光时间、调整激光功率的方法来获得所要求的曝光量。这样可以减少曝光时环境或系统震动对全息图记录质量的影响。

真彩色全息图记录时还必须注意记录平面上光强分布的均匀性，应尽可能使入射记录平面光斑强度分布均匀，有时需以牺牲光能为代价，将光束进一步扩展，只取高斯光束最中心的一小部分。

2. 全息干板的处理

曝光后的全息干板要经过细致的显影和漂白化学处理，不同的干板需要的显影液和漂白液的配方也不同。对于 Slavich 公司的 DFG－03c 干板，化学处理过程：在甲醛溶液中鞣化 6 min→水冲洗 5s→显影 3 min→冲洗 5 min→漂白 5 min→冲洗 10 min→乙酸浸泡 1 min →水冲洗 1 min→加润湿剂蒸馏水冲洗 1 min→自然晾晒。表 4.5－2 给出了一种适用于 DFG－03c 全色银盐干板的显影和漂白液配方。

表 4.5－2 DFG－03c 全色银盐干板的显影和漂白液配方

显影液	邻本二酚 10 g、维生素 C5 g、尿素 50 g、无水碳酸钠 30 g、去离子水 1000 ml
漂白液	硝酸铁 50 g、溴化钾 30g、硫酸 8 ml、加去离子水 1000 ml

3. 真彩色全息的再现

1）三基色激光再现

与普通全息图相同，可用三基色激光沿记录时的参考光方向照明彩色全息图进行再现。这种再现方法存在色串扰问题，将影响再现像质量，因此需要采取措施消除色串扰。

平面全息图消除色串扰的基本方法有空间频率多通道、编码参考光等方法。这种消除色串扰的基本思想是记录时对红、绿、蓝三基色激光波长引入不同平面内方向不同的参考光波。全息图再现时，三基色激光以原参考光方向照明。此时，全息图产生色串扰的六个衍射光波离开了直射光和形成彩色虚像的三个衍射光波所组成的平面，从而减少了像的色串扰。

实际上，再现像的视场很小时，即使三基色参考光的方向平行，只要适当选择参、物夹角，也可以达到消除色串扰的目的。如图 4.5－4 所示，H 为三基色激光记录的全息图，三基色照明光与原参考光平行，θ 为记录时的参、物夹角。九个衍射光波的衍射角 α_{mn} 可由下式表示：

$$\alpha_{mn} = \arcsin\left[\left(\frac{\lambda_n}{\lambda_m}\right)\sin\theta\right] \qquad (4.5-3)$$

式中：m，$n=1$，2，3。当 $m\approx n$ 时，α_{11}、α_{22}、α_{33} 表示三基色光对各自形成的全息图的衍射光方向，它们均为 θ 角，这三个衍射光波产生彩色虚像。α_{mn} 表示产生色串扰的六个衍射光波的方向。

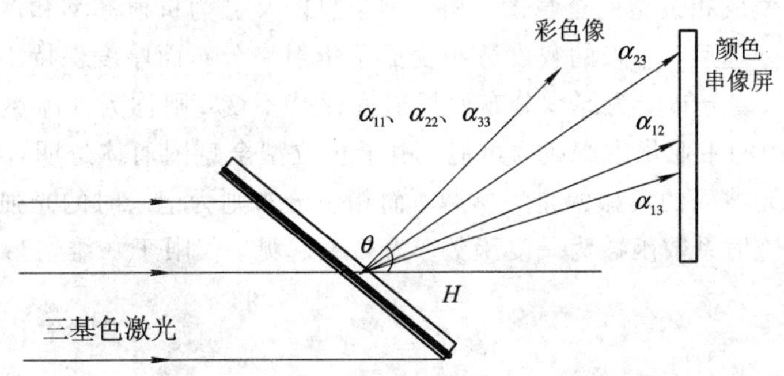

图 4.5－4 空间频谱多通道法的在线光路

适当选择 θ 角，可以使色串扰和虚像之间的角距离大到使它们不互相重叠，特别当

$$\frac{\lambda_n}{\lambda_m}\sin\theta > 1 \tag{4.5-4}$$

的条件成立时，α_{nm} 无实数解，即色串扰根本不会出现。

2) 白光再现

当全息干板的感光层厚度足够厚，即干涉条纹间距明显小于全息干板感光层厚度时，全息图称为体积全息图。体积全息图实际上是一种三维光栅，具有布喇格角度选择性和波长选择性，因此可以用白光再现全息图，能够降低或消除色串扰。白光光源通常用卤素灯。图 4.5-5 是白光再现的彩色全息像，图 4.5-6 是全息图白色区域的反射光谱。

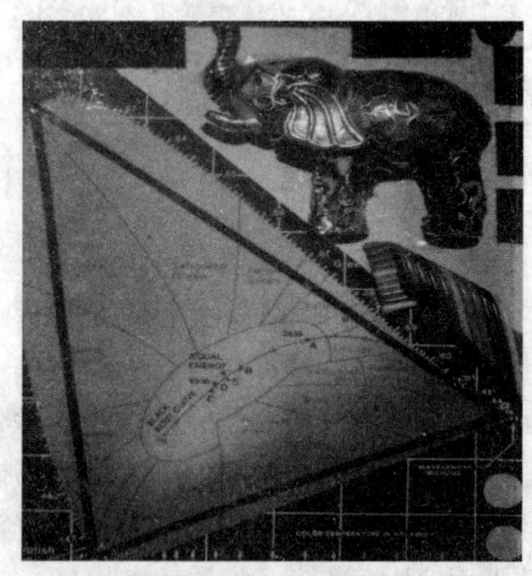

图 4.5-5　白光再现的彩色全息图

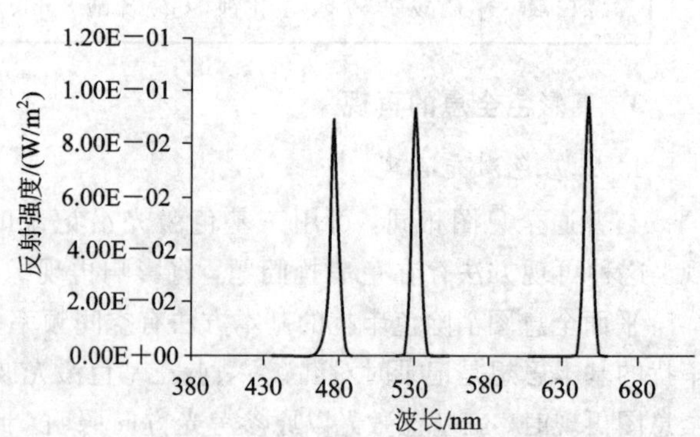

图 4.5-6　全息图白色区域的反射光谱

4.6 相位全息图

我们知道，在线性记录条件下，全息图的振幅透射系数 $t(x, y)$ 与记录光强 $I(x, y)$ 成正比，是实函数。这种全息图称为振幅型或吸收型全息图，它的最大缺点是衍射效率低（全息图的衍射效率定义为再现像光强与照明光强之比），最大不超过 16%。

为了提高全息图的衍射效率，人们首先想到的是减少全息图的吸收，即把振幅型的全息图经漂白处理变成相位型的全息图。相位型全息图又分为折射率型和浮雕型。如果振幅型全息图经漂白处理后，原来的灰度分布变成了折射率分布而厚度保持不变，则称为折射率型；若原来的灰度分布变为厚度分布而折射率保持不变，则称为浮雕型。浮雕型全息图的出现，使全息图的工业化生产成为可能。由于相位型全息图通体透明，因此再现时在全息图的出射表面光波场的实振幅是一常数，而相位分布则为记录时的光强分布，可见相位型全息图的振幅透射系数函数为一复函数。为简单起见，仅限于一维情形来讨论，透射系数函数可写成

$$t(x) = t_0 e^{i\varphi(x)} \tag{4.6-1}$$

而

$$
\begin{aligned}
I(x) &= |\mathbf{O}(x) + \mathbf{R}(x)|^2 \\
&= (O_O^2 + R_R^2) + 2O_O R_R \cos(\varphi_O - \varphi_R) \\
&= (O_O^2 + R_R^2) + 2O_O R_R \cos\theta
\end{aligned}
\tag{4.6-2}
$$

式中：t_0 为一实常数；O_O、φ_O 和 R_R、φ_R 分别为物光波和参考光波的实振幅和相位；$\theta=\varphi_O-\varphi_R$ 是物光波和参考光波的相位差。把式(4.6－2)代入式(4.6－1)，并取 $k=t_0\mathrm{e}^{\mathrm{i}(O_O^2+R_R^2)}$，$a=2O_OR_R$，得到

$$
t(x) = t_0\mathrm{e}^{\mathrm{i}(O_O^2+R_R^2)}\mathrm{e}^{\mathrm{i}2O_OR_R\cos\theta} = k\mathrm{e}^{\mathrm{i}a\cos\theta}
\tag{4.6-3}
$$

利用欧拉公式和贝塞尔函数的展开式，式(4.6－3)可以改写为

$$
t(x) = k\left\{\mathrm{J}_0(a) + 2\sum_{n=1}^{\infty}(-1)^n\mathrm{J}_{2n}(a)\cos(2n\theta) + \mathrm{i}2\sum_{n=0}^{\infty}(-1)^n\mathrm{J}_{2n+1}(a)\cos[(2n+1)\theta]\right\}
\tag{4.6-4}
$$

式中：$\mathrm{J}(a)$为第一类贝塞尔函数，其下标既是贝塞尔函数的阶数，也是衍射级次。

显然，相位全息图再现时将产生多级衍射像，不过高级次的衍射像光强很弱，一般观察不到。下面来讨论一级衍射光产生的原始像和共轭像的衍射效率。如果用记录时的参考光作为照明光波，再现时，其原始和共轭像光波的复振幅为

$$
\mathbf{U}'_{\pm1}(x) = R_R\mathrm{e}^{\mathrm{i}\varphi_R}t_{\pm1}(x) = \mathrm{i}kR_R\mathrm{J}_1(a)[\mathrm{e}^{\mathrm{i}\varphi_O} + \mathrm{e}^{-\mathrm{i}(\varphi_O-2\varphi_R)}]
\tag{4.6-5}
$$

由一阶贝塞尔函数可知，当 $a=1.9$ 时，$\mathrm{J}_1(a)$取最大值 0.582，由此求得最大衍射效率为

$$
\eta = [\mathrm{J}_1(1.9)]^2 = 33.9\%
\tag{4.6-6}
$$

可见，相位型全息图的衍射效率比振幅型全息图的衍射效率高出许多。特别是浮雕型全息图的浮雕表面上镀一层金属反射膜时，可以得到类似于闪耀式相位光栅的反射式相位全息图，由于没有吸收损失，并且有可能消除零级衍射光而将能量全部闪耀到原始像方向上，因此理论衍射效率可达 100%。

4.7　体积全息图

在此之前，有关全息图的讨论都假定全息图平面上的干涉条纹间距大于记录介质的感光层厚度，认为记录介质的厚度可以忽略，显然这只是对空间频率很低的全息图而言的。一般全息干板上的感光层厚度在 6～20 μm 之间，当物光与参考光之间的夹角大于一定值之后，干涉条纹间距会明显小于感光层厚度，在感光层内形成光强度的三维分布。因此，再现时，全息图对照明光波的衍射属于体光栅衍射，这种全息图称为体积全息图。体积全息图与平面全息图的最大区别在于对照明光波的入射角和波长都有选择性，遵从布喇格定律。有关体积全息图的详细讨论必须用耦合波理论。本节对体积全息图的讨论仅限于基元体全息图的几何结构和对照明光波入射角、波长选择的灵敏度等方面。

4.7.1　基元体全息图的光栅结构

设在 yz 平面内传播的单位振幅平面波，入射到记录介质上，再折射到记录介质内部，在记录介质中形成三维光强度分布，如图 4.7－1 所示。

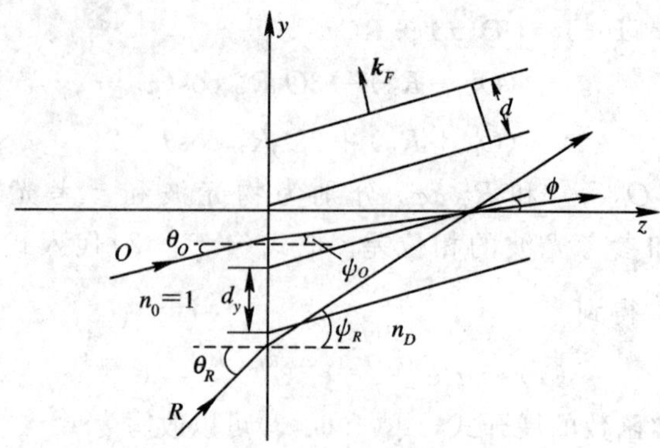

图 4.7-1 基元体全息图的光栅结构

光强分布峰值面的法线方向由下式确定

$$\boldsymbol{k}_F = \boldsymbol{k}_O - \boldsymbol{k}_R \tag{4.7-1}$$

式中：$\boldsymbol{k}_O=[2\pi\eta_O, 2\pi\zeta_O]$，$\boldsymbol{k}_R=[2\pi\eta_R, 2\pi\zeta_R]$分别为记录介质中物光和参考光的波矢量。由此可求得峰值强度面的方程为

$$2\pi[(\eta_O-\eta_R)y+(\zeta_O-\zeta_R)z)]=2\pi m \tag{4.7-2}$$

式中：

$$\left.\begin{aligned}&\eta_O=\frac{\sin\psi_O}{\lambda_D}, \quad \eta_R=\frac{\sin\psi_R}{\lambda_D}\\&\zeta_O=\frac{1}{\lambda_D}(1-\lambda_D^2\eta_O^2)^{1/2}, \quad \zeta_R=\frac{1}{\lambda_D}(1-\lambda_D^2\eta_R^2)^{1/2}\end{aligned}\right\} \tag{4.7-3}$$

式中：λ_D 为记录介质中的波长。显然，光强峰值面是一组平行于 x 轴的平面，它们与 z 轴的夹角 ϕ 满足

$$\tan\phi=-\frac{\cos\psi_O-\cos\psi_R}{\sin\psi_O-\sin\psi_R}=\tan\left(\frac{\psi_O+\psi_R}{2}\right) \tag{4.7-4}$$

由式(4.7-2)可以求得干涉条纹面在 y 轴和 z 轴方向的空间频率分别为

$$\left.\begin{aligned}&\frac{1}{d_y}=\eta=\eta_O-\eta_R=\frac{\sin\psi_O-\sin\psi_R}{\lambda_D}\\&\frac{1}{d_z}=\zeta=\zeta_O-\zeta_R=\frac{\cos\psi_O-\cos\psi_R}{\lambda_D}\end{aligned}\right\} \tag{4.7-5}$$

根据折射定律得

$$\frac{\sin\theta_O}{\sin\psi_O}=\frac{\sin\theta_R}{\sin\psi_R}=n_D \tag{4.7-6}$$

则式(4.7-6)可改写为

$$\left.\begin{aligned}&\frac{1}{d_y}=\eta=\frac{\sin\theta_O-\sin\theta_R}{\lambda_0}\\&\frac{1}{d_z}=\zeta=\frac{\sqrt{n_D^2-\sin^2\theta_O}-\sqrt{n_D^2-\sin^2\theta_R}}{\lambda_0}\end{aligned}\right\} \tag{4.7-7}$$

式中：λ_0 为光在空气中的波长。光栅周期(峰值强度面间距)d 为

$$d = d_y \cos\varphi = \frac{\lambda_D \cos[(\psi_O + \psi_R)/2]}{\sin\psi_O - \sin\psi_R}$$

$$= \frac{\lambda_D \cos[(\psi_O + \psi_R)/2]}{2\sin[(\psi_O - \psi_R)/2]\cos[(\psi_O - \psi_R)/2]}$$

$$= \frac{\lambda_D}{2\sin[(\psi_O - \psi_R)/2]}$$

$$= \frac{\lambda_0}{2n_D \sin[(\psi_O - \psi_R)/2]} \tag{4.7-8}$$

式(4.7-8)也可写成

$$2d\sin\theta_b = \frac{\lambda_0}{n_D} \tag{4.7-9}$$

式中：$\theta_b = (\psi_O - \psi_R)/2$ 是记录介质中物光和参考光夹角的一半。当 d 比介质感光层厚度小很多时，若用参考光再现，光波在射出全息图之前，将穿过多个峰值面，每一个峰值面都散射照明光波，因此全息图为体光栅。

4.7.2　基元体全息图的再现

1. 布喇格定律

记录的基元全息图再现时，入射的照明光波将连续地被光栅面散射。根据空间光栅理论，要获得最大振幅的衍射光，就必须使各面层散射的子波长干涉。这要求散射光与光栅面层的夹角等于入射照明光波和光栅面层的夹角，这一特定的角度 θ_d 称为布喇格角，此时光波在相邻两个散射面上产生的光程差满足

$$2d\sin\theta_d = \frac{\lambda_0}{n_D} \tag{4.7-10}$$

式(4.7-10)为光栅方程的特殊表达式，称为布喇格条件或布喇格定律。布喇格定律还可以用波矢量来描述，设 $\boldsymbol{k}_d$、$\boldsymbol{k}_C$ 分别为衍射光和照明光的波矢量，$\boldsymbol{k}_F$ 为光栅波矢量，则布喇格定律可表示为

$$\boldsymbol{k}_d = \boldsymbol{k}_C - \boldsymbol{k}_F \tag{4.7-11}$$

由以上讨论可见，若照明光波长等于记录时的光波长，只允许参考光或它的共轭光作为照明光束，并且不得偏离入射角，否则会因不满足布喇格定律而使衍射效率迅速下降；同理，若照明光波的入射角等于参考光的入射角而波长不同，也不满足布喇格条件，同样会使衍射效率下降。因此，布喇格定律表明体全息图具有角度响应和波长响应的特性。

2. 角度响应特性和波长响应特性

体全息图分为透射式和反射式两种。当物光和参考光在记录介质的同一侧入射时，所记录的全息图称为透射式全息图，其记录的典型光栅结构、再现波方向以及相应的布喇格定律的矢量表示如图 4.7-2 所示。当参考光和物光从记录介质的两侧入射时，构成反射式全息图。再现时，衍射光和照明光在全息图的同一侧，再现光波又如在全息图上反射而成像，其典型光栅结构、再现波方向以及相应的布喇格定律的矢量表示如图 4.7-3 所示。

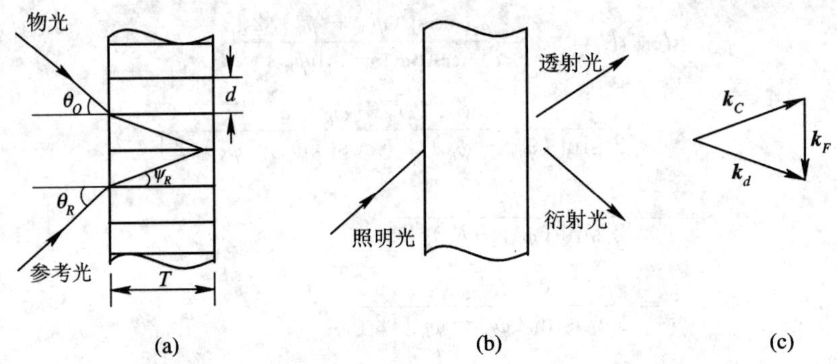

图 4.7－2 透射式基元体全息图

(a) 光栅结构；(b) 再现光方向；(c) 布喇格定律的矢量表示

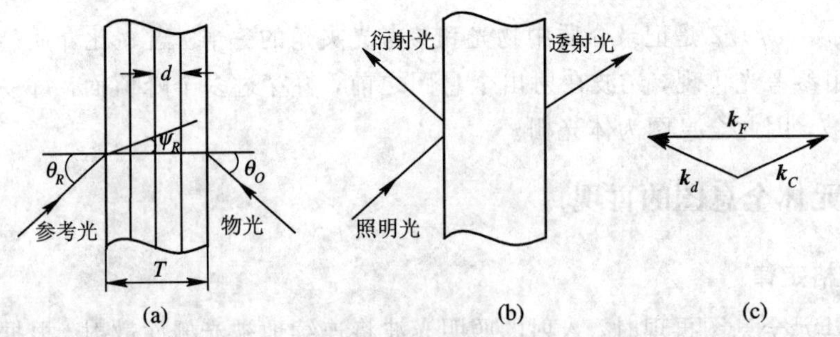

图 4.7－3 反射式基元体全息图

(a) 光栅结构；(b) 再现光方向；(c) 布喇格定律的矢量表示

虽然布喇格定律指出了体全息图具有角度和波长双重响应特性，但对体全息图的响应灵敏度的定量分析，要用到耦合波理论。这里仅对相位型体全息图给出耦合波理论的一些结果。对于相位型基元体全息图，应保持照明光波长与记录时的波长相同。照明光波偏离布喇格角方向越严重，衍射效率下降越厉害，通常用衍射效率下降为零的角偏离量 δ_0 来描述它的角灵敏度。对于透射式全息图，耦合波理论给出

$$\delta_0 = \frac{\lambda_0}{2\pi n_D T \sin\theta_d} \tag{4.7-12}$$

式中：T 为记录介质厚度。式(4.7－12)也可近似表示为

$$\delta_0 \approx \frac{d}{T} \tag{4.7-13}$$

如果保持照明光波入射角无偏差，而改变其波长，那么使衍射效率为零的光谱宽度 $\Delta\lambda$ 就是它的波长灵敏度。波长灵敏度可写成

$$\frac{\Delta\lambda}{\lambda_0} = \frac{d}{T}\cot\theta_d \tag{4.7-14}$$

例如，$T=15\ \mu\text{m}$，$n_D=1.52$，$\lambda_0=632.8\ \text{nm}$，$\theta_d=30°$，由式(4.7－12)可求得 $\delta_0=1.6°$。根据折射定律可推知，照明光波在空气中的角偏差为 3° 左右时，衍射消失。利用这一特性，在同一记录介质上可进行多重记录。记录时，相邻两次记录的参考光要有一个角度偏差，大小为 δ_0。再现时，用某一束参考光照明，就只能再现出与之相应的物光波。连续改变参考光波的入射角，就可以依次将所记录的物光波再现出来。特别是对于某些晶

体材料，在调制光照时可以产生折射率变化，可用来记录相位型体全息图。由于晶体材料的厚度可达厘米量级，因此其角度选择灵敏性很高，在同一个晶体材料中，可记录大量的全息图，使多重体全息成为超高密度光存储的方法之一。

仍用上例，可由式(4.7－14)求得波长灵敏度 $\Delta\lambda=30$ nm。利用这一特性，可以进行多色记录，即以相同入射角而波长间隔大于 $\Delta\lambda$ 的激光记录同一物体的全息图。再现时，若用不同颜色的参考光照明，则可再现出不同颜色的物体像；若用几种颜色的光波同时照明，则可再现出物体的彩色像。

反射式相位基元体全息图的角度灵敏度可用下式估计：

$$\delta_0 = 0.56\,\frac{\lambda_0}{n_D T\ \cos\theta_d} \tag{4.7-15}$$

而波长灵敏度满足：

$$\frac{\Delta\lambda}{\lambda_0} = \delta_0\ \cot\theta_0 = 0.56\,\frac{\lambda_0}{n_D T\ \sin\theta_d} \tag{4.7-16}$$

反射式相位体全息图的角度灵敏度比透射式低，而波长灵敏度则较高。例如，若取 $\theta_d=80°$，其他量同前例，则可求得 $\delta_0=5°$，$\Delta\lambda=9.9$ nm。此外，可求得该反射式体全息图相位光栅的间距 $d\approx\lambda_0/3$，散射面比透射式要多得多，因此它相当于一个干涉滤光片，可直接用高亮度的白光作为照明光源，全息图将滤出单色性很高的单色光，再现出物体的单色像。

与透射式体全息图一样，可用不同颜色的激光在同一记录介质中记录多色反射式体全息图，当用白光照明时，不同间距的散射层反射不同颜色的光波，它们在衍射空间合成物体的全色，给出色彩绚丽的再现像。

4.8　计算全息图简介

与光学全息图不同，计算全息图是由计算机控制绘图仪绘出编码图或打印出编码图，再翻拍到感光底片上的。若编码图由透明和不透明两种格点组成，则翻拍后称为二元计算全息图；若编码图由灰度等级不同的格点组成，则翻拍后称为灰阶全息图。计算全息图的编码方法有多种，并且也有菲涅耳全息图、像全息图和傅里叶变换全息图等。本节仅以罗曼编码法制作二元傅里叶变换计算全息图为例，介绍计算全息图的抽样、计算和编码等主要过程。

1. 抽样

在傅里叶变换全息图中，抽样包括对物光波抽样和对全息图抽样。设抽样物面的大小为 $\Delta x\times\Delta y$，在 x 轴方向和 y 轴方向的抽样间距分别为 δx 和 δy，抽样个数分别为 M 和 N。这样可以把物面光波场复振幅 $\mathbf{O}(x, y)$ 表示为离散的物函数 $\mathbf{O}(j\delta x, k\delta y)$，其中 j、k 是抽样序数，δx、δy 是抽样单元的边长，如图 4.8－1(a)所示。一般规定凡被物占据的单元，单位面积上的复振幅值为一个单位，没被物占据的单元则为零。每一个抽样单元上的复振幅即为 $\mathbf{O}(j\delta x, k\delta y)\delta x\delta y$。

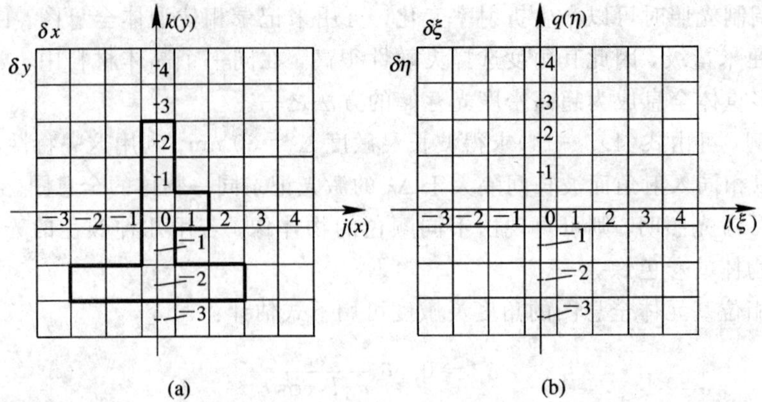

图 4.8-1 抽样示意图

(a) 物面抽样；(b) 全息图平面的抽样

抽样序数的取值范围是：

$$\left(1-\frac{M}{2}\right)\leqslant j\leqslant\frac{M}{2},\quad \left(1-\frac{N}{2}\right)\leqslant k\leqslant\frac{N}{2} \tag{4.8-1}$$

δx 和 δy 要满足抽样条件，根据抽样定理有

$$\delta x\leqslant\frac{1}{\Delta\xi},\quad \delta y\leqslant\frac{1}{\Delta\eta} \tag{4.8-2}$$

式中：$\Delta\xi$、$\Delta\eta$ 分别为物体的带宽。式(4.8-2)取等号可求得总抽样点数

$$M\times N=\frac{\Delta x}{\delta x}\cdot\frac{\Delta y}{\delta y}=(\Delta x\Delta y)\cdot(\Delta\xi\Delta\eta) \tag{4.8-3}$$

可见，总抽样点数由物体的空间尺寸和其带宽的乘积(称为空间带宽积)决定。

全息图平面上的抽样与物面上的抽样相似，对于傅里叶变换全息图，全息图在物体空间频谱平面上，抽样间距需满足的抽样条件为

$$\delta\xi\leqslant\frac{1}{\Delta x},\quad \delta\eta\leqslant\frac{1}{\Delta y} \tag{4.8-4}$$

频谱面上的光波场复振幅可用离散函数 $\mathbf{O}(q\delta\xi,\ l\delta\eta)$ 表示，其中 q、l 是抽样序数。若设全息图平面上总抽样数为 $K\times L$，则抽样序数的取值范围是

$$\left(1-\frac{K}{2}\right)\leqslant q\leqslant\frac{K}{2},\quad \left(1-\frac{L}{2}\right)\leqslant l\leqslant\frac{L}{2} \tag{4.8-5}$$

总抽样数 $K\times L$ 则为

$$K\times L=\frac{\Delta\xi}{\delta\xi}\cdot\frac{\Delta\eta}{\delta\eta}=(\Delta x\Delta y)\cdot(\Delta\xi\Delta\eta)=M\times N \tag{4.8-6}$$

这表明全息图上的抽样点数至少应等于物体的分辨单元数。也就是说，全息图的带宽积不小于物体的带宽积。如果设想物体的空间频谱是将物置于焦距为 f 的透镜前焦面，用波长为 λ 的光波垂直入射照明，则在透镜的后焦面得到的全息图的实际尺寸为

$$\Delta x'\Delta y'=(\lambda f)^2\Delta\xi\Delta\eta \tag{4.8-7}$$

抽样单元尺寸为

$$\delta x'\delta y'=(\lambda f)^2\delta\xi\delta\eta \tag{4.8-8}$$

2. 计算离散傅里叶谱

在确定了抽样间隔和抽样个数后，需要把各抽样点的复振幅 $\mathbf{O}(q\delta\xi,\ l\delta\eta)$ 计算出来。为

此，应把连续傅里叶变换式

$$\mathbf{O}(\xi,\ \eta) = \iint_{-\infty}^{+\infty} \mathbf{O}(x,\ y) \mathrm{e}^{-\mathrm{i}2\pi(\xi x + \eta y)}\, \mathrm{d}x\, \mathrm{d}y \tag{4.8-9}$$

变成离散傅里叶变换式

$$\begin{aligned}\mathbf{O}_{ql} = \mathbf{O}(q\delta\xi,\ l\delta\eta) &= \frac{1}{\Delta\xi\Delta\eta}\sum_{j}\sum_{k}\mathbf{O}(j\delta x,\ k\delta y)\mathrm{e}^{-\mathrm{i}2\pi\left(\frac{qj}{M}+\frac{lk}{N}\right)} \\ &= R + \mathrm{i}P\end{aligned} \tag{4.8-10}$$

式中：R 和 P 分别为第$(q,\ l)$抽样单元光波场复振幅的实部和虚部。由此可求得 $\mathbf{O}_{ql}$ 的实振幅和相位分别为

$$|\ \mathbf{O}_{ql}\ | = (R^2 + P^2)^{1/2} \tag{4.8-11}$$

$$\phi_{ql} = \arctan\left(\frac{P}{|\ R\ |}\right) \tag{4.8-12}$$

在计算出全息图平面上所有抽样单元的实振幅和相位以后，还要对其进行归一化处理，即

$$A_{ql} = \frac{|\ \mathbf{O}_{ql}\ |}{\max(|\ \mathbf{O}_{ql}\ |)} \tag{4.8-13}$$

$$\varphi_{ql} = \frac{\phi_{ql}}{2\pi} \tag{4.8-14}$$

这样则有 $0 \leqslant A_{ql} \leqslant 1$，$-1 \leqslant \varphi_{ql} \leqslant 1$。

3. 编码

这里采用罗曼编码方法。罗曼编码也称迂回相位编码，这是二元计算全息图中广泛采用的编码方法。现以全息图平面上第$(q,\ l)$抽样单元为例，说明其编码过程。

如图 4.8－2 所示，在抽样单元内确定一个矩形孔，作为全息图再现时该单元的透光孔。孔的高度与归一化实振幅成比例，即

$$h_{ql} = A_{ql}\delta y' \tag{4.8-15}$$

孔的中心对抽样单元的中心有一水平位移，位移参量 d_{ql} 与归一化相位成比例

$$d_{ql} = \varphi_{ql}\delta x' \tag{4.8-16}$$

而所有抽样单元开孔的宽度 W 都相同，其值一般取$(1/2\sim1/3)\delta x'$。这样，依次确定出每个抽样单元矩形孔的位置和大小，计算机控制绘图仪将其涂黑，经翻拍成负片后，就成了透明孔。这样制成的码孔图，就代表了对物光的编码，也就是计算全息图。

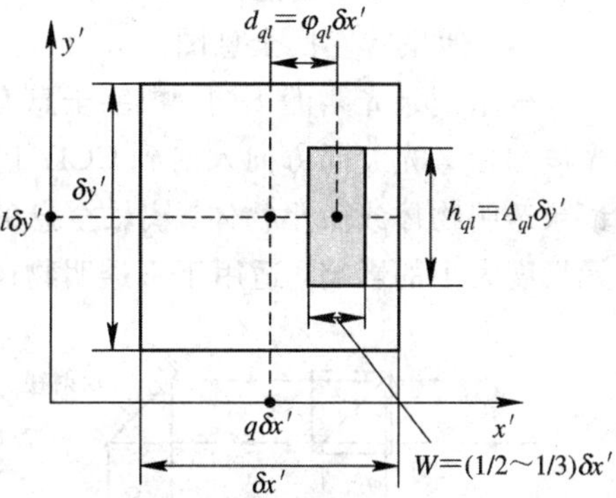

图 4.7－2　记录平面上一个抽样单元内的码孔

再现时，将全息图置于图 4.2－2 所示的光路中，若开孔中心相对抽样单元中心无位移，那么相邻两孔的一级衍射光波的光程差和相位差分别为

$$\left.\begin{aligned}\Delta_1 &= \delta x'\ \sin\theta_1 = \lambda \\ \Delta\varphi_1 &= \frac{2\pi}{\lambda}\Delta_1 = 2\pi\end{aligned}\right\} \tag{4.8-17}$$

式中：θ_1 为一级衍射光波的衍射角。如果其中一个孔有了位移 d_{ql}，则它与相邻的无位移开孔相比，一级衍射光波的光程差和相位差分别为

$$\left.\begin{aligned}\Delta &= (\delta x' + d_{ql})\sin\theta_1 = \lambda\left(1+\frac{d_{ql}}{\delta x'}\right)\\ \Delta\varphi &= \frac{2\pi}{\lambda}\Delta = 2\pi\left(1+\frac{d_{ql}}{\delta x'}\right) = 2\pi + \varphi_{ql}\end{aligned}\right\} \tag{4.8-18}$$

由于衍射光的振幅与码孔的大小成比例，因此所有码孔的一级衍射光波将重构出物体的傅里叶谱，在透镜的后焦面上就得到了再现的原始像和共轭像。

4.9　数字全息简介

数字全息最早由 Goodman 于 1967 年提出。它是传统的光全息术和数字技术相结合的产物。数字全息用光电传感器件(如 CCD)代替传统全息中的银盐干板来记录全息图，以数字图像的形式被输入计算机，用计算机模拟光学衍射过程来实现被记录物体的全息再现。数字全息的这些优点使它在振动测量、三维形貌测量、粒子场分析、光学图像加密等领域有广泛的应用。

4.9.1　数字全息的记录

数字全息图从形式上可以分为四种类型：

(1) 像面数字全息图；

(2) 数字全息干涉图；

(3) 位相数字全息图；

(4) 傅里叶变换全息图。

根据记录光路的不同，数字全息有同轴和离轴两种，如图 4.9-1 所示。同轴全息的物光波和参考光波同方向入射到 CCD 上，这种全息图对 CCD 的像素分辨率要求不高，主要记录透明物体或微小物体；离轴全息的参考光和物光成一定的夹角，夹角大小受 CCD 像素元尺度大小的影响，适用于不透明物体。

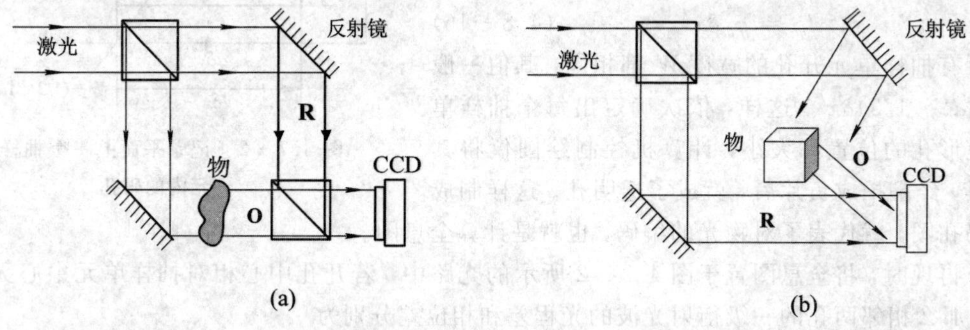

图 4.9-1　数字全息记录系统

(a) 同轴数字全息；(b) 离轴数字全息

假设物所在的面为 $x-y$ 面，CCD 记录器件所在的面为 $\xi-\eta$ 面，物光波和参考光波的复振幅由式(4.1-1)表示，由全息原理可知，$\xi-\eta$ 面上全息图的强度分布表示为

$$I_H(\xi, \eta) = |\mathbf{O}|^2 + R_R^2 + \mathbf{OR}^* + \mathbf{O}^*\mathbf{R} \tag{4.9-1}$$

CCD 采样后得到的数字全息图表示为

$$I_{\mathrm{DH}}(\xi, \eta) = I_{\mathrm{H}}(\xi, \eta)\left[\mathrm{rect}\left(\frac{\xi}{\alpha}, \frac{\eta}{\beta}\right) * \mathrm{comb}\left(\frac{\zeta}{\Delta\xi}, \frac{\eta}{\Delta\eta}\right)\right]\mathrm{rect}\left[\frac{\xi}{M\Delta\xi}, \frac{\eta}{N\Delta\eta}\right] \tag{4.9-2}$$

式中：M 和 N 为 CCD 在两个垂直方向上的像素数，每个矩形像素大小为 $\Delta\xi\times\Delta\eta$；$\alpha$、$\beta$ 为像素元有效感光面积。式(4.9－1)中，I_{H} 有四项，而与物光复振幅有关的只是 $\mathbf{OR}^*$ 项，是数字再现时所需要的项，其他三项对于再现计算而言是干扰项。因此在再现计算之前，首先要将 $\mathbf{OR}^*$ 项从这四项中提取出来。对离轴和同轴两种不同记录光路，相应地有两种不同的提取方法。

在离轴数字全息中，采用频谱滤波的方法对离轴全息图进行傅里叶变换，选取合适的空间滤波器，将零级项和孪生像滤掉。然后再进行坐标平移，使原像的空间频谱中心移到坐标原点。尽管增大物光和参考光的夹角 θ 有利于将物光波同其他两项分开，但是两光波夹角受 CCD 像素元大小的限制不能太大，由抽样定理知道，θ 应该满足条件(一维情况) $\theta\leqslant\arcsin[\lambda/(2\Delta\xi)]$。

在同轴数字全息中，可以采用相移法将其余三项去掉，保留 $\mathbf{OR}^*$ 项。相移法有多次相移和单次相移。这里以单次相移为例说明，首先记录一幅全息图：

$$I_{\mathrm{H1}} = |\mathbf{O}|^2 + R_R^2 + \mathbf{OR}^* + \mathbf{O}^*\mathbf{R} \tag{4.9-3}$$

然后在参考光路中引入相移量 π/2(可由计算机控制 PZT 移动反射镜实现)，记录另一幅全息图：

$$\begin{aligned} I_{\mathrm{H2}} &= |\mathbf{O}|^2 + R_R^2 + \mathbf{OR}^*\mathrm{e}^{-\mathrm{i}\pi/2} + \mathbf{O}^*\mathbf{R}\mathrm{e}^{\mathrm{i}\pi/2} \\ &= |\mathbf{O}|^2 + R_R^2 - \mathrm{i}\mathbf{OR}^* + \mathrm{i}\mathbf{O}^*\mathbf{R} \end{aligned} \tag{4.9-4}$$

再分别记录物光和参考光的普通图像 $I_{\mathrm{H3}}=|\mathbf{O}|^2$ 和 $I_{\mathrm{H4}}=R_R^2$。I_{H1}、I_{H2}、I_{H3}、I_{H4} 是记录的四幅图像，属于已知量，由这四幅图像通过计算可以消除其他三项，获得 $\mathbf{OR}^*$ 项：

$$\mathbf{OR}^* = \frac{(I_{\mathrm{H1}} - I_{\mathrm{H3}} - I_{\mathrm{H4}}) + \mathrm{i}(I_{\mathrm{H2}} - I_{\mathrm{H3}} - I_{\mathrm{H4}})}{2} \tag{4.9-5}$$

4.9.2　数字全息的再现算法

数字全息图中的物光成分是物体表面光场分布在空间传播一段距离后在记录平面形成的光场分布，因此数字再现的主要任务就是用计算机模拟光波在空间中传播的逆过程。光波在空间中的传播是由衍射理论描述的，而光波传播的逆过程可以看做距离为负值的衍射或其复共轭的衍射，因此衍射计算就是数字全息再现算法的核心问题。

衍射积分的直接计算非常耗时，需要设计快速算法。衍射有两种常用的快速算法，即菲涅耳变换法和卷积法，它们都基于快速傅里叶变换(FFT)来提高程序运行的速度。菲涅耳变换法采用一次 FFT；卷积法采用两次 FFT，也称为角谱传播法。下面简要介绍菲涅耳变换法和卷积法两种算法。

1. 菲涅耳变换法

从菲涅耳衍射公式(式(3.3－5))可以导出逆向菲涅耳衍射的计算公式，再用离散序列代替连续函数，用求和代替积分，则离散化的逆向菲涅耳衍射表示为

$$U_0[p, q]=\frac{\mathrm{i}\exp(-\mathrm{i}kd)}{\lambda d}\exp\left[\mathrm{i}\pi\lambda d\left(\frac{m^2}{M^2\Delta\xi^2}+\frac{n^2}{N^2\Delta\eta^2}\right)\right]$$
$$\cdot\sum_{m=0}^{M-1}\sum_{n=0}^{N-1}\mathbf{O}[m, n]\mathbf{R}[m, n]\exp\left[\mathrm{i}\frac{\pi}{\lambda d}(m^2\Delta\xi^2+n^2\Delta\eta^2)\right]$$
$$\cdot\exp\left[\mathrm{i}2\pi\left(\frac{pm}{M}+\frac{qn}{N}\right)\right] \tag{4.9-6}$$

式中：(m, n)与数字全息图 $\xi-\eta$ 面上的点对应；(p, q)与像面 $x-y$ 上的点对应。利用离轴的方法可以有效地分离物像、共轭像和直流项，但是要求所使用的CCD具有足够大的带宽积。此外，还要去掉直流项和共轭像，以便得到更清晰的图像。图4.9-2(b)是采用菲涅耳变换法对一个骰子的数字全息图的再现结果，图中去掉了零级和共轭像。

菲涅耳变换法的衍射场的采样间隔、采样点数、采样区域中心这三个采样参数都是固定的，无法任意设定。而衍射场的采样间隔和衍射距离 d 成正比，如果用于分层再现，在不同距离上将得到不同缩放的图像，而且如果CCD像素元在 x 和 y 方向的宽度不等，再现像在 x 和 y 方向的间隔也不同，将造成图像畸变。这可以通过其他方法进行改进和完善，如通过合理地选择采样参数，将菲涅耳衍射公式和衍射积分公式离散化以后变成一个离散线性卷积的形式，形成新的算法——任意采样的菲涅耳变换算法。

2. 卷积法

卷积法将衍射积分看做卷积。菲涅耳衍射公式可以表示为

$$U_0(x, y)=\iint\mathbf{OR}^*g(x, y, \xi, \eta)\mathrm{d}\xi\mathrm{d}\eta \tag{4.9-7}$$

式中：$g(x, y, \xi, \eta)$为

$$g(x, y, \xi, \eta)=\frac{\mathrm{i}}{\lambda}\frac{\exp\left[-\mathrm{i}\frac{2\pi}{\lambda}\sqrt{d^2+(\xi-x)^2+(\eta-y)^2}\right]}{\sqrt{d^2+(\xi-x)^2+(\eta-y)^2}} \tag{4.9-8}$$

$g(x, y, \xi, \eta)=g(x-\xi, y-\eta)$是空间不变量，可看做系统的点扩散函数。式(4.9-7)可以看做是 $\mathbf{OR}^*$ 与 g 的卷积，可以通过先把两者分别作傅里叶变换，相乘后再作傅里叶逆变换求得。数字点扩散函数为

$$g(m, n)=\frac{\mathrm{i}}{\lambda}\frac{\exp\left[-\mathrm{i}\frac{2\pi}{\lambda}\sqrt{d^2+(m-M/2)^2\Delta\xi+(n-N/2)^2\Delta\eta}\right]}{\sqrt{d^2+(m-M/2)^2\Delta\xi+(n-N/2)^2\Delta\eta}} \tag{4.9-9}$$

式(4.9-7)可写为

$$U_0(x, y)=\mathrm{FT}^{-1}\{\mathrm{FT}\{\mathbf{OR}^*\}\mathrm{FT}\{g\}\} \tag{4.9-10}$$

运用卷积法的优越性是可以在重构运算中通过引入透镜因子 $L(\xi, \eta)$改变物像的尺寸，得到所需大小的物像。透镜因子 $L(\xi, \eta)$可写成

$$L(\xi, \eta)=\exp\left[\mathrm{i}\frac{\pi}{\lambda f}(\xi^2+\eta^2)\right] \tag{4.9-11}$$

式中：$f=(1/d+1/d_0)^{-1}$。式(4.9-10)可重新写为

$$U_0(x, y)=P(x, y)\mathrm{FT}^{-1}\{\mathrm{FT}\{\mathbf{OR}^*L\}\}[\mathrm{FT}\{g\}] \tag{4.9-12}$$

式中：$P(x, y)=\exp[\mathrm{i}\pi(x^2+y^2)/(\lambda f)]$。

同时，通过引入位移参数 s_m、s_n 还可以平移重构区域，达到按照需要的物像大小重构

特定区域的目的。引入位移参数后，式(4.9-9)变为

$$g(m+s_m,\ n+s_n)=\frac{\mathrm{i}}{\lambda}\frac{\exp\left[-\mathrm{i}\frac{2\pi}{\lambda}\sqrt{d^2+\left(m-\frac{M}{2}+s_m\right)^2\Delta\xi+\left(n-\frac{N}{2}+s_n\right)^2\Delta\eta}\right]}{\sqrt{d^2+\left(m-\frac{M}{2}+s_m\right)^2\Delta\xi+\left(n-\frac{N}{2}+s_n\right)^2\Delta\eta}} \tag{4.9-13}$$

对图 4.9-2(a)所示的一个骰子的数字全息图运用卷积法再现，可以得到显示效果更好的骰子再现像，如图 4.9-2(c)所示。

卷积法适合用于数字全息显微，因为数字全息显微需要缩短记录距离来增大数值孔径，从而获得高分辨率，而在大数值孔径的光路中菲涅耳近似条件是不成立的。

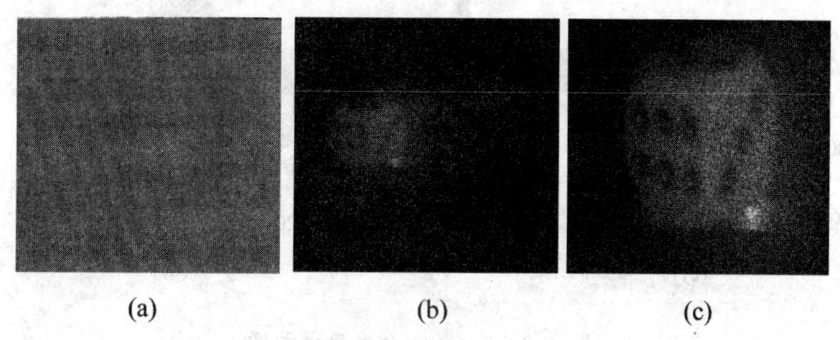

(a)　(b)　(c)

图 4.9-2　数字全息数值算法再现象

(a) 数字全息图；(b) 菲涅耳变换法得到的再现像；(c) 卷积法得到的再现象

4.9.3　数字全息在光学显微中的应用

光学显微镜是一种应用非常广泛的光学仪器，但是传统的光学显微镜只能得到被测物体的二维图像信息，得不到三维形貌图像，而且对透明样品需要染色；电子和扫描探针显微镜分辨率较高，但也不能用于观察纯相位型物体(如透明的生物细胞)，而且实时性差，不能获得样品的动态图像，造价也非常昂贵，使用成本很高。这些缺陷使得这几种显微镜的应用受到限制。

近年来，利用数字全息技术实现显微技术的数字化、三维观测和实时再现已经成为一个发展趋势。数字全息显微(DHM)是将数字技术、全息术和显微技术相结合的一种新型成像手段。

数字全息显微在数字全息中使用大数值孔径的记录光路，配合优良的数字再现算法或利用显微物镜将被测样品进行预放大来获得高分辨率。数字全息本身的快速、方便、无损、低成本、高分辨率等优点，尤其是它能够获取光场相位信息的特点，使其将在显微观测中发挥优势。

最近几年，数字全息显微技术有了突破性的进展，瑞士 Lausanne 大学的研究组研制出了数字全息显微镜。这种数字全息显微镜使用显微物镜对样品进行预放大，其轴向分辨率达到 0.3 nm，横向分辨率在 300 nm 左右，视场范围为 5 mm，分为透射式和反射式两种，分别适用于透明和不透明的样品，可以用于动态物体的实时观测。图 4.9-3(a)和(b)分别是白鼠的神经细胞和血红细胞数字全息显微图像，图 4.9-3(c)和(d)分别是微透镜阵

列和 MOEMS 器件的数字全息显微图像。

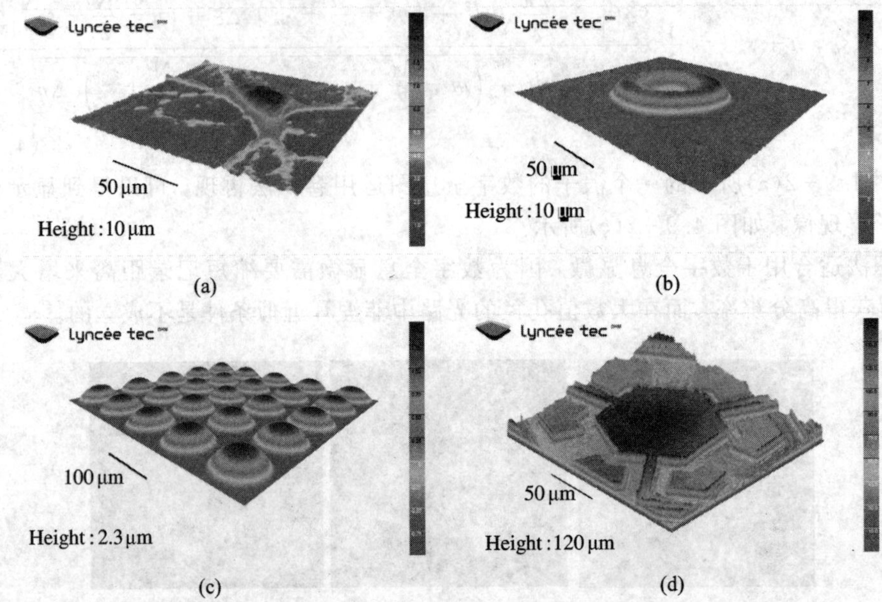

图 4.9－3　数字全息显微图像

(a) 活的神经细胞；(b) 血红细胞的形貌图；(c) 微透镜阵列的三维形貌图；

(d) 一种 MOEMS 器件：垂直位移镜的表面三维形貌图

4.10　全息技术应用

自 1960 年激光出现以后，人们在研究新的全息术的同时，也不断开拓全息应用的新领域，使全息术在光学元器件制造、立体显示、光学高密度信息存储以及干涉计量等领域都获得了广泛应用。

4.10.1　全息光学元件

普通光学元件是由光学玻璃、晶体或有机玻璃等材料制成的。全息光学元件是基于干涉和衍射等物理光学原理在感光薄膜上制成的，因此全息光学元件也称为衍射元件。

1. 全息透镜

制作透射型全息透镜的光路如图 4.10－1 所示。两相干的发散球面波和会聚球面波入射到全息记录介质表面，经曝光、显影和定影等处理后，就可以制成全息透镜了。如果记录介质表面中心的法线与 A、B 两点的连线重合，则是同轴全息图(见图 4.10－1(a))，否则是离轴全息图(见图 4.10－1(b))。全息图记录的光栅是以 A、B 连线为中心的环带。

同轴全息透镜的成像光路如图 4.10－2 所示。由于全息透镜是衍射光学元件，自物点 O 发出的球面光波通过各透明环带发生衍射，形成像点的光波满足光栅方程

$$d_n(\sin\theta_{In} - \sin\theta_{On}) = m\lambda \quad (m = 0, \pm 1, \cdots) \tag{4.10-1}$$

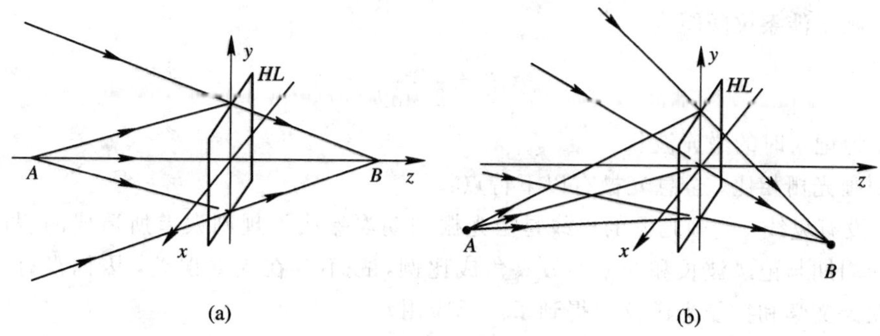

图 4.10－1　制作透射型全息透镜的光路

(a) 同轴全息图；(b) 离轴全息图

式中：θ_{On} 为入射角；θ_{In} 为衍射角；d_n 为光栅间距；m 为衍射级次。因为光栅间距不等，所以用角标 n 表示自中心向外数起的顺序号。图 4.10－2 中，O 是轴上物点，I 是正一级衍射像(正透镜作用)，I' 是负一级衍射像(负透镜作用)，此外还有直接透射光束(平板玻璃作用)。如果全息图记录介质足够厚，则只有正一级衍射像。根据全息图的物像关系，容易求得全息透镜的物像关系为

$$\frac{1}{z_I}-\frac{1}{z_O}=m\mu\left(\frac{1}{z_B}-\frac{1}{z_A}\right)=\frac{1}{f_m'} \tag{4.10-2}$$

式中：$\mu=\lambda/\lambda_0$，λ_0 是制作全息透镜的波长，λ 是成像物光波长；f_m' 是第 m 级衍射像对应的焦距。

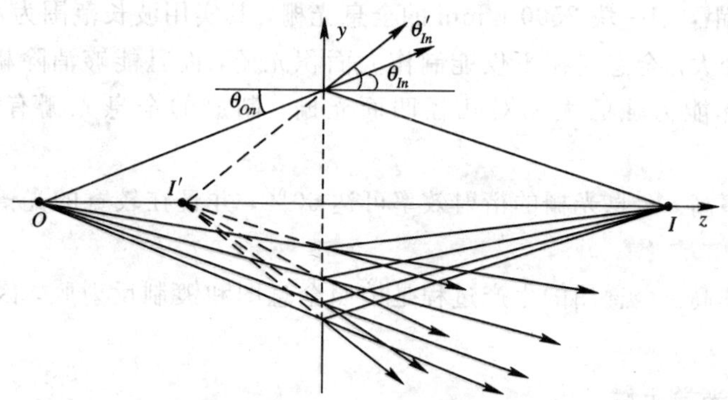

图 4.10－2　同轴全息透镜的成像光路

2. 全息光栅

光栅是重要的分光元件。在全息光栅出现以前，制作光栅的方法是用刻线机刻画一个母光栅，然后进行复制。光栅有平面光栅和凹面光栅之分，同样全息光栅也有平面光栅和凹面光栅之分。这里仅介绍平面全息光栅的制作方法和其特点。

平面全息光栅就是记录两平面光波的干涉条纹，其典型记录光路如图 4.10－3 所示。激光束经分束镜分为两束后，经过两扩束准直系统，得到两相干平面波。一般采用对称光路，设两平面波的夹

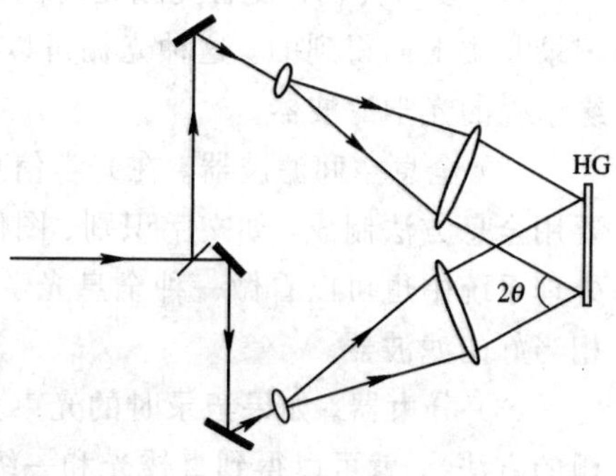

图 4.10－3　平面全息光栅的记录光路

角为 2θ，则干涉条纹间距为

$$d=\frac{\lambda_0}{2\sin\theta} \tag{4.10-3}$$

式中：λ_0 为记录时的激光波长。

与刻画光栅相比，全息光栅有以下特点：

(1) 没有鬼线。刻画光栅的鬼线是由光栅周期误差或不规则误差所造成的假谱线。全息光栅的周期与记录波长和两平面波夹角成比例，故不存在周期误差，因而没有鬼线。全息光栅在天文学和拉曼光谱仪中得到了广泛应用。

(2) 杂散光少。杂散光是由光栅的偶然误差引起的。刻画光栅由于生产周期长，容易产生偶然误差。而全息光不存在偶然误差，所以全息光栅的信噪比高。

(3) 分辨率高。光栅的分辨率 $\lambda/\delta\lambda$ 等于光谱的级次 m 与光栅的总刻线数 N 的乘积，即

$$\frac{\lambda}{\delta\lambda}=mN \tag{4.10-4}$$

因为级次 m 变高以后色散的光谱范围变小，所以一般用增加 N 来提高光栅的分辨率。对于刻画光栅来说，刻画线数总是受到一定限制，全息光栅则易于通过增大光栅长度来增加 N，从而得到很高的分辨率。

(4) 适用光谱范围宽。刻画光栅的适用光谱范围为闪耀波长的(2/3)～2 倍，如闪耀波长为 300 nm 的光栅，其适用光谱范围为 200～600 nm。而全息光栅的波长适用范围为(1/2)～3 倍线间距，如一块 2500 l/mm 的全息光栅，其实用波长范围为 200～1200 nm。

(5) 有效孔径大。全息光栅不仅能制作大面积光栅，而且能够消除相差，因而能制成相对孔径大、集光能力强的大相对孔径凹面光栅。制成的全息光栅有的相对孔径已达到 $D/f'=1$。

(6) 衍射效率高。全息光栅的衍射效率可达 60%，并且在较宽的光谱范围内衍射效率变化不大。

(7) 生产效率高。全息图的生产过程是拍照全息图和镀制反射膜，因此生产效率比刻画光栅高得多。

3. 其他全息光学元件

其他全息光学元件有：

(1) 复合光栅。复合光栅是将两组方向相同但间隔有微小差别的干涉条纹记录在同一记录介质上而得到的。这种光栅可以用作干涉计量中的波面错位元件，或光学微分中像边缘增强的光学滤波器。

(2) 全息空间滤波器。在光学信息处理中要用到各种空间滤波器，这些滤波器有些需要用全息方法制成，如文字识别、图像相减、图像消模糊、匹配滤波等。这些滤波器在信息处理系统中也可以看做一种全息光学元件，用光学全息或计算全息的方法都能制作出效果相当好的滤波器。

(3) 分束器。如果记录时的光束夹角大于 90°，适当选择光束的入射角(用记录平面光栅的方法)，就可以得到直透光和一级衍射光了。由于体光栅效应，适当改变入射角，就可以改变衍射效率，从而改变直透光和衍射光的分束比。当需要把一束光分成多束时，可以

采用多束光曝光或多次记录的方法制作分束器。结合全息分束器和全息透镜的制作方法，还可以制作分束扩束复合全息元件。

4.10.2　全息立体显示

全息立体显示是将事先制作的一套带有视差信息的二维动画图片综合成三维的全息显示。其方法是：把每一幅二维图片制作成一个单元全息图，在全息照片上占一个窄条的位置，把一套二维图片依次序记录下来。再现时，当人眼与全息图之间有相对运动时，由于眼睛的体视效应和视觉停留现象，就会感觉到一种活动的三维景象。这种全息技术也称为合成全息。

合成全息图可以记录在全息干板上(称为面积分割全息)，也可以记录在全息胶片上，再现时将全息胶片围成筒状(称为角度多路全息)。两种合成全息图拍照二维图片的光路和制作合成全息图的光路都略有差别，下面以角度多路全息为例进行讨论。

拍照二维图片的光路如图 4.10 - 4(a)所示，拍照每一幅二维图片，照相机的光轴都要绕物体的中心转过一个角度。记录角度多路全息图的 xz 和 yz 平面内的光路分别如图 4.10 - 4(b)、(c)所示，L_1 是照明系统，二维图片位于 O_1 处，L_2 是投影系统，L_3 是柱面透镜，L_4 是一球面镜(用作为场镜)。全息记录介质置于 xy 平面，并在全息记录介质前放置一竖直狭缝。L_2 将二维图片成像在场镜 L_3 上，柱面透镜的作用是将水平(x 方向)的成像光束压缩成为一个窄条通过狭缝，垂直方向(y 方向)的成像光束在狭缝处稍有压缩，而在 E 处压缩成为一小斑，这样相当于在 E 处放置了一水平狭缝，其作用与彩虹全息图的狭缝相同。参考点源位于 yz 平面内，全息图的光栅方向平行于 x 轴。

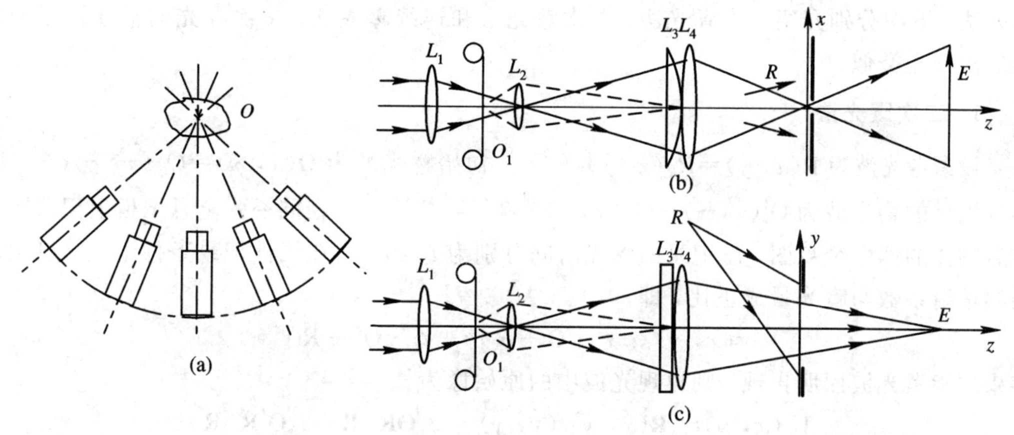

图 4.10 - 4　记录角度全息图的光路

(a) 拍照二维图片的光路；(b) xz 平面内的光路；(c) yz 平面内的光路

角度多路全息图再现时，采用图 4.10 - 5 所示的光路，用白光点光源照明，点源相对全息图的位置与记录时的参考光源相同，全息胶片围成的圆半径等于场镜到狭缝的距离。最佳观察位置大约为狭缝到 E 的距离。若用一驱动装置转动全息图，就可以观察到动态的立体再现像，如果眼睛上下移动就可以观察到不同颜色的像。由二维图片的全息图产生眼睛的体视感，在于进入两只眼睛的再现像是由不同的单元全息图得到的，相当于人观察实际物体，两只眼睛在不同的角度观察，最后合成立体像。

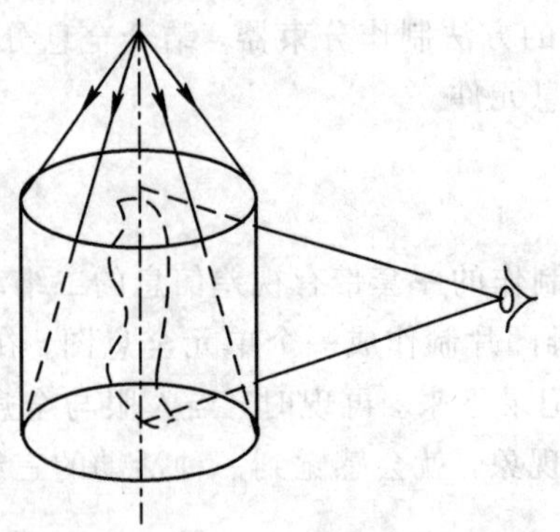

图 4.10-5 角度多路全息图的再现

现在，全息立体显示技术正在向大视场、白光再现物体动态的真彩色方向发展。

4.10.3 全息干涉计量

全息干涉计量是全息应用的一个重要方面。全息干涉与普通干涉十分相似，相干理论和测量精度基本相同，只是获得相干光的方法不同。普通干涉中获得相干光的方法不外乎分振幅法和分波前法。而全息干涉则是将同一束光在不同时间记录在同一张全息干板上，然后使这些波前同时再现，发生干涉，所以全息干涉的相干光是采用时间分割法产生的。时间分割法的优点是相干光由同一光学系统产生，可以消除系统误差，而且对光学元器件的精度要求低。

全息干涉计量有单次曝光(实时法)、二次曝光、多次曝光和连续曝光(时间平均值法)等方法。下面分别介绍二次曝光法、单次曝光法和连续曝光法。多次曝光的干涉计量原理与二次曝光类似。

1. 二次曝光法

设参考光波为 $\mathbf{R}(x, y)=R_R(x, y)\mathrm{e}^{\mathrm{i}\varphi_R(x, y)}$，初始物光波为 $\mathbf{O}(x, y)=O_O(x, y)\mathrm{e}^{\mathrm{i}\varphi_O(x, y)}$，形变以后的物光波为 $\mathbf{O}'(x, y)=O_O(x, y)\mathrm{e}^{\mathrm{i}[\varphi_O(x, y)+\Delta\varphi_O(x, y)]}$。在同一张全息干板上记录形变前后物体的两幅全息图，设记录的曝光时间分别为 t_1 和 t_2，在线性记录条件下，全息图的振幅透射系数与曝光量成正比，即

$$t(x, y)\propto t_1\mid \mathbf{O}+\boldsymbol{R}\mid^2+t_2\mid \mathbf{O}'+\boldsymbol{R}\mid^2 \tag{4.10-5}$$

如果用参考光波照明再现，则再现光波中的原始像为

$$\begin{aligned}\mathbf{U}'(x, y)&=\mathbf{R}(x, y)t(x, y)=t_1\mathbf{O}\mathbf{R}^*\mathbf{R}+t_2\mathbf{O}'\mathbf{R}^*\mathbf{R}\\&=t_1R_R^2O_O\mathrm{e}^{\mathrm{i}\varphi_O}+t_2R_R^2O_O\mathrm{e}^{\mathrm{i}(\varphi_O+\Delta\varphi_O)}\end{aligned} \tag{4.10-6}$$

再现原始像光强为 $I(x, y)\propto\mathbf{U}'(x, y)\mathbf{U}'^*(x, y)$。我们知道，两束光干涉时，如果两束光的振幅相等，则干涉条纹对比度最高，所以记录时应满足

$$t_1\mathbf{O}=t_2\mathbf{O}' \tag{4.10-7}$$

假定这个条件满足，略去常数项，可得

$$I(x, y)\propto\mathbf{U}'(x, y)\mathbf{U}'^*(x, y)\propto I+\cos[\Delta\varphi_O(x, y)] \tag{4.10-8}$$

结果与普通双光束干涉的光强分布完全相同，干涉条纹的形状完全取决于相位函数的变化 $\Delta\varphi_O(x, y)$，由干涉条纹的间距和形状就可以判断两次曝光之间物体的形变。

2. 单次曝光法

单次曝光全息干涉计量是：记录一张初始物光波全息图，经后续处理后精确复位；然后用待检测的物光波和原参考光波同时照射全息图，使直接透过全息图的待检测物光波与再现的初始物光波发生干涉。这样可以实时检测物体的形变等，故这种方法也称为实时法。

设用参考光波 $\mathbf{R}(x, y)=R_R(x, y)\mathrm{e}^{\mathrm{i}\varphi_R(x, y)}$，初始物光波为 $\mathbf{O}(x, y)=O_O(x, y)\mathrm{e}^{\mathrm{i}\varphi_O(x, y)}$ 记录一张全息图。在线性记录条件下，全息图的振幅透射系数可以写成

$$t(x, y) = \beta_0 + \beta I(x, y) = \beta_0 + \beta(|\mathbf{O}|^2 + R_R^2 + \mathbf{O}\mathbf{R}^* + \mathbf{O}^*\mathbf{R}) \tag{4.10-9}$$

观察时，用原参考光波和待检测的物光波 $\mathbf{O}'(x, y)=O_O(x, y)\mathrm{e}^{\mathrm{i}[\varphi_O(x, y)+\Delta\varphi_O(x, y)]}$ 同时照射全息图，全息图的衍射光波中包含直接透过全息图的待检测物光波与再现的初始物光波的原始像，它们是

$$\mathbf{U}'(x, y) = \beta\mathbf{O}\mathbf{R}^*\mathbf{R} + C\mathbf{O}' = \beta R_R^2 O_O \mathrm{e}^{\mathrm{i}\varphi_O} + CO_O\mathrm{e}^{\mathrm{i}(\varphi_O+\Delta\varphi_O)} \tag{4.10-10}$$

式中：$C=\beta_0+\beta(O_O^2+R_R^2)$。相应的光强为

$$I(x, y) \propto \mathbf{U}'(x, y)\mathbf{U}'^*(x, y) = O_O^2[\beta^2 R_R^4 + C^2 + 2\beta C R_R^2\cos(\Delta\varphi_O)] \tag{4.10-11}$$

可见，在视场中光强按余弦规律变化，具有两束光干涉的特点。不过，由于再现物光波和直接透射物光波的振幅不再相同，干涉条纹的对比度较二次曝光法要差。可采用适当选择参考光和物光的光束比来提高干涉条纹的对比度。当 $\cos(\Delta\varphi_O)=\pm1$ 时，光强的极值分别为

$$\left.\begin{aligned} I_M &= O_O^2[\beta^2 R_R^4 + C^2 + 2\beta C R_R^2] \\ I_m &= O_O^2[\beta^2 R_R^4 + C^2 - 2\beta C R_R^2] \end{aligned}\right\} \tag{4.10-12}$$

干涉条纹的对比度为

$$V = \frac{I_M - I_m}{I_M + I_m} = \frac{2\beta C R_R^2}{\beta^2 R_R^4 + C^2} = \frac{2\beta[\beta_0/O_O^2 + \beta(1+B)]B}{\beta^2 B^2 + [\beta_0/O_O^2 + \beta(1+B)]^2} \tag{4.10-13}$$

在忽略 β_0 的情况下，式(4.10－13)简化为

$$V = \frac{2(B+B^2)}{1+2B+2B^2} \tag{4.10-14}$$

式中：$B=R_R^2/O_O^2$ 是参考光和物光强度之比，简称参-物比。图 4.10－6 给出了 $V-B$ 曲线，可见单次曝光法中参-物比选大一些好，一般选取$B\geqslant3$。

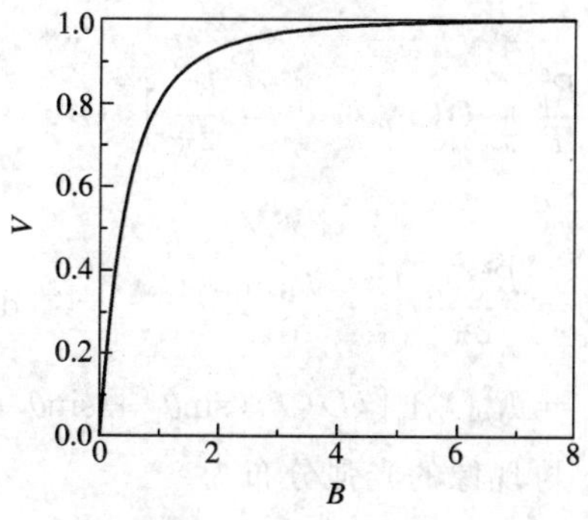

图 4.10－6　$V-B$ 曲线

3. 时间平均值法

在记录振动物体的全息图时，曝光期间，物体的位置时刻在变化着，可以设想为无数全息图记录在同一张干板上，这样的全息图称为时间平均值全息图。它的再现像会出现时间平均值全息干涉条纹。条纹的形状和强度分布可以给出物体的振动模式，也可用来计算物体表面各点振幅的大小。

在给定物体的边界条件后，其振动模式一般很多，这里以最简单的简谐振动为例讨论时间平均值干涉计量的原理和数学处理方法。设一个膜片一段被夹紧，如图 4.10-7 所示。振动的频率为 ν，膜上一点 $P(x)$ 的振幅为 $D(x)$，t 时刻的振动位移为

$$D(x,\ t) = D(x)\cos 2\pi\nu t \tag{4.10-15}$$

物体上一点 $P(x)$ 移动到 P' 时的相位变化为

$$\varphi_O(x,\ t) = -kD(x)(\sin\theta_1 + \sin\theta_2)\cos 2\pi\nu t \tag{4.10-16}$$

设参考光波为 $\mathbf{R}(x)=R_R e^{i\varphi_R(x)}$，初始物光波为 $\mathbf{O}(x,\ t)=O_O(x)e^{i\varphi_O(x,\ t)}$，则全息图面上的光强为

$$I(x,\ t) = \mathbf{O}(x,\ t)\mathbf{O}^*(x,\ t) + R_R^2 + \mathbf{O}(x,\ t)\mathbf{R}^*(x) + \mathbf{O}^*(x,\ t)\mathbf{R}(x) \tag{4.10-17}$$

在全息图上的平均曝光量为

$$\langle I(x)\rangle = \frac{1}{T}\int_0^T I(x,\ t)\,\mathrm{d}t \tag{4.10-18}$$

式中：$T=1/\nu$ 为物体的振动周期。

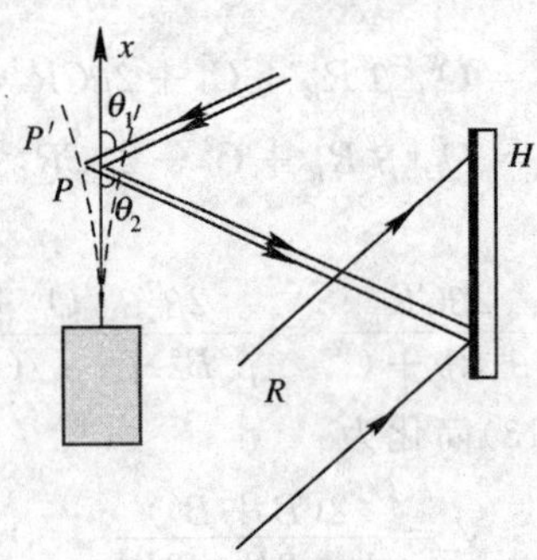

图 4.10-7　时间平均值记录光路

在线性记录条件下，全息图的振幅透射系数与 $\langle I(x)\rangle$ 成正比，用原参考光再现时，单独考虑原始像项，有

$$\mathbf{U}'(x) = \frac{R_R^2}{T}\int_0^T \mathbf{O}(x,\ t)\,\mathrm{d}t = \frac{R_R^2}{2\pi}\int_0^{2\pi}\mathbf{O}(x,\ t)\,\mathrm{d}(2\pi t) \tag{4.10-19}$$

把式(4.10-16)代入得

$$\begin{aligned}\mathbf{U}'(x) &= \frac{R_R^2 O_O}{2\pi}\int_0^{2\pi} e^{-ikD(x)(\sin\theta_1+\sin\theta_2)\cos 2\pi\nu t}\,\mathrm{d}(2\pi t)\\ &= R_R^2 O_O \mathrm{J}_0[kD(x)(\sin\theta_1+\sin\theta_2)]\end{aligned} \tag{4.10-20}$$

式中：J_0 为零阶贝塞尔函数。再现像的光强分布为

$$I'(x) = \mathbf{U}'(x)\mathbf{U}'^*(x) \propto \mathrm{J}_0^2[kD(x)(\sin\theta_1+\sin\theta_2)] \tag{4.10-21}$$

式(4.10-21)表明物体原始像的光强按零阶贝塞尔函数的平方分布，如图 4.10-8 所示。

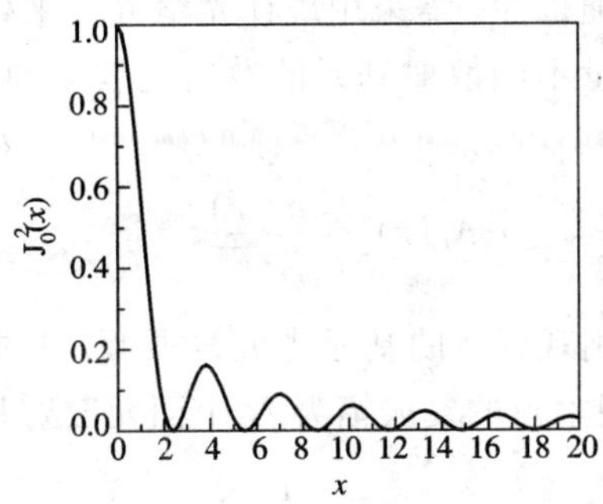

图 4.10－8　$J_0^2(x)-x$ 曲线

由图 4.10－8 可见，与节线(节点)对应的零级条纹宽度较其他各级大得多。需要指出的是，如果物体的振动规律不同，干涉条纹的强度分布规律也不同，但计算方法是相同的。

4.11　激光散斑

当激光照射在平均起伏大于波长数量级的光学粗糙表面(或透过光学粗糙的透射板)上时，表面上无规则分布的面元所散射的子波相互叠加使反射光场(或透射光场)具有随机的空间光强分布，呈现出亮暗斑纹，这就是激光散斑。一般来说，散斑的精细结构与被照明物体的宏观特性没有明显的关系。

当用激光照明观察物体或成像时，由于散斑影响分辨率，起初认为散斑是有害的，后来发现散斑光场可成为信息的载体，具有一些特殊性质，可用于测量。例如，物体的位移或变形必然引起散斑场的变化，因此可通过测量散斑场的变化获取物体的位移或形变信息。下面简要介绍散斑场的统计特性以及激光散斑测量技术。

4.11.1　散斑场的统计特性

通常把物表面的散射光，经自由空间传播，在接收屏上产生的散斑场称做客观散斑，而将经过透镜在屏上形成的散斑场称做主观散斑，如图 4.11－1 所示。

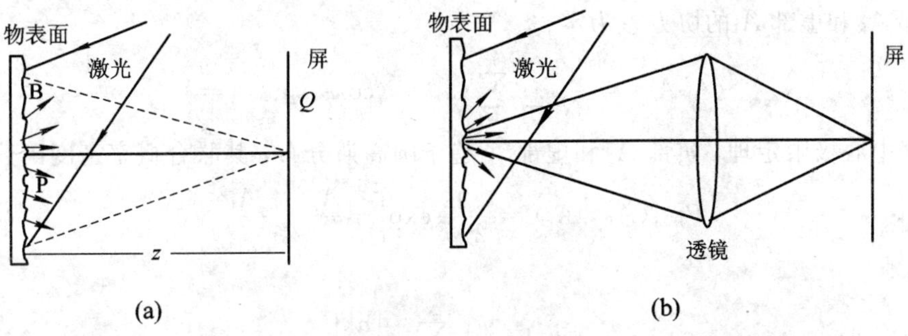

图 4.11－1　散斑的形成

(a) 客观散斑；(b) 主观散斑

散斑光强空间分布具有随机性，需采用统计光学方法来处理。屏上任一观察点形成的散斑场由来自粗糙表面的大量不同散射基元的散射光波叠加而成。假设散射面上有 N(N 很大)个独立的散射面元，令

$$\mathbf{A}_k(r) = \frac{a_k(r)}{\sqrt{N}} e^{i\phi_k(r)} \tag{4.11-1}$$

表示由第 k 个散射面元散射到观察点的基元光波复振幅，其中，$a_k(r)/\sqrt{N}$为振幅；$\phi_k(r)$为相位，均为随机变量。则观察点的复振幅为 N 个面元散射基元光波的叠加：

$$\mathbf{A}(r) = a e^{i\theta} = \frac{1}{\sqrt{N}} \sum_{k=1}^{N} a_k(k) e^{i\phi_k(r)} \tag{4.11-2}$$

显然，散射后物面光场不再是激光器发出的空间相干场。

假设基元复振幅和相位具有下列统计特性：

(1) 每一个基元光波的振幅和相位统计无关，并且与其他基元光波的振幅和相位也统计无关；

(2) 对于所有 k，随机振幅 a_k有完全相同的分布，其均值为$\langle a \rangle$，二阶矩为$\langle a^2 \rangle$；

(3) 散射面是光学粗糙的，即其表面起伏的标准差远大于照明激光波长，可以认为各散射光波相位 ϕ_k在区间$[-\pi, \pi]$上均匀分布；

(4) 散射面元与照明区域以及测量系统在物面上所形成的点扩散函数的有效覆盖区域相比都足够小，但与光波波长相比又足够大。

1. 散斑场的一阶统计特性

考虑到基元复振幅的上述统计特性，当散射元 N 足够大时，观察点上的光场 $\mathbf{A}(r)$的实部和虚部是独立的，并且 $\mathbf{A}(r)$的实部 $A_R = \mathrm{Re}\{a e^{i\theta}\}$和虚部 $A_I = \mathrm{Im}\{a e^{i\theta}\}$均值为零，即

$$\langle A_R \rangle = \langle \mathrm{Re}\{a e^{i\theta}\} \rangle = \frac{1}{\sqrt{N}} \sum_{k=1}^{N} \langle a_k \rangle \langle \cos\phi_k \rangle = 0 \tag{4.11-3}$$

$$\langle A_I \rangle = \langle \mathrm{Im}\{a e^{i\theta}\} \rangle = \frac{1}{\sqrt{N}} \sum_{k=1}^{N} \langle a_k \rangle \langle \sin\phi_k \rangle = 0 \tag{4.11-4}$$

实部 A_R和虚部 A_I的方差相同：

$$\langle A_R^2 \rangle = \langle A_I^2 \rangle = \frac{1}{N} \sum_{k=1}^{N} \frac{\langle |a_k|^2 \rangle}{2} \tag{4.11-5}$$

实部 A_R和虚部 A_I的协方差为零：

$$\langle A_R^2 A_I^2 \rangle = \frac{1}{N} \sum_{k=1}^{N} \sum_{n=1}^{n} \langle a_k a_n \rangle \langle \cos\phi_k \sin\phi_n \rangle = 0 \tag{4.11-6}$$

根据中心极限定理，实部 A_R和虚部 A_I趋于圆高斯分布，其联合概率密度函数为

$$P_{R,I}(A_R, A_I) = \frac{1}{2\pi\sigma^2} \exp\left[-\frac{{A_R}^2 + {A_I}^2}{2\sigma^2}\right] \tag{4.11-7}$$

式中：

$$\sigma^2 = \lim_{N\to\infty} \frac{1}{N} \sum_{k=1}^{N} \frac{\langle |a_k|^2 \rangle}{2} \tag{4.11-8}$$

这种密度函数通常称为圆型高斯密度函数，这是由于恒定概率密度的等值线是复平面上的一些圆。而复振幅 $\mathbf{A}(r)$称为圆型复高斯随机变量。

散斑场的光强 I 和相位 φ 的统计特性，可根据其与复振幅之间的关系 $A_R=\sqrt{I}\cos\varphi$ 和 $A_I=\sqrt{I}\sin\varphi$ 求得。利用多元随机变量的变换方法，可求得光强和相位的联合概率密度函数为

$$P_{I,\varphi}(I,\varphi)=\begin{cases}\dfrac{1}{4\pi\sigma^2}\exp\left(\dfrac{-I}{2\sigma^2}\right) & I\geqslant 0,\ -\pi\leqslant\varphi\leqslant\pi\\ 0 & \text{其他}\end{cases}\tag{4.11-9}$$

光强的边缘概率密度函数为

$$P_I(I)=\int_{-\pi}^{\pi}P_{I,\varphi}(I,\varphi)\mathrm{d}\varphi=\begin{cases}\dfrac{1}{2\sigma^2}\exp\left(\dfrac{-I}{2\sigma^2}\right) & I\geqslant 0\\ 0 & \text{其他}\end{cases}\tag{4.11-10}$$

可见，散斑场中任一点的光强分布遵守负指数统计，其 n 阶矩、均值和方差分别可以由定义求得

$$\langle I^n\rangle=n!(2\sigma^2)^n=n!\langle I\rangle^n\tag{4.11-11}$$

$$\langle I\rangle=2\sigma^2\tag{4.11-12}$$

$$\sigma_I^2=\langle I^2\rangle-\langle I\rangle^2=\langle I\rangle^2\tag{4.11-13}$$

可见，散斑场光强的均值与标准差相等。通常把标准差与均值之比称为散斑场的对比度，即

$$C=\frac{\sigma_I}{\langle I\rangle}\tag{4.11-14}$$

对比度的倒数定义为散斑场的信噪比。显然，散斑场的对比度和信噪比都为 1。

类似地，还可以导出相位的概率密度函数为

$$P_\varphi(\varphi)=\int_0^{\infty}P_{I,\varphi}(I,\varphi)\mathrm{d}I=\begin{cases}\dfrac{1}{2\pi} & -\pi\leqslant\varphi\leqslant\pi\\ 0 & \text{其他}\end{cases}\tag{4.11-15}$$

由式(4.11-9)、式(4.11-10)和式(4.11-15)可得

$$P_{I,\varphi}(I,\varphi)=P_I(I)P_\varphi(\varphi)\tag{4.11-16}$$

这说明，散斑场光强和相位是统计独立的。

2. 散斑场的二阶统计特性

为了描述散斑场空间结构的粗糙程度，需要引入散斑场光强的自相关函数，这是散斑场的二阶统计特性。在如图 4.11-1 所示的观察平面上，光强分布的自相关函数定义为

$$R_I(x_1,y_1;x_2,y_2)=\langle I(x_1,y_1)I(x_2,y_2)\rangle\tag{4.11-17}$$

当 $x_1=x_2$，$y_1=y_2$ 时，光强自相关函数 R_I 取最大值；而当 R_I 达到最小值时，散斑场相关运算错开的值 x_2-x_1，y_2-y_1 相当于散斑颗粒宽度。因此，散斑"平均宽度"可由自相关函数的宽度来度量。由于在每一点处散斑场复振幅 $\mathbf{A}(r)$ 都是圆型复高斯随机变量，根据圆型复高斯定理，并参考复相干度表示式(式(1.6-6))，光强的自相关函数可以进一步表示为

$$\begin{aligned}R_I(r_1,r_2)&=\langle I(r_1)I(r_2)\rangle+\left|\langle\mathbf{U}(r_2)\mathbf{U}^*(r_2)\rangle\right|^2\\&=\langle I(r_1)\rangle\langle I(r_2)\rangle\{1+\gamma_{12}(\Delta x,\Delta y)\}\end{aligned}\tag{4.11-18}$$

式中：$\langle\mathbf{U}(r_1)\mathbf{U}^*(r_2)\rangle$ 为互强度；$\gamma_{12}(\Delta x,\Delta y)$ 为复相干度。最后，光强的自相关函数可以

表示为

$$R_I(\Delta x,\ \Delta y) = \langle I(r)\rangle^2\left\{1 + \left|\frac{\iint_{-\infty}^{\infty} |P(\xi,\ \eta)|^2 \exp\left[-\mathrm{i}\frac{2\pi}{\lambda z}(\xi\Delta x + \eta\Delta y)\right]\mathrm{d}\xi\,\mathrm{d}\eta}{\iint_{-\infty}^{\infty} |P(\xi,\ \eta)|^2 \mathrm{d}\xi\,\mathrm{d}\eta}\right|^2\right\}$$

(4.11-19)

式中：$P(\xi,\ \eta)$为自由空间传播时散射光场的光强分布或成像过程中的光瞳函数。可见，散斑场的自相关函数由一个常数项加上光瞳函数平方的归一化傅里叶变换的模平方所组成，它客观地反应了散斑尺寸的大小。

对于面积为$L\times L$的均匀方形散射表面，有$|P(\xi,\ \eta)|^2=\mathrm{rect}\left(\frac{\xi}{L}\right)\mathrm{rect}\left(\frac{\xi}{L}\right)$，注意到$|x|\leqslant\frac{1}{2}$时，$\mathrm{rect}(x)=1$；$|x|>\frac{1}{2}$时，$\mathrm{rect}(x)=0$，此时相应的光强自相关函数为

$$R_I(\Delta x,\ \Delta y) = \langle I\rangle^2\left[1 + \mathrm{sinc}^2\left(\frac{L\Delta x}{\lambda z}\right)\mathrm{sinc}^2\left(\frac{L\Delta y}{\lambda z}\right)\right] \tag{4.11-20}$$

此时散斑的大小可以合理地取为$\mathrm{sinc}^2\left(\frac{L\Delta x}{\lambda z}\right)$第一次降到零时的$\Delta x$值。用$\delta x$表示这个散斑的大小，则有：

$$\delta x = \frac{\lambda z}{L} \tag{4.11-21}$$

同样，对于生成主观散斑场用的成像光学系统光瞳的直径为D的圆孔，也能求得相应的光强自相关函数为

$$R_I(\Delta x,\ \Delta y) = \langle I\rangle^2\left[1 + \left|\frac{2\mathrm{J}_1\left(\frac{\pi D r}{\lambda z}\right)}{\left(\frac{\pi D r}{\lambda z}\right)}\right|^2\right] \tag{4.11-22}$$

式中：J_1为一阶贝塞尔函数；$r=[(\Delta x)^2+(\Delta y)^2]^{1/2}$。这时散斑大小为

$$\delta x = \frac{1.22\lambda z}{D} \tag{4.11-23}$$

4.11.2 激光散斑测量技术

激光散斑测量是一种非接触的测量技术，不但可以测量离面位移、面内位移和应变，还可以测量振动。它能进行全场测量，检测效率高，具有波长级的灵敏度。特别是用视频图像存储设备取代照相干板记录散斑，避免了干板的处理、复位及光场再现等过程，能实时显示干涉条纹，增强了抗干扰能力，使激光散斑测量向智能化、实用化迈进了一大步，这种和电子技术相结合的散斑技术就是所谓的电子散斑干涉技术(ESPI)和数字散斑干涉技术(DSPI)。

1. 散斑照相测量技术

1) 散斑图的记录

散斑照相检测方法可用于面内位移的测量，它包括两个步骤，即散斑图的记录和散斑图的位移分析。如图4.11-2(a)所示，待测物面被一束激光照明，通过照相物镜，在像面

$x-y$ 上形成散斑场。一次曝光后，物有位移 x_0，再次曝光，在同张底片上记录了两个强度分布完全相同，但两者彼此位置稍微错开 Mx_0 的散斑图。由于各斑点都是成对出现的，这相当于底片上记录了无数的“双孔”，各孔距和连线分别反映了“双孔”所在处的像点的位移值和方向。

设像面上散斑光强函数可用 $I_r(x, y)$ 表示，沿 x 方向位移，位移后像面上散斑光强函数则为 $I_r(x-Mx_0, y)$，两次曝光的总曝光量为

$$H_V = t[I_r(x, y) + I_r(x - Mx_0, y)] \tag{4.11-24}$$

式中：$M=v/u$ 为物镜的横向放大率；t 为每次曝光的时间。式(4.11-24)进一步可写为

$$H_V = t\{I_r(x, y) * [\delta(x, y) + \delta(x - Mx_0, y)]\} \tag{4.11-25}$$

线性记录条件及后续处理条件下，得到的散斑图的透过率为

$$\tau_H = \tau_0 + \tau_1 t\{I_r(x, y) * [\delta(x, y) + \delta(x - Mx_0, y)]\} \tag{4.11-26}$$

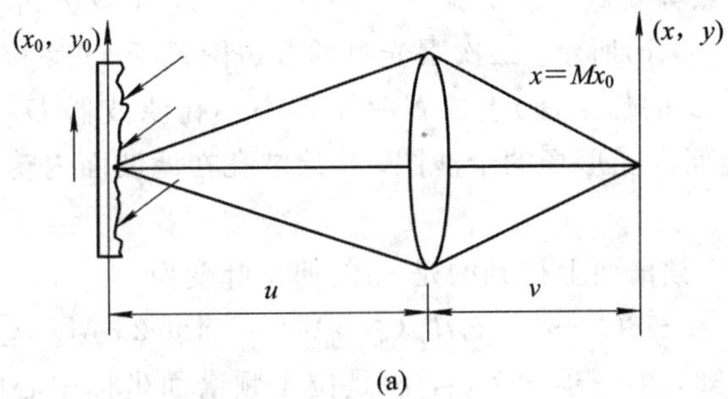

(a)

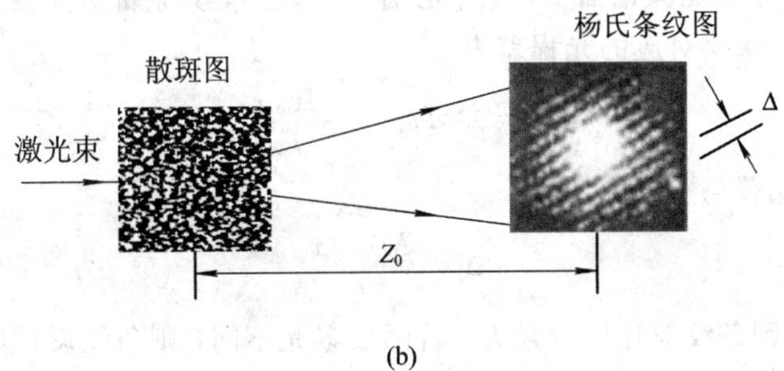

(b)

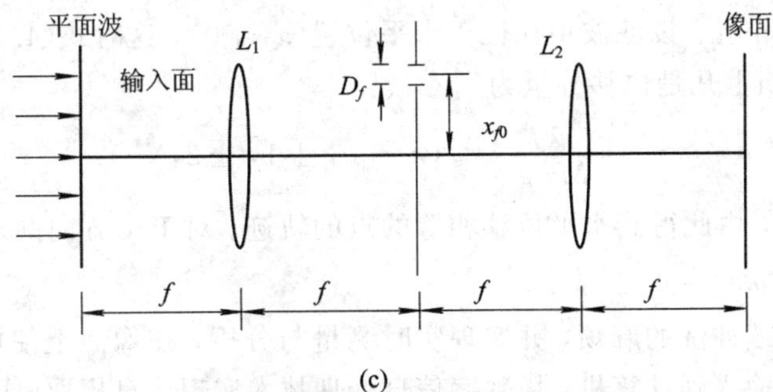

(c)

图 4.11-2　散斑照相记录和位移分析

(a) 散斑照相原理图；(b) 逐点滤波分析法；(c) 全场分析法

2）位移分析

散斑图的位移可以用逐点滤波分析法和全场分析法两种方法获得。

逐点滤波分析法如图 4.11-2(b)所示。用一束激光照射散斑图，在接收平面上即可获得所谓的杨氏条纹。该条纹的方向垂直于物体表面位移方向，条纹间距反比于位移的大小，容易求得

$$Mx_0 = \frac{\lambda z_0}{\Delta} \tag{4.11-27}$$

式中：λ 为照射波长；Δ 为杨氏条纹间距；M 为散斑记录时成像系统的放大倍数；Mx_0 为“双孔”间距(即散斑位移量)；z_0 为散斑图与观察屏之间的距离。这样即可通过测量杨氏条纹间距 Δ 获得待测物体位移量 x_0。由于位移的取向不同，杨氏条纹的取向也不同，由此可以获得物体位移的方向信息。

但是逐点滤波对每个点都要做一次实验分析，效率较低，全场分析法可以克服这一缺点。全场分析法如图 4.11-2(c)所示。二次曝光过的散斑图置于 $4f$ 系统的输入面上，用平面波照明，在空间频谱面(L_1 的焦平面)上放置一个偏心小孔滤波器 D_f，在系统的输出面就获得了表征 x_f 方向一维面内变形场的干涉图。将滤波孔在滤波面内转到 y_f 轴方向，将得到 y_f 的另一维面内变形场。

根据散斑图的透过率，频谱面上得到的是 τ_H 的傅里叶变换

$$\mathrm{FT}(\tau_H) = \tau_0\delta(\xi,\ \eta) - \tau_1 t I_R(\xi,\ \eta)[1 + \exp(\mathrm{i}2\pi\xi M x_0)] \tag{4.11-28}$$

分析频谱面上光强分布可知，第一项 $\tau_0^2\delta^2(\xi,\ \eta)$ 是位于频谱面坐标中心的小光斑；第二项 $I_1 \propto I_R^2\cos^2(\pi\xi M x_0)$。可见频谱面上，除中心有一亮斑外，其余部分是受 $\cos^2(\pi\xi M x_0)$ 调制的亮暗相间的条纹，条纹对应的光程差为

$$\Delta = \lambda\xi M x_0 = \frac{M x_0 x}{f} \tag{4.11-29}$$

对式(4.11-29)两边作微分

$$\partial\Delta = \frac{M x_0 \partial x}{f} \tag{4.11-30}$$

若 $\partial\Delta=\lambda$，$\partial x=\delta x$，则条纹对比度度最大；若两次曝光不同，则条纹反衬度下降。

若物体各点的位移是非均匀的，则一般在频谱面上观察不到干涉条纹。这时需在频谱面上安置一个滤波小孔。设滤波小孔位于水平位置(x_{f0}，0)，这时式(4.11-29)中 $x=x_{f0}$，则在 $4f$ 系统的像面上凡是位移分量为

$$x_0 = \frac{n\lambda f}{M x_{f0}} \quad (n = 0,\ \pm 1,\ \pm 2,\ \cdots) \tag{4.11-31}$$

的点均出现亮条纹，由此得到水平位移相等的点的轨迹。对于 y 方向同理。

3）数字分析方法

为减少胶片后续冲洗的麻烦，并实现实时测量与分析，在像面上使用 CCD 代替胶片，并将采集到的数据输入到计算机，用数字信息处理技术实现信息提取(或称条纹识别)。

数字信息提取的方法同样有全场滤波与逐点滤波两种，但在逐点滤波技术中除了形成杨氏条纹的方法之外，还有相关技术。像面 CCD 获得的信号可以表示为

$$S(x,\ y) = \frac{\alpha}{A}\iint I(\xi,\ \eta) W(x-\xi,\ y-\eta)\mathrm{d}\xi\,\mathrm{d}\eta \tag{4.11-32}$$

式中：I 为光强分布；α 为 CCD 的光电转换效率；W 为 CCD 的窗函数；A 为窗函数面积。

数字全场信息提取以二维数字偏心滤波技术，对变形前后两散斑场的合成场进行处理，将变形场在滤波方向上的分量信息以等位移线的形式表现出来，其原理与光学全场滤波方法完全相同。首先，对变形前后两散斑场的合成场转化的二维数字信号进行离散傅里叶变换，得到其频谱，再用带通滤波器取出以 f_0 为圆心，f_W 为半径的圆域中的部分频率，对这部分频率做离散傅里叶逆变换，并用局部空域平均消除散斑，便可得到在点 f_0 与原点连线方向上变形场分量分布的数字表示。这种变形场分量分布呈现为余弦条纹的形式。

数字强度相关计量技术的基本原理是：用 CCD 摄像系统分别记录下物体变形前的散斑场 $f(x, y)$ 和变形后的散斑场 $g(x+x_0, y+y_0)$，则求位移 (x_0, y_0) 的问题就转化为物体形变前后的散斑图像 $f(x, y)$ 和 $g(x+x_0, y+y_0)$ 的相关问题。因为图像场存在各种噪声，一般在整个图像 M 上两散斑图像的相关函数 $R_f(x_0, y_0)$ 不具有稳定的峰值输出，所以合理的处理方法是在一个较小的子域 ΔM 中计算：

$$R_{f\Delta}(x_0, y_0) = \iint_{\Delta M} f(x, y) g(x + x_0, y + y_0) \mathrm{d}x \, \mathrm{d}y \tag{4.11-33}$$

位移量 x_0 和 y_0 对应于相关函数 $R_{f\Delta}(x_0, y_0)$ 二维平面上的极大值坐标，这样就确定了该点的位移向量。

2. 散斑干涉的测量

散斑照相或单光束散斑干涉是基于散斑颗粒位置的变化而进行计量的，而散斑干涉计量则是基于散斑场相位的变化而进行检测的。待测物体表面散射光所产生的散斑与另一参考光(可以是平面波或球面波，也可以是由另一散射表面产生的散斑场)干涉，当待测物体产生运动(位移或形变)时，干涉条纹将发生变化，由此可测量物体的运动或形变。

1) *参考束型散斑干涉测量方法*

参考束型散斑干涉记录方法分为散斑参考束型和平滑参考束型两种，其光路区别在于参考束是直接照射记录平面，还是由散射面反射后再照明记录平面。下面讨论散斑参考束散斑干涉方法的测量原理。

参考束型散斑干涉的记录光路是一种迈克尔逊干涉仪的变形，如图 4.11-3 所示。

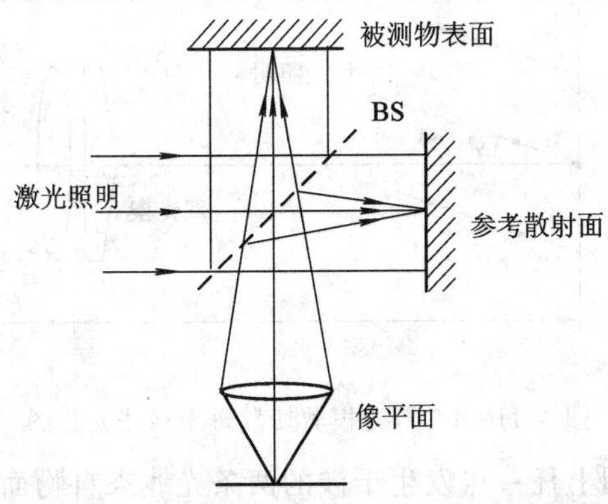

图 4.11-3　参考束型散斑干涉的记录光路

相干照明光被 BS 分成两束，分别照向被测物表面与参考散射面，两表面散射出的光场在共轭像面上叠加形成散斑干涉场。若变形前物光束在像面上某点形成的光场复振幅为

$\mathbf{A}_{11}=a_{11}\mathrm{e}^{\mathrm{i}\phi_{11}}$，参考光复振幅为 $\mathbf{A}_{21}=a_{21}\mathrm{e}^{\mathrm{i}\phi_{21}}$，则在该点合成光强为

$$I_1=a_{11}^2+a_{21}^2+2a_{11}a_{21}\cos(\phi_{11}-\phi_{21}) \tag{4.11-34}$$

形变后，参考光复振幅 $\mathbf{A}_{22}=\mathbf{A}_{21}$ 没有显著变化，物光复振幅因物体的离面位移相位改变 $\Delta\phi$，因而有 $\mathbf{A}_{12}=a_{11}\exp[\mathrm{i}(\phi_{11}+\Delta\phi)]$，形变后合成光强为

$$I_2=a_{11}^2+a_{21}^2+2a_{11}a_{21}\cos(\phi_{11}-\phi_{21}+\Delta\phi) \tag{4.11-35}$$

比较式(4.11-34)和式(4.11-35)可见，当 $\Delta\phi$ 为 2π 的整数倍时，形变前后散斑干涉图不发生变化；当 $\Delta\phi$ 为 $(2n+1)\pi$ 时，变形前后合成光强变化最大。因此，$\Delta\phi$ 为待测物体表面离面位移的函数，散斑干涉图的变化情况反映了物面变化情况。

提取形变信息的方法有两种：一种是用二次曝光法将形变前后两幅散斑干涉图叠加在一起，在 $\Delta\phi=2n\pi$ 位置光强达到最大值，在 $\Delta\phi=(2n+1)\pi$ 位置光强最小；另一种方法是用图像相减技术，两幅散斑图相减，在 $\Delta\phi=2n\pi$ 的位置两幅散斑图完全相同，相减后光强为零，散斑也就看不到了，在 $\Delta\phi=(2n+1)\pi$ 的位置相减以后仍有散斑。由于光学图像相减比较麻烦，可以用 CCD 代替胶片进行记录，将得到的数字图像输入计算机进行图像相减并进行进一步的图像处理，这就是电子(数字)散斑干涉测量。电子散斑干涉可采用散斑干涉与灰度等级结合的方法分析数据，其测量在纵向也能达到纳米级甚至亚纳米级的精度。

2）*剪切散斑干涉测量方法*

前面讨论的散斑干涉技术主要用来测量粗糙表面的离面位移，对于有些应用，如力学分析来讲，更有用的量是应变，即变形场的梯度信息。剪切散斑干涉方法可以直接得到应变场分布，无需先测出形变场再作微分运算。图 4.11-4 所示的是双光楔剪切散斑干涉法的典型光路图。物体被准直激光照明后，散射出的光场被透镜成像。透镜前放置一个双光楔，使上、下两半透镜所成的像在像面上错位，产生剪切干涉。置于像面上的记录介质对于变形前后的物体做两次曝光。两次曝光剪切散斑干涉图显示的是图像相加得到的相关条纹。在相位差的相对变化 $\Delta\phi=2n\pi$ 的位置，光强最大；在 $\Delta\phi=(2n+1)\pi$ 的位置，光强最小。剪切干涉图是相干照明下错位的两物面本身之间的干涉，其干涉图质量比散斑参考束型散斑干涉要好。

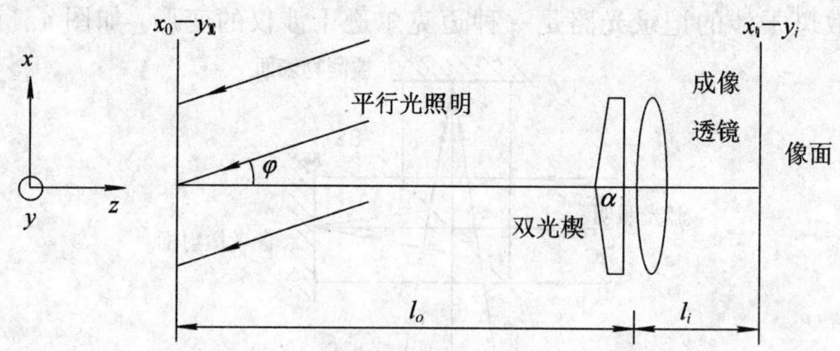

图 4.11-4　双光楔剪切散斑干涉法光路图

形变前后每张干涉图上任一点发生干涉的两条光线来自物面上 y 坐标相同的 A、B 两个点，它们的 x 坐标间距称为剪切量，大小为

$$\delta x=2l_o(n-1)\alpha \tag{4.11-36}$$

式中：n 为光楔玻璃折射率；α 为楔角；l_o 为物距。该点变形前后的合成光强仍可用式

(4.11－34)和式(4.11－35)表示，相位差的相对变化 $\Delta\phi$ 为

$$\begin{aligned}\Delta\phi &= (\phi_{A2}-\phi_{B2})-(\phi_{A1}-\phi_{B1}) \\ &= \frac{2\pi}{\lambda}(1+\cos\varphi)[u(x+\delta x, y)-u(x, y)] \\ &\quad + \sin\varphi[v(x+\delta x, y)-v(x, y)]\end{aligned} \tag{4.11-37}$$

式中：φ 为入射光与观察方向 z 的夹角；$u(x, y)$和 $v(x, y)$分别为(x, y)点沿 z 和 x 方向变形产生的位移分量。当剪切量 δx 不大时，可近似为

$$\Delta\phi = \frac{2\pi}{\lambda}\left[(1+\cos\varphi)\frac{\partial u}{\partial x}+\sin\varphi\frac{\partial v}{\partial x}\right]\delta x \tag{4.11-38}$$

这就是说，只要测量出 $\Delta\phi$ 就可以得到应变$\partial u/\partial x$ 及$\partial v/\partial x$。前者可以采用 $\varphi=0$ 的垂直照明方式得到，后者可以通过改变 φ 两次分离出来：

$$\frac{\partial v}{\partial x} = \frac{\lambda}{2\delta x}\left[\frac{N_1(1+\cos\varphi_2)-N_2(1+\cos\varphi_1)}{\sin\varphi_1(1+\cos\varphi_2)-\sin\varphi_2(1+\cos\varphi_1)}\right] \tag{4.11-39}$$

式中：N_1和 N_2分别为同一点对应不同照明角度 φ_1和 φ_2的条纹级数。两次曝光剪切散斑干涉图可用图 4.11－2(c)所示的 $4f$ 光学信息处理系统做带通滤波后，输出面上光强分布呈余弦形条纹，其条纹分心主要取决于相位差的相对变化 $\Delta\phi$，但也含有面内变形 v 的影响。

可见，散斑计量是一种对微小形变计量行之有效的方法。

习　题　四

1. 如习题 4.1 图所示，$\mathbf{O}(x_O, 0, z_O)$和 $\mathbf{R}(x_R, 0, z_R)$为两个相干发散点光源，全息干板放在 xOy 面。

(1) 由球面波 $\mathbf{O}=O_O\mathrm{e}^{ikr_1}$和 $\mathbf{R}=R_R\mathrm{e}^{ikr_2}$分别表示物光和参考光，求出全息图上干涉条纹的结构方程，说明干涉条纹的特点；

(2) 对球面波作旁轴近似，求出全息图上干涉条纹的结构方程，并说明干涉条纹的特点；

(3) 平面全息图上干涉条纹的结构方程的严格解和其近似解之间的差别说明什么？

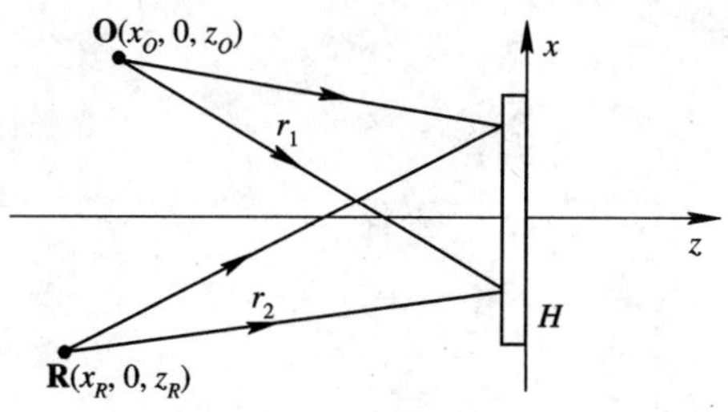

习题 4.1 图

2. 若一个平面物体的全息图记录在与物面平行的平面上。证明：再现像必定成像在一个与全息图平行的平面内。

3. 散射物体的菲涅耳全息图的一个重要特点是，全息图上局部区域的划痕和脏迹并

不影响再现像；甚至全息图的任何一个小碎片，仍能完整再现原始物的像，这一性质称为全息图的冗余性。

(1) 应用全息照相原理，对这一性质加以说明；

(2) 碎片的尺寸对再现像有哪些影响？

4. 证明图 4.2-5(a)所示的光路可以记录物体的准傅里叶变换全息图，并与图 4.2-4 的光路比较。

5. 记录透射型相位体积全息图。设记录物体在位于全息图中心的法线上，物体的尺寸为 10 mm×10 mm，到全息图的距离 $z_0=100$ mm，记录介质厚度 $T=20$ μm，折射率 $n=1.52$，记录波长 $\lambda=614.5$ nm，参考光和物光最小夹角为 30°。计算在同一全息干板上沿一个方向最多能够记录多少个全息图。

6. 用习题 4.6 图所示光路记录一个全息透镜，点光源 A 和 B 的主线与 z 轴的夹角分别为 θ_A 和 θ_B，设 A 和 B 在 yOz 平面内。证明全息透镜的振幅透射系数为

$$t_H(x, y) = t_0 e^{-i\frac{k}{2f'}(x^2+y^2)} e^{ik(\sin\theta_A - \sin\theta_B)y}$$

式中：f' 为全息透镜的焦距。说明此全息透镜对入射平面波的效应是什么。

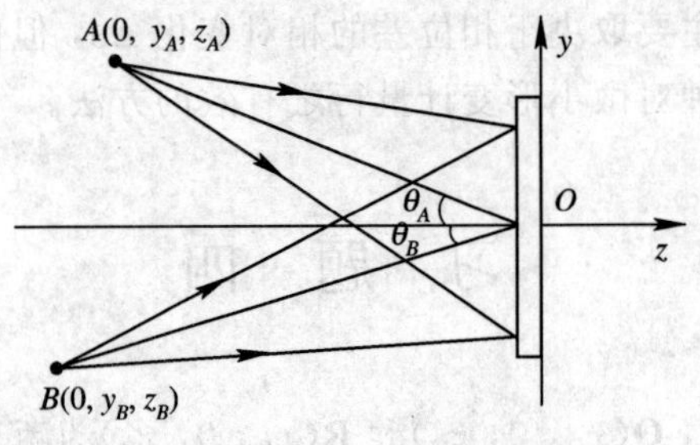

习题 4.6 图

第 5 章　光学信息处理

光学信息处理又称为光学数据处理，它具有高速运算能力和二维并行处理的特点，在光学处理技术，如光学傅里叶变换、空间滤波、光学图像识别、信号检测以及光学全息技术等方面都得到了广泛应用。但光学信息处理缺少计算机在信息处理中所具有的灵活性、通用性和高精度等优点。目前，光学信息处理的发展方向是集光学信息处理和电子计算机信息处理的优点于一身的光电混合信息处理技术。

本章在讨论光学信息处理基本原理的基础上，介绍相干光信息处理系统、非相干光信息处理系统，白光信息处理、混合实时处理以及光学反馈等方面的技术和应用。

5.1　阿贝 - 波特实验、泽尼克相衬法和空间频率滤波

空间滤波是在光学系统的空间频率平面上放置适当的滤波器，去掉或选择通过哪些空间频率，或改变它们的振幅和相位，使平面物体的像按照要求得到改善。

5.1.1　阿贝 - 波特实验与二元振幅滤波器

1873 年阿贝提出的二次衍射成像理论为空间滤波奠定了理论基础，1906 年完成的阿贝 - 波特实验应用了空间滤波技术，并使用了二元振幅滤波器。

1. 阿贝 - 波特实验

阿贝 - 波特实验的原理如图 5.1 - 1 所示。物是一个二维矩形光栅，位于透镜前焦面之前，到透镜的距离为 d_0；用垂直入射的平面相干光照明，在透镜后 d_i 处得到光栅的像。按照阿贝成像理论，可以将成像过程解释为相干光照明矩形光栅时，光栅对光波进行第一次衍射，衍射光通过透镜在透镜的后焦面上形成光栅的傅里叶频谱，即照明光源的各级衍

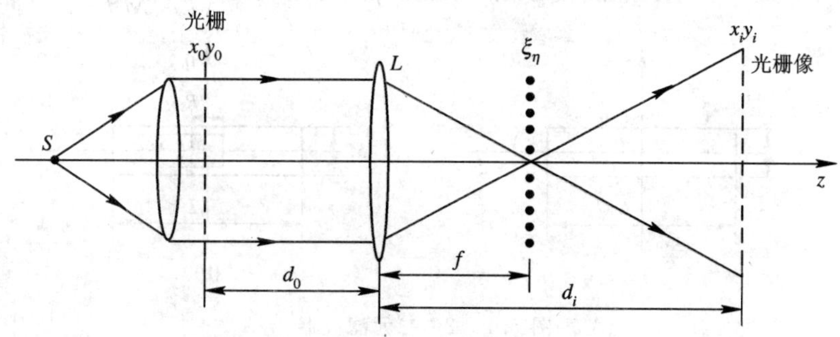

图 5.1 - 1　阿贝 - 波特实验原理图

射像 $I'_{\pm m}$(光斑阵列)。这一过程也可以解释为对物进行了一次傅里叶变换，也就是将物函数分解为一系列分立的频谱分量，后焦面即是物体的频谱面。至于第二次衍射，则是在焦平面和像面之间进行的，照明光源的各级衍射像… I'_{-2}，I'_{-1}，I'_{0}，I'_{+1}，I'_{+2}…在像面上叠加形成干涉条纹，且频谱面和像面上的光波场分布满足傅里叶变换的关系。两次衍射(两次傅里叶变换)的结果得到了光栅的像。

实验过程中，当把各种不同形状的光阑(如圆环、狭缝和圆形光阑等)放置在透镜的后焦平面上时，像面上就会出现不同形式的像结构。其原因在于不同形状的光阑允许通过的物体的空间频谱成分不同，起到了二元空间滤波器的作用。

上述实验现象可以用傅里叶分析的方法进行讨论。

2. 空间频率滤波的傅里叶分析

设图 5.1-1 中光栅透光的矩形孔的边长分别为 l 和 m，相邻两孔之间的距离分别为 p 和 q，并设其中一个矩形孔中心位于坐标原点处，则光栅的振幅透射系数函数可以表示为

$$t(x_0, y_0) = \mathrm{rect}\left(\frac{x_0}{l}, \frac{y_0}{m}\right) * \mathrm{comb}\left(\frac{x_0}{p}, \frac{y_0}{q}\right) \tag{5.1-1}$$

用单位振幅的相干平面波垂直入射照明光栅，则光栅后表面的复振幅分布为

$$\mathbf{U}(x_0, y_0) = t(x_0, y_0) = \mathrm{rect}\left(\frac{x_0}{l}, \frac{y_0}{m}\right) * \mathrm{comb}\left(\frac{x_0}{p}, \frac{y_0}{q}\right) \tag{5.1-2}$$

若光栅面为有限大小，则可引入光瞳函数 $P(x_0, y_0)$，这时光栅后表面的复振幅分布为

$$\begin{aligned}\mathbf{U}(x_0, y_0) &= t(x_0, y_0) \\ &= \left[\mathrm{rect}\left(\frac{x_0}{l}, \frac{y_0}{m}\right) * \mathrm{comb}\left(\frac{x_0}{p}, \frac{y_0}{q}\right)\right] P(x_0, y_0)\end{aligned} \tag{5.1-3}$$

频谱面上光波场复振幅分布即为 $\mathbf{U}(x_0, y_0)$ 的傅里叶变换

$$\begin{aligned}\mathbf{U}(\xi, \eta) &= \mathrm{FT}\{\mathbf{U}(x_0, y_0)\} \\ &= \mathrm{FT}\left\{\mathrm{rect}\left(\frac{x_0}{l}, \frac{y_0}{m}\right) * \mathrm{comb}\left(\frac{x_0}{p}, \frac{y_0}{q}\right)\right\} \\ &= C\,\mathrm{sinc}(l\xi, m\eta)\,\mathrm{comb}(p\xi, q\eta)\end{aligned} \tag{5.1-4}$$

如果在频率域内取如图 5.1-2(a)所示的长、宽分别为 L、M 的矩形孔 $H(\xi, \eta) = \mathrm{rect}(\xi/L, \eta/M)$ 作为二元滤波器，置于频谱面，则无限光栅经二元滤波器后的复振幅分布为

$$\begin{aligned}\mathbf{U}'(\xi, \eta) &= \mathbf{U}(\xi, \eta) H(\xi, \eta) \\ &= C[\mathrm{sinc}(l\xi, m\eta)\,\mathrm{comb}(p\xi, q\eta)]\,\mathrm{rect}\left(\frac{\xi}{L}, \frac{\eta}{M}\right)\end{aligned} \tag{5.1-5}$$

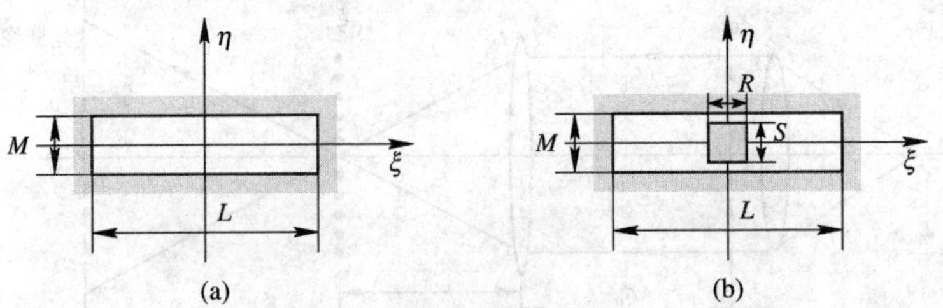

图 5.1-2　二元滤波器

(a) 矩形孔滤波器；(b) 中心遮挡的矩形孔滤波器

然后经过第二次傅里叶变换，如果坐标反向，则相当于进行一次傅里叶逆变换。在输出面上得到处理后的像光波场为

$$
\begin{aligned}
\mathbf{U}_i(x_i,\ y_i) &= \mathrm{FT}^{-1}\left\{C[\mathrm{sinc}(l\xi,\ m\eta)\ \mathrm{comb}(p\xi,\ q\eta)]\ \mathrm{rect}\left(\frac{\xi}{L},\ \frac{\eta}{M}\right)\right\} \\
&= \left[\mathrm{rect}\left(\frac{x_i}{l},\ \frac{y_i}{m}\right) * \mathrm{comb}\left(\frac{x_i}{p},\ \frac{y_i}{q}\right)\right] * [LM\ \mathrm{sinc}(Lx_i,\ My_i)] \\
&= \left[\mathrm{rect}\left(\frac{x_i}{l}\right) * \mathrm{comb}\left(\frac{x_i}{p}\right)\right] * [L\ \mathrm{sinc}(Lx_i)] \\
&\quad \times \left[\mathrm{rect}\left(\frac{y_i}{m}\right) * \mathrm{comb}\left(\frac{y_i}{q}\right)\right] * [M\ \mathrm{sinc}(My_i)]
\end{aligned}
\tag{5.1-6}
$$

如果滤波器是水平狭缝，即 $L\to\infty$（足够大），而 $M\to 0$（足够小），则式(5.1-6)中的 $L\ \mathrm{sinc}(Lx_i)=\sin(\pi Lx_i)/\pi x_i\to\delta(x_i)$，而 $M\ \mathrm{sinc}(My_i)$ 在足够大的坐标区间内趋于 1，从而 $[\mathrm{rect}(y_i/m) * \mathrm{comb}(y_i/q)] * 1=$ 常数。这样，像面上的光波场复振幅分布为

$$
\mathbf{U}_i(x_i,\ y_i) = \mathrm{rect}\left(\frac{x_i}{l}\right) * \mathrm{comb}\left(\frac{x_i}{p}\right) \tag{5.1-7}
$$

根据式(5.1-1)，在 x 方向上将出现宽度为 l、周期为 q 的垂直于 x 轴的条纹像，在 y 方向上无变化。这说明水平狭缝滤波后会得到垂直方向条纹的像结构。

同理可知，垂直狭缝滤波后可得到水平方向条纹的像结构。

上述分析同样可以解释阿贝-波特实验中出现的像对比度翻转现象。如果在频谱面内放置图 5.1-2(b)所示的二元滤波器，则滤波函数可写成

$$
H(\xi,\ \eta) = \mathrm{rect}\left(\frac{\xi}{L},\ \frac{\eta}{M}\right) - \mathrm{rect}\left(\frac{\xi}{R},\ \frac{\eta}{S}\right) \tag{5.1-8}
$$

仍考虑滤波器为水平狭缝，即 $L\to\infty$，而 $M\to 0$。这时像面上的光波场复振幅分布为

$$
\begin{aligned}
\mathbf{U}_i'(x_i,\ y_i) &= \left[\mathrm{rect}\left(\frac{x_i}{l}\right) * \mathrm{comb}\left(\frac{x_i}{p}\right)\right] * [L\ \mathrm{sinc}(Lx_i) - R\ \mathrm{sinc}(Rx_i)] \\
&= \mathrm{rect}\left(\frac{x_i}{l}\right) * \mathrm{comb}\left(\frac{x_i}{p}\right) - \mathrm{rect}\left(\frac{x_i}{l}\right) * \mathrm{comb}\left(\frac{x_i}{p}\right) * [R\ \mathrm{sinc}(Rx_i)]
\end{aligned}
\tag{5.1-9}
$$

如果滤波器中心的遮挡部分很小，只阻断频谱中的零频分量，则有 $R\to 0$，$R\ \mathrm{sinc}(Rx_i)\to 1$，$\mathrm{rect}(x_i/l) * \mathrm{comb}(x_i/p) * [R\ \mathrm{sinc}(Rx_i)]$ 为一常数 C'。所以，像面的复振幅分布为

$$
\mathbf{U}_i'(x_i,\ y_i) = \mathrm{rect}\left(\frac{x_i}{l}\right) * \mathrm{comb}\left(\frac{x_i}{p}\right) - C' \tag{5.1-10}
$$

即为光栅像减去一个常数。最后得到对比度翻转的像面光强分布，其过程如图 5.1-3 所示。

3. 二元振幅滤波器的分类

通过以上讨论可见，使用二元滤波器的空间滤波技术能够改变成像系统内像场中的光强分布。二元振幅滤波器根据实际使用要求可分为四种，它们分别是：

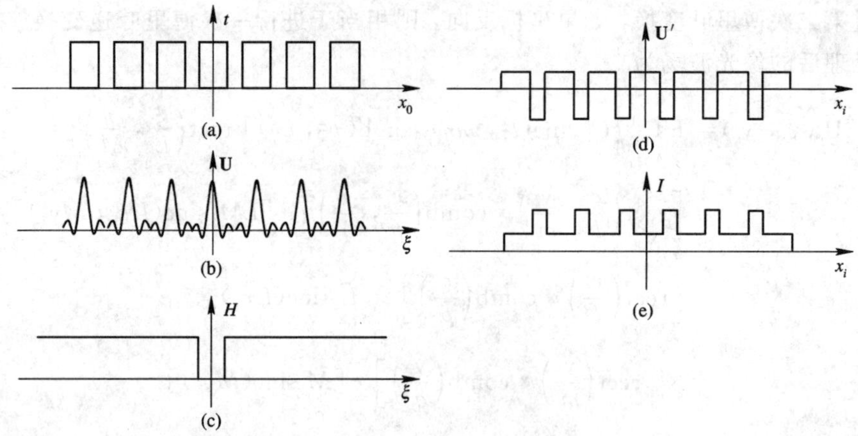

图 5.1-3　二维矩形光栅对比度翻转滤波过程

(a) 光栅透过率的函数(一维)；(b) 光栅的空间频谱分布(一维)；(c) 中心遮挡的狭缝滤波函数；(d) 滤波后像面的复振幅分布；(e) 对比度翻转后的像面光强分布

(1) 低通滤波器。这种滤波器的作用是去掉高频成分，仅使靠近零频的低频成分通过。低通滤波器的形状如图 5.1-4(a)所示，可以用来滤掉高频噪声。

(2) 高通滤波器。这种滤波器的作用是滤掉低频成分，允许高频成分通过。高频滤波器的形状如图 5.1-4(b)所示，这种滤波器可用来突出像的边缘部分，或者实现像的对比度翻转。

(3) 带通滤波器。其形状如图 5.1-4(c)所示，可以使某些需要的频谱通过，其余被滤掉。

(4) 方向滤波器。如图 5.1-4(d)所示，做成一定方向的阻挡光阑，用来滤掉不需要的频谱，以突出图像的某些特征。

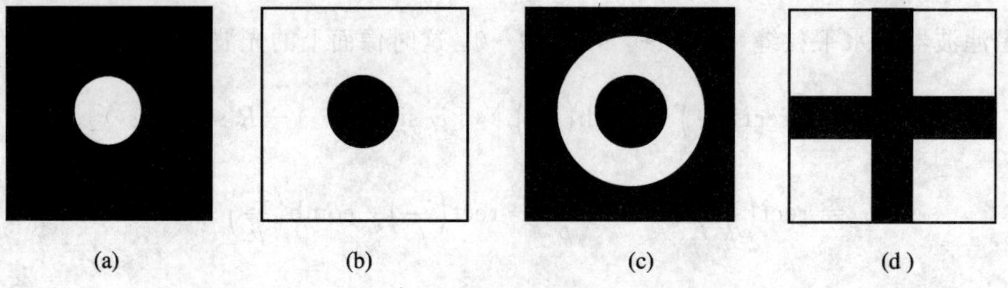

图 5.1-4　二元振幅滤波器示意图

(a) 低通滤波器；(b) 高通滤波器；(c) 带通滤波器；(d) 方向滤波器

5.1.2　泽尼克相衬显微镜和相位滤波器

相位滤波器只改变物体频谱的相位，不改变它的振幅分布。1935 年泽尼克提出的相衬显微镜就是相位滤波器应用的一个很好的例子。这种方法适合观察弱相位物体。相位物体只有折射率或厚度的不同，当相干照明光波通过这种物体时，光波的振幅不发生变化，只是相位发生变化，所以光强度分布与照明光波相同，用平常显微镜是无法观察到的。

相衬显微镜的原理是利用相位滤波器将物体的相位变化转换成光的强弱变化，从而使物体能够被观察到。这对于研究生物细胞组织、金相表面、抛光表面以及透明材料的不均匀性等非常有用。

为了说明相衬显微镜和相位滤波器空间滤波的原理，我们把相位物体的振幅透射系数写成 $t(x_0, y_0)=e^{i\varphi(x_0, y_0)}$，其中 $\varphi(x_0, y_0)$ 为该相位物体的相位分布。假定 $\varphi(x_0, y_0)$ 很小，展开 $e^{i\varphi(x_0, y_0)}$，忽略 φ^2 以上的高次项，得到

$$t(x_0, y_0) \approx 1 + i\varphi(x_0, y_0) \tag{5.1-11}$$

频谱面上的光波场分布为

$$T(\xi, \eta) = \delta(\xi, \eta) + i\Phi(\xi, \eta) \tag{5.1-12}$$

式中：$T(\xi, \eta)$ 和 $\Phi(\xi, \eta)$ 分别为 $t(x_0, y_0)$ 和 $\varphi(x_0, y_0)$ 的傅里叶变换。式(5.1-12)右边第一项表示显微镜后焦面上的一个亮斑，即频谱面上的零频分量。如果在频谱面上放置相位滤波器，正好使零频分量相对其他频谱的相位改变 $\pm\pi/2$，则滤波后的频谱变为

$$T(\xi, \eta) = \pm i\delta(\xi, \eta) + i\Phi(\xi, \eta) \tag{5.1-13}$$

像面上的光波场分布为

$$\mathbf{U}(x, y) = i[\pm 1 + \varphi(x, y)] \tag{5.1-14}$$

像面上的光强分布为

$$I(x, y) = |\mathbf{U}(x, y)|^2 \approx 1 \pm 2\varphi(x, y) \tag{5.1-15}$$

由式(5.1-15)可见，当 $\varphi(x, y)$ 较小时，相位物体像面上的光强度变化与相位变化成线性关系，这样，物体的相位变化可以通过光强变化被观察到。这就是相衬显微镜的原理。在式(5.1-15)中，取正号时，相位物体较背景亮，称为正相衬；取负号时，相位物体较背景暗，称为负相衬。以上讨论是假定 $\varphi(x_0, y_0)$ 为正值的情况，如果 $\varphi(x_0, y_0)$ 为负值，则正、负相衬的条件正好相反。

应该指出的是，这种相衬原理成立的条件是 φ 很小，φ^2 可以忽略不计。从式(5.1-15)还可以看出，尽管像面光强正比于 φ，但像的背景是明亮的，像的对比度很小。为了减小背景的亮度，以突出 φ 所引起的光强变化，可采用振幅相位复合滤波器，使零频分量不但产生 $\pm\pi/2$ 的相位变化，而且振幅衰减一个系数，这时有

$$T(\xi, \eta) = i[\pm k\delta(\xi, \eta) + \Phi(\xi, \eta)] \quad (k < 1) \tag{5.1-16}$$

像面上的复振幅分布为

$$\mathbf{U}(x, y) = i[\pm k + \varphi(x, y)] \tag{5.1-17}$$

光强分布则(略去 φ 的二次项)为

$$I(x, y) = |t(x, y)|^2 \approx k^2 \pm 2k\varphi(x, y) \tag{5.1-18}$$

此时，像的对比度由 2φ 增加到 $2\varphi/k$，对观察非常有利。

5.2　相干光学处理

光学图像处理从系统照明光源来说，有相干光和非相干光的不同。从输入、输出关系来说，有线性和非线性以及空间不变和空间变换的区别。本节首先讨论相干光照明的光学处理系统。

5.2.1　基本相干光处理系统

相干光处理系统的基本形式可大致分为光学频谱分析系统、光学滤波系统、光学相关

系统、光电混合处理系统以及相干光学反馈系统。

1. 光学频谱分析系统

光学频谱分析系统的原理图如图 5.2-1 所示，它由两个透镜(或透镜组)L_1 和 L_2 组成。L_1 为准直透镜，它将轴上点光源 S 发出的单色球面波扩展为轴向平行光束，照明位于 P_1 面上的透明片。振幅透过率为 $f(x_0, y_0)$的透明片作为输入函数置于 L_2 的前焦面(输入面)，经过 L_2 的变换，在其后焦面(输出面)就得到输入函数 $f(x_0, y_0)$的频谱 $F(\xi, \eta)$。

$$F(\xi, \eta)=\iint_{-\infty}^{+\infty} f(x_0, y_0) \mathrm{e}^{-\mathrm{i} 2\pi(\xi x_0+\eta y_0)} \mathrm{d}x_0 \mathrm{d}y_0 \qquad (5.2-1)$$

图 5.2-1 中，D 为面阵 CCD 探测器，通过 A/D 转换器与计算机相连组成频谱分析系统，用于空间频谱面的光强分布的测量。

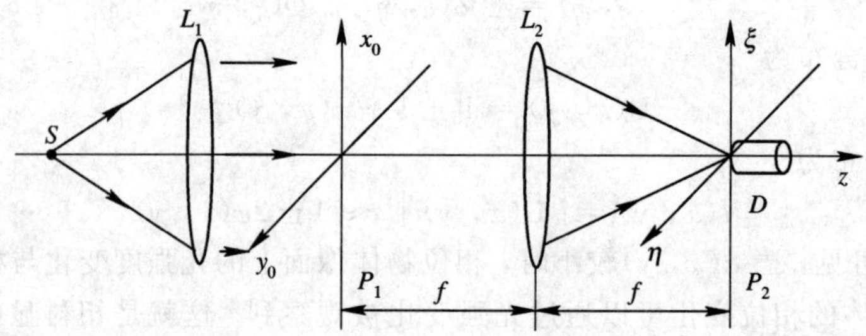

图 5.2-1 光学频谱分析系统

上述系统的频谱分析技术已广泛应用于医学、气象以及工业领域的检测与识别等。

2. 光学滤波系统

典型的光学滤波系统如图 5.2-2 所示。这一滤波系统可以看做是由两个频谱分析系统串接而成的，亦即在透镜 L_2 的后面串接一个与之焦距相等的透镜 L_3。上述系统为双傅里叶变换系统，也称为 $4f$ 系统。输入面 P_1 和输出面 P_3 分别位于 L_2 的前焦面和 L_3 的后焦面，频谱面 P_2 位于透镜 L_2 和 L_3 的另外两个焦面重合处。如果取 P_1 面和 P_3 面的坐标指向相反，则光波由输入面到输出面的传播过程经过了 L_2 傅里叶变换和 L_3 的逆变换。若输入面 P_1 所放置的透明片的振幅透射系数为 $f(x_0, y_0)$，并由单位振幅的轴向平行光照明，透镜 L_2 对其进行傅里叶变换，则得到频谱面 P_2 上的复振幅分布

$$\mathbf{U}_2(\xi, \eta)=\mathrm{FT}\{f(x_0, y_0)\}=F(\xi, \eta) \qquad (5.2-2)$$

若在 P_2 面上加入一透射系数为 $H(\xi, \eta)$的滤波器，则经滤波后的光波场分布为

$$\mathbf{U}_2'(\xi, \eta)=F(\xi, \eta) H(\xi, \eta) \qquad (5.2-3)$$

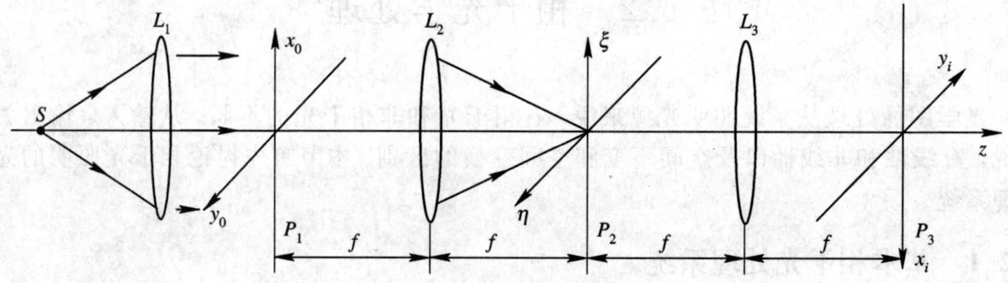

图 5.2-2 典型光学滤波系统

经过透镜 L_3 之后，相当于进行了一次傅里叶逆变换，得到

$$f_i(x_i, y_i) = \mathrm{FT}^{-1}\{F(\xi, \eta)H(\xi, \eta)\} = f_0(x_i, y_i) * h(x_i, y_i) \tag{5.2-4}$$

可见，当滤波函数 $H(\xi, \eta)=c$ 时，$h(x_i, y_i)=c\delta(x_i, y_i)$，所以 $f_i(x_i, y_i)=cf_0(x_i, y_i)$。这时无滤波作用，输入、输出面仅满足成像的共轭关系。当选用合适的滤波函数 $H(\xi, \eta)$ 时，就可以改变 $f_i(x_i, y_i)$，达到预期的结果。输出面实际的光强分布为

$$I(x_i, y_i) = |f_0(x_i, y_i) * h(x_i, y_i)|^2 \tag{5.2-5}$$

上述 $4f$ 系统输出和输入的物体大小相等。但是，由于输入面和频谱面都离开透镜较远，高频信息损失较大，频域的大小不可调节，且使用的透镜较多，因此逐渐出现了以下几种滤波系统。

1）单透镜滤波系统

单透镜滤波系统的光路如图 5.2－3 所示。

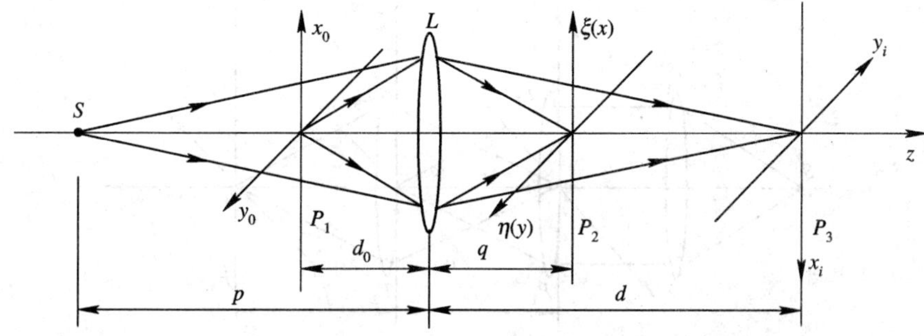

图 5.2－3　单透镜滤波系统

根据有关透镜的傅里叶变换作用的讨论可知，当用轴上点光源照明，输入面位于透镜前 $d_0(d_0>f)$ 处时，可以在光源的共轭面得到输入物体的准傅里叶变换，而输出面 P_3 必须和输入面 P_1 成像共轭。这时物像的横向放大率可由几何光学方法得到：$M=-d/d_0$。而单透镜滤波系统的空间频率与 P_2 面的空间坐标关系为

$$\left.\begin{aligned}\xi &= \frac{fx}{m\lambda} = \frac{fx}{q(f-d_0)+d_0 f}\,\frac{1}{\lambda}\\ \eta &= \frac{fy}{m\lambda} = \frac{fy}{q(f-d_0)+d_0 f}\,\frac{1}{\lambda}\end{aligned}\right\} \tag{5.2-6}$$

改变光源的位置，即可以改变频谱面的位置，当光源远离透镜时，频谱面逐渐靠近透镜的后焦面。适当地选择光源的位置以及输入面到透镜的距离，可方便地改变空间频率与 P_2 面空间坐标间的比例以及物像的倍率。由于这种系统得到的是准傅里叶变换，频谱有背向透镜的二次相位弯曲，因此二次相位弯曲因子为 $\mathrm{e}^{\mathrm{i}\pi m\lambda\frac{f-d_0}{f^2}(\xi^2+\eta^2)}$。同时，系统的高频损失仍然较大。

2）双透镜滤波系统

图 5.2－4 所示为一种双透镜滤波系统。物面与像面、光源面与频谱面之间满足成像共轭关系。双透镜滤波系统的空间频率与 P_2 面的空间坐标关系为

$$\xi = \frac{x}{\lambda z}, \quad \eta = \frac{y}{\lambda z} \tag{5.2-7}$$

这种滤波系统具有频率域、空间域以及物像倍率可调等优点。但仍然存在频率面有二次相

位弯曲、高频信息损失大等问题。

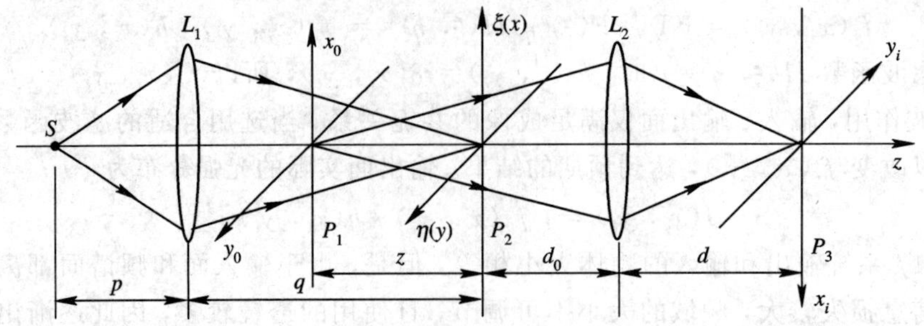

图 5.2－4　双透镜滤波系统

3）三透镜滤波系统

如图 5.2－5 所示为一种三透镜滤波系统。

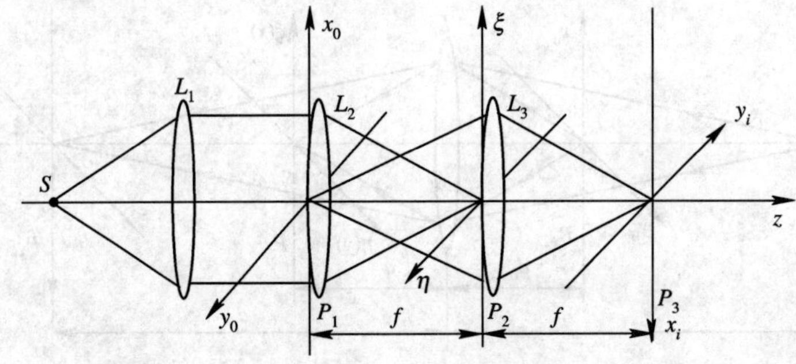

图 5.2－5　三透镜滤波系统

由于该系统的物面和频谱面都紧贴透镜，因此高频信息的损失最小。但是在减小高频信息损失的同时，因物面和频谱面紧贴透镜，透镜的瑕疵和污迹将影响使用效果，故对透镜的材料、加工等要求十分严格。同时，这种系统的频率域、空间域以及物像关系无法调整，存在频谱面上的二次相位弯曲。此系统的空间频率与 P_2 面空间坐标关系为

$$\xi=\frac{x}{\lambda f},\quad \eta=\frac{y}{\lambda f} \tag{5.2-8}$$

3. 光学相关系统

图 5.2－6 所示为光学相关系统的结构。它是由光学滤波系统Ⅰ和频谱分析系统Ⅱ串联而成的。

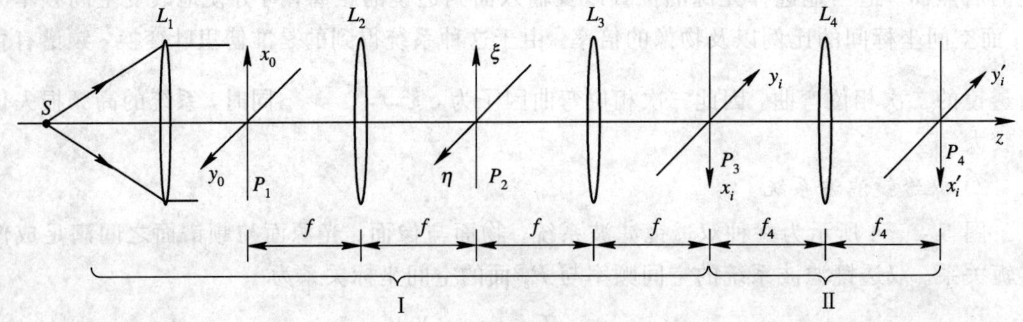

图 5.2－6　光学相关系统

在输入面 P_1 放置输入函数 $f_1(x_0, y_0)$，在振幅为 A 的轴向平行光的照明下，其透过的振幅为 $Af_1(x_0, y_0)$，经过透镜 L_2 和 L_3 之后与参考面 P_3 的函数 $f_2(x_i, y_i)$ 相乘。若取滤波系统的横向放大率为 1，则通过参考面后的复振幅为 $Af_1(x_i, y_i)f_2(x_i, y_i)$。光波经透镜 L_4 进行一次傅里叶变换，其后焦面上的频谱为

$$\mathrm{FT}\{Af_1(x_i, y_i)f_2(x_i, y_i)\} = A\iint_{-\infty}^{+\infty} f_1(x_i, y_i)f_2(x_i, y_i)\mathrm{e}^{-\mathrm{i}2\pi(x_i\xi+y_i\eta)}\,\mathrm{d}x_i\,\mathrm{d}y_i \tag{5.2-9}$$

若在输出面 P_4 的零频(即 $\xi=0$，$\eta=0$)处接收信号，则式(5.2－9)变为

$$\mathrm{FT}\{Af_1(x_i, y_i)f_2(x_i, y_i)\}\Big|_{\substack{\xi=0\\ \eta=0}} = A\iint_{-\infty}^{+\infty} f_1(x_i, y_i)f_2(x_i, y_i)\,\mathrm{d}x_i\,\mathrm{d}y_i \tag{5.2-10}$$

如果让 P_1 面上输入函数 $f_1(x_0, y_0)$ 以恒速 v 运动，其像在 x 和 y 方向上的速度分量分别为 v_x 和 v_y，即可以得到随时间变化的 f_1 和 f_2 的相关运算，相关结果为

$$r_{f_1f_2}(v_xt, v_yt) = A\iint_{-\infty}^{+\infty} f_1(x_i+v_xt, y_i+v_yt)f_2(x_i, y_i)\,\mathrm{d}x_i\,\mathrm{d}y_i \tag{5.2-11}$$

值得指出的是，由于胶片记录的光强不能为负值，常常需要对输入函数 $f_1(x_0, y_0)$ 加入一直流分量 B，使输入函数恒满足 $B+f_1(x_0, y_0)\geqslant 0$。为了消除人为引入直流分量 B 的影响，可以在 P_2 面的光轴处加入小光阑，阻止直流偏置分量的通过，这正是这种相关光路的优点。

图 5.2－7 示出了一种紧凑型光学相关系统，只用两个透镜就能完成两个函数的相关运算。当透明片 $f_1(x, y)$ 沿 x、y 方向分别以速度 v_x 和 v_y 运动时，通过透明片 $f_2(x, y)$ 的光波场复振幅为 $Af_1(x+v_xt, y+v_yt)f_2(x, y)$。经过透镜 L_2 后，在其后焦面上的光波场分布为

$$\mathrm{FT}\{Af_1(x, y)f_2(x, y)\} = A\iint_{-\infty}^{+\infty} f_1(x+v_xt, y+v_yt)f_2(x_i, y_i)\mathrm{e}^{-\mathrm{i}2\pi(x\xi+y\eta)}\,\mathrm{d}x\,\mathrm{d}y \tag{5.2-12}$$

把探测器放在系统的光轴(即 $\xi=0$，$\eta=0$)上接收信号，则有

$$r_{f_1f_2}(v_xt, v_yt) = A\iint_{-\infty}^{+\infty} f_1(x+v_xt, y+v_yt)f_2(x, y)\,\mathrm{d}x\,\mathrm{d}y \tag{5.2-13}$$

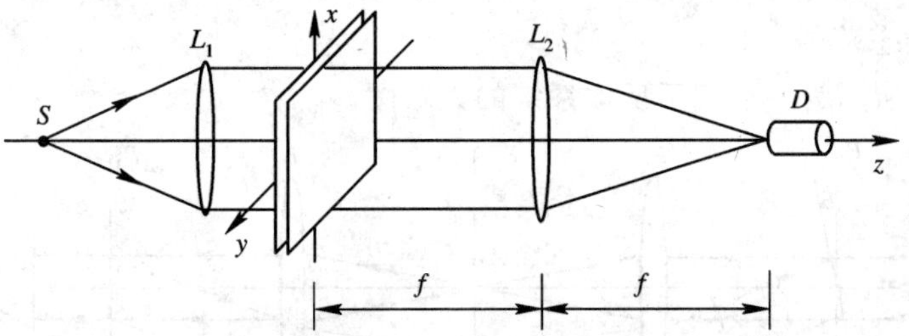

图 5.2－7　紧凑型光学相关系统

由式(5.2－11)和式(5.2－13)可以看出，两函数的相关值与 v_xt 和 v_yt 值有关，亦即两图像的相对位移速度会影响相关值 $r_{f_1f_2}$ 的大小。

4. 光电混合处理系统

前面所讨论的三种相干光学处理系统都是利用透镜的傅里叶变换特性，快速地进行二维傅里叶变换和多通道一维傅里叶变换运算。其最大特点是：信息处理容量大、速度快、分辨本领较高和设备简单；但与计算机信息处理比较，其缺点是：精度低、灵活性差，每处理一种类型的输入函数，就要制作与其相应的滤波器，而且滤波器在不同装置上不通用。因此，兼顾光学处理和计算机处理优点的混合处理系统应运而生。

图 5.2－8 为混合处理系统的示意图。上部分为光学处理系统，下部分为计算机处理系统。要进行处理的图像经过数字摄像机输入到电子计算机，计算机对图像进行初步处理，然后通过空间光调制器把经过初步处理的图像信息传送到光学处理系统的输入面 P_1 上。如果要进行频谱分析，就在频谱面接收其频谱，送入计算机；如果要对图像进行滤波处理，就通过计算机控制频谱面 P_2 上的滤波函数。之后在光学处理系统的输出面 P_3 上放置光电探测器，把接收到的处理信息输入到计算机。最后由计算机做进一步精确处理，把处理结果输出到外围存储设备或监控显示系统。

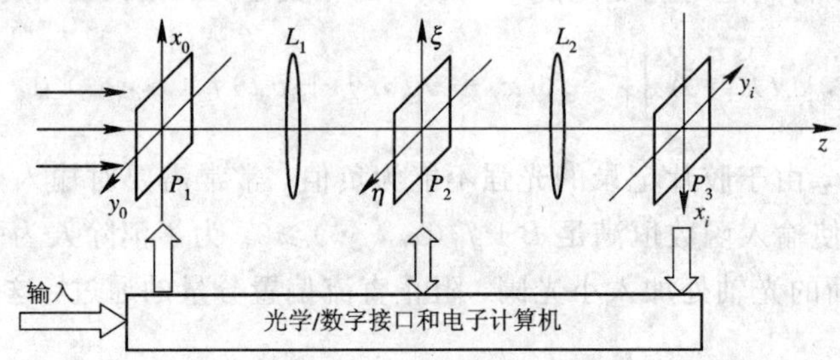

图 5.2－8 混合处理系统示意图

在混合处理系统中，首先利用了光学处理速度快的特点，对图像进行预处理，得到处理精度不太高的预处理图像。其次利用计算机控制输入图像和滤波函数，增强了系统处理的灵活性。最后把经过光学系统预处理的图像送入计算机做精确处理，可得到高精度的处理图像，而且对计算机的容量和运算速度要求不高。

混合处理系统是具有前途和实用价值的处理系统，随着实时图像采集系统和空间光调制器等元器件的日臻成熟，这种处理系统的应用将会越来越广泛。

5. 相干光学反馈系统

相干光学反馈系统的出现使光学信息处理的范围得到了进一步扩展，增强了处理的灵活性，扩大了动态范围。

图 5.2－9 所示为一种相干反馈系统的光路图。

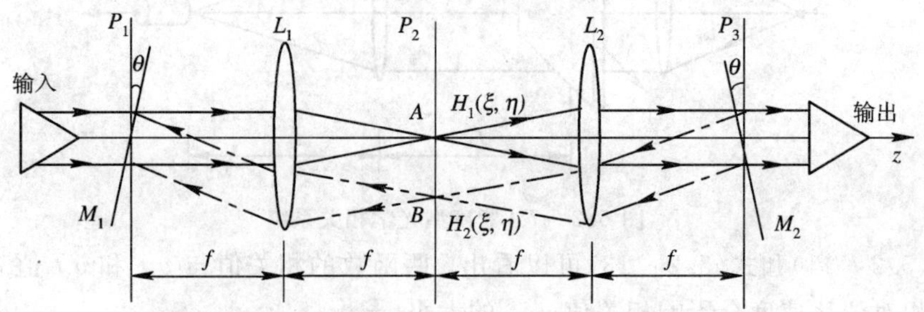

图 5.2－9 相干反馈系统光路图

这是一种改进了的相干光学滤波系统，是在光学滤波系统的输入面 P_1 和输出面 P_3 处加入了部分反射镜 M_1 和 M_2。该反馈系统的工作原理是：如果输入函数为 $f_0(x, y)$，经透镜 L_1 进行一次傅里叶变换，其频谱位于频谱面 P_2 的 A 处附近，经滤波器 $H_1(\xi, \eta)$ 滤波后，在 P_3 上的光波场分布为

$$f_i(x, y) = f_0(x, y) * h_1(x, y) \tag{5.2-14}$$

式中：$h_1(x, y)$为 $H_1(\xi, \eta)$的傅里叶逆变换。由于 M_2 的反馈作用，反射光波经 L_2 再次进行傅里叶变换，其频谱位于 P_2 面的 B 处附近，经 $H_2(\xi, \eta)$滤波后由 M_1 反射，与输入函数重合。这样得到的输出函数与输入函数的关系式为

$$f_i(x, y) = f_0(x, y) * h_1(x, y) + f_i(x, y) * h_2(x, y) * h_1(x, y) \tag{5.2-15}$$

输出函数与输入函数频谱之间的关系为

$$F_i(\xi, \eta) = F_0(\xi, \eta)H_1(\xi, \eta) + F_i(\xi, \eta)H_2(\xi, \eta)H_1(\xi, \eta) \tag{5.2-16}$$

根据系统传递函数的定义可得

$$H(\xi, \eta) = \frac{F_i(\xi, \eta)}{F_0(\xi, \eta)} = \frac{H_1(\xi, \eta)}{1 - H_1(\xi, \eta)H_2(\xi, \eta)} \tag{5.2-17}$$

式(5.2-17)为反馈系统综合传递函数的表达式。该式没有考虑反射镜的反射率和透射率的影响，也没有考虑光波在 M_1 和 M_2 之间来回反射所引起的相位延迟。如果 M_1 和 M_2 的振幅反射系数为 r_1 和 r_2，振幅透射系数为 t_1 和 t_2，M_1 和 M_2 之间的振幅透射系数为 t_3，并考虑相位延迟，则式(5.2-17)变为

$$H(\xi, \eta) = \frac{t_1 t_2 H_1(\xi, \eta)}{1 - r_1 r_2 t_3 H_1(\xi, \eta) H_2(\xi, \eta)\beta} \tag{5.2-18}$$

式中：β 为相位因子，且 $\beta = e^{i\varphi}$，$\varphi = 2\pi l/\lambda$，l 是 M_1 和 M_2 之间的光程，λ 是照明相干光波长。

显然，可以通过调整 l 来改变系统的 $H(\xi, \eta)$。当 $\varphi \neq (2k+1)\pi/2$ 时，即使 $H_1(\xi, \eta)$ 和 $H_2(\xi, \eta)$都是实函数，仍可得到复值滤波函数 $H(\xi, \eta)$，这正是反馈系统的优越之处。

相干反馈光路种类很多。图 5.2-10 所示为共焦法布里-珀罗相干反馈系统。该系统用两块球面反射镜代替两块平面反射镜，并且这两块球面反射镜既起折反光路的作用，又起傅里叶变换的作用。通过微调 M_1 和 M_2 之间的轴向间隔，同样可以改变 β 值。

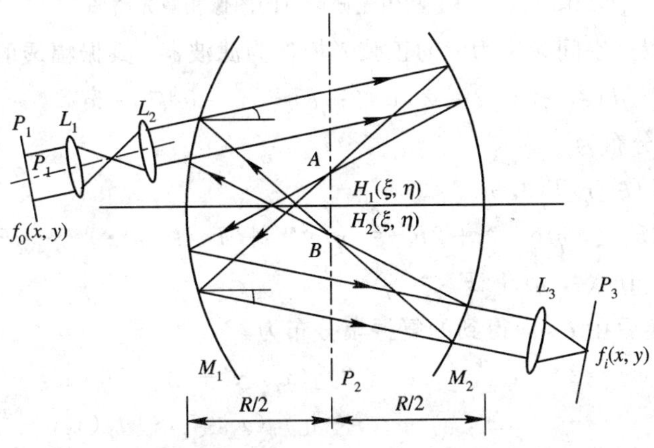

图 5.2-10　共焦相干反馈系统

相干反馈技术已广泛应用在像的恢复、对比度调整、偏微分方程和积分方程的模拟求解等系统中。相干反馈系统的不足之处是所处理的图像限于透明片，能够处理像的幅面较

小，相干噪声干扰较为严重。

5.2.2 相干光学处理的应用

前面介绍了相干光学处理的基本原理和基本系统，下面介绍本系统在图像相减、特征识别、像边缘增强和像质改善等方面的应用。

1. 图像相减

图像相减是将两幅图片进行相减运算从而得到两张图片的差异。这种技术已在军事侦察、城市规划、气象、医学、地球资源调查以及工业自动监测等方面得到了广泛应用。实现图像相减的方法很多，这里仅介绍两种基本方法。

1）利用光栅衍射的图像相减

利用正弦振幅型光栅衍射进行图像相减的光路如图 5.2-11 所示。在输入面 P_1 的 x_0 轴两侧对称放置要进行相减的两幅图片，其中心距离为 $2c$。两幅图片上分别写有英文字母 **E** 和 **F**，分别用 $f_1(x_0, y_0-c)$ 和 $f_2(x_0, y_0+c)$ 表示这两张图片的振幅透射系数。在单色平行光垂直入射照明下，经透镜 L_1 变换后在 P_2 面得到的复振幅分布为

$$F(\xi, \eta) = \text{FT}\{f_1(x_0, y_0-c) + f_2(x_0, y_0+c)\} = F_1(\xi, \eta)\mathrm{e}^{-\mathrm{i}2\pi\eta c} + F_2(\xi, \eta)\mathrm{e}^{\mathrm{i}2\pi\eta c} \tag{5.2-19}$$

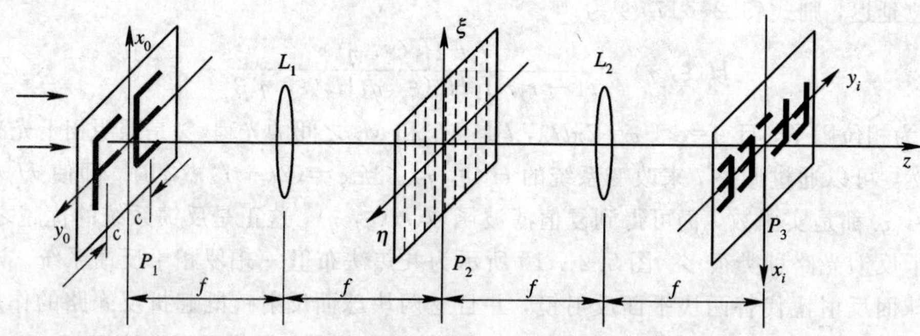

图 5.2-11 利用光栅衍射的图像相减光路图

在 P_2 面上放置一空间频率为 c 的正弦光栅作为滤波器，其振幅透射系数可以写成

$$T(\xi, \eta) = 2 + 2\sin(2\pi\eta c) = 2 - \mathrm{i}\mathrm{e}^{\mathrm{i}2\pi\eta c} + \mathrm{i}\mathrm{e}^{-\mathrm{i}2\pi\eta c} \tag{5.2-20}$$

经滤波器后光波场分布为

$$\begin{aligned} F'(\xi, \eta) &= F(\xi, \eta)T(\xi, \eta) \\ &= 2F_1(\xi, \eta)\mathrm{e}^{-\mathrm{i}2\pi\eta c} + 2F_2(\xi, \eta)\mathrm{e}^{\mathrm{i}2\pi\eta c} + \mathrm{i}F_1(\xi, \eta)\mathrm{e}^{-\mathrm{i}4\pi\eta c} - \mathrm{i}F_2(\xi, \eta)\mathrm{e}^{\mathrm{i}4\pi\eta c} \\ &\quad - \mathrm{i}F_1(\xi, \eta) + \mathrm{i}F_2(\xi, \eta) \end{aligned} \tag{5.2-21}$$

光波经透镜 L_2 变换后在 P_3 面得到的复振幅分布为

$$\begin{aligned} f(x_i, y_i) = &2f_1(x_i, y_i-c) + 2f_2(x_i, y_i+c) + \mathrm{i}f_1(x_i, y_i-2c) \\ &- \mathrm{i}f_2(x_i, y_i+2c) - \mathrm{i}[f_1(x_i, y_i) - f_2(x_i, y_i)] \end{aligned} \tag{5.2-22}$$

式(5.2-22)右侧包含六项，前四项表示两张输入图片在输出面 P_3 上的成像，只是两张图片的成像中心位置相对 x_i 轴有 c 和 $2c$ 的位移；后两项表示两张图片的相减，相减结果的中心位于 x_i 轴上。这样就实现了图像的相减，相减的结果突出了两幅图片的差异部分。

2）利用随机相位编码技术的图像相减

利用随机相位编码技术的图像相减的基本原理是利用随机相位板对图像进行高空间频率编码，使图像各部分的信息能够散布在频谱面的各个区域，以便进行空间滤波处理。

图 5.2-12 所示为应用相位编码技术实现图像相减的原理图。图 5.2-12(a)为对两待相减的图片进行编码的装置。L 为成像透镜，图像输入面 P 和记录面 H 成像共轭。编码的方法是：先将第一幅图片置于 P 面，由单色平面波照明，在 H 面前紧贴感光干板放置随机相位板，使干板感光。然后拿掉第一幅图片，再将第二幅图片置于 P 面，将随机相位板和感光干板沿垂直于光轴方向移动一个距离 c 后在同一干板上感光。若随机相位板的强度透射系数为 $d(x,y)$，两透明片的像强度分别为 $f_1(x,y)$ 和 $f_2(x,y)$，则干板上记录的光强为

$$I(x,\ y)=f_1(x,\ y)d(x,\ y)+f_2(x,\ y)d(x-c,\ y) \tag{5.2-23}$$

对式(5.2-23)进行坐标变换，并用卷积形式表示为

$$I(x,\ y)=f_1(x,\ y)d(x,\ y)*\delta\left(x+\frac{c}{2},\ y\right)+f_2(x,\ y)d(x,\ y)*\delta\left(x-\frac{c}{2},\ y\right) \tag{5.2-24}$$

设 $f_3(x,\ y)=f_2(x,\ y)-f_1(x,\ y)$，则有

$$\begin{aligned}I(x,\ y)=&f_1(x,\ y)d(x,\ y)*\left[\delta\left(x+\frac{c}{2},\ y\right)+\delta\left(x-\frac{c}{2},\ y\right)\right]\\&+f_3(x,\ y)d(x,\ y)*\delta\left(x-\frac{c}{2},\ y\right)\end{aligned} \tag{5.2-25}$$

将上述干板进行线性处理，其振幅透射系数为

$$\begin{aligned}t(x,\ y)=&t_0+t_0'\left\{f_1\cdot d*\left[\delta\left(x+\frac{c}{2},\ y\right)+\delta\left(x-\frac{c}{2},\ y\right)\right]\right\}\\&+t_0'\left[f_3\cdot d*\delta\left(x-\frac{c}{2},\ y\right)\right]\end{aligned} \tag{5.2-26}$$

将处理过的干板放置在图 5.2-12(b)所示滤波系统的 P_1 面，则频谱面上的复振幅分布为

$$\begin{aligned}\mathbf{T}(\xi,\ \eta)=&t_0\delta(\xi,\ \eta)+t_0'\{[F_1(\xi,\ \eta)*D(\xi,\ \eta)](e^{i\pi\xi c}+e^{-i\pi\xi c})\}\\&+t_0'[F_3(\xi,\ \eta)*D(\xi,\ \eta)]e^{-i\pi\xi c}\\=&t_0\delta(\xi,\ \eta)+2t_0'[F_1(\xi,\ \eta)*D(\xi,\ \eta)]\cos(\pi\xi c)\\&+t_0'[F_3(\xi,\ \eta)*D(\xi,\ \eta)]e^{-i\pi\xi c}\end{aligned} \tag{5.2-27}$$

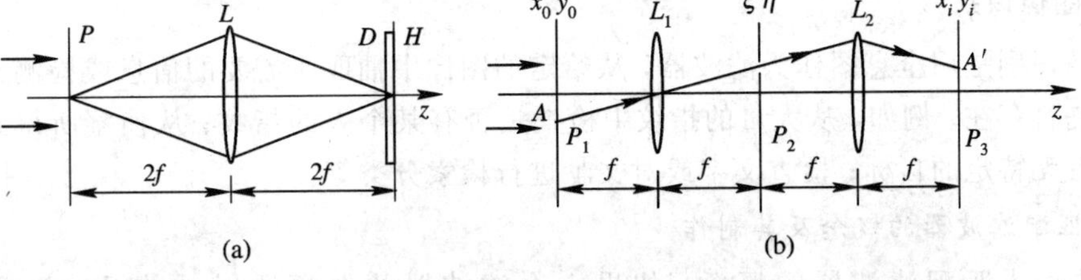

图 5.2-12　图像的随机相位编码和图像相减滤波系统

(a) 图像的随机相位编码；(b) 图像相减滤波系统

式(5.2－27)中，第一项为零频分量；第二项为两张图片相同部分所对应的杨氏干涉条纹；第三项为两幅图片差异部分的频谱。如果在频谱面 P_2 放置狭缝型振幅滤波器，则可使狭缝位于 $\xi=(k+1/2)/c$(k 为整数)处，即使狭缝与杨氏干涉条纹的极小值重合。这样，就只有第三项包含的信息能够通过滤波器了。因此，在输出面 P_3 上的光强分布为

$$I(x_i, y_i) = | t_0'[f_2(x_i, y_i) - f_1(x_i, y_i)]d(x_i, y_i)|^2 \tag{5.2-28}$$

从而就得到了两幅图像的相减结果。

2. 像边缘增强

采用像边缘增强技术可以提高低对比度图像边缘轮廓的清晰度。实现图像边缘增强实际上就是对图像进行光学微分。实现光学微分的方法很多，这里仅介绍正弦复合光栅的边缘增强技术。

实现光学微分仍采用图 5.2－11 所示的光路，将待进行边缘增强的图像置于输入面，将作为滤波器的正弦光栅换成正弦复合光栅即可。若输入函数为 $f(x_0, y_0)$，频谱面上滤波函数为 $H(\xi, \eta)$，则根据式(5.2－4)，P_3 面上的输出为

$$f'(x_i, y_i) = f(x_i, y_i) * h(x_i, y_i) \tag{5.2-29}$$

式中：$h(x_i, y_i)=\mathrm{FT}^{-1}\{H(\xi, \eta)\}$。如果

$$\begin{aligned} h(x_i, y_i) &= \mathrm{FT}^{-1}\{H(\xi, \eta)\} \\ &= \delta[x_i, y_i + (c+\varepsilon)] - \delta(x_i, y_i + c) \end{aligned} \tag{5.2-30}$$

则有

$$\begin{aligned} \lim_{\varepsilon\to 0}\frac{1}{\varepsilon}[f(x_i, y_i) * h(x_i, y_i)] &= \lim_{\varepsilon\to 0}\frac{1}{\varepsilon}\{f[x_i, y_i + (c+\varepsilon)] - f(x_i, y_i + c)\} \\ &= \frac{\partial f'(x_i, y_i)}{\partial y_i} \end{aligned} \tag{5.2-31}$$

这样，就实现了对函数 $f(x_0, y_0)$的微分运算，得到边缘增强的输出图像。要得到形如 $h(x_i, y_i)=\delta[x_i, y_i+(c+\varepsilon)]-\delta(x_i, y_i+c)$的函数，只要

$$\begin{aligned} H(\xi, \eta) &= 2 - 2\cos(2\pi\eta c) + 2\cos[2\pi\eta(c+\varepsilon)] \\ &= 2 + (e^{i2\pi\eta(c+\varepsilon)} - e^{i2\pi\eta c}) + (e^{-i2\pi\eta(c+\varepsilon)} - e^{-i2\pi\eta c}) \end{aligned} \tag{5.2-32}$$

则

$$\begin{aligned} \mathrm{FT}^{-1}\{H(\xi, \eta)\} = 2\delta(x_i, y_i) &+ \{\delta[x_i, y_i + (c+\varepsilon)] - \delta(x_i, y_i + c)\} \\ &+ \{\delta[x_i, y_i - (c+\varepsilon)] - \delta(x_i, y_i - c)\} \end{aligned} \tag{5.2-33}$$

显然，用正弦复合光栅作为滤波器，可以达到像边缘增强的目的。

3. 图像识别

图像识别是用全息图作为滤波器，从给定的图像中抽取所需要的信息或检测某些特定的信息是否存在。例如，从大量的指纹中检查是否有某个人的指纹；从侦察所得到的照片中检查有无特定的目标；检查文字或对文献进行检索分类等。

1) 匹配滤波器的概念及其制作

首先引入匹配滤波器的概念，如果一个滤波器的振幅透射系数 T_H 与输入信号 $f(x_0, y_0)$的频谱 $F(\xi, \eta)$共轭，则这种滤波器就称为匹配滤波器。设滤波器的振幅透射系数为$T_H(\xi, \eta)$，则有

$$T_H(\xi,\ \eta)=F^*(\xi,\ \eta) \tag{5.2-34}$$

由此可见，通过滤波器后的光波场分布正比于 FF^*，这是一实数量，也就是光波的相位为常数。换言之，透过滤波器后的光波场是平面波。匹配滤波器的作用可用图 5.2－13 来说明。平面光波经过输入面后产生波面形变，又经滤波器后，由于相位共轭，恰好相补偿，又成为平面波，经 L_2 以后在输出面上产生一个亮点。如果滤波器不匹配，则将产生一个弥散的像斑。

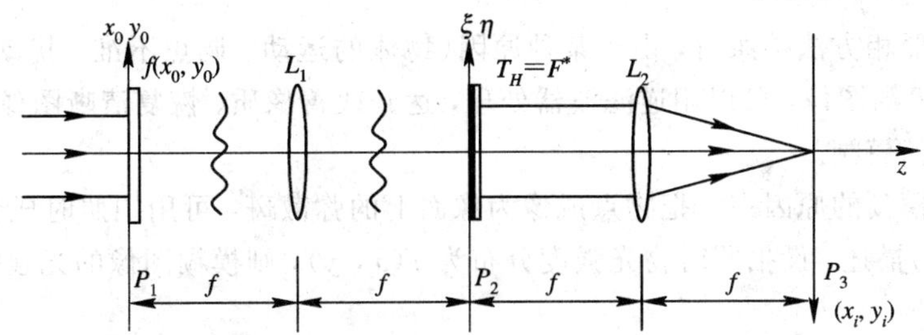

图 5.2－13　匹配滤波器的作用示意图

匹配滤波器的制作一般采用记录标准傅里叶变换全息图的光路。以 $f(x_0,\ y_0)$ 作为物光波，得到的傅里叶变换全息图的振幅透射系数为

$$\begin{aligned}t(\xi,\ \eta)&\propto|F(\xi,\ \eta)|^2+R_0^2+R_0F(\xi,\ \eta)\mathrm{e}^{-\mathrm{i}2\pi\xi b}+R_0F^*(\xi,\ \eta)\mathrm{e}^{\mathrm{i}2\pi\xi b}\\&=t_1(\xi,\ \eta)+t_2(\xi,\ \eta)+t_3(\xi,\ \eta)+t_4(\xi,\ \eta)\end{aligned} \tag{5.2-35}$$

取 $T_H=t_4(\xi,\ \eta)$，就得到了匹配滤波器。如果把上述全息图置于图 5.2－13 的 P_2 面，在 P_1 面放置振幅透射系数为 $c(x_0,\ y_0)$ 的透明片，用轴向平行光照明。P_3 面上由 $T_H=t_4(\xi,\ \eta)$ 滤波得到的输出包含 c 和 f 的互相关

$$g_4(x_i,\ y_i)=f^*(x_i,\ y_i)\otimes c(x_i,\ y_i)*\delta(x_i+b,\ y_i) \tag{5.2-36}$$

如果在 P_1 面放置制作全息图时的透明片，则输出变为自相关函数

$$g_4(x_i,\ y_i)=f^*(x_i,\ y_i)\otimes f(x_i,\ y_i)*\delta(x_i+b,\ y_i) \tag{5.2-37}$$

于是在 $(-b,\ 0)$ 处出现一相关峰值。也就是说，欲制作一个函数的滤波器，就用该函数作为物函数，用点源的平面波作参考光，记录一张傅里叶变换全息图。

2）特征识别

在了解匹配滤波器的作用和制作方法后，就可以讨论如何进行特征识别了。将置于图 5.2－13 输入面的待识别的复杂物体或透明片的光波场分布表示为二维阵列，即

$$f(x_0,\ y_0)=\sum_{j=1}^{M}\sum_{k=1}^{M}f_{jk}(x_0-c_j,\ y_0-c_k) \tag{5.2-38}$$

其中包含待识别的特征单元 $c(x_0,\ y_0)=f_{lm}(x_0-c_l,\ y_0-c_m)$。以 $f_{lm}(x_0,\ y_0)$ 为物光，参考光点源位于 $(-b,\ 0)$ 处，记录一张傅里叶变换全息图，处理后作为匹配滤波器，置于频谱面。应用式(5.2－36)，得到输出面上的光波场分布为

$$\begin{aligned}g_4(x_i,\ y_i)\propto&[f_{lm}^*(x_i,\ y_i)\otimes f_{lm}(x_i,\ y_i)]*\delta(x_i+c_l+b,\ y_i+c_m)\\&+\Big[\sum_{\substack{j=1\\j\neq l}}^{M}\sum_{\substack{k=1\\k\neq m}}^{N}f_{jk}^*(x_i,\ y_i)\otimes f_{lm}(x_i,\ y_i)\Big]*\delta(x_i+c_j+b,\ y_i+c_k)\end{aligned} \tag{5.2-39}$$

在输出面上$(-c_l-b, -c_m)$处将出现一个亮点，其余地方为弥散斑。这样就把输入图片中的特殊部分判断了出来。

需要指出的是，为了简化特征识别系统结构，提高稳定性，避免匹配滤波器与第二个傅里叶变换透镜相对位置的调整问题，可以把匹配滤波器和第二个傅里叶变换透镜综合在一张全息干板上。

4. 用逆滤波器消模糊

在用普通照相方法拍照时，由于某种原因(物体的运动、调焦不准、扰动等)会造成图像模糊。对于模糊图像，可以用逆滤波器处理，达到改善像质、恢复清晰图像的目的。这种处理方法称为消模糊。

造成图像模糊的原因在于把物点成像为像面上的弥散斑，可用拍照时成像系统的点扩散函数$h(x, y)$描述。设拍照时物光强度分布为$f(x, y)$，则模糊图像的光强分布为二者的卷积，即

$$g(x, y)=\iint_{-\infty}^{+\infty} f(x', y')h(x-x', y-y')\,\mathrm{d}x'\,\mathrm{d}y' \tag{5.2-40}$$

可见，消模糊过程就是一解卷积过程。将这样的模糊透明片放在$4f$系统的输入面上，用轴向平行光照明，则频谱面上的光波场分布为

$$G(\xi, \eta)=F(\xi, \eta)H(\xi, \eta) \tag{5.2-41}$$

如果在频谱面上放置振幅透射系数为$1/H(\xi, \eta)$的滤波器，则滤波后的光波场分布为

$$G'(\xi, \eta)=F(\xi, \eta)H(\xi, \eta)\cdot\frac{1}{H(\xi, \eta)}=F(\xi, \eta) \tag{5.2-42}$$

这样就在输出面上得到了消模糊的图像，该滤波器称为逆滤波器。

逆滤波器可看做由两部分组成，一部分是H^*，另一部分是$1/HH^*$，使用时将二者叠合在一起。制作H^*滤波器可用图5.2-14所示的光路，先将点扩散函数$h(x, y)$制成透明负片，放在L_2的前焦面上。这样，在L_2的后焦面上会得到$h(x, y)$的频谱分布$H(\xi, \eta)$，用倾斜的平行参考光记录一张傅里叶变换全息图，即可作为H^*滤波器。$1/HH^*$滤波器的制作是在图5.2-14所示光路中去掉参考光，在L_2的后焦面直接记录$h(x, y)$的频谱，在后续的显影、定影处理中控制照相干板的γ值，使$\gamma=2$。这样就得到了振幅透射系数与$|H|^{-2}=1/HH^*$成正比的滤波器。将这两个滤波器位置对正，贴置在一起，就构成了一个$1/H$滤波器。

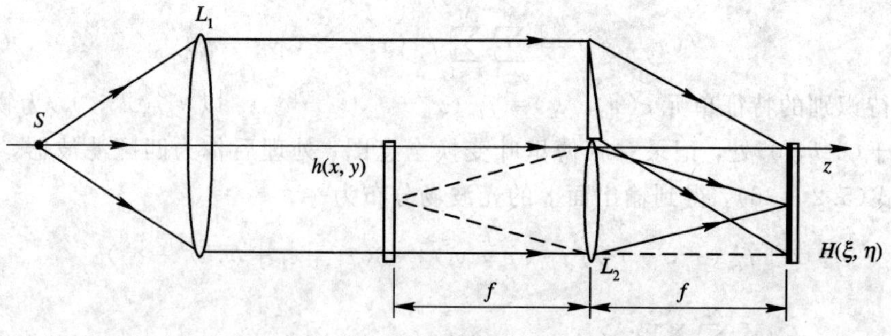

图 5.2-14 逆滤波器制作光路图

由以上讨论可见，制作逆滤波器的关键是知道形成模糊像的点扩散函数 $h(x, y)$。如果已经知道造成模糊像的原因，点扩散函数是能够知道的，否则就不容易找出原因，这也是用光学方法消模糊应用还不十分广泛的原因。

对于离焦和物像相对运动这两种情况造成的图像模糊比较简单，容易得到点扩散函数。对于离焦情况，点物的像是一个弥散圆斑，圆的半径与透镜的相对孔径和离焦量有关。设弥散圆的半径为 r，则点扩散函数为

$$h(x, y) = \mathrm{circ}\left(\frac{\sqrt{x^2 + y^2}}{r}\right) \tag{5.2-43}$$

对于物像相对运动情况，点物的像是线段，线段长度与物距、像距、物像相对运动速度及曝光时间有关。设线段长度为 l，物像相对运动沿 x 方向，则点扩散函数为

$$h(x, y) = \mathrm{rect}\left(\frac{x}{l}\right) \tag{5.2-44}$$

这样，我们将半径为 r 的圆孔或长度为 l 的狭缝置于图 5.2－14 所示光路中 L_2 的前焦面上，就可以制作出相应的逆滤波器。

5.3　非相干光处理

由上一节的讨论可见，应用相干光信息处理系统可实现卷积、解卷积、乘法、相减以及微分等运算，具有很强的信息处理能力。但相干光信息处理系统使用相干性极好的单色光源，因而不可避免地会出现相干噪声。为了抑制相干噪声，只有提高光学元器件材料的质量和加工质量以及对工作环境的要求。而非相干光处理系统使用的多波长的扩展光源，相干性极低，信息冗余度大，对相干噪声的影响将大大减小。非相干光处理系统所使用的光源、输入/输出等装置通用性强。由于非相干光处理系统对光强是线性的，因此用光强描述输入/输出的光波场分布，可降低对光探测器减动态范围的要求，但其对信息的处理主要依据几何光学原理在空间域进行，这就大大限制了非相干光处理系统的运算能力。下面分别讨论基于几何成像和几何投影的非相干处理系统。

5.3.1　基于几何成像的非相干光处理

基于几何成像的非相干光处理光路如图 5.3－1 所示。强度透射率为 $f(x, y)$ 透明片位于 P_1 面上，用轴上平行光照明；在 P_1 面相对成像透镜 L_1 的成像共轭面 P_2 上放置强度透射率为 $h(x, y)$ 的透明片；P_2 面经积分透镜 L_2 之后在探测器 D 面上成缩小的像。设 L_1 的横向放大率为 -1，那么探测器 D 所接收的总光强为

$$I(0, 0) = \iint_{-\infty}^{+\infty} f(x, y)h(x, y)\,\mathrm{d}x\,\mathrm{d}y \tag{5.3-1}$$

式(5.3－1)就是基于几何成像的非相干光处理的基本运算关系式，各种实际应用都是建立在此基础上的，其中应用最多的是实现相关运算。

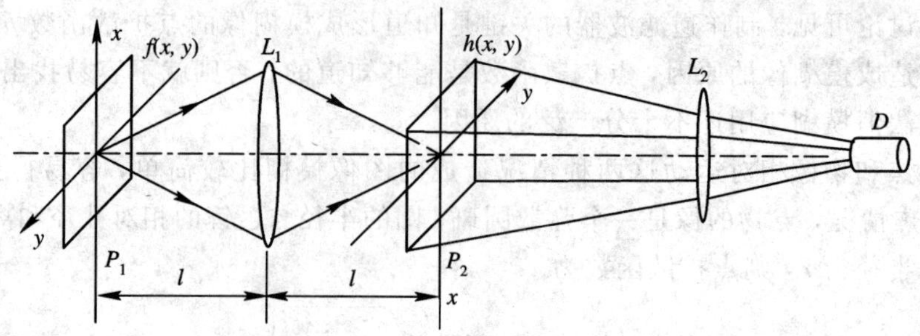

图 5.3-1 几何成像的非相干光处理光路

1. 基于几何成像的空间扫描相关

根据式(5.3-1)，当输入函数 $f(x, y)$以恒速度 $\boldsymbol{v}$ 连续运动，沿 x 方向的速度分量为 v_x，沿 y 方向的速度分量为 v_y 时，D 处的光强为

$$I(v_xt, v_yt) = \iint_{-\infty}^{+\infty} f(x-v_xt, y-v_yt)h(x, y)\,\mathrm{d}x\,\mathrm{d}y \tag{5.3-2}$$

得到二维函数 $f(x, y)$和 $h(x, y)$的相关运算结果。一般来说，对不同时刻 t，其输出的光强 $I(v_xt, v_yt)$不同。如果两函数为一维函数，且 $f(x)$沿 x 方向以恒定速度 v 运动，则相关运算结果为

$$I(vt) = \int_{-\infty}^{+\infty} f(x-vt)h(x)\,\mathrm{d}x \tag{5.3-3}$$

为了实现输入函数 $f(x)$和多个参考函数的相关运算，可以应用多通道掩膜板 $S_n(x)$和一个球面透镜以及一个柱面透镜组成像散光学系统作为积分透镜来实现多通道一维相关运算，如图 5.3-2 所示。

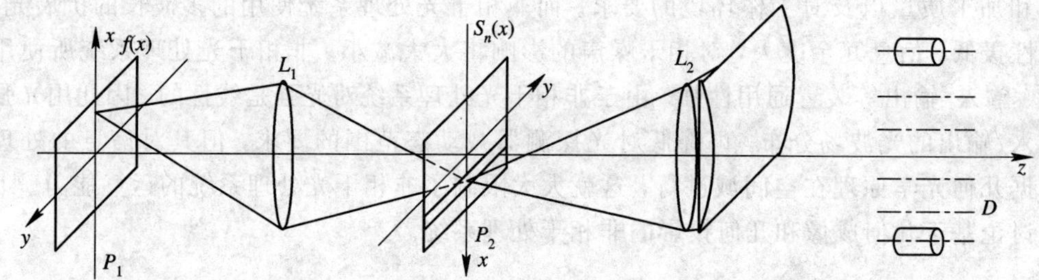

图 5.3-2 几何成像的多通道一维相关系统

由图(5.3-2)可见，输入函数 $f(x)$经成像透镜 L_1 成像于 P_2 面，P_2 面放置 N 个一维参考函数 $S_n(x)$(n=1, 2, …, N)，透过 P_2 面的光强分布 $f(x)S_n(x)$经积分透镜 L_2 成缩小的像于探测器阵列 D 所对应的第 n 个单元上，该单元接收到的光强为

$$I_n = \int_{-\infty}^{+\infty} f(x)S_n(x)\,\mathrm{d}x \quad (n = 1, 2, \cdots, N) \tag{5.3-4}$$

如果 $f(x)$沿 x 方向以恒定速度 v 运动，则得到

$$I_n(vt) = \int_{-\infty}^{+\infty} f(x-vt)S_n(x)\,\mathrm{d}x \quad (n = 1, 2, \cdots, N) \tag{5.3-5}$$

令 $x_0 = vt$，则有

$$I_n(x_0) = \int_{-\infty}^{+\infty} f(x-x_0)S_n(x)\,\mathrm{d}x \quad (n = 1, 2, \cdots, N) \tag{5.3-6}$$

在探测器不同的接收单元上，就得到了同一输入函数与 N 个不同函数的互相关运算结果。这种相关系统已在地震反射波分析系统中使用。

同理，也可设计多通道二维相关器。

2. 基于几何成像的时间扫描相关

在很多情况下，输入函数 $f(t)$ 是时间的函数，在这种情况下，可按图 5.3-3 所示的光路进行相关运算。输入函数由一个随时间变化的电信号调制光源得到。光源发出的光束经透镜 L_1 准直后投射到包含多个光强透过率函数 $S_n(x)$ 的光学掩膜板上，透过掩膜板的光强分布为 $f(t)S_n(x)$，经成像透镜 L_2 在探测器 D 的相应区域成像，得到相应的光强输出。如果掩膜板沿 x 轴以恒速 v 连续移动，则输出光强为

$$I_n(x)=\int_{-\infty}^{+\infty}f(t)S_n(x-vt)\,\mathrm{d}t\qquad(n=1,2,\cdots,N)\tag{5.3-7}$$

得到了时间相关输出。应当指出的是，在时间相关扫描中，为了得到相关输出，既可以通过移动掩膜板来实现，又可以通过移动多通道探测器来实现。

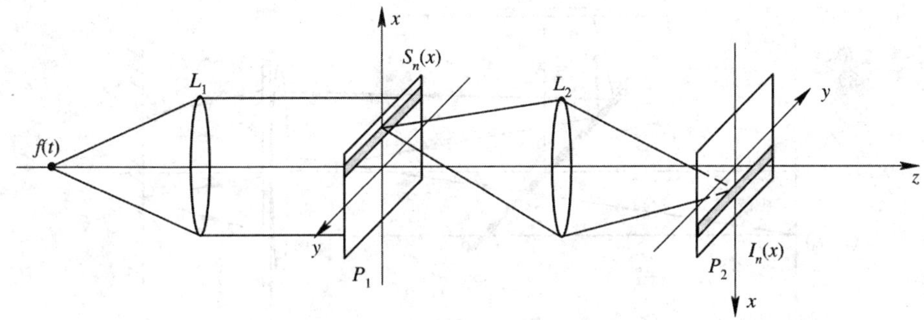

图 5.3-3　时间扫描相关器

5.3.2　基于几何投影的非相干光处理

在基于几何成像的非相干光处理中，为了实现相关运算，都需要机械位移来实现相关扫描，这对应用带来诸多不便。而采用基于几何投影的非相干光处理系统，不需要机械位移就可以实现相关运算。图 5.3-4 为一典型的基于几何投影的非机械扫描相关运算光路。

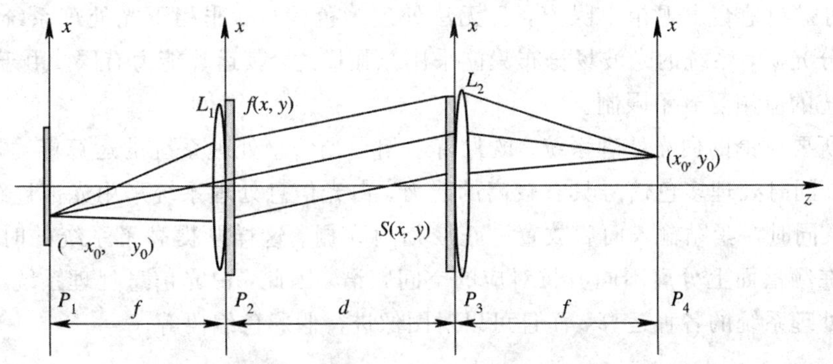

图 5.3-4　基于几何投影相关处理系统

根据几何光学方法，位于透镜 L_1 前焦面上的均匀漫射光源上一点$(-x_0，-y_0)$发出的光束经透镜 L_1 准直倾斜出射后，分别经过透明片 $f(x，y)$和 $S(x，y)$，透过 $S(x，y)$后的光强分布为 $f\left(x-\frac{d}{f}x_0，y-\frac{d}{f}y_0\right)S(x，y)$。因此，经过透镜 L_2 后会聚于输出面 P_4 上相应的点$(x_0，y_0)$的光强为

$$I(x_0，y_0)=\iint_{-\infty}^{+\infty} f\left(x-\frac{d}{f}x_0，y-\frac{d}{f}y_0\right)S(x，y)\,\mathrm{d}x\,\mathrm{d}y \qquad (5.3-8)$$

这样，就解决了二维函数的互相关运算问题。该系统已经应用于图像识别中。这种处理系统的缺点是：当透明片的空间频率很高时，其衍射效应就不能忽略，投射到 $S(x，y)$透明片上的光分散得很开，经成像透镜后的光强分布就不准确。因此，只有系统能很好地满足几何光学定律时，才能获得较好的使用效果。

当取 $S(x，y)=f(x，y)$时，得到自相关运算结果。为了更好地实现自相关运算，一般采用如图 5.3－5 所示的光路系统。

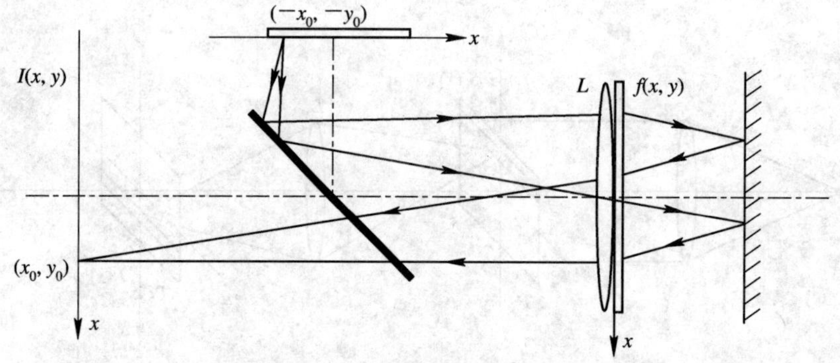

图 5.3－5　自相关运算光路

5.4　白光信息处理

前面已经分别研究了相干光处理和非相干光处理。相干光信息处理由于采用单色光源照明，不可避免地会出现相干噪声，且无法处理多色信号；非相干光处理系统采用扩展、多波长成分光源，系统的光波场分布只能采用光强描述，其运算能力有限。由于以上原因，这两种系统的应用受到了限制。

本节所要讨论的白光处理系统，既保持了相干光信息处理系统的运算能力，又能避免相干噪声，同时处理多色信号具有较高的能力。白光信息处理系统采用光谱连续分布的白光点光源，同时在紧贴输入面后放置一正弦衍射光栅。这样既提高了系统的时间相干性，同时又可在频谱面上分离不同波长对应的空间频谱。因此，白光信息处理系统不但可以实现相干光处理系统的各种运算，而且可以对图像进行假彩色编码等。

5.4.1　白光信息处理系统的工作原理

图 5.4－1 所示为白光信息处理系统的典型光路。

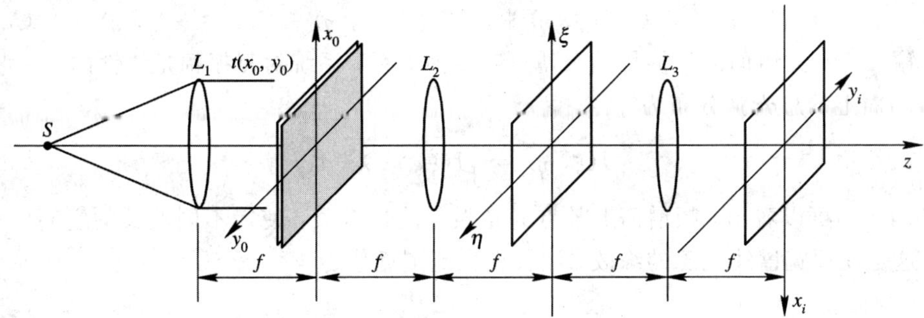

图 5.4-1　白光信息处理系统的典型光路

图 5.4-1 中，轴上宽谱线点光源经透镜 L_1 准直后作为照明光，一个正弦光栅紧贴在系统的输入面之后，用来调制输入信号。由于系统在宽谱线下工作，变换透镜 L_2 和 L_3 应严格地消色差。白光信息处理系统的工作原理是按照部分相干理论中的互强度来描述光波场中空间任意两点复振幅的相关程度。根据部分相干理论，对照明光源中某一确定波长 λ，得到入射到输入面的互强度为

$$J(x_0, y_0; x_0', y_0'; \lambda) = k\iint_{-\infty}^{+\infty} \delta(x_s, y_s) e^{-i\frac{2\pi}{\lambda f}[x_s(x_0-x_0')+y_s(y_0-y_0')]} dx_s\, dy_s = k \tag{5.4-1}$$

式中：$\delta(x_s, y_s)$为轴上点光源；(x_0, y_0)和(x_0', y_0')分别为输入面上不同的两点；k 为常数因子。当输入面的振幅透射系数为 $t(x_0, y_0)$，紧贴输入面的光栅透过率为 $1+\cos 2\pi\xi_0 x_0$ 时，相应该波长的出射互强度为

$$\begin{aligned} J'(x_0, y_0; x_0', y_0'; \lambda) &= J(x_0, y_0; x_0', y_0'; \lambda) t(x_0, y_0) \\ &\quad \times t^*(x_0', y_0')(1+\cos 2\pi\xi_0 x_0)(1+\cos 2\pi\xi_0 x_0') \\ &= kt(x_0, y_0)t^*(x_0', y_0')(1+\cos 2\pi\xi_0 x_0)(1+\cos 2\pi\xi_0 x_0') \end{aligned} \tag{5.4-2}$$

频谱面上的互强度分布为

$$\begin{aligned} J(\xi_1, \eta_1; \xi_2, \eta_2; \lambda) &= \iiiint_{-\infty}^{+\infty} J'(x_0, y_0; x_0', y_0'; \lambda) e^{-i2\pi(x_0\xi_1+y_0\eta_1-x_0'\xi_2-y_0'\eta_2)} dx_0\, dy_0\, dx_0'\, dy_0' \\ &= k\iint_{-\infty}^{+\infty} t(x_0, y_0)(1+\cos 2\pi\xi_0 x_0) e^{-i2\pi(x_0\xi_1+y_0\eta_1)} dx_0\, dy_0 \\ &\quad \times \iint_{-\infty}^{+\infty} t^*(x_0', y_0')(1+\cos 2\pi\xi_0 x_0') e^{i2\pi(x_0'\xi_2+y_0'\eta_2)} dx_0'\, dy_0' \\ &= [C_1 T(\xi_1, \eta_1) + C_2 T(\xi_1-\xi_0, \eta_1) + C_3 T(\xi_1+\xi_0, \eta_1)] \\ &\quad \times [C_1 T(\xi_2, \eta_2) + C_2 T(\xi_2-\xi_0, \eta_2) + C_3 T(\xi_2+\xi_0, \eta_2)]^* \end{aligned} \tag{5.4-3}$$

式中：$T(\xi, \eta)$为 $t(x_0, y_0)$的傅里叶变换。

当 $\xi_1=\xi_2=\xi$, $\eta_1=\eta_2=\eta$ 时，则有

$$\begin{aligned} J(\xi, \eta; \lambda) &= [C_1 T(\xi, \eta) + C_2 T(\xi-\xi_0, \eta) + C_3 T(\xi+\xi_0, \eta)] \\ &\quad \times [C_1 T(\xi, \eta) + C_2 T(\xi-\xi_0, \eta) + C_3 T(\xi+\xi_0, \eta)]^* \\ &= I(\xi, \eta; \lambda) \end{aligned} \tag{5.4-4}$$

显然，频谱面上的复振幅分布为

$$\mathbf{U}(\xi, \eta; \lambda) = C_1 T(\xi, \eta) + C_2 T(\xi - \xi_0, \eta) + C_3 T(\xi + \xi_0, \eta) \tag{5.4-5}$$

可见，输入面和频谱面的复振幅满足傅里叶变换关系，系统对复振幅是线性的。

频谱面上的总光强分布为

$$I(\xi, \eta) = \int I(\xi, \eta; \lambda)\, \mathrm{d}\lambda \tag{5.4-6}$$

由式(5.4-6)可以看出，频谱面上某点的光强与波长有关，使得不同波长的空间频率产生重叠，这是使用宽谱线光源的缘故。波长重叠范围近似为

$$\Delta\lambda \approx \frac{4\Delta P}{\xi_0}\lambda_c \tag{5.4-7}$$

式中：λ_c 为中心波长；ΔP 为空间带宽。如果 $\xi_0 \gg \Delta P$，则不同波长对应的空间频率重叠足够小。可见，衍射光栅的引入，不仅能增强系统的时间相干性，而且可以通过选择 ξ_0 使沿 ξ_0 轴向的空间频谱产生较小的重叠，有利于对多色信号的处理。

5.4.2 白光信息处理的应用

1. 相关检测

相关检测与相干光处理类似，用傅里叶变换全息方法制作匹配滤波器，只不过是把参考光选为 $R\mathrm{e}^{\mathrm{i}2\pi b\eta}$。对于确定的波长 λ_n，所对应的空间滤波器的振幅透射系数为

$$H(\xi, \eta) \propto T^*(\xi_n, \eta_n)\mathrm{e}^{\mathrm{i}2\pi b\eta_n} \tag{5.4-8}$$

当把上述滤波器放置在 $\xi=\xi_0$ 的光栅衍射级上时，滤波后的复振幅为

$$\mathbf{U}(\xi, \eta; \lambda) = T(\xi - \xi_0, \eta)\sum_{n=1}^{N} H(\xi_n - \xi_0, \eta_n) \tag{5.4-9}$$

输出面上的复振幅分布为

$$\mathbf{U}(x_i, y_i; \lambda) = \iint T(\xi - \xi_0, \eta)\sum_{n=1}^{N} H(\xi_n - \xi_0, \eta_n)\mathrm{e}^{\mathrm{i}2\pi(\xi x_i + \eta y_i)}\, \mathrm{d}\xi\, \mathrm{d}\eta \tag{5.4-10}$$

输出面上的光强分布为

$$I(x_i, y_i) = \int\left|\iint T(\xi - \xi_0, \eta)\sum_{n=1}^{N} H(\xi_n - \xi_0, \eta_n)\mathrm{e}^{\mathrm{i}2\pi(\xi x_i + \eta y_i)}\, \mathrm{d}\xi\, \mathrm{d}\eta\right|^2 \mathrm{d}\lambda \tag{5.4-11}$$

如果选择载波光栅的空间频率 ξ_0 足够高，且滤波器 $H(\xi_n - \xi_0, \eta_n)$ 在频谱面上所占波长范围比较小，并考虑到不同波长之间的非相干性，得到

$$\begin{aligned} I(x_i, y_i) &= \sum_{n=1}^{N}\Delta\lambda_n\left|\iint T(\xi - \xi_0, \eta)H(\xi_n - \xi_0, \eta_n)\mathrm{e}^{\mathrm{i}2\pi(\xi x_i + \eta y_i)}\, \mathrm{d}\xi\, \mathrm{d}\eta\right|^2 \\ &= \sum_{n=1}^{N}\Delta\lambda_n\left[t_n(x_i, y_i)\mathrm{e}^{2\pi\xi_0 x_i} \otimes t_n(x_i, y_i - b)\right] \end{aligned} \tag{5.4-12}$$

即输入函数的自相关项，其坐标中心位于$(0, b)$附近。据此，可实现信号的相关检测。

2. 图像相减

用白光信息处理系统进行图像相减也类似于相干光信息处理。将待相减的两幅图像 t_1 和 t_2 沿 y_0 方向相距 $2c$ 放置于输入面上，并紧贴输入物体放置空间频率为 ξ_0 的正弦光栅。这样，透过输入面的光波场复振幅为

$$U_0(x_0, y_0) = [t_1(x_0, y_0 - c) + t_2(x_0, y_0 + c)](1 + \cos 2\pi\xi_0 x_0) \qquad (5.4-13)$$

相应于波长 λ 的频谱面上的复振幅分布为

$$\begin{aligned} U(\xi, \eta; \lambda) = & T_1(\xi, \eta)e^{-i2\pi c\eta} + T_2(\xi, \eta)e^{i2\pi c\eta} \\ & + T_1(\xi - \xi_0, \eta)e^{-i2\pi c\eta} + T_2(\xi - \xi_0, \eta)e^{i2\pi c\eta} \\ & + T_1(\xi + \xi_0, \eta)e^{-i2\pi c\eta} + T_2(\xi + \xi_0, \eta)e^{i2\pi c\eta} \end{aligned} \qquad (5.4-14)$$

当在 $\xi=\xi_0$ 处放置频率为 c 的正弦光栅作为滤波器 $H(\eta)=1+\sin 2\pi c\eta$，并设滤波器在频谱面上所占波长范围 $\Delta\lambda$ 很小时，透过频谱面的复振幅分布为

$$\begin{aligned} U(\xi, \eta) \approx & \Delta\lambda[T_1(\xi - \xi_0, \eta)e^{-i2\pi c\eta} + T_2(\xi - \xi_0, \eta)e^{i2\pi c\eta}]H(\eta) \\ = & \Delta\lambda\{T_1(\xi - \xi_0, \eta)e^{-i2\pi c\eta} + T_2(\xi - \xi_0, \eta)e^{i2\pi c\eta} \\ & - \frac{i}{2}T_1(\xi - \xi_0, \eta)e^{-i2\pi c\eta}[e^{i2\pi c\eta} - e^{-i2\pi c\eta}] \\ & - \frac{i}{2}T_2(\xi - \xi_0, \eta)e^{i2\pi c\eta}[e^{i2\pi c\eta} - e^{-i2\pi c\eta}]\} \\ = & \Delta\lambda\{T_1(\xi - \xi_0, \eta)e^{-i2\pi c\eta} + T_2(\xi - \xi_0, \eta)e^{i2\pi c\eta} \\ & + \frac{i}{2}[T_2(\xi - \xi_0, \eta) - T_1(\xi - \xi_0, \eta)] \\ & + \frac{i}{2}T_1(\xi - \xi_0, \eta)e^{-i4\pi c\eta} - \frac{i}{2}T_2(\xi - \xi_0, \eta)e^{i4\pi c\eta}\} \end{aligned} \qquad (5.4-15)$$

输出面上的复振幅为

$$\begin{aligned} U_i(x_i, y_i) = & \Delta\lambda\{t_1(x_i, y_i - c) + t_2(x_i, y_i + c) \\ & + \frac{i}{2}[t_2(x_i, y_i) - t_1(x_i, y_i)] \\ & + \frac{i}{2}[t_1(x_i, y_i - 2c) - t_2(x_i, y_i + 2c)]\}e^{i2\pi\xi_0 x_i} \end{aligned} \qquad (5.4-16)$$

式中：第一个方括号内为 t_1 和 t_2 相减的结果，其中心位于光轴之上。如将滤波光栅在频谱面上沿 η 方向移动 1/4 周期，则有 $H(\eta)=1+\cos 2\pi c\eta$，这样便可得到 t_1 和 t_2 相加的结果。

3. 黑白图像假彩色编码

在科学技术应用中所得到的很多图像是密度变化的黑白像。但因人眼对彩色图像的分辨率优于对黑白图像的分辨率，所以黑白图像的各种彩色编码技术得到了广泛应用。计算机假彩色编码技术已广泛地应用于数字化图像，但应用光学信息处理技术的假彩色编码对原黑白图像为模拟照片(如航空照片、X 光片等)具有优越性。

用白光信息处理技术实现假彩色编码的方法很多，这里仅介绍频率实时假彩色编码。

在频率实时假彩色编码中，将密度分布为 $t(x_0, y_0)$ 的黑白透明片与一个二维光栅 $1+(\cos 2\pi\xi_0 x_0)/2+(\cos 2\pi\eta_0 y_0)/2$ 叠在一起置于白光处理系统的输入面，如图 5.4 - 1 所示。

在频谱面上，相应于波长 λ 的复振幅分布为

$$\mathbf{U}(\xi, \eta; \lambda) = T(\xi, \eta) + \frac{1}{4}[T(\xi-\xi_0, \eta) + T(\xi+\xi_0, \eta) + T(\xi, \eta-\eta_0) + T(\xi, \eta+\eta_0)] \tag{5.4-17}$$

由于光栅的调制作用，沿 ξ 和 η 轴出现了四个一级衍射谱。因为 $\xi=x/\lambda f$，$\eta=y/\lambda f$，相应不同波长 λ 的空间频谱的位置不同，各一级衍射谱呈彩虹状，所以可用图 5.4－2 所示的一维空间滤波器来进行假彩色化。此时透过频谱面的复振幅分布为

$$\mathbf{U}(\xi, \eta; \lambda) = T_r(\xi-\xi_0, \eta)H_1(\eta) + T_r(\xi, \eta-\eta_0)H_1(\xi) + T_b(\xi+\xi_0, \eta)H_2(\eta) + T_b(\xi, \eta+\eta_0)H_2(\xi) \tag{5.4-18}$$

式中：T_r 和 T_b 分别为所选择的红色及蓝色信号谱；H_1 和 H_2 为一维空间滤波器。在输出面上相应的复振幅分布为

$$\mathbf{U}_i(x_i, y_i; \lambda) = \iint[T_r(\xi-\xi_0, \eta)H_1(\eta) + T_r(\xi, \eta-\eta_0)H_1(\xi)]e^{i2\pi(\xi x_i+\eta y_i)}\,d\xi\,d\eta + \iint[T_b(\xi+\xi_0, \eta)H_2(\eta) + T_b(\xi, \eta+\eta_0)H_2(\xi)]e^{i2\pi(\xi x_i+\eta y_i)}\,d\xi\,d\eta \tag{5.4-19}$$

如果二维光栅的空间频率 ξ_0 和 η_0 足够高，则输出面上的光强分布可近似地表示为

$$I(x_i, y_i) \approx \Delta\lambda_r \,|\, t_r(x_i,y_i)e^{i2\pi\xi_0 x_i} * h_1(y_i) + t_r(x_i,y_i)e^{i2\pi\eta_0 y_i} * h_1(x_i) \,|^2 + \Delta\lambda_b \,|\, t_b(x_i,y_i)e^{-i2\pi\xi_0 x_i} * h_2(y_i) + t_b(x_i,y_i)e^{-i2\pi\eta_0 y_i} * h_2(x_i) \,|^2 \tag{5.4-20}$$

式中：$\Delta\lambda_r$ 和 $\Delta\lambda_b$ 分别为信号的红色和蓝色光谱密度；h_1 和 h_2 分别为 H_1 和 H_2 的脉冲响应。由式(5.4－20)可见，两个非相干的像在输出面上合成了彩色编码的像。

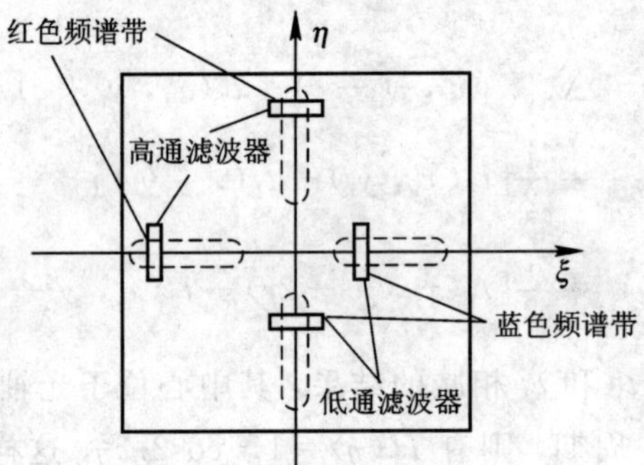

图 5.4－2　空间频率假彩色编码

白光信息处理的应用十分广泛，除了能实现上述处理功能之外，还可进行彩色图像消模糊、用黑白胶片存储彩色图片资料等，这里不再一一赘述。

5.5　非线性光学处理

在光学信息处理中，对于输入的图像不仅需要作线性处理，在许多情况下还需要对其作非线性运算。实现非线性运算的光学处理方法很多，例如控制感光底片的 γ 值、采用非线性器件(如法布里－珀罗干涉仪、普克尔读出光学调制器)等，只是这些器件昂贵，实现起来较为困难。这里仅介绍非线性光学处理中使用较多的 θ 调制和半色调网屏技术。

1. θ 调制

θ 调制是由阿尔米达奇和罗曼提出的。其基本原理是把待处理图片按灰度等级分区，对不同灰度等级的区域用不同取向的一维光栅进行调制，即进行所谓的 θ 调制，调制和处理过程如图 5.5-1 所示。图 5.5-1(a)所示为待处理的黑白图片，按灰度等级可分为大地(R)、天空(W)、屋顶(V)和墙体(S)等四部分。对这四部分用不同取向的一维光栅进行调制，结果如图 5.5-1(b)所示。

如果把调制后的图片放在相干光学处理系统的输入面，则在频谱面上便可观察到数个不同的光栅衍射级。由于图片的不同灰度区域被不同角度取向的光栅所调制，因此不同灰度对应不同光栅的衍射级，如图 5.5-1(c)所示，大地(R)、天空(W)、屋顶(V)和墙体(S)的空间频谱分别被调制在频谱面上分离的 R'、W'、V' 和 S' 的位置。这样就可以在频谱面上对图像进行适当的处理了，例如用图 5.5-1(d)所示的滤波器滤波，即遮挡 R' 和 W' 这两对频谱，就在输出面得到了图 5.5-1(e)所示的大地和天空是黑色的、其他区域灰度等级不变的房屋图像。这样滤波的图片与光栅取向是非线性关系，因而输出图像与原始输入图像之间也存在非线性关系。

如果把调制后的图片放在非相干光学处理系统的输入面，则在频谱面上也可以观察到数个不同的光栅衍射级，只不过是调制在某一光栅衍射级中的空间频谱按波长在频谱面上散布，根据波长由长及短依次靠近频率平面中心，如图 5.5-1(f)所示。如果在频谱面上不同的光栅衍射级上用不同颜色的滤光片进行滤波，则输出图像不同的区域将带有不同的色彩，如图 5.5-1(g)所示。这样就可以实现空间假彩色编码了。

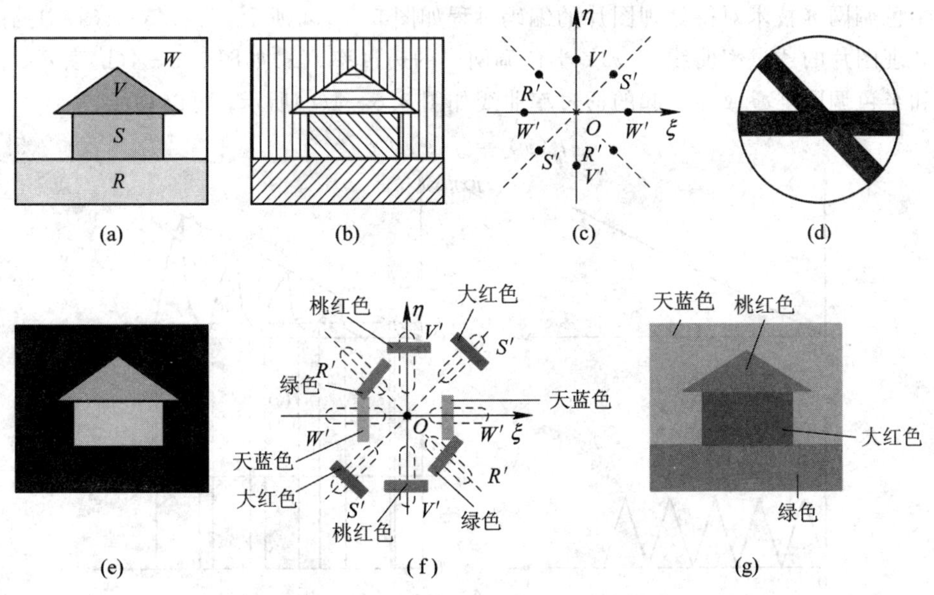

注：R—绿色；W—天蓝色；S—大红色；V—大红色

图 5.5-1　θ 调制

(a) 待处理的黑白图片；(b) 用不同取向的一维光栅调制；(c) 不同灰度对应不同的光栅衍射波；(d) 滤波器；(e) 滤波后的图像；(f) 光栅衍射级；(g) 彩色图像

θ调制技术还可以应用于彩色胶片的存储等方面。

2. 半色调网屏技术

半色调网屏技术由马克特等人首先用于光学中的非线性处理。他们把待处理的光学图片用印刷业中的网屏技术进行编码，从而得到与原图片为非线性关系的编码图片。半色调网屏技术用于光学处理可以实现指数、对数运算，也可以实现其他非线性处理，具有较高的灵活性和处理效果。

半色调网屏技术对图片的编码原理如图 5.5-2 所示。待编码的图片用均匀光照明，照明光透过原始图片之后入射到紧贴原始图片的半色调网屏，半色调网屏由局部透光的圆点或线的周期阵列组成。透过半色调网屏的光入射到紧贴它的硬限幅感光胶片（即感光胶片的γ值很高，其 $H-D$ 曲线如图 5.5-3 所示）上，由于高反差感光，经处理便可得到二元色调的编码图片。

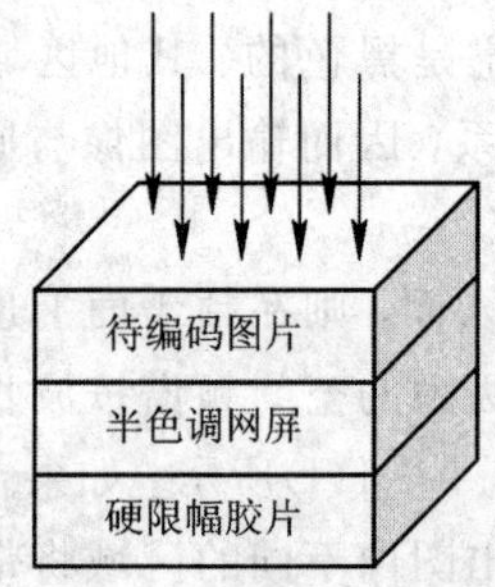

图 5.5-2 半色调网屏的曝光过程

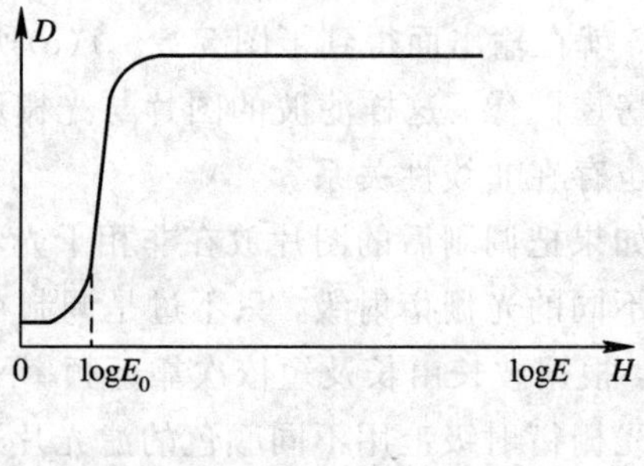

图 5.5-3 高γ值的 $H-D$ 曲线

半色调网屏技术对待处理图片的编码过程如图 5.5-4 所示。图 5.5-4(a)中的曲线表示待处理图片的透过率曲线 $f(x)$；半色调网屏的透过率 $t(x)$ 如图 5.5-4(b)所示；待处理图片和半色调网屏叠放在一起的透过率曲线如图 5.5-4(c)所示，可以写成

$$t_s(x) = f(x)t(x) \tag{5.5-1}$$

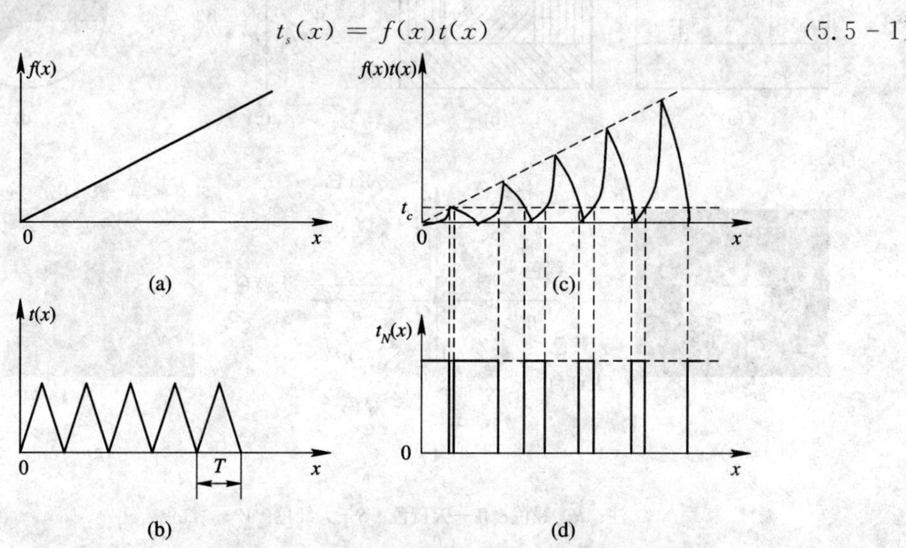

图 5.5-4 半色调网屏对图片的编码过程

(a) 待处理图片的透过率曲线；(b) 半色调网屏的透过率曲线；

(c) 待处理图片与半色调网屏叠在一起的透过率曲线；(d) 得到的二元色调图片的透过率曲线

由于硬限幅胶片为高反差胶片，当曝光量超过临界值时，经显影、定影处理后，胶片的相应部分就会成为不透明状态。其透过率为

$$t_N(x) = \begin{cases} 1 & t_s < t_c \\ 0 & t_s > t_c \end{cases} \tag{5.5 - 2}$$

式中：t_c 为照明光强在一定条件下，当感光胶片曝光量达到临界值时，处理图片和半色调网屏叠放在一起的临界透过率。式(5.5 - 2)可以改写为

$$t_N(x) = \frac{1}{2}\{1 + \mathrm{sgn}[t_s(x) - t_c]\} \tag{5.5 - 3}$$

从图 5.5 - 4(c)中可以看出，凡大于 t_c 的透过率，在硬限幅胶片上经显影、定影处理后就会不透明，其透过率曲线如图 5.5 - 4(d)所示。这样，连续灰度变化的图像就编码为二元色调图像了。将式(5.5 - 1)代入式(5.5 - 3)，有

$$t_N(x) = \frac{1}{2}\{1 + \mathrm{sgn}[f(x)t(x) - t_c]\} = \varphi[f(x)] \tag{5.5 - 4}$$

式(5.5 - 4)表明，待处理图片的透过率分布 $f(x)$ 与经过半色调网屏处理后的编码图片的透过率分布之间是非线性关系。这样就达到了对输入图像进行非线性处理的目的。

由式(5.5 - 4)可以看出，当改变半色调网屏的透过率 $t(x)$ 或临界透过率 t_c 时，就可以改变 $f(x)$ 和 $t_N(x)$ 之间的非线性关系。这样，就可以通过改变 $t(x)$ 或 t_c 来实现预想的非线性处理了。显然，这种非线性处理具有良好的灵活性。

接着对经半色调网屏处理得到的二元色调图片进行第二次非线性处理。第二次非线性处理是将二元色调图片置于相干光处理系统的输入面，如图 5.5 - 5 所示。当半色调网屏的周期足够小时，就可以认为透明片中任一局部区域内的振幅透过率的脉冲宽度 W 近似相同，如图 5.5 - 6 所示。因此，二元色调透明片的振幅透过率可以展开为复数形式的傅里叶级数，即

$$t_N(x) = \sum_{k=-\infty}^{+\infty} \frac{\sin[\pi k W(x)/L]}{\pi k} \mathrm{e}^{\mathrm{i}\frac{2\pi k x}{L}} \tag{5.5 - 5}$$

式(5.5 - 5)的每一项均表示一个被调制的光栅衍射级次，都是频率域中的一个孤立谱。如果在频谱面上放置一个带狭缝的掩膜板作为滤波器，适当地选取狭缝位置，让所要求的光栅衍射级次通过，若取 k 级通过，则输出面上的光前分布为

$$I(x;\ k) = \begin{cases} \dfrac{W(x)}{L} & k = 0 \\ \dfrac{\sin[\pi k W(x)/L]}{\pi k} & k \neq 0 \end{cases} \tag{5.5 - 6}$$

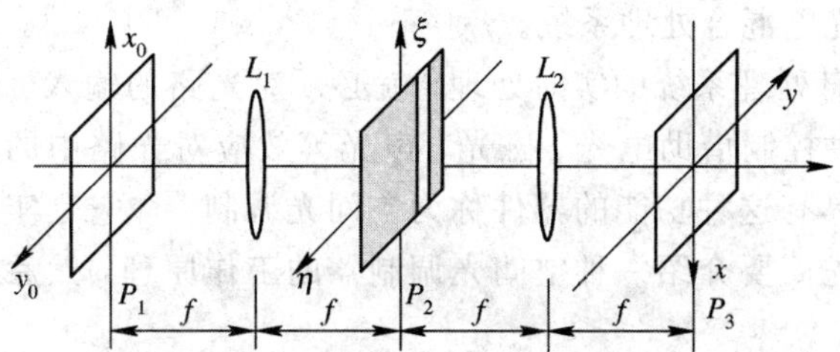

图 5.5 - 5　二元色调图片的滤波处理

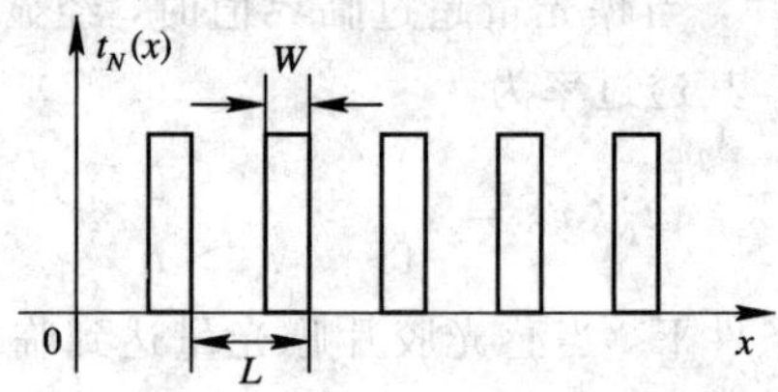

图 5.5－6　二元色调图片局部透过率

由式(5.5－6)可以看出，经上述处理过程实现了第二次非线性处理，即当初始输入光强为 I_{in}(透过待处理图片)时，经过半色调网屏非线性处理和第二次非线性处理，最后得到输出光强 $I_{out}=I(x;k)$。两次非线性处理过程可用图 5.5－7 所示的曲线加以说明，图中实线表示从 I_{in} 到归化脉冲宽度 W/L 的非线性变换，虚线表示从归化脉冲宽度 W/L 到最后输出光强 I_{out} 的非线性变换。图中给出了 $k=2$ 时的曲线情况，同时也给出了输入光强分别为 I_{i1} 和 I_{i2} 经两次非线性变换后的输出光强 I_{o1} 和 I_{o2}。显然，这是一种非线性变换。

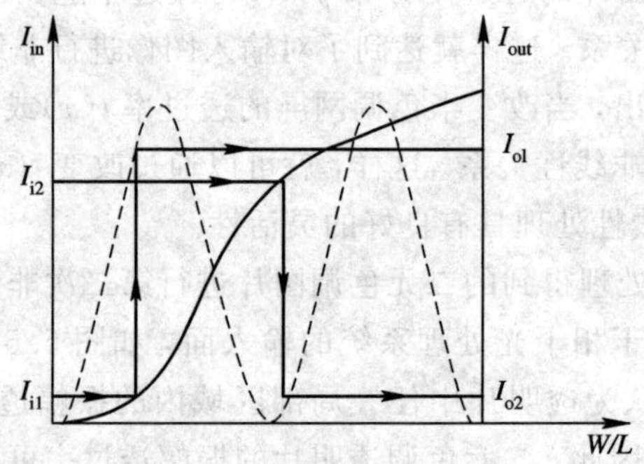

图 5.5－7　输入光强和输出光强的非线性关系

半色调网屏非线性处理技术不仅可以用到对数、指数、模数转换和逻辑等运算中，而且可以用于图像灰度分层和假彩色编码。

比较半色调网屏和 θ 调制这两种非线性处理技术，前者较为灵活，故应用也更广泛。

5.6　实时光电混合处理技术

光学信息处理技术的实时性和灵活性都较差，这就限制了它在实际科学技术应用中的使用和发展。后来人们结合计算机处理的高度灵活性，把二者有机地结合起来，开发了能够实时接收、处理的光电混合处理系统。

为了实现光学信息处理系统的实时处理，就必须对光路的输入、输出以及滤波器等信号进行实时控制。这种控制借助电光、磁光、声光等效应对光路中的光束进行调制，实现信息处理的实时性。具有这种功能的器件称为空间光调制器，它是实时光电混合处理系统的关键器件。下面首先简要介绍一种空间光调制器的工作原理，然后介绍光电实时混合处理系统。

1. 液晶空间光调制器

液晶空间光调制器也称为液晶光阀，它是运用液晶的扭曲向列效应实现空间光调制的。液晶空间光调制器有反射式和透射式两种，反射式的结构如图 5.6 - 1 所示。1 为两块玻璃基片，其内表面镀有透明导电极 2，电极上接 5～10 V 音频交流电源；3 为液晶取向层，使液晶的排列沿着入射面逐渐扭曲 90°，并起绝缘作用，其间灌有液晶 5；4 为液晶密封垫圈；6 和 7 分别为介电反射镜和遮光层，其作用是隔离写入光和读出光；8 为光导层。

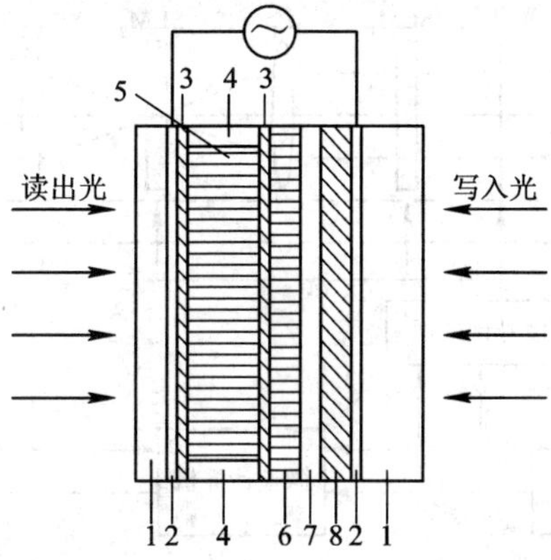

图 5.6 - 1　反射式液晶光阀的结构(断面图)

液晶光阀的工作原理如图 5.6 - 2 所示。当电极上不加电时，液晶的排列沿光入射面方向逐渐 扭曲 90°，自然光经起偏器 P_1 得到振动方向位于图面的偏振光，入射到光阀后经介电反射镜反射，再经光阀出射，出射光的偏振方向不发生改变，则没有光通过正交检偏器 P_2。

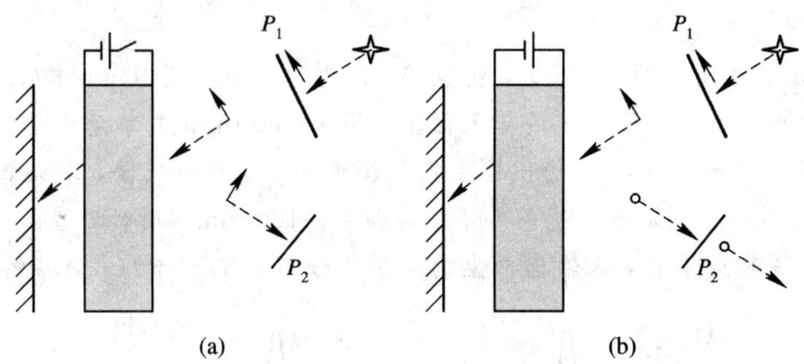

图 5.6 - 2　液晶光阀光调制原理
(a) 电极上未加电；(b) 电极上加电

当液晶光阀的电极接上电后，液晶的排列扭曲为 45°，经介电反射镜反射的出射光的振动方向垂直于图面。显然，出射光可全部透过检偏器 P_2。写入光的作用是：改变光敏层的电阻，使液晶层上形成随空间变化的电场，加在液晶层上电场分布的变化使液晶排列的扭曲发生变化，这样，经光阀出射偏振光振动方向便发生变化，透过检偏器出射光的强弱按空间分布，从而达到空间光调制的目的。液晶光阀除了能实现空间光调制之外，还能实现非相干光 - 相干光转换。

2. 光电实时混合处理系统

图 5.6 - 3 所示为一种光电实时混合处理系统。上部是光学频谱相关器，下部是数字计算机处理系统。实时信号经 CCD 摄像头输入到计算机，经计算机信号预处理后送入空间

光调制器SLM_1。上下两部分的连接是由光开关、空间光调制器SLM_1、SLM_2和CCD探测器来实现的。这样就可以实现输入图像、匹配滤波器对时间相应的变化。CCD探测器接收到的信号可以进行多次反馈，最后在显示器上输出所要求的处理结果。

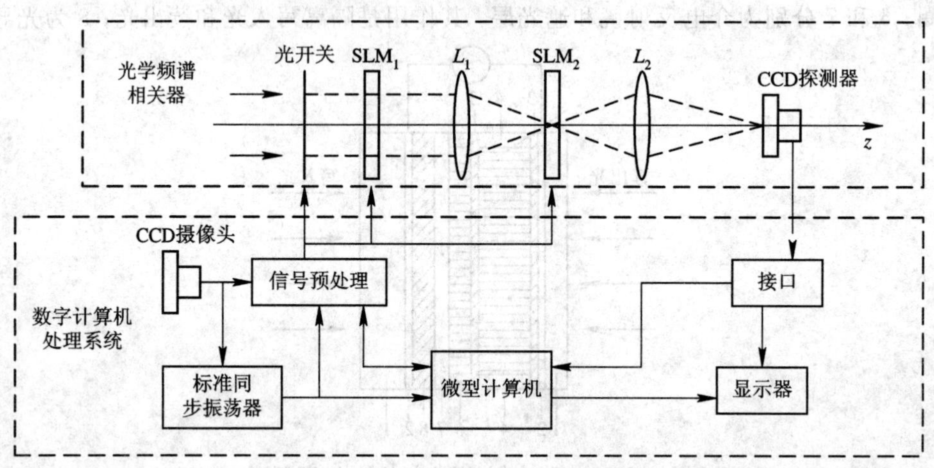

图 5.6-3 光电实时混合处理系统

习 题 五

1. 如习题5.1图所示的$4f$系统，图像A、B为边长分别为1 cm和1.2 cm的正方形孔，把它们对称地放置在光学系统的输入面上，用$\lambda=600$ nm的单色光垂直入射照明，已知透镜的焦距$f=30$ cm。为了在输出面上得到图像A、B的相减像，求频谱面上余弦光栅滤波器频率ξ_0的最小值；如果其他条件不变，当$\xi_0=100\ \text{mm}^{-1}$时，频谱面上的坐标原点与滤波光栅的1/4周期处重合，求输出面上的光强分布，并画出$I(x_i, 0)$的函数图像。

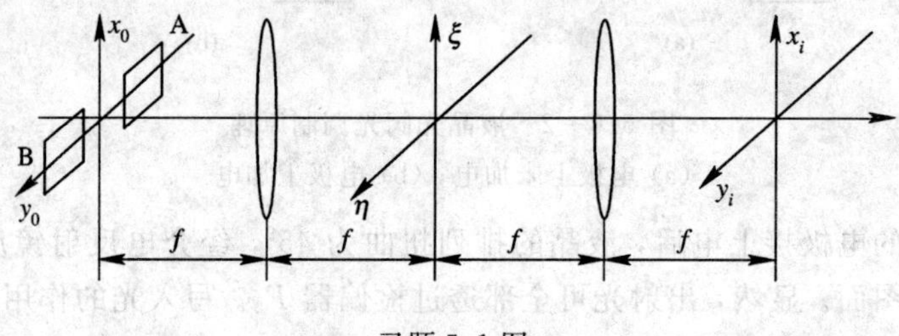

习题5.1图

2. 给定一个$4f$系统，以一个有限延伸的三角波

$$f(x, y)=\left[\frac{1}{2}\operatorname{comb}\left(\frac{x}{2}\right)\operatorname{rect}\left(\frac{x}{50}\right)\right]*\Lambda(x)$$

作为输入。

(1) 求频谱面上的谱函数；

(2) 若把下列滤波函数安放在频谱面上，分别求这些滤波函数的脉冲响应和输出面上的波形函数。

① $H(\xi, \eta)=\text{rect}\left(\dfrac{\xi}{40}\right)$　　② $H(\xi, \eta)=\text{rect}\left(\dfrac{\xi}{4}\right)$

③ $H(\xi, \eta)=\text{rect}(2\zeta)$　　④ $H(\xi, \eta)=\text{rect}\left(\dfrac{\xi}{40}\right)-\text{rect}(2\xi)$

3. 给定与上题相同的系统，但输入函数为

$$f(x, y)=\left[\frac{1}{2}\,\text{comb}\left(\frac{x}{2}\right)\text{rect}\left(\frac{x}{50}\right)\right]*\text{rect}(x)$$

(1) 求频谱面上的谱函数；

(2) 求安放在频谱面上的下列滤波函数的脉冲响应；

① $H(\xi, \eta)=\mathrm{e}^{-\mathrm{i}\pi d}$　　② $H(\xi, \eta)=\mathrm{e}^{-\mathrm{i}\pi}$

③ $H(\xi, \eta)=\mathrm{e}^{-\mathrm{i}\pi\,\text{rect}(\xi)}$　　④ $H(\xi, \eta)=\mathrm{e}^{-\mathrm{i}\pi 2\xi\,\text{rect}\left(\frac{\xi}{2}\right)}$

(3) 分别求输出面上的波形函数。

4. 一个有用的信号 $s(x, y)$ 被一个附加噪声 $n(x, y)$ 所干扰，要求针对下列每一种情况，设计一个能提取该信号的滤波器 $H(\xi, \eta)$，即对于输入 $f(x, y)=s(x, y)+n(x, y)$，使输出 $g(x, y)\approx s(x, y)$。

(1) $s(x, y)=[0.04\,\text{comb}(0.2x, 0.2y)*\text{rect}(x, y)]\cos(60\pi x)\cos(60\pi y)$

$n(x, y)=[0.25\,\text{comb}(0.5x, 0.5y)*\Lambda(x, y)]\cos(20\pi x)\cos(20\pi y)$

(2) $s(x, y)=\text{Gaus}(0.2x, 0.2y)$

$n(x, y)=\text{Gaus}(0.1x, 0.1y)\cos(\pi x)\cos(\pi y)$

5. 利用余弦光栅作滤波器实现图像相减，当光栅的透过率最小值处与频谱面上坐标原点重合时，是否能够通过改变两输入图像的相对位置达到图像相减的目的？若不能，为什么？若能，为什么？

6. 有一按余弦分布的相位物体，其振幅透射系数为 $t(x, y)=\mathrm{e}^{\mathrm{i}a[1-\cos(2\pi\xi_0)]}$，$a=0.02$ rad，在相干光照明条件下，若在滤波面上使零频分量增加额外相位 $\pi/2$，求输出面上的光强分布和对比度；若滤波器除增加 $\pi/2$ 额外相位外，吸收系数 $k=0.4$，求此条件下像的强度分布和对比度。设处理系统为 $4f$ 系统，a^2 可以忽略。

7. 在照相时，若相片的模糊只是由于物体在曝光过程中的匀速直线运动使像点在底片上位移 0.5 mm 引起的，试写出造成模糊的点扩散函数 $h(x, y)$。若欲对该相片进行消模糊处理，写出逆滤波器的透过率函数。实际制作这样的滤波器有什么困难，应如何解决？

8. 设一个线性不变系统的输入函数 $s(x)=\mathrm{e}^{-x}\text{step}(x)$，系统的脉冲响应为 $h(x)$。

(1) 当 $h(x)=s(x)$ 时，试求输出 $g(x)$；

(2) 当 $h(x)=s(-x)$ 时，试求输出 $g(x)$；

(3) 试求使输出在 $x=2$ 处取极大值的匹配滤波器的脉冲相应的 $h(x)$ 和传递函数 $H(\xi)$，并画出输出的图形，假定 $H(0)=0$。

9. 用 $4f$ 系统通过匹配滤波器做特征识别，物 $E(x, y)$ 的匹配滤波器为 $E^*(\xi, \eta)$，当物在输入面平移后可表示为 $E(x-a, y-b)$ 时，求证输出面上相关峰值的位置坐标为 $x'=a$，$y'=b$。

第6章 广义傅里叶变换及其光学实现

从第3章的讨论中我们知道，二维傅里叶变换可以用光学系统近似实现。当用单色光垂直照射位于薄透镜前焦面上的二维图像 $f(x, y)$时，在后焦面上得到了它的傅里叶变换 $F(\xi, \eta)$。同时也研究了当物体到透镜的距离 d_1 及输出面到透镜的距离 d_2 任意时，输出面的光场分布与输入 $f(x, y)$的变换关系，当 d_1 和 d_2 满足一定的条件时，输出面上将出现 $f(x, y)$的广义傅里叶变换，又称为分数阶傅里叶变换。它是常规傅里叶变换式的推广。

傅里叶变换在科学技术的许多领域中都有着广泛的应用，因此可以预料广义傅里叶变换的应用领域将更为宽广。本章主要讨论广义傅里叶变换的数学定义、性质及实现广义傅里叶变换的光学系统。

6.1 广义傅里叶变换的定义及性质

6.1.1 广义傅里叶变换的定义

为简单起见，这里讨论一维函数的广义傅里叶变换，有关的定义和性质可以直接推广到二维的情况。函数 $f(x)$的广义傅里叶变换定义为

$$\mathrm{FT}_{\alpha}\{f(x)\}=\left[\frac{\mathrm{e}^{-\mathrm{i}(\pi/2-\alpha)}}{2\pi\ \sin\alpha}\right]^{1/2}\mathrm{e}^{\frac{\mathrm{i}\nu^2}{2\tan\alpha}}\int_{-\infty}^{+\infty}\mathrm{e}^{\left(\frac{\mathrm{i}x^2}{2\tan\alpha}-\frac{\mathrm{i}\nu x}{\sin\alpha}\right)}f(x)\,\mathrm{d}x\quad(|\alpha|<\pi)\tag{6.1-1}$$

记为 $F(\nu)$，并称为 $f(x)$的广义傅里叶谱；α 则称为广义傅里叶变换的阶，其取值区间为$(-\pi, \pi]$，$(-\pi, \pi]$称为广义傅里叶变换的主值区间，当α超出主值区间时，相应的变换可以化成主值区间的变换。

以$-\alpha$代替α，得到负阶数的广义傅里叶变换

$$\mathrm{FT}_{-\alpha}\{f(x)\}=\left[\frac{\mathrm{e}^{\mathrm{i}(\pi/2-\alpha)}}{2\pi\ \sin\alpha}\right]^{1/2}\mathrm{e}^{-\frac{\mathrm{i}\nu^2}{2\tan\alpha}}\int_{-\infty}^{+\infty}\mathrm{e}^{\left(-\frac{\mathrm{i}x^2}{2\tan\alpha}+\frac{\mathrm{i}\nu x}{\sin\alpha}\right)}f(x)\,\mathrm{d}x\quad(|\alpha|\leqslant\pi)\tag{6.1-2}$$

并且负阶数的广义傅里叶变换 $\mathrm{FT}_{-\alpha}(\alpha>0)$是 FT_{α} 的逆变换，有

$$\begin{aligned}\mathrm{FT}_{-\alpha}\mathrm{FT}_{\alpha}\{f(x)\}&=\left[\frac{\mathrm{e}^{\mathrm{i}(\pi/2-\alpha)}}{2\pi\ \sin\alpha}\right]^{1/2}\mathrm{e}^{-\frac{\mathrm{i}\nu'^2}{2\tan\alpha}}\int_{-\infty}^{+\infty}\mathrm{e}^{\left(-\frac{\mathrm{i}\nu^2}{2\tan\alpha}+\frac{\mathrm{i}\nu'\nu}{\sin\alpha}\right)}\\&\quad\cdot\left\{\left[\frac{\mathrm{e}^{-\mathrm{i}(\pi/2-\alpha)}}{2\pi\ \sin\alpha}\right]^{1/2}\mathrm{e}^{\frac{\mathrm{i}\nu^2}{2\tan\alpha}}\int_{-\infty}^{+\infty}\mathrm{e}^{\left(\frac{\mathrm{i}x^2}{2\tan\alpha}-\frac{\mathrm{i}\nu x}{\sin\alpha}\right)}f(x)\,\mathrm{d}x\right\}\mathrm{d}\nu\\&=\frac{1}{2\pi\ \sin\alpha}\int_{-\infty}^{+\infty}\mathrm{e}^{\frac{\mathrm{i}(x^2-\nu'^2)}{2\tan\alpha}}f(x)\left[\int_{-\infty}^{+\infty}\mathrm{e}^{\frac{\mathrm{i}\nu(\nu'-x)}{\sin\alpha}}\mathrm{d}\nu\right]\mathrm{d}x\\&=\frac{1}{2\pi\ \sin\alpha}\int_{-\infty}^{+\infty}\mathrm{e}^{\frac{\mathrm{i}(x^2-\nu'^2)}{2\tan\alpha}}f(x)[2\pi\ \sin\alpha\cdot\delta(x-\nu')]\,\mathrm{d}x\\&=f(\nu')\end{aligned}\tag{6.1-3}$$

当 $\alpha=\pm\pi/2$ 时，广义傅里叶变换退化为常规傅里叶变换，即

$$\mathrm{FT}_{\pi/2}\{f(x)\} = \frac{1}{\sqrt{2\pi}}\int_{-\infty}^{+\infty} f(x)\,\mathrm{e}^{-\mathrm{i}x\nu}\,\mathrm{d}x \tag{6.1-4}$$

$$\mathrm{FT}_{-\pi/2}\{F(\nu)\} = \frac{1}{\sqrt{2\pi}}\int_{-\infty}^{+\infty} F(\nu)\,\mathrm{e}^{\mathrm{i}x\nu}\,\mathrm{d}\nu \tag{6.1-5}$$

在式(6.1-1)定义的变换中，当 $\alpha=0$ 时没有意义。当 $\alpha\to0$ 时，$\sin\alpha\approx\alpha$，$\tan\alpha\approx\alpha$。应用 1.4 节的 δ 函数列

$$\lim_{\varepsilon\to0}\frac{\mathrm{e}^{-x^2/\mathrm{i}\varepsilon}}{\sqrt{\mathrm{i}\pi\varepsilon}} = \delta(x) \tag{6.1-6}$$

则得到零阶广义傅里叶变换式

$$\mathrm{FT}_0\{f(x)\} = \mathrm{FT}_\alpha\big|_{\alpha\to0}\{f(x)\} \approx \int_{-\infty}^{+\infty}\frac{\mathrm{e}^{-(\nu^2-x^2)/(\mathrm{i}2\alpha)}}{\sqrt{\mathrm{i}2\pi\alpha}}f(x)\,\mathrm{d}x = f(\nu) \tag{6.1-7}$$

类似地，可以给出 π 阶广义傅里叶变换的定义为

$$\mathrm{FT}_\pi\{f(x)\} = \mathrm{FT}_\alpha\big|_{\alpha\to\pi}\{f(x)\} = f(-\nu) \tag{6.1-8}$$

以上两式表明，零阶广义傅里叶变换给出了输入图像本身，π 阶广义傅里叶变换则给出了输入图像的倒像，相当于一成像系统。

表 6.1-1 给出了一些常用函数的广义傅里叶变换，其中 $H_n(x)(n=0, 1, 2, \cdots)$为 n 阶厄米多项式。

表 6.1-1　广义傅里叶变换表

$f(x)$	$F(\nu)=\mathrm{FT}_\alpha\{f(x)\}$
$\mathrm{e}^{-x^2/2}$	$\mathrm{e}^{-\nu^2/2}$
$H_n(x)\mathrm{e}^{-x^2/2}$	$\mathrm{e}^{-\mathrm{i}n\alpha}H_n(\nu)\mathrm{e}^{-\nu^2/2}$
$\mathrm{e}^{(-x^2/2+ax)}$	$\exp\left(-\frac{\nu^2}{2}+\frac{\mathrm{i}a\mathrm{e}^{\mathrm{i}\alpha}\sin\alpha}{2}+ax\mathrm{e}^{-\mathrm{i}\alpha}\right)$
$\delta(x)$	$\left[\frac{\mathrm{e}^{-\mathrm{i}(\pi/2-\alpha)}}{2\pi\sin\alpha}\right]^{1/2}\mathrm{e}^{\mathrm{i}\nu^2\cot\alpha/2}$
$\delta(x-a)$	$\left[\frac{\mathrm{e}^{-\mathrm{i}(\pi/2-\alpha)}}{2\pi\sin\alpha}\right]^{1/2}\mathrm{e}^{\mathrm{i}\left[\frac{(\nu^2+a^2)\cot\alpha}{2}-ax\csc\alpha\right]}$
1	$\left[\frac{\mathrm{e}^{\mathrm{i}\alpha}}{\cos\alpha}\right]^{1/2}\mathrm{e}^{-\mathrm{i}\nu^2\tan\alpha/2}$
$\mathrm{e}^{\mathrm{i}kx}$	$\left[\frac{\mathrm{e}^{\mathrm{i}\alpha}}{\cos\alpha}\right]^{1/2}\mathrm{e}^{-\mathrm{i}\left[\frac{(\nu^2+k^2)\tan\alpha}{2}-kx\csc\alpha\right]}$

6.1.2　广义傅里叶变换的基本性质和运算法则

如前所述，$f(x)$的广义傅里叶变换谱函数记为 $F(\nu)$，并用 $f(x)\leftrightarrow F(\nu)$表示变换对。

性质 1　线性性质：广义傅里叶变换仍是线性变换，若 a、b 为任意常数，有

$$\mathrm{FT}_\alpha\{af(x)+bg(x)\} = a\mathrm{FT}_\alpha\{f(x)\}+b\,\mathrm{FT}_\alpha\{g(x)\} \tag{6.1-9}$$

性质 2 位移性质：

$$f(x+a) \leftrightarrow e^{ia\sin\alpha(\nu+a\cos\alpha/2)}F(\nu+a\cos\alpha) \tag{6.1-10}$$

位移性质的公式和常规傅里叶变换的相应公式有很大的差别，在 $\alpha=\pi/2$ 时，可化为常规傅里叶变换的位移公式。

性质 3 宗量乘积性质：

$$xf(x) \leftrightarrow \left(\nu\cos\alpha+\mathrm{i}\sin\alpha\frac{\mathrm{d}}{\mathrm{d}\nu}\right)F(\nu) \tag{6.1-11}$$

依此类推，设 $m\geqslant 0$，有

$$x^m f(x) \leftrightarrow \left(\nu\cos\alpha+\mathrm{i}\sin\alpha\frac{\mathrm{d}}{\mathrm{d}\nu}\right)^m F(\nu) \tag{6.1-12}$$

性质 4 微分性质：

$$\frac{\mathrm{d}^m}{\mathrm{d}x^m}f(x) \leftrightarrow \left(\mathrm{i}\nu\sin\alpha+\cos\alpha\frac{\mathrm{d}}{\mathrm{d}\nu}\right)^m F(\nu) \tag{6.1-13}$$

性质 5 宗量—微分混合积：

$$\left(x\frac{\mathrm{d}}{\mathrm{d}x}\right)^m f(x) \leftrightarrow \left[-(\sin\alpha-\mathrm{i}\nu^2\cos\alpha)\sin\alpha+\nu\cos2\alpha\frac{\mathrm{d}}{\mathrm{d}\nu}+\mathrm{i}\sin\alpha\cos\alpha\frac{\mathrm{d}^2}{\mathrm{d}\nu^2}\right]^m F(\nu) \tag{6.1-14}$$

性质 6 指数性质：

$$e^{ibx}f(x) \leftrightarrow e^{ib\cos\alpha(\nu-b\sin\alpha/2)}F(\nu-\sin\alpha) \tag{6.1-15}$$

性质 7 可加性：广义傅里叶变换应具有可加性，依次进行 α 阶和 β 阶变换的结果应相当于进行 $\alpha+\beta$ 阶变换，即

$$\begin{aligned}\mathrm{FT}_\alpha\mathrm{FT}_\beta\{f(x)\} &= \left\{\frac{e^{-\mathrm{i}[\pi/2+(\alpha+\beta)/2]}}{2\pi\sin(\alpha+\beta)}\right\}^{1/2}\frac{e^{\mathrm{i}\nu^2}}{2\tan(\alpha+\beta)}\int_{-\infty}^{+\infty}e^{\left(\frac{\mathrm{i}x^2}{2\tan(\alpha+\beta)}-\frac{\mathrm{i}\nu x}{\sin(\alpha+\beta)}\right)}f(x)\,\mathrm{d}x\\ &= \mathrm{FT}_{\alpha+\beta}\{f(x)\}\end{aligned} \tag{6.1-16}$$

式(6.1-16)中，若 α 和 β 交换次序，结果保持不变。所以有

$$\mathrm{FT}_\alpha\mathrm{FT}_\beta=\mathrm{FT}_\beta\mathrm{FT}_\alpha=\mathrm{FT}_{\alpha+\beta} \tag{6.1-17}$$

表明广义傅里叶变换算符是可易的。特别当 $\beta=-\alpha$ 时，得到

$$\mathrm{FT}_\alpha\mathrm{FT}_{-\alpha}\{f(x)\}=\mathrm{FT}_{-\alpha}\mathrm{FT}_\alpha\{f(x)\}=\mathrm{FT}_0\{f(x)\}=f(x) \tag{6.1-18}$$

即 $\mathrm{FT}_{-\alpha}$ 是 FT_α 的逆算符或逆元。这进一步表明 $\mathrm{FT}_{-\alpha}$ 的确是 FT_α 的逆变换。当 $\beta=0$ 时，有

$$\mathrm{FT}_\alpha\mathrm{FT}_0=\mathrm{FT}_0\mathrm{FT}_\alpha=\mathrm{FT}_\alpha \tag{6.1-19}$$

因此，FT_0 常称为单位算符或恒等元。

对于任意的实数 α、β 和 γ，广义傅里叶变换算符的结合律成立，即

$$\mathrm{FT}_\alpha(\mathrm{FT}_\beta\mathrm{FT}_\gamma)=(\mathrm{FT}_\alpha\mathrm{FT}_\beta)\mathrm{FT}_\gamma=\mathrm{FT}_{\alpha+\beta+\gamma} \tag{6.1-20}$$

因而，所有的广义傅里叶变换算符对于式(6.1-16)所定义的乘法构成群，一般称为广义傅里叶变换群。

性质 8 周期性：由于在广义傅里叶变换的定义中出现了三角函数 $\tan\alpha$ 和 $\sin\alpha$，因此变换关于 α 具有周期性，周期为 2π，故有以下结果：

$$\mathrm{FT}_{2n\pi}\{f(x)\}=\mathrm{FT}_0\{f(x)\}=f(\nu) \tag{6.1-21}$$

$$\mathrm{FT}_{(2n+1)\pi}\{f(x)\}=\mathrm{FT}_\pi\{f(x)\}=f(-\nu) \tag{6.1-22}$$

$$\mathrm{FT}_{2n\pi+\alpha}\{f(x)\}=\mathrm{FT}_\alpha\{f(x)\} \tag{6.1-23}$$

这样一来，当 $\alpha \notin (-\pi, \pi]$ 时的变换 FT_α 均可化为主值区间内的变换。

进一步设

$$\alpha = \frac{p\pi}{2} \tag{6.1-24}$$

函数 $f(x)$ 的 α 阶广义傅里叶变换还可表示为 $\mathrm{FT}^{(p)}\{f(x)\}$，$p$ 的定义域为 $(-2, 2]$，当 $p=1$ 时，表示常规的傅里叶变换；当 $p=-1$ 时，则表示常规的傅里叶逆变换。

6.1.3　广义傅里叶变换的本征函数

对于任意 α 和高斯-厄米函数 $\psi_n(x) = H_n(x)\mathrm{e}^{-x^2/2}$（式中 $H_n(x)$ 为 n 阶厄米多项式，$\mathrm{e}^{-x^2/2}$ 为高斯函数），可以证明

$$\mathrm{FT}_\alpha\{\psi_n(x)\} = \mathrm{e}^{-\mathrm{i}n\alpha}\psi_n(\nu) \tag{6.1-25}$$

可见 $\psi_n(x) = H_n(x)\mathrm{e}^{-x^2/2}$ 是广义傅里叶变换算符 FT_α 的本征函数，本征值为 $\mathrm{e}^{-\mathrm{i}n\alpha}$。

函数 $\{\psi_n(x)\}$ 构成区间 $(-\infty, +\infty)$ 内的完备正交函数组，任何平方可积的函数 $f(x)$ 都可以用它展开为

$$f(x) = \sum_{n=-\infty}^{+\infty} a_n\psi_n(x) = \sum_{n=-\infty}^{+\infty} a_n H_n(x)\mathrm{e}^{-x^2/2} \tag{6.1-26}$$

式中：系数 a_n 可以用厄米函数的正交性得到，即

$$a_n = \frac{1}{2^n n!\sqrt{\pi}}\int_{-\infty}^{+\infty} H_n(x)\mathrm{e}^{-x^2/2} f(x)\,\mathrm{d}x \tag{6.1-27}$$

用 FT_α 作用于式(6.1-26)两边，得到

$$\mathrm{FT}_\alpha\{f(x)\} = \sum_{n=-\infty}^{+\infty} a_n \mathrm{FT}_\alpha\{\psi_n(x)\} = \sum_{n=-\infty}^{+\infty} a_n \mathrm{e}^{-\mathrm{i}n\alpha} H_n(\nu)\mathrm{e}^{-\nu^2/2} \tag{6.1-28}$$

式中：a_n 由式(6.1-27)给出。式(6.1-28)称为广义傅里叶变换的级数表达式。

6.2　广义傅里叶变换的光学实现方法

我们知道，$\alpha = \pm\pi/2(p=\pm1)$ 的常规傅里叶变换和逆变换可以用 $2f$ 系统实现，它们是广义傅里叶变换的特例。现在讨论 $\alpha \neq \pm\pi/2(p \neq \pm1)$ 的光学系统或光学器件的实现方法。

6.2.1　实现广义傅里叶变换的第一类基本光学单元

根据广义傅里叶变换的可加性，对函数 $f(x)$ 连续进行 N 个阶数为 $\alpha_n(n=1, 2, \cdots, N)$ 的变换的结果，相当于进行阶数为 $\alpha_1+\alpha_2+\cdots+\alpha_N$ 的一次变换，即

$$\mathrm{FT}_\alpha = \prod_{n=1}^{N} \mathrm{FT}_{\alpha_n} \tag{6.2-1}$$

式中：

$$\alpha = \sum_{n=1}^{N} \alpha_n \tag{6.2-2}$$

我们知道，$\alpha=\pi/2$ 的常规傅里叶变换，既可以由焦距为 f 的单个透镜实现，也可以由两个完全相同透镜构成的合成焦距为 f 的透镜组来实现。每个透镜的焦距为

$$f' = \frac{f}{\sin(\pi/4)} \tag{6.2-3}$$

其间距为 $2d$，其中

$$d = f'\left(1-\cos\frac{\pi}{4}\right) = f\tan\frac{\pi}{8} \tag{6.2-4}$$

如图 6.2-1 所示。x_0y_0 和 xy 分别为系统的前、后焦面，到两个透镜的距离也为 d。上述结果可以通过三次菲涅耳衍射和两次透镜相位变换的方法加以证明。

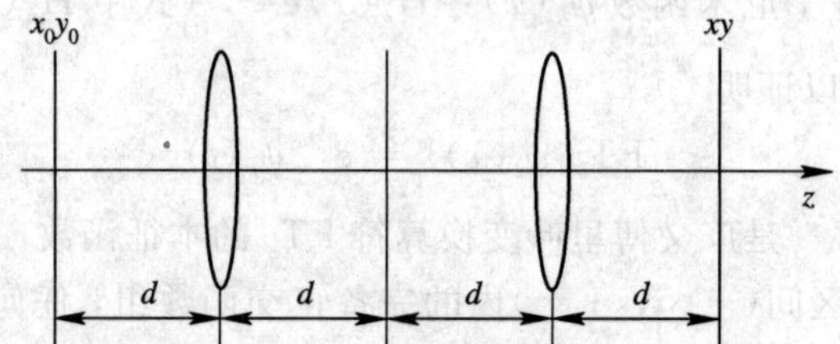

图 6.2-1 用两个透镜实现傅里叶变换

几何光学的计算还可以证明，当 N 个焦距为

$$f' = \frac{f}{\sin(\pi/2N)} \tag{6.2-5}$$

的透镜按图 6.2-1 所示的方式串联起来时，如果间距参数为

$$d = f'\left(1-\cos\frac{\pi}{2N}\right) = f\tan\frac{\pi}{4N} \tag{6.2-6}$$

则该系统的合成焦距为 f，且组合透镜系统的前焦面位于第一个透镜前 d 处，后焦面位于第 N 个透镜后 d 处。但这还不能证明透镜系统能实现傅里叶变换，我们首先必须证明，当单色光波通过一个透镜单元，即经过两次距离为 d 的菲涅耳衍射，并经过一次透镜相位变换后，其效应相当于经过 $\alpha=\pi/2N$ 阶广义傅里叶变换，才能通过变换的可加性得到该系统实现傅里叶变换的普遍结论。下面我们就来研究这样的光学单元。

应用第 3 章中透镜的傅里叶变换特性的结果，当输入函数 $f(x_0, y_0)$ 位于焦距为 f 的正透镜前 d_0 处，输出面位于透镜后 q 处，用单色平光垂直入射照明时，输出函数由式(3.4-11)给出。如果 $d_0=q=f$，则可得到常规的傅里叶变换，这是大家熟知的傅里叶变换的光学实现方法。也就是说，正薄透镜在特定的输入、输出距离的配置下产生了 $\alpha=\pi/2$ 的常规傅里叶变换效果。如果 d_0、q 不等于 f，但是满足 $d_0=q=d$，且 d 不一定等于 f，这时，我们仿照式(6.2-3)和式(6.2-4)，设

$$\left.\begin{aligned}\tilde{f} &= f\sin\alpha \\ d &= f(1-\cos\alpha) = \tilde{f}\tan\frac{\alpha}{2}\end{aligned}\right\} \tag{6.2-7}$$

代入式(3.4-11)得到

$$F(x, y) = C\iint_{-\infty}^{+\infty} f(x_0, y_0)\,\mathrm{e}^{\frac{\mathrm{i}\pi(x^2+y^2+x_0^2+y_0^2)}{\lambda\tilde{f}\tan\alpha}}\,\mathrm{e}^{\frac{-\mathrm{i}2\pi(x_0x+y_0y)}{\lambda\tilde{f}\sin\alpha}}\,\mathrm{d}x_0\,\mathrm{d}y_0 \tag{6.2-8}$$

用 $\mu=\sqrt{\dfrac{2\pi}{\lambda\tilde{f}}}=\sqrt{\dfrac{2\pi}{\lambda f\sin\alpha}}$ 对坐标进行归一化

$$\tilde{x}_0 = \mu x_0,\ \tilde{y}_0 = \mu y_0;\ \xi = \mu x,\ \eta = \mu y \tag{6.2-9}$$

式(6.2－8)变为

$$F(\xi,\ \eta) = C_0 \iint_{-\infty}^{+\infty} f(\tilde{x}_0,\ \tilde{y}_0) \mathrm{e}^{\frac{\mathrm{i}(\xi^2+\eta^2+\tilde{x}_0^2+\tilde{y}_0^2)}{2\tan\alpha} - \frac{\mathrm{i}(\tilde{x}_0\xi+\tilde{y}_0\eta)}{\sin\alpha}} \mathrm{d}\tilde{x}_0\, \mathrm{d}\tilde{y}_0 \tag{6.2-10}$$

与式(6.1－1)比较可见，除积分号前的常数因子外，它就是二维 α 阶广义傅里叶变换。

以上讨论表明，当条件式(6.2－7)成立时，正薄透镜在单色光的照射条件下，可以实现二维广义傅里叶变换，它将透镜前面 d 处的输入图像 $f(x_0,\ y_0)$ 变成透镜后 d 处的广义傅里叶谱，如图 6.2－2 所示。

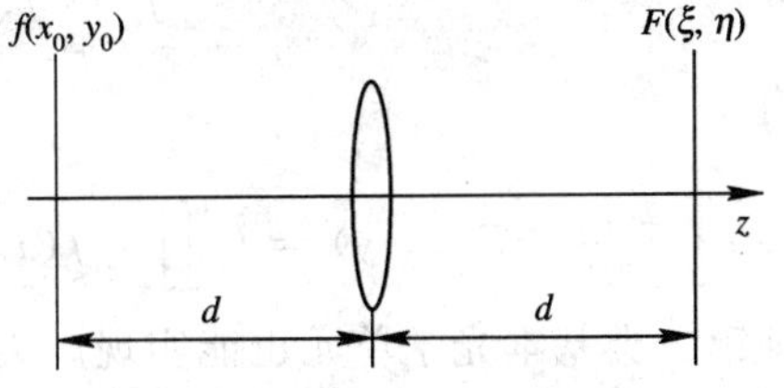

图 6.2－2　用正透镜实现广义傅里叶变换

由式(6.2－7)所定义的 $\tilde{f}$ 称为族参数，d 称为间距参数，并规定 d 的方向由输入面指向输出面，向右为正，向左为负。光学广义傅里叶变换表达式(式(6.2－8))与变换的数学定义式(式(6.1－1))的最大差别在于光学系统中存在族参数。显然，只有族参数相同的光学广义傅里叶变换才能组成群，不同族参数的变换不具备可加性。族参数仅取决于变换的阶 α 及透镜的焦距 f。但是 α 确定后，透镜的焦距就确定了，这对光学单元按可加性组合带来许多限制。

在用透镜系统实现广义傅里叶变换时，一般不用带归一化坐标的公式(式(6.2－10))，而经常使用式(6.2－8)，即

$$\mathrm{FT}_\alpha\{f(x_0,\ y_0)\} = C_0 \iint_{-\infty}^{+\infty} f(x_0,\ y_0) \mathrm{e}^{\frac{\mathrm{i}\pi(x^2+y^2+x_0^2+y_0^2)}{\lambda\tilde{f}\ \tan\alpha}} \mathrm{e}^{\frac{-\mathrm{i}2\pi(x_0x+y_0y)}{\lambda\tilde{f}\ \sin\alpha}} \mathrm{d}x_0\, \mathrm{d}y_0 \tag{6.2-11}$$

常规傅里叶变换仅能用正透镜实现，当把它推广到广义傅里叶变换时，用负透镜同样能实现广义傅里叶变换。根据式(6.2－7)，当 $f<0$ 时，要保持 $\tilde{f}>0$，则 $\alpha<0$，得到负阶数的广义傅里叶变换，可以用负透镜实现；当 $\tilde{f}>0$，$\alpha<0$ 时，$d<0$，这表示输入平面在透镜右侧，输出平面在透镜左侧，如图 6.2－3 所示。广义光学傅里叶变换的阶数 α 由下式决定：

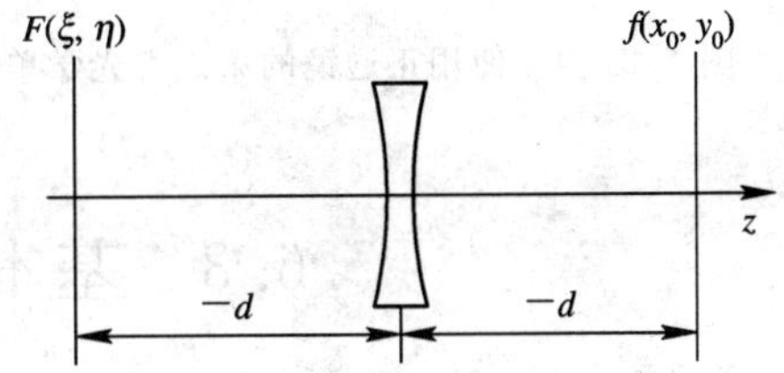

图 6.2－3　用负透镜实现广义傅里叶变换

$$\cos\alpha = 1 - \frac{d}{f} \tag{6.2-12}$$

图 6.2－2 和图 6.2－3 所示的光学单元通过两次菲涅耳衍射及一次透镜相位变换来实现广义傅里叶变换，称为第一类基本光学单元。

6.2.2　实现广义傅里叶变换的第二类基本光学单元

可以实现广义傅里叶变换的第二类基本光学单元如图 6.2－4 所示，两个规格相同的正透镜焦距为 f，间距为 d，在紧贴第一个透镜前表面放置输入图像 $f(x_0,\ y_0)$，在紧贴第二个透镜后表面观察输出图像。设在两个透镜之间光波的传播遵循菲涅耳衍射规律，则在输出面上的光波场分布为

$$F(x, y) = C\iint_{-\infty}^{+\infty} f(x_0, y_0)\mathrm{e}^{\frac{\mathrm{i}\pi(x^2+y^2+x_0^2+y_0^2)}{\lambda fd}}\mathrm{e}^{\frac{-\mathrm{i}2\pi(x_0x+y_0y)}{\lambda fd}}\,\mathrm{d}x_0\,\mathrm{d}y_0 \qquad (6.2-13)$$

仍设 $d=f(1-\cos\alpha)=\tilde{f}\ \sin\alpha$，及

$$\tilde{f} = f\frac{1-\cos\alpha}{\sin\alpha} = f\tan\frac{\alpha}{2} \qquad (6.2-14)$$

则有

$$F(x, y) = C\iint_{-\infty}^{+\infty} f(x_0, y_0)\mathrm{e}^{\frac{\mathrm{i}\pi(x^2+y^2+x_0^2+y_0^2)}{\lambda\tilde{f}\ \tan\alpha}}\mathrm{e}^{\frac{-\mathrm{i}2\pi(x_0x+y_0y)}{\lambda\tilde{f}\ \sin\alpha}}\,\mathrm{d}x_0\,\mathrm{d}y_0 \qquad (6.2-15)$$

亦即第二类基本光学单元也能实现广义傅里叶变换。要指出的是，两种基本光学单元的族参数的定义式(6.2-7)和式(6.2-14)不同。

如果把图6.2-4中的两个正透镜均改为负透镜，并设 f 和 d 均为负值，此时 $\tilde{f}$ 仍为正值，而间距

$$d = f(1-\cos\alpha) = \tilde{f}\ \sin\alpha < 0 \qquad (6.2-16)$$

式(6.2-16)表示输入面在输出面的右边，如图6.2-5所示，它能实现负阶数的广义傅里叶变换。由此可知，用两个透镜构成的系统也能实现广义傅里叶变换。

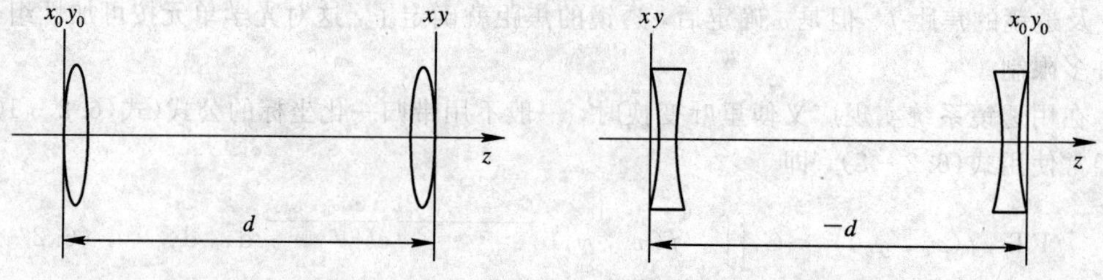

图6.2-4 使用正透镜的第二类光学单元　　图6.2-5 使用负透镜的第二类光学单元

6.3 基本光学单元的组合

在上一节讨论用透镜和透镜组实现广义傅里叶变换时，引入了族参数

$$\tilde{f} = f\sin\alpha = f\sin\frac{p\pi}{2} \quad \text{（第一类基本光学单元）} \qquad (6.3-1)$$

以及

$$\tilde{f} = f\frac{1-\cos\alpha}{\sin\alpha} = f\tan\left(\frac{\alpha}{2}\right) = f\tan\left(\frac{p\pi}{4}\right) \quad \text{（第二类基本光学单元）} \qquad (6.3-2)$$

显然，同一类型的广义光学傅里叶算符，仅当族参数相等时才有可加性，即

$$\mathrm{FT}_{\alpha_1}\mathrm{FT}_{\alpha_2} = \mathrm{FT}_{\alpha_1+\alpha_2} \qquad (6.3-3)$$

也就是说，族参数相同的广义光学傅里叶算符属于同一群。式(6.3-3)意味着属同一群的光学广义傅里叶算符对应的光学单元具有相互组合并形成复杂系统的性能。

当族参数 $\tilde{f}$ 取某一常数时，$\alpha(p)$ 可取两个值，即

$$\left.\begin{aligned} \alpha_1 &= \alpha \quad \left(p_1 = p = \frac{2\alpha}{\pi}\right) \\ \alpha_2 &= \pi - \alpha \quad (p_2 = 2 - p) \end{aligned}\right\} \tag{6.3-4}$$

由此可求得两个不同的 d 值为

$$\left.\begin{aligned} d_1 &= f(1-\cos\alpha) = f\left(1-\cos\frac{p\pi}{2}\right) \\ d_2 &= f(1+\cos\alpha) = f\left(1+\cos\frac{p\pi}{2}\right) \end{aligned}\right\} \tag{6.3-5}$$

因此，光学单元的组合可以有多种形式，下面举例来说明。

例 6.1　图 6.3-1 所示系统由两焦距均为 f 的正透镜构成。

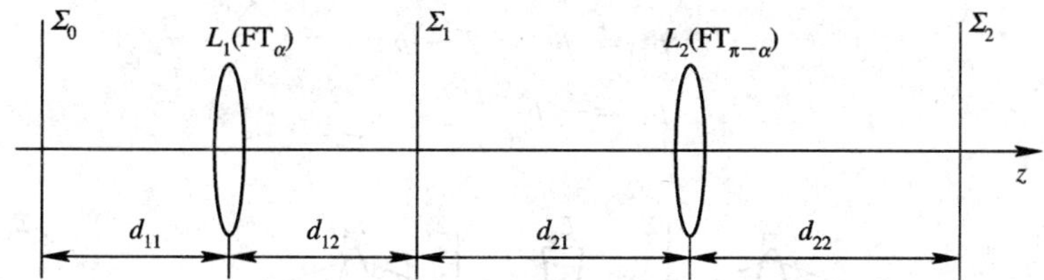

图 6.3-1　两个相同正透镜组成的广义傅里叶变换系统

对第一个光学单元，取

$$\left.\begin{aligned} d_{11} &= d_{12} = d_1 = f(1-\cos\alpha) = f\left(1-\cos\frac{p\pi}{2}\right) \\ \alpha_1 &= \alpha \quad (p_1 = p) \end{aligned}\right\} \tag{6.3-6}$$

对第二个光学单元，取

$$\left.\begin{aligned} d_{21} &= d_{22} = d_2 = f(1+\cos\alpha) = f\left(1+\cos\frac{p\pi}{2}\right) \\ \alpha_2 &= \pi - \alpha \quad (p_2 = 2 - p) \end{aligned}\right\} \tag{6.3-7}$$

两透镜间的距离为

$$d_{12} + d_{21} = d_1 + d_2 = 2f \tag{6.3-8}$$

它们共同的族参数为

$$\tilde{f} = f\sin\alpha_i = f\sin\frac{p_i\pi}{2} \qquad (i = 1,\ 2) \tag{6.3-9}$$

这样，设在 Σ_0 平面输入的图像为 $f_0(x_0,\ y_0)$，则在单色平行光垂直入射照射条件下，第一个光学单元对 f_0 进行阶数为 α_1 的广义傅里叶变换，在 Σ_1 平面上得到 f_0 的广义傅里叶谱 f_1；第二个光学单元再对 f_1 进行阶数为 α_2 的广义傅里叶变换，最后在输出平面 Σ_2 上得到输出图像 $f_2(x,\ y)$，且有

$$\begin{aligned} f_2(x,\ y) &= \mathrm{FT}_{\alpha_1}\mathrm{FT}_{\alpha_2}\{f_0(x_0,\ y_0)\} \\ &= \mathrm{FT}_{\alpha_1+\alpha_2}\{f_0(x_0,\ y_0)\} \\ &= \mathrm{FT}_{\pi}\{f_0(x_0,\ y_0)\} \\ &= f_0(-x_0,\ -y_0) \end{aligned} \tag{6.3-10}$$

表示最终得到输入图像的倒像。当 $\alpha=\pi/2(p=1)$时，可得到 $4f$ 系统。其区别在于，在上述系统中，谱平面 Σ_1 上呈现输入信号的广义傅里叶谱，而在 $4f$ 系统中，谱平面上呈现输入信号的傅里叶谱。

例 6.2　图 6.3-2 所示系统为包含负透镜的组合系统，它由三个第一类基本光学单元构成，L_1 和 L_3 为同样规格的正透镜，焦距为 f，L_2 为负透镜，焦距为 $-f$。它们具有共同的族参数

$$\tilde{f} = f\sin\alpha_1 = f\sin\alpha_3 = (-f)\sin\alpha_2 \tag{6.3-11}$$

使式(6.3-11)成立的条件为

$$\left.\begin{aligned} &\alpha_1 = \alpha_3 = \pi - \alpha \quad \left(\alpha < \frac{\pi}{2}\right) \\ &\alpha_2 = -\alpha \end{aligned}\right\} \tag{6.3-12}$$

即

$$\left.\begin{aligned} &p_1 = p_3 = 2 - p \\ &p_2 = -p \end{aligned}\right\} \tag{6.3-13}$$

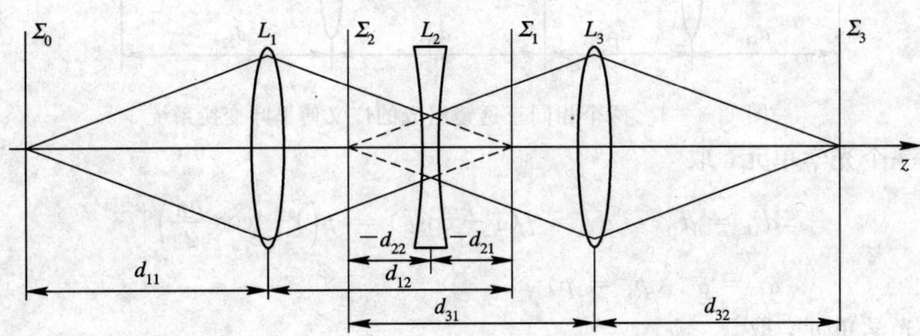

图 6.3-2　包含负透镜的广义傅里叶变换系统

对于中间的负透镜，有

$$d_{21} = d_{22} = (-f)(1 - \cos\alpha) = -f\left(1 - \cos\frac{p\pi}{2}\right) \tag{6.3-14}$$

d_{21}、d_{22} 为负值，表示第二个光学单元的输入平面位于透镜右方 Σ_1 处，而输出平面位于透镜左方 Σ_2 处，关于透镜对称分布。

对于两个正透镜，则有

$$d_{i1} = d_{i2} = f(1 + \cos\alpha) = f\left(1 + \cos\frac{p\pi}{2}\right) \quad (i = 1, 2) \tag{6.3-15}$$

第一个光学单元的输出平面为 Σ_1，恰为第二个光学单元的输入平面；而第二个光学单元的输出平面为 Σ_2，又是第三个光学单元的输入平面。

由于各光学单元具有共同的族参数，因此相应的广义傅里叶变换具有可加性

$$\begin{aligned} \mathrm{FT}_{\alpha_3}\mathrm{FT}_{\alpha_2}\mathrm{FT}_{\alpha_1}\{f(x_0, y_0)\} &= \mathrm{FT}_{\alpha_1+\alpha_2+\alpha_3}\{f(x_0, y_0)\} \\ &= \mathrm{FT}_{2\pi-3\alpha}\{f(x_0, y_0)\} \end{aligned} \tag{6.3-16}$$

特别当 $\alpha = \pi/3$ 时，有

$$\begin{aligned} \mathrm{FT}_{\alpha_1+\alpha_2+\alpha_3}\{f(x_0, y_0)\} &= \mathrm{FT}_{2\pi-3\alpha}\{f(x_0, y_0)\} \\ &= \mathrm{FT}_{\pi}\{f(x_0, y_0)\} \\ &= f(-x, -y) \end{aligned} \tag{6.3-17}$$

同样可得到倒像。

例 6.2 表明，对正、负透镜可以进行适当的组合，其条件是它们有共同的族参数，且正、负透镜焦距的绝对值相等。

事实上，属于同一群的光学广义傅里叶算符只要求族参数$\tilde{f}$相同，而 f 和 α 均可不同。例如设

$$\tilde{f} = f_1 \sin\alpha_1 = f_2 \sin\alpha_2 \tag{6.3-18}$$

两个单元由于族参数相同，它们仍属同一群，具有可加性，即

$$\mathrm{FT}_{\alpha_1}\mathrm{FT}_{\alpha_2} = \mathrm{FT}_{\alpha_1+\alpha_2} \tag{6.3-19}$$

所以两个焦距不同的光学单元可以串接组合，在满足式(6.3-18)条件时 $\alpha_i(i=1,2)$有两个解，分别为

$$\left.\begin{aligned} \alpha_1' &= \alpha_1, & \alpha_1'' &= \pi-\alpha_1 \\ \alpha_2' &= \alpha_2, & \alpha_2'' &= \pi-\alpha_2 \end{aligned}\right\} \tag{6.3-20}$$

与之相应，也有两组可能的 d 值为

$$\left.\begin{aligned} d_1' &= f_1(1-\cos\alpha_1), & d_1'' &= f_1(1+\cos\alpha_1) \\ d_2' &= f_2(1-\cos\alpha_2), & d_2'' &= f_2(1+\cos\alpha_2) \end{aligned}\right\} \tag{6.3-21}$$

由式(6.3-21)还可以进一步得到

$$d_i'd_i'' = f_i^2(1-\cos^2\alpha_i) = f_i^2\sin^2\alpha_i = \tilde{f}^{\,2} \qquad (i=1,\,2) \tag{6.3-22}$$

也就是说，属于同一族的 N 个光学单元串联时必须满足的条件为

$$d_1'd_1'' = d_2'd_2'' = \cdots = d_N'd_N'' = \tilde{f}^{\,2} \tag{6.3-23}$$

例 6.3　设用两个第一类光学单元构成系统，使第一个透镜的输出平面的复振幅分布为输入图形 $f(x_0,\,y_0)$的 $\mathrm{FT}_{\pi/6}\{f(x_0,\,y_0)\}$，而系统的输出平面为 $f(x_0,\,y_0)$的常规傅里叶变换。

根据题意，有

$$\left.\begin{aligned} \alpha_1 &= \frac{\pi}{6} \quad \left(p_1=\frac{1}{3}\right) \\ \tilde{f} &= f_1\sin\alpha_1 = \frac{f_1}{2} \\ d_1 &= f_1(1-\cos\alpha_1) = \frac{(2-\sqrt{3})f_1}{2} \end{aligned}\right\} \tag{6.3-24}$$

以及

$$\left.\begin{aligned} \alpha_2 &= \frac{\pi}{2}-\alpha_1 = \frac{\pi}{3} \quad \left(p_1=\frac{2}{3}\right) \\ f_2 &= \frac{\tilde{f}}{\sin\alpha_2} = \frac{\sqrt{3}f_1}{3} \\ d_2 &= f_2(1-\cos\alpha_2) = \frac{\sqrt{3}f_1}{6} \end{aligned}\right\} \tag{6.3-25}$$

由以上参数构成的光学系统组合如图 6.3-3 所示。

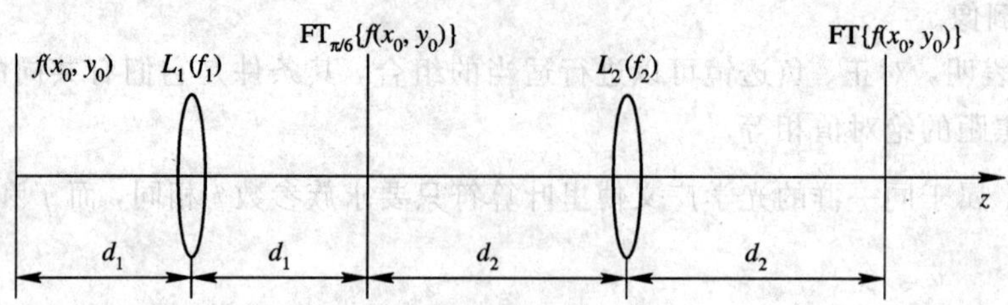

图 6.3-3 用两个不同规格透镜的组合实现广义傅里叶变换和常规傅里叶变换

几何光学的计算也表明该系统的输入、输出平面的确是组合系统的焦平面。

如果要求输出图像为 $f(-x_0, -y_0)$，即要求 $\alpha_1+\alpha_2=\pi$，则有

$$\sin\alpha_2 = \sin(\pi-\alpha_1) = \sin\alpha_1 \tag{6.3-26}$$

从而

$$f_1 = f_2 \tag{6.3-27}$$

亦即两个第一类单元串联，两个透镜焦距相等。但 α 和 d 仍有两种不同的组合，即

$$\left.\begin{aligned} \alpha_1' &= \alpha \\ \alpha_2' &= \pi-\alpha \end{aligned}\right\} \tag{6.3-28}$$

和

$$\left.\begin{aligned} \alpha_1'' &= \pi-\alpha \\ \alpha_2'' &= \alpha \end{aligned}\right\} \tag{6.3-29}$$

相应的间距参数为

$$\left.\begin{aligned} d_1' &= f(1-\cos\alpha) \\ d_2' &= f(1+\cos\theta) \end{aligned}\right\} \tag{6.3-30}$$

和

$$\left.\begin{aligned} d_1'' &= f(1+\cos\alpha) \\ d_2'' &= f(1-\cos\alpha) \end{aligned}\right\} \tag{6.3-31}$$

值得注意的是，在两种情况下，透镜的间隔均为 $2f$。用几何光学容易验证在任一情形下，输出平面与输入平面共轭，且放大率为 -1(倒像)。

从理论上讲，N 个相同规格的第一类光学单元串联起来，如每个光学单元对应的变换为 $FT_{\pi/2N}$，则整个系统对应的变换为常规傅里叶变换。由此可见，单个薄透镜并不是能实现常规傅里叶变换的惟一光学模型。一般来说，$\sum\alpha=\pi/2$ 的透镜组合均能实现常规傅里叶变换。然而，随着 N 的增大，光能损失也会变大，且杂散光的效应会变得越来越严重，对实际应用不利。

习 题 六

1. 由广义傅里叶变换的定义出发，试证明当 $\alpha=\pm\pi/2$ 时，广义傅里叶变换退化为

$$FT_{\pm\pi/2}\{f(x)\} = \frac{1}{\sqrt{2\pi}}\int_{-\infty}^{+\infty} f(x)e^{\mp i x\nu}\,dx$$

2. 证明 $FT_\pi\{f(x)\}=FT_\alpha|_{\alpha\to\pi}\{f(x)\}=f(-\nu)$。

3. 参数 $p=\pm1$ 表示常规傅里叶变换和逆变换，而 p 可以表示为简单整数比的广义傅里叶变换，也称为分数阶傅里叶变换。试根据广义傅里叶变换的定义，求出 1/2 阶和 1/3 阶傅里叶变换的表达式。

4. 如果想用三个焦距为 f 的透镜实现傅里叶变换，试求族参数 $\tilde{f}$ 和间距参数 d，并画出系统结构示意图。

5. 可否用两个焦距分别为 f 的正透镜和一个焦距为 $-f$ 的负透镜的组合实现傅里叶变换？如果能，求其族参数 $\tilde{f}$ 和间距参数 d，并画出系统结构示意图。

第7章 光学小波变换

由前几章的讨论可见，傅里叶分析方法是信息处理中极为重要的工具，在科学和技术领域中获得了广泛的应用，而且用简单的光学系统就可很容易地实现二维傅里叶变换。但傅里叶分析方法并不能解决信号处理领域的所有问题。近年来发展起来的小波分析方法，正好克服了傅里叶分析的一些缺点。它和傅里叶分析的一个重要区别在于：它适用于处理所谓局部或暂态信号。因此，小波分析成为信号分析、图像处理、数据压缩、语音信号分析等领域中的重要工具，在地震勘探信号处理、边缘探测、语音信号合成中则有特殊的用途。本章主要讨论小波变换的基本概念、小波变换的基本性质以及实现小波变换的光学系统和方法。

7.1 短时傅里叶变换和Morlet小波变换

由信号 $f(x)$ 的傅里叶变换

$$F(\nu)=\int_{-\infty}^{+\infty} f(x)\mathrm{e}^{-\mathrm{i}2\pi\nu x}\,\mathrm{d}x \tag{7.1-1}$$

和其逆变换

$$f(x)=\int_{-\infty}^{+\infty} F(\nu)\mathrm{e}^{\mathrm{i}2\pi\nu x}\,\mathrm{d}\nu \tag{7.1-2}$$

的定义可见，如果 $f(x)$ 是时域或空域中分布在 $(-\infty,\ +\infty)$ 区间的平稳过程或稳定分布，则傅里叶分析给出了近乎完美的结果。然而在自然界和科学技术领域还有大量信号，它们具有局部的或定域的特性。例如语音信号、声纳信号和各种电脉冲等，这些信号某时刻突然出现，并很快衰减到零，图7.1-1给出了这样一个信号 $s(t)$。许多光学信号具有同样的特征，例如遥远星空中的天体目标、显微镜下的小物体和被鉴别的指纹等，它们不显著为零的分量只分布在有限的区域内。上述信号称局部信号或暂态过程。

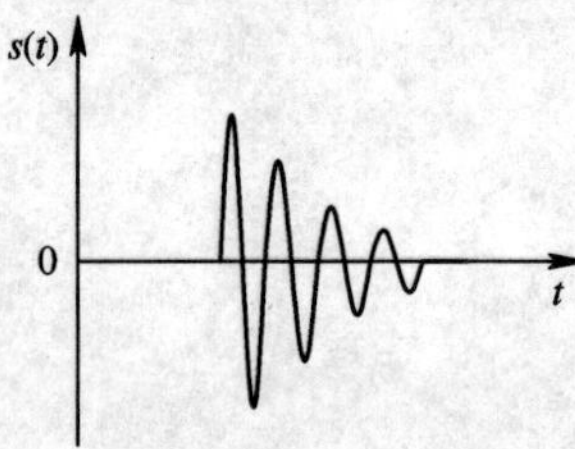

图 7.1-1 “小波”信号

对于局部信号或暂态过程，傅里叶分析就不完全适用了。首先，对于快速过程，人们仅对 Δt 内的时间信号感兴趣，没有必要在过去、现在及未来的无限长时间范围内对信号进行分析；同样，当处理定域在 $\Delta x\Delta y$ 内的空间图像时，也没有必要对整个平面内的信号进行全面的分析。其次，在许多情况下，在 Δt 或 $\Delta x\Delta y$ 以外的信号是未知的，它可能是零，也可能是背景噪声。对它们人们不太了解，测不准，或不感兴趣。如不加选择地把 $(-\infty,+\infty)$ 内的全部信号进行傅里叶处理，还可能带来较大的误差，甚至会产生错误。此外，在一些实际的应用中，人们往往不满足于了解信号在全部区间内的综合频谱分布，而希望了解某一区间或某些区间内信号对应的频谱。例如在地震勘探中，为了分辨不同的地层和矿床结构，人们要在时域和频域中仔细分析不同时刻的信号在不同频谱区间中的行为，而傅里叶分析显然不能满足这些要求。

7.1.1　短时傅里叶变换

为了有效地提取一个局部信号 $f(x)$ 的信息，人们首先想到的是引入一个局部化的变换。所谓局部化，包含两个要素：第一，被分析的区间要有一定的宽度 Δx，只对 Δx 内及其附近的信息进行处理；第二，被分析的区间有一个中心坐标 x_c，改变 x_c 时就可以提取不同的信息。

实现局部化的一个简单而有效的方案是在傅里叶变换中加一个窗函数 $w(x)$：

$$F_w(\nu,\ x_0) = \int_{-\infty}^{+\infty} f(x)\mathrm{e}^{-\mathrm{i}2\pi\nu x} w(x - x_0)\ \mathrm{d}x \tag{7.1-3}$$

由傅里叶变换的乘积定理，在频率域中，式(7.1－3)可表示为

$$F_w(\nu,\ x_0) = F(\nu) * [W(\nu)\mathrm{e}^{-\mathrm{i}2\pi\nu x_0}] \tag{7.1-4}$$

式中：$F(\nu)$和 $W(\nu)$分别为 $f(x)$和 $w(x)$的傅里叶变换。只要 $w(x)$和 $W(\nu)$的衰减速度足够快，窗函数就是一个局部化的函数。

窗函数的中心定义为

$$x_c = \frac{(w(x),\ xw(x))}{(w(x),\ w(x))} \tag{7.1-5}$$

式中：$(\cdot,\ \cdot)$表示两函数的内积。窗函数的宽度则定义为

$$\Delta w = 2\left[\frac{(w(x),\ (x - x_c)^2 w(x))}{(w(x),\ w(x))}\right]^{1/2} \tag{7.1-6}$$

由于窗函数具有局部处理的功能，因此式(7.1－3)定义的变换称为短时傅里叶变换，这与前几章的常规傅里叶变换要加以区别。在短时傅里叶变换的定义式(7.1－3)中，频率变量 ν 和坐标变量 x_0 同时出现在变换函数中，这是短时傅里叶变换和常规傅里叶变换的一个重要区别。在短时傅里叶变换中，窗口宽度隐含于变换函数 $F_w(\nu,\ x_0)$内。正是 x_0 和窗口宽度 Δw，使得短时傅里叶变换具有局部处理的功能。x_0 通常称为位移因子，改变 x_0，窗口就会在空域中移动，以获取不同区域的信息。位移因子 x_0 与窗函数中心 x_c 不一定相等。Δw 则限制被处理空间的范围。

与空域窗函数中心 x_c 和宽度 Δw 相对应，存在频率窗中心坐标为

$$\nu_c = \frac{(W(\nu),\ \nu W(\nu))}{(W(\nu),\ W(\nu))} \tag{7.1-7}$$

和频率窗宽度(也称为带宽)为

$$\Delta W = 2\left[\frac{(W(\nu),\ (\nu - \nu_c)^2 W(\nu))}{(W(\nu),\ W(\nu))}\right]^{1/2} \tag{7.1-8}$$

当 Δw 和 ΔW 都有限时，称函数 $w(x)$ 在空域和频域同时局部化。乘积 $\Delta w \Delta W$ 称为空间—频率窗(简称空—频窗)，它限制了空域和频域中被处理区域的范围。根据 Δw 和 ΔW 的定义式(7.1-6)和式(7.1-8)及测不准关系式，有

$$\Delta w \Delta W \geqslant \frac{1}{\pi} \tag{7.1-9}$$

把高斯函数取作窗函数时，式(7.1-9)中的等式成立，这种情况下，短时傅里叶变换具有最小处理区域。

短时傅里叶变换的局部性，其特征在于处理过程是限制在空间—频率窗内进行的，窗的空间位置是可变的，然而 Δw 和 ΔW 都是常数，不会随信号中心频率的变化而变化，这使短时傅里叶变换在处理一些奇异性的信号时显得无力。

7.1.2 伽伯变换

1946 年，伽伯引入高斯型窗函数 $w_\sigma(x)=\frac{1}{\sqrt{2\pi}\sigma}\mathrm{e}^{-\frac{x^2}{2\sigma^2}}$，提出了形如下式的伽伯变换：

$$\mathrm{GT}_{\sigma,b}\{f(x)\}=\frac{1}{\sqrt{2\pi}\sigma}\int_{-\infty}^{+\infty} f(x)\mathrm{e}^{-\mathrm{i}2\pi\nu x}\mathrm{e}^{-\frac{(x-b)^2}{2\sigma^2}}\mathrm{d}x \tag{7.1-10}$$

式中：σ 和 b 为变换参数。式(7.1-10)可改写为

$$\mathrm{GT}_{\sigma,b}\{f(x)\}=\int_{-\infty}^{+\infty} f(x)\mathrm{e}^{-\mathrm{i}2\pi\nu x}w_\sigma(x-b)\ \mathrm{d}x \tag{7.1-11}$$

如果把 $h(x)=\frac{1}{\sqrt{2\pi}\sigma}\mathrm{e}^{\mathrm{i}2\pi\nu x}\mathrm{e}^{-\frac{x^2}{2\sigma^2}}$ 取为伽伯变换的基元函数，则伽伯变换可表示为内积

$$\mathrm{GT}_{\sigma,b}\{f(x)\}=\int_{-\infty}^{+\infty} h^*(x)f(x)\ \mathrm{d}x \tag{7.1-12}$$

显然，伽伯变换就是高斯型窗短时傅里叶变换。窗函数中心坐标 $x_c=0$，空域窗的宽度 $\Delta w=\sqrt{2}\sigma$。窗函数 $w_\sigma(x)$ 的傅里叶变换为

$$W_\sigma(\nu)=\mathrm{e}^{-2\pi^2\sigma^2\nu^2} \tag{7.1-13}$$

这也是高斯函数，频率窗宽度 $\Delta W=1(\sqrt{2}\pi\sigma)$。因此有

$$\Delta w \Delta W=\frac{1}{\pi} \tag{7.1-14}$$

以横坐标表示空间，纵坐标表示频率，可将空域和频域在一个平面上同时表示出来，称空—频坐标系。空—频窗则表示为图中的一个矩形。伽伯变换空—频窗虽然可以在空—频平面上移动，但是当参数 σ 确定之后，伽伯变换空间—频率窗的高度和宽度都是恒定的，如图 7.1-2 所示。

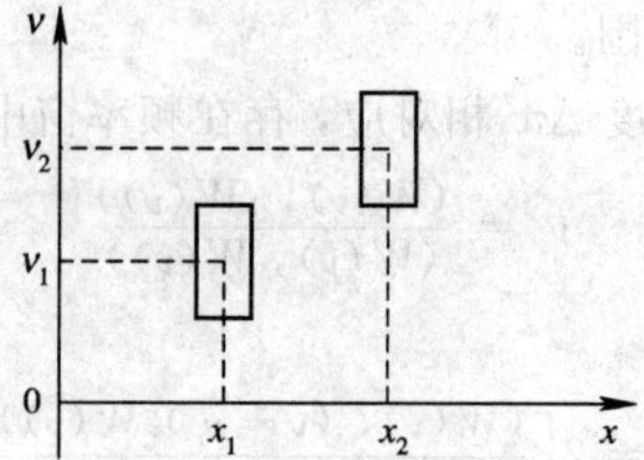

图 7.1-2 伽伯变换空间—频率窗

根据式(7.1-4)，伽伯变换在频域的表达式为

$$\begin{aligned}\mathrm{GT}_{\sigma,b}\{f(x)\} &= (\mathrm{e}^{-2\pi^2\sigma^2\nu^2}\,\mathrm{e}^{-\mathrm{i}2\pi\nu b}) * F(\nu)\\ &= \int_{-\infty}^{+\infty} F(\nu')\mathrm{e}^{-2\pi^2\sigma^2(\nu'-\nu)^2}\,\mathrm{e}^{\mathrm{i}2\pi(\nu'-\nu)b}\,\mathrm{d}\nu'\\ &= \sqrt{2\pi}\sigma\,\mathrm{e}^{-\mathrm{i}2\pi\nu b}\mathrm{GT}_{\mu,\nu}\{F(\nu')\}\end{aligned} \qquad (7.1-15)$$

式中：$\mu=\dfrac{1}{(\sqrt{2}\pi\sigma)^2}$。由式(7.1-15)可见，伽伯变换在频域和空域中的表达式相似。

伽伯变换具有下列特点：

(1) 它给出一个中心位于 b，宽度为$\sqrt{2}\sigma$ 的空间窗，从而实现空域处理的局部化；同时它又给出一个中心位于 ν，宽度为 $1/(\sqrt{2}\pi\sigma)$的频率窗，从而实现频域处理的局部化。用伽伯变换来处理信号时，处理过程限制在空—频窗内进行，空—频窗的面积为 $1/\pi$。

(2) 根据式(7.1-10)和式(7.1-15)，伽伯变换可表示为

$$\begin{aligned}\mathrm{GT}_{\sigma,b}\{f(x)\} &= \frac{1}{\sqrt{2\pi}\sigma}\int_{-\infty}^{+\infty} f(x)\mathrm{e}^{-\mathrm{i}2\pi\nu x}\,\mathrm{e}^{-\frac{(x-b)^2}{2\sigma^2}}\,\mathrm{d}x\\ &= \mathrm{e}^{-\mathrm{i}2\pi\nu b}\int_{-\infty}^{+\infty} F(\nu')\mathrm{e}^{-2\pi^2\sigma^2(\nu'-\nu)^2}\,\mathrm{e}^{\mathrm{i}2\pi\nu' b}\,\mathrm{d}\nu'\end{aligned} \qquad (7.1-16)$$

可以看出，伽伯变换是参数 b 和变量 ν 的函数。式(7.1-16)给出的积分中的基元函数是一个调制包络，载波 $\mathrm{e}^{-\mathrm{i}2\pi\nu b}$ 的频率(即中心频率)ν 与参数 σ 无关。因此，载波频率不会随决定空域和频域窗尺寸的参数 σ 的变化而变化，这正是所有短时傅里叶变换共同的缺点。

7.1.3　Morlet 小波变换

为了克服伽伯变换中空—频窗口尺寸不能变化的缺点，对伽伯变换中的基元函数进行改造，我们把伽伯变换的基元函数作为变换的母函数，再引入参数 a 和 b，生成子函数

$$\begin{aligned}h_{a,b}(x) &= \frac{1}{\sqrt{a}}h\left(\frac{x-b}{a}\right)\\ &= \frac{1}{\sqrt{2\pi a}\sigma}\mathrm{e}^{\mathrm{i}2\pi\left(\frac{\nu}{a}\right)(x-b)}\,\mathrm{e}^{-\frac{1}{2\sigma^2}\left(\frac{x-b}{a}\right)^2}\end{aligned} \qquad (7.1-17)$$

定义信号函数 $f(x)$的 Morlet 小波变换为

$$\begin{aligned}W_{a,b}\{f(x)\} &= \frac{1}{\sqrt{a}}\int_{-\infty}^{+\infty} h^*\left(\frac{x-b}{a}\right)f(x)\,\mathrm{d}x\\ &= \frac{\mathrm{e}^{\mathrm{i}2\pi\left(\frac{\nu}{a}\right)b}}{\sqrt{2\pi a}\sigma}\int_{-\infty}^{+\infty} f(x)\mathrm{e}^{-\mathrm{i}2\pi\left(\frac{\nu}{a}\right)x}\,\mathrm{e}^{-\frac{1}{2\sigma^2}\left(\frac{x-b}{a}\right)^2}\,\mathrm{d}x\end{aligned} \qquad (7.1-18)$$

比较式(7.1-18)和式(7.1-10)可见，Morlet 小波变换与伽伯变换的根本差别在于：小波变换的中心频率为 ν/a，随参数的增大而减小。容易算出小波变换的空间窗宽度为 $\sqrt{2}\sigma a$，频率窗宽度为 $1/(\sqrt{2}\pi\sigma a)$。因此，当中心频率增大时(a 减小)，空间窗宽度变小而频率窗宽度增大，可以处理更多的高频信息；当中心频率降低时(a 增大)，频率窗变小而空间窗加宽，可以容纳足够多的空间周期，以保证处理的精度。Morlet 小波变换的空间—频率窗如图 7.1-3 所示。

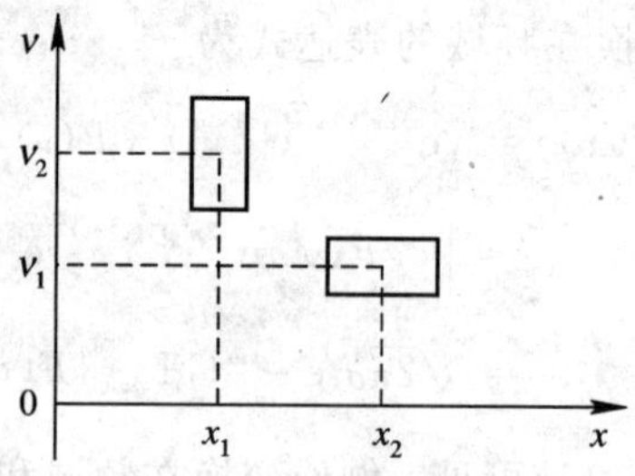

图 7.1－3 Morlet 小波变换的空间—频率窗

作为比较，图 7.1－4 和图 7.1－5 分别给出了在不同中心频率下伽伯变换和 Morlet 小波变换的基元函数的波形。在伽伯变换中，窗的宽度是常数，当中心频率变化时，一定宽度的空间窗内包含的空间周期数有变化，所以变换的精度是随频率而变化的；而在 Morlet 小波变换中，在处理低频信号时空间窗自动加宽，在处理高频信号时频率窗自动加宽、空间窗减小，但在空间窗范围内包含的信号空间周期数相同，这就保证了 Morlet 小波变换以同样的精度去处理不同中心频率的信号，这正是 Morlet 小波变换与短时傅里叶变换的根本区别。

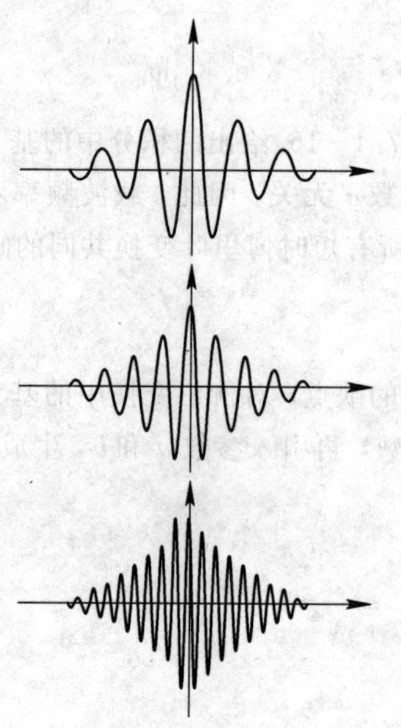

注：由上到下中心频率分别为v，$2v$，$3v$。

图 7.1－4 伽伯变换基元函数的波形

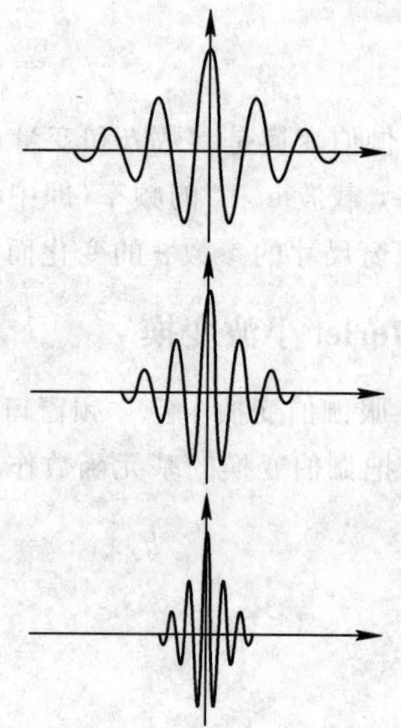

注：由上到下a分别为1、0.5、0.33。

图 7.1－5 Morlet 小波变换基元函数的波形

7.2 小波变换的一般定义和性质

7.2.1 小波变换的定义

母函数 $h(x)$的基本小波函数 $h_{a,b}(x)$定义为

$$h_{a,b}(x)=\frac{1}{\sqrt{a}}h\left(\frac{x-b}{a}\right) \tag{7.2-1}$$

式中：参数 b 称为小波变换的位移因子；参数 $a(a>0)$ 称为伸缩因子。由图 7.1-5 可以看出，当 a 增大时基本小波函数的宽度加大(膨胀)，而当 a 减小时基本小波函数的宽度变小(收缩)。这表明基本小波函数是母函数经平移和缩放的结果。基本小波又简称小波。

信号函数 $f(x)$ 的小波变换定义为小波和信号 $f(x)$ 的内积，即

$$\begin{aligned}W_{a,b}\{f(x)\}&=(h_{a,b}(x),\ f(x))\\&=\frac{1}{\sqrt{a}}\int_{-\infty}^{+\infty}h^{*}\left(\frac{x-b}{a}\right)f(x)\,\mathrm{d}x\end{aligned} \tag{7.2-2}$$

式(7.2-2)可改写为

$$W_{a,b}\{f(x)\}=h\left(\frac{b}{a}\right)\otimes f(b) \tag{7.2-3}$$

可见，信号函数 $f(x)$ 的小波变换可表示为缩放后的母函数与信号函数的相关，母函数的中心位移则是相关函数的变量。由于相关运算很容易用光学系统实现，因此小波变换可以用大家熟知的光学相关系统来实现。

为了使小波变换式(7.2-2)具有局域化特征，作为小波变换的母函数 $h(x)$ 必须在 $|x|\to\infty$ 时衰减到零。实际使用的小波变换母函数 $h(x)$，当 $|x|\to\infty$ 时迅速衰减，其不显著为零的分量只存在于一个很小的区间内，这正是“小波”名称的由来。实际上，只有迅速衰减的小波才使变换式(7.2-2)具备局部化的特征。

由小波变换的定义式(7.2-2)及互相关定理，容易得到小波变换在频率域中的表达式

$$W_{a,b}\{f(x)\}=\sqrt{a}\int_{-\infty}^{+\infty}H^{*}(a\nu)F(\nu)\mathrm{e}^{\mathrm{i}2\pi\nu b}\,\mathrm{d}\nu \tag{7.2-4}$$

式中：$H(\nu)$ 和 $F(\nu)$ 分别为 $h(x)$ 和 $f(x)$ 的傅里叶变换。式(7.2-4)表明，信号 $f(x)$ 的小波变换可以用 $4f$ 系统实现，先用第一个透镜形成输入信号 $f(x)$ 的傅里叶谱 $F(\nu)$，在频谱面上用小波函数 $h(x)$ 经缩放后的傅里叶谱的共轭 $H^{*}(a\nu)$ 作为滤波器对 $F(\nu)$ 进行滤波，然后经第二个透镜进行傅里叶逆变换，得到 $f(x)$ 的小波变换。对此后面还要详细讨论。

7.2.2　逆变换和相容性条件

小波变换式(7.2-1)的逆变换定义为

$$f(x)=\frac{1}{C_h}\int_{-\infty}^{+\infty}\int_{-\infty}^{+\infty}W_{a,b}\{f(x)\}\frac{h_{a,b}(x)}{a^{2}}\,\mathrm{d}a\,\mathrm{d}b \tag{7.2-5}$$

其中，C_h 必须满足

$$C_h=\int_{0}^{+\infty}\frac{|H(\nu)|^{2}}{\nu}\,\mathrm{d}\nu<\infty \tag{7.2-6}$$

这称为“相容性条件”，是逆变换存在的条件。

相容性条件证明如下。根据傅里叶逆变换的性质，基本小波函数 $h_{a,b}(x)$ 可表示为

$$h_{a,b}(x)=\sqrt{a}\int_{-\infty}^{+\infty}H(a\nu)\mathrm{e}^{\mathrm{i}2\pi(x-b)\nu}\,\mathrm{d}\nu \tag{7.2-7}$$

把式(7.2-7)和式(7.2-4)代入式(7.2-5)，得到

$$f(x)=\frac{1}{C_h}\int_0^{+\infty}\frac{\mathrm{d}a}{a}\iint_{-\infty}^{+\infty}H^*(a\nu')F(\nu')H(a\nu)\left[\int_{-\infty}^{+\infty}\mathrm{e}^{\mathrm{i}2\pi(\nu'-\nu)b}\,\mathrm{d}b\right]\mathrm{e}^{\mathrm{i}2\pi\nu x}\,\mathrm{d}\nu\,\mathrm{d}\nu'$$

$$=\int_{-\infty}^{+\infty}\left[\frac{1}{C_h}\int_0^{+\infty}\frac{|H(a\nu)|^2}{a}\,\mathrm{d}a\right]F(\nu)\mathrm{e}^{\mathrm{i}2\pi\nu x}\,\mathrm{d}\nu \tag{7.2-8}$$

式(7.2-8)成立的条件为

$$\left.\begin{aligned}&\frac{1}{C_h}\int_0^{+\infty}\frac{|H(a\nu)|^2}{a}\,\mathrm{d}a\equiv 1\\&C_h<\infty\end{aligned}\right\} \tag{7.2-9}$$

因此有 $C_h\equiv\int_0^{+\infty}\frac{|H(\nu)|^2}{\nu}\,\mathrm{d}\nu<\infty$，即式(7.2-6)成立。当 $\nu=0$ 时，要相容性条件成立，则要求

$$H(0)=0 \tag{7.2-10}$$

即小波函数没有零频分量。由于

$$H(0)=\int_{-\infty}^{+\infty}h(x)\,\mathrm{d}x=0 \tag{7.2-11}$$

这意味着小波 $h(x)$ 必须是振荡函数，且平均值为零。因此，小波是一个满足条件式(7.2-10)(或式(7.2-11))的母函数 $h(x)$ 经过平移和伸缩得到的函数族 $h_{a,b}(x)$。

理论上讲，任何满足相容性条件的函数都可以当作小波变换的母函数，然而在实际应用中，为了突出小波变换的特点，使变换具备局部化的功能，一般要求 $h(x)$ 在空域、$H(\nu)$ 在频域是迅速衰减的，它们不显著为零的分量分别只分布于空域和频域中的原点附近。

7.2.3 小波变换的空间—频率窗和处理过程的局部化

为了讨论小波变换的空—频窗和处理过程的局部化，通过考察小波变换的定义式(7.2-2)可见，小波变换的基元函数 $h_{a,b}(x)$ 是母函数 $h(x)$ 经平移(平移因子 b)、缩放(缩放因子为 a)后形成的函数族。因此，通过简单地研究母函数 $h(x)$ 的空—频窗特性，即可得到小波变换的空—频窗和处理过程的局部化特性。母函数的中心 x_c 为

$$x_c=\frac{(h(x),\,xh(x))}{(h(x),\,h(x))} \tag{7.2-12}$$

空间窗的宽度为

$$\Delta w=2\left[\frac{(h(x),\,(x-x_c)^2h(x))}{(h(x),\,h(x))}\right]^{1/2} \tag{7.2-13}$$

这样，限制小波变换在空域中处理的空间窗为

$$-\Delta w\leqslant\frac{x-b}{a}-x_c\leqslant\Delta w \tag{7.2-14}$$

即

$$x\in[b+ax_c-a\Delta w,\,b+ax_c+a\Delta w] \tag{7.2-15}$$

类似地，在频率域中，$H(\nu)$ 的中心和频率窗的宽度分别为

$$\nu_c=\frac{(H(\nu),\,\nu H(\nu))}{(H(\nu),\,H(\nu))} \tag{7.2-16}$$

和

$$\Delta W=2\left[\frac{(H(\nu),\,(\nu-\nu_c)^2H(\nu))}{(H(\nu),\,H(\nu))}\right]^{1/2} \tag{7.2-17}$$

在频率域引入中心位于原点的函数

$$\Psi(\nu) = H(\nu + \nu_c) \tag{7.2-18}$$

则小波变换在频率域中的表达式可改写为

$$W_{a,b}\{f(x)\} = \sqrt{a}\int_{-\infty}^{+\infty} \Psi^*\left[a\left(\nu - \frac{\nu_c}{a}\right)\right]F(\nu)\mathrm{e}^{\mathrm{i}2\pi\nu b}\,\mathrm{d}\nu \tag{7.2-19}$$

式(7.2-19)与式(7.2-2)形式上对应，因此，限制小波变换在频域中处理的频率窗为

$$-\Delta W \leqslant a\left(\nu - \frac{\nu_c}{a}\right) \leqslant \Delta W \tag{7.2-20}$$

即

$$\nu \in \left[\frac{\nu_c}{a} - \frac{\Delta W}{a}, \frac{\nu_c}{a} + \frac{\Delta W}{a}\right] \tag{7.2-21}$$

综合式(7.2-15)和式(7.2-21)，限制小波变换在空域、频域中处理的空—频窗为

$$[b + ax_c - a\Delta w, b + ax_c + a\Delta w]\left[\frac{\nu_c}{a} - \frac{\Delta W}{a}, \frac{\nu_c}{a} + \frac{\Delta W}{a}\right] \tag{7.2-22}$$

由以上讨论可见，小波变换这一处理过程有如下两个特点：

(1) 空间窗宽度 $a\Delta w$ 和频率窗宽度 $\Delta W/a$ 均随 a 变化，而窗的面积 $\Delta w \Delta W$ 与 a 无关。

(2) 中心频率 ν_c/a 与带宽 $\Delta W/a$（即频率窗宽）之比为

$$Q = \frac{\nu_c/a}{\Delta W/a} = \frac{\nu_c}{\Delta W} \tag{7.2-23}$$

Q 与中心频率大小无关，是小波变换测量精度的特征量。式(7.2-23)表明，小波变换的测量精度与频率无关。当中心频率 ν_c/a 增大时(a 减小)，频率窗自动变宽，使小波变换作为一个检测过程，在不同频率下具有相同的精度；反之，当中心频率 ν_c/a 减小时(a 增大)，空间窗自动加宽，使空间窗内容纳同样数目的信号空间周期。据此，有人把小波变换的这种性能比喻为“自动变焦”，见图 7.1-3。由于伸缩因子 a 决定中心频率，常称为小波变换的频率变量。位移因子 b 决定空间窗的中心，则称为坐标变量。显然，一维信号函数的小波变换是参变量 a 和 b 的二维函数。

下面以实 Morlet 小波为例，具体讨论小波变换的特点。实 Morlet 小波的母函数(见图 7.2-1(a))为

$$h(x) = \frac{2\cos(2\pi\nu_0 x)}{\sqrt{2\pi}\sigma}\mathrm{e}^{-x^2/(2\sigma^2)} \tag{7.2-24}$$

母函数经平移、缩放后生成的基本小波函数为

$$h_{a,b}(x) = \frac{2}{\sqrt{2\pi a}\sigma}\cos\left[2\pi\nu_0\left(\frac{x-b}{a}\right)\right]\mathrm{e}^{-\frac{1}{2\sigma^2}\left(\frac{x-b}{a}\right)^2} \tag{7.2-25}$$

容易求得实 Morlet 小波的中心和空间窗宽度分别为

$$\left.\begin{aligned} x_c &= 0 \\ \Delta w &= \sqrt{2}\sigma\left[\frac{1-(1-8\pi^2\sigma^2\nu_0^2)\mathrm{e}^{-4\pi^2\sigma^2\nu_0^2}}{1+\mathrm{e}^{-4\pi^2\sigma^2\nu_0^2}}\right]^{1/2} \end{aligned}\right\} \tag{7.2-26}$$

在频域中

$$H(\nu) = e^{-2\pi^2\sigma^2(\nu-\nu_0)^2} + e^{-2\pi^2\sigma^2(\nu+\nu_0)^2} \tag{7.2-27}$$

$H(\nu)$在$\nu=\nu_0$和$\nu=-\nu_0$时出现两个峰值，关于原点对称，如图7.2-1(b)所示。

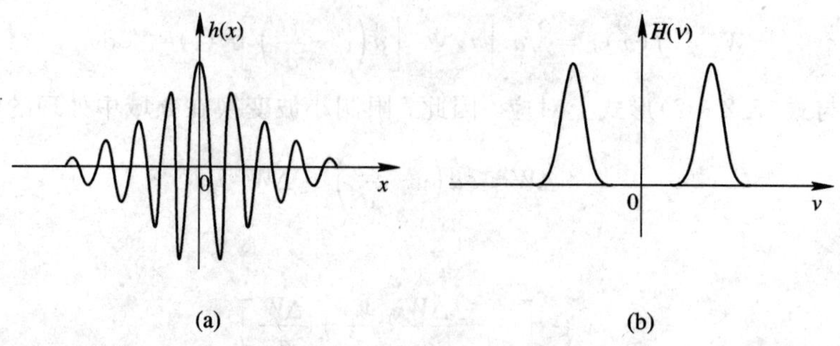

图7.2-1 实Morlet小波的$h(x)$与它的傅里叶谱$H(\nu)$

(a) 母函数$h(x)$；(b) 傅里叶谱$H(\nu)$

根据式(7.2-16)，可求得中心频率$\nu_c=0$。但是从物理实际来看，真正起作用的是正频率，使处理过程在频率域中局部化的是位于$\nu=\nu_0$处的峰。因此，仅取式(7.2-27)中的第一项作为实Morlet小波的频谱，即

$$H_0(\nu) = e^{-2\pi^2\sigma^2(\nu-\nu_0)^2} \tag{7.2-28}$$

求得频率窗的中心位置和宽度分别为

$$\left.\begin{aligned} \nu_c &= \nu_0 \\ \Delta W &= \frac{1}{\sqrt{2}\pi\sigma} \end{aligned}\right\} \tag{7.2-29}$$

利用式(7.2-26)和式(7.2-29)，并令$\rho=\left[\frac{1-(1-8\pi^2\sigma^2\nu_0^2)e^{-4\pi^2\sigma^2\nu_0^2}}{1+e^{-4\pi^2\sigma^2\nu_0^2}}\right]^{1/2}$，得到实Morlet小波的空间—频谱窗为

$$\left[b-\sqrt{2}a\sigma\rho,\ b+\sqrt{2}a\sigma\rho\right]\left[\frac{\nu_0}{a}-\frac{1}{\sqrt{2}\pi\sigma a},\ \frac{\nu_0}{a}+\frac{1}{\sqrt{2}\pi\sigma a}\right] \tag{7.2-30}$$

其面积为ρ/π。当ν_0或σ较大时，$\rho\approx1$，$\rho/\pi\approx1/\pi$，和复Morlet小波变换的结果相同。

严格地说，Morlet小波变换不满足相容性条件的要求。但当ν_0或σ较大时，$H(0)\approx0$，相容性条件近似满足。

7.3 实现小波变换的光学系统

从小波变换的定义可知，N维信号函数的小波变换是$2N$维函数，因此计算的工作量很大。因为光学信息处理系统的高度并行处理性能，用它来实现小波变换具有优越性。下面分别讨论一维和二维光学小波变换系统。

7.3.1 一维小波变换光学系统

一维小波变换光学系统如图7.3-1所示。相干光点光源S经准直透镜L_1后形成垂直

入射的平行光，照明位于柱面透镜 L_2 前焦面的输入信号 $f(x_0)$，频谱面 $\xi(x)\eta(y)$ 则位于 L_2 的后焦面，柱面镜 L_2 的母线沿 $y(\eta)$ 方向，因而在 $\xi\eta$ 面得到 x_0 方向的一维傅里叶变换 $F(\xi)$。在 $\xi\eta$ 面上放置滤波器，滤波器被分成 M 个沿 ξ 方向的带状区域，这些带状区域中分别是具有不同伸缩因子 a_m 的基元函数 $h(x)$ 的傅里叶谱 $H^*(a_m\xi)(m=1, 2, \cdots, M)$。假定 $H^*(a_m\xi)$ 是实的，则有 $H^*(a_m\xi)=H(a_m\xi)$。$\{H^*(a_m\xi)|m=1, 2, \cdots, M\}$ 构成多通道小波变换匹配滤波器，$F(\xi)$ 经滤波后成为 $H^*(a_m\xi)F(\xi)(m=1, 2, \cdots, M)$。

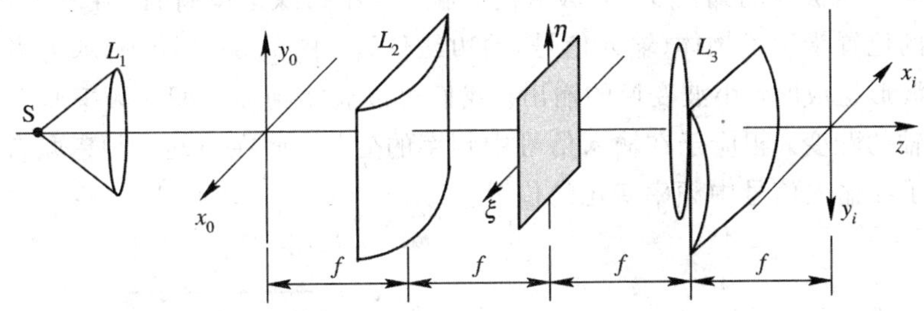

图 7.3-1　一维小波变换光学系统

L_3 为球面—柱面复合透镜，柱面镜母线沿 $x(\xi)$，$\xi\eta$ 面和输出面 x_iy_i 分别位于球面透镜的前后焦面。$\xi\eta$-L_3-x_iy_i 构成像散系统。在子午面(ηz 平面)内，L_3 使 $\xi\eta$ 平面成像在 x_iy_i 面上，得到各带状通道的像；在弧矢面(ξz 平面)，柱面透镜不起作用，得到沿 ξ 方向的傅里叶逆变换，如图 7.3-2 所示。

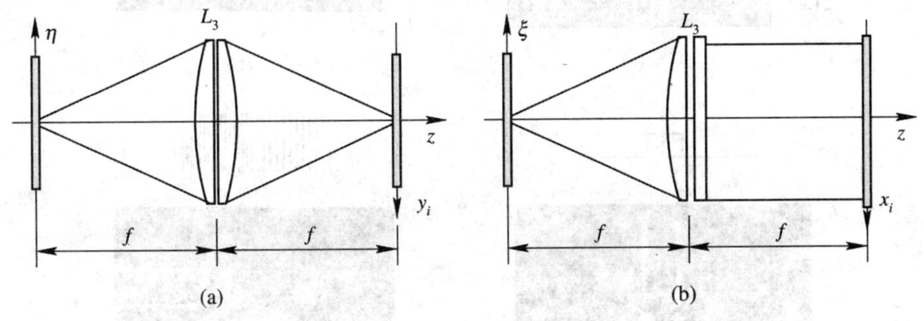

图 7.3-2　一维小波变换示意图

(a) 在子午面内构成的成像系统；(b) 在弧矢面内构成的傅里叶变换系统

对于第 m 个通道，由于沿 ξ 方向的傅里叶逆变换作用，得到

$$\phi(x_i, a_m)=\int H^*(a_m\xi)F(\xi)e^{i2\pi x_i\xi}\,d\xi \tag{7.3-1}$$

根据小波变换在频率域的表达式(式(7.2-4))，有

$$W_{a_m, x_i}\{f(x_0)\}=\sqrt{a_m}\phi(x_i, a_m)\qquad (m=1, 2, \cdots, M) \tag{7.3-2}$$

在实际图像处理系统中，一般将 CCD 置于输出面作为输出信号接收器件，显然，其输出的信号乘以$\sqrt{a}$即得到小波变换 $W_{a_m, x_i}\{f(x_0)\}$。

在 $W_{a_m, x_i}\{f(x_0)\}$中，伸缩因子 a 是分立的，由 M 个滤波器 $H^*(a_m\xi)$引入的一组 a_m 决定；而位移因子 b 则是连续的，与输出平面的坐标 x_i 成正比。

现在以Morlet小波变换为例说明对不同输入信号的分析和检出。Morlet小波函数的Fourier变换由式(7.2-27)给出。用计算机制作六个小波变换滤波器，伸缩因子可以任意选择，现取$a=1.0$，1.56，2.42，3.75，7.5和21.43，如图7.3-3(a)所示，图中小波滤波器的高斯剖面已用矩形函数来近似。图7.3-3(b)所示为δ函数的输入信号经小波变换后的输出，随因子a的减小，小波变换系数的强度集中于b轴上的b_0点，该点表示了输入δ函数的位置。图7.3-3(c)所示是矩形函数输入时的输出，输入函数的边缘在a较小时，输出项中可以明显地被检测到，而在a较大时，输出项中边缘是模糊的。在轴b上，小波变换系数高强度的位置指示了物体(输入信号)的边缘位置。图7.3-3(d)所示为当输入由不同频率的两段波形组成时，小波变换的输出。我们可以观察到在空间—频率联合表达的输出中沿因子a轴的跃变，相应于在输入信号中频率的变化；而在空间—频率联合表达中变化的位置指示了在输入信号中频率变化的位置。

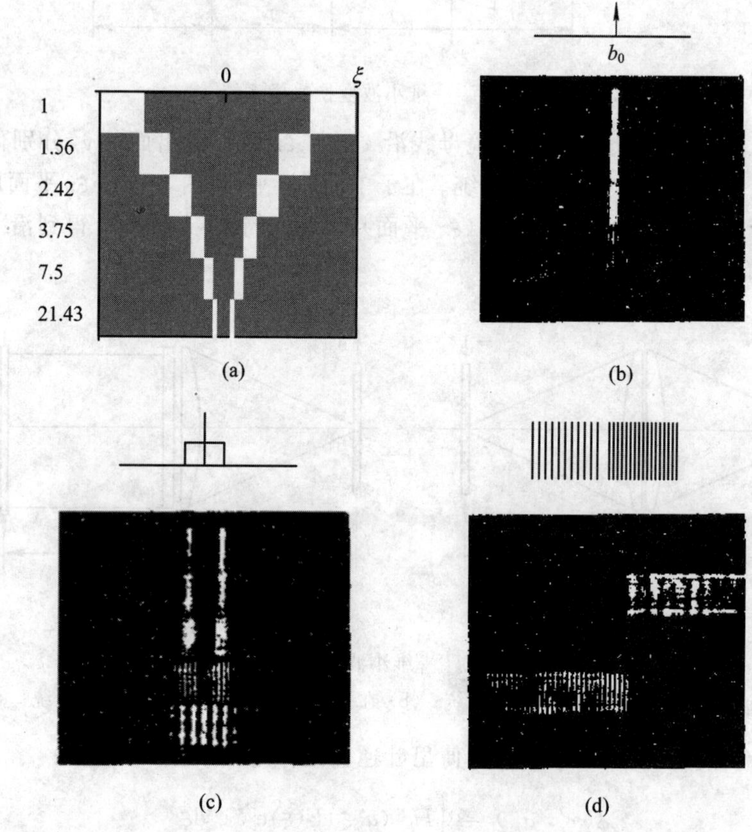

图7.3-3 光学小波变换的实验结果

(a) 滤波器；(b) 输入为δ函数时的输出；

(c) 输入为rect函数时的输出；(d) 输入为分段双频函数时的输出

应该指出，图7.3-3所示的方案只是实现光学小波变换的方法之一。已经研究了很多实现一维信号和二维图像的小波变换的光学方法，例如，采用阴影投影的非相干光学相关器也可以用来实现二维的小波变换。有兴趣的读者可以从本书末所列的参考书目中查阅有关方法的详细报道。

7.3.2　二维小波变换光学系统

1. 单通道二维小波变换系统

根据小波变换的定义式(7.2-2)可以类似地定义二维小波变换

$$W_{a_x,a_y,b_x,b_y}\{f(x,y)\}=\frac{1}{\sqrt{a_xa_y}}h\left(\frac{b_x}{a_x},\frac{b_y}{a_y}\right)\otimes f(b_x,b_y)$$

$$=\frac{1}{\sqrt{a_xa_y}}\iint_{-\infty}^{+\infty}h^*\left(\frac{x-b_x}{a_x},\frac{y-b_y}{a_y}\right)f(x,y)\,\mathrm{d}x\,\mathrm{d}y \quad (7.3-3)$$

在频域中，式(7.3-3)变成

$$W_{a_x,a_y,b_x,b_y}\{f(x,y)\}=\sqrt{a_xa_y}\iint_{-\infty}^{+\infty}H^*(a_x\xi,a_y\eta)F(\xi,\eta)\mathrm{e}^{\mathrm{i}2\pi(b_x\xi+b_y\eta)}\,\mathrm{d}\xi\,\mathrm{d}\eta \quad (7.3-4)$$

这正是匹配滤波的频域表达式。匹配滤波可以用标准的 $4f$ 系统实现。将二维信号函数 $f(x,y)$ 置于输入面 x_0y_0，在 L_1 的频谱面 $\xi\eta$ 得到输入信号函数的谱 $F(\xi,\eta)$，在频谱面上放置匹配滤波函数 $H^*(a_x\xi,a_y\eta)$ 对 $F(\xi,\eta)$ 进行滤波，滤波后形成 $H^*(a_x\xi,a_y\eta)F(\xi,\eta)$，再经过第二个透镜 L_2 在输出平面上得到 $H^*(a_x\xi,a_y\eta)F(\xi,\eta)$ 的傅里叶逆变换。由式(7.3-4)可知，H^*F 的傅里叶逆变换，即为信号 $f(x,y)$ 的小波变换 $W_{a_x,a_y,b_x,b_y}\{f(x,y)\}$。

由以上分析可以看出，单通道二维小波变换系统的位移因子 (b_x,b_y) 是与输出面的坐标对应的变量，可连续变化。但伸缩因子 (a_x,a_y) 却由匹配滤波函数 $H^*(a_x\xi,a_y\eta)$ 给定，亦即我们只能对给定的伸缩因子 (a_x,a_y) 实现小波变换，不同的伸缩因子 (a_x,a_y) 的变换只能通过依次输入不同的匹配滤波函数 $H^*(a_x\xi,a_y\eta)$ 来实现，速度很慢，发挥不了光学系统并行处理的优越性。

2. 实现多通道二维小波变换的光学方法

根据抽样定理，对于抽样后的离散函数 $\mathrm{comb}(x,y)f(x,y)$ 进行傅里叶变换，在谱面上会得到 $\mathrm{comb}(\xi,\eta)$ 与 $F(\xi,\eta)$ 的卷积。这相当于频谱 $F(\xi,\eta)$ 在 $\mathrm{comb}(\xi,\eta)$ 中各个 δ 函数的位置上重复出现，只要 $f(x,y)$ 的带宽有限，总可以通过足够密集的抽样使各谱项在频域内互相分离。也就是说，对于给定的二维输入信号 $f(x,y)$，可以利用梳状函数在谱面上复制出一系列谱函数 $F_{mn}(\xi,\eta)$，其中 $m,n=0,\pm1,\pm2,\cdots$。如果每个 $F_{mn}(\xi,\eta)$ 代表一个处理通道，就可以实现多通道的并行处理。

设光栅振幅透射系数为

$$t(x_0,y_0)=\frac{1}{d^2}\mathrm{comb}\left(\frac{x_0}{d},\frac{y_0}{d}\right) \quad (7.3-5)$$

将光栅紧贴信号函数 $f(x_0,y_0)$ 放置在图7.3-4所示的 $4f$ 系统的输入平面上，则光栅后的光波场复振幅分布为

$$f'(x_0,y_0)=\frac{1}{d^2}f(x_0,y_0)\,\mathrm{comb}\left(\frac{x_0}{d},\frac{y_0}{d}\right) \quad (7.3-6)$$

在 $\xi\eta$ 面上得到它的傅里叶谱

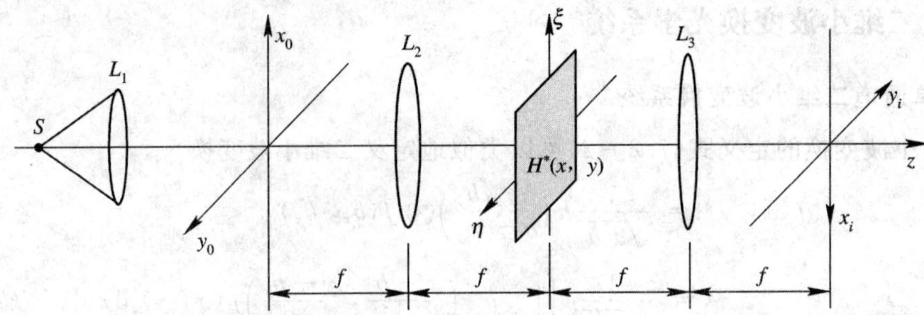

图 7.3-4 实现二维小波变换的 $4f$ 处理系统

$$\begin{aligned} F'(\xi, \eta) &= F(\xi, \eta) * \mathrm{comb}(d\xi, d\eta) \\ &= \frac{1}{d^2}\sum_m \sum_n F(\xi - mf_0, \eta - nf_0) \\ &= \frac{1}{d^2}\sum_m \sum_n F_{mn} \end{aligned} \tag{7.3-7}$$

式中：$f_0 = 1/d$；

$$F_{mn} = F(\xi - mf_0, \eta - nf_0) \tag{7.3-8}$$

是一系列中心位于 $A_{mn} = (\xi - mf_0, \eta - nf_0)$ 处复现的谱项。如设计一个匹配滤波器列阵，其振幅透过率为

$$H'(\xi, \eta) = \sum_m \sum_n H^*[a_m(\xi - mf_0), a_n(\eta - nf_0)]\mathrm{e}^{-\mathrm{i}2\pi(\xi p_m + \eta q_n)} \tag{7.3-9}$$

这个滤波器相当于用不同方向传播的平面波 $\mathrm{e}^{-\mathrm{i}2\pi(\xi p_m + \eta q_n)}$ 作为参考光制成的全息匹配滤波器，通常用计算机生成。

经滤波后，再通过 $4f$ 系统中第二个傅里叶透镜 L_3 的作用，在输出平面上得到傅里叶逆变换

$$\begin{aligned} \varphi(b_x, b_y) &= \frac{1}{d^2}\sum_m \sum_n \iint_{-\infty}^{+\infty} H^*[a_x(\xi - mf_0), a_y(\eta - nf_0)] \\ &\quad \times F(\xi - mf_0, \eta - nf_0)\mathrm{e}^{\mathrm{i}2\pi[\xi(b_x - p_m) + \eta(b_y - q_n)]}\,\mathrm{d}\xi\,\mathrm{d}\eta \\ &= \frac{1}{d^2}\sum_m \sum_n C_{mn} h\left(\frac{b_x - p_m}{a_m}, \frac{b_y - q_n}{a_n}\right) \otimes f(b_x - p_m, b_y - q_n) \\ &= \frac{1}{d^2}\sum_m \sum_n C_{mn} W_{a_x, a_y, b_x - p_m, b_y - q_n}\{f(x_0, y_0)\} \end{aligned} \tag{7.3-10}$$

式中：C_{mn} 为常系数。可见，频域中的相移形成输出面上的位移，以 (p_m, q_n) 为中心形成一系列在空间相互分离的项，每一项都代表一个不同的伸缩因子 (a_x, a_y) 的小波变换，位移因子则分别由以 (p_m, q_n) 为中心的坐标来表示。这样，就用 $4f$ 系统实现了多通道二维光学小波变换，它是缩放因子的分立函数，是位移因子的连续函数。

7.4 光学小波变换的应用

这里仅以图形边缘检测为例讨论小波变换的应用。图形的重要待征之一是它的形状或

轮廓。为了识别某一特定的图形，往往只需确定它的轮廓，并不需要研究它的内部细节。轮廓就是图形的边缘，一旦图形的边缘被清晰地勾画出来，该图形就容易识别了。相对于图形整体而言，边缘显然是局部，因此可以期望小波变换在边缘检测中具有特殊的功效。

1. 应用“墨西哥帽”式母函数的光学小波变换的图像边缘增强效应

墨西哥帽式母函数定义为

$$h(x,\ y)=\frac{1}{2\pi}[2-(x^2+y^2)]\mathrm{e}^{-\frac{x^2+y^2}{2}} \tag{7.4-1}$$

它是高斯函数和二次函数的积。引入函数

$$g(x,\ y)=\mathrm{e}^{-\frac{x^2+y^2}{2}} \tag{7.4-2}$$

则墨西哥帽式母函数可表示为

$$h(x,\ y)=-\frac{1}{2\pi}\nabla^2 g(x,\ y) \tag{7.4-3}$$

应用傅里叶变换的微分性质，得到函数 $h(x,\ y)$ 的频谱

$$\begin{aligned}H(\xi,\ \eta)&=2\pi(\xi^2+\eta^2)G(\xi,\ \eta)\\&=4\pi^2(\xi^2+\eta^2)\mathrm{e}^{-2\pi^2(\xi^2+\eta^2)}\end{aligned} \tag{7.4-4}$$

一维墨西哥帽式母函数及其傅里叶谱如图 7.4-1 所示。

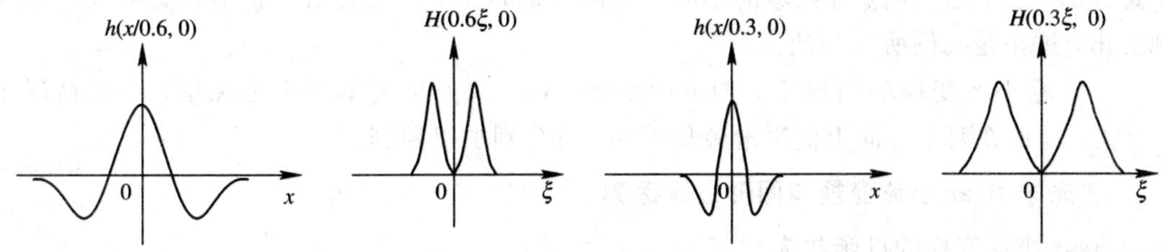

图 7.4-1　一维墨西哥帽式母函数及其傅里叶谱

根据二维小波变换的定义，函数 $f(x,\ y)$ 的小波变换为

$$\begin{aligned}W_{a,\,a,\,x,\,y}\{f(x,\ y)\}&=\frac{1}{a}h\left(\frac{x}{a},\ \frac{y}{a}\right)\otimes f(x,\ y)\\&=\frac{1}{a}\iint_{-\infty}^{+\infty}h^*\left(\frac{u-x}{a},\ \frac{v-y}{a}\right)f(u,\ v)\,\mathrm{d}u\,\mathrm{d}v\\&=-\frac{1}{2\pi a}\iint_{-\infty}^{+\infty}\nabla^2 g\left(\frac{u-x}{a},\ \frac{v-y}{a}\right)f(u,\ v)\,\mathrm{d}u\,\mathrm{d}v\\&=-\frac{1}{2\pi a}\nabla^2\left[g\left(\frac{u-x}{a},\ \frac{v-y}{a}\right)\otimes f(u,\ v)\right]\end{aligned} \tag{7.4-5}$$

亦即函数 $f(x,\ y)$ 的小波变换是缩放后的高斯函数 g 和 f 相关的二阶导数。由于

$$g\left(\frac{x}{a},\ \frac{y}{a}\right)=\mathrm{e}^{-\frac{x^2+y^2}{2a^2}} \tag{7.4-6}$$

可见伸缩因子 a 正是高斯函数的特征尺度。

现在来分析小波变换式(7.4-5)的意义。g 和 f 相关的结果是平滑效应，f 中比 a 小得多的精细结构都被平滑掉了。对 g 和 f 相关运算的结果再二次求导，结果是 $f(x, y)$ 中振幅不变的区域(常数项)及线性变化的区域(一次项)都等于零，而在振幅变化的拐点两侧不为零，图像的边界正是这样的拐点。

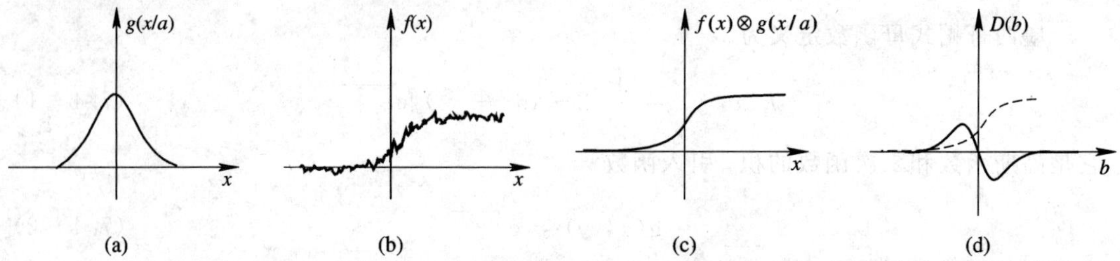

图 7.4-2 用小波变换实现边缘增强

(a) 高斯函数 $g(x/a)$；(b) 边界函数；

(c) 边界函数和高斯函数的相关 $f(x)\otimes g(x/a)$；(d) 小波变换曲线

用小波变换实现边缘增强的物理过程如图 7.4-2 所示。图 7.4-2 中，(a)为高斯函数 $g(x/a)$；(b)为一维边界示意图，用函数 $f(x)$表示；(c)给出了 $f(x)$和 $g(x/a)$的相关，它对 $f(x)$起到平滑的作用，结果噪声都被平均掉了；(d)给出了小波变换作为位移因子的函数(差一个常数因子)，即可以在边界内外侧看到小波变换的一对正、负峰，它们明确指示了边界的位置，边界内、外区域的小波变换函数都是零。其最终效果恰恰是边界突出或轮廓突出，这正是我们所期望的。

在二维小波变换的情况下，伸缩因子 $\boldsymbol{a}=(a_x, a_y)$是矢量而不是标量，一般情况下 $a_x \neq a_y$，因而在两个方向上的平滑效果不同，可分别加以控制。

2. 光学 Haar 小波变换和图形边缘探测

Haar 小波变换的母函数为

$$h(x) = \mathrm{rect}\left[2\left(x-\frac{1}{4}\right)\right]-\mathrm{rect}\left(2\left(x-\frac{3}{4}\right)\right] \tag{7.4-7}$$

Haar 小波函数 $h(x)$的形状如图 7.4-3(a)所示。它是以 $x=1/2$ 为中心的反对称函数，在区间[0，1]以外都为 0，是一个典型的“小波”，显然，该函数满足相容性条件。此外，Haar 函数是“双极性”函数，实际上它有三个值：±1 和 0，比较容易用光学方法实现，因此 Haar 小波变换是常用的光学小波变换之一。

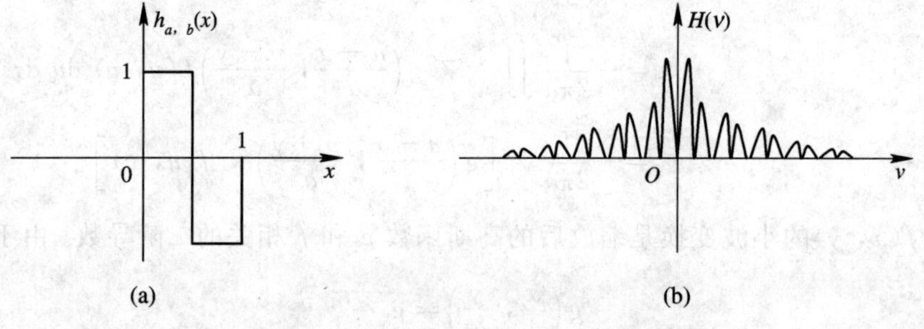

图 7.4-3 Haar 小波函数及其频谱

(a) Haar 小波函数；(b) $h(x)$的频谱

$h(x)$的傅里叶变换为

$$H(\xi)=\mathrm{i}2\pi\mathrm{e}^{-\mathrm{i}\pi\xi}\frac{1-\cos\pi\xi}{\pi\xi} \tag{7.4-8}$$

$H(\xi)$的模如图 7.4－3(b)所示。

Haar 小波变换是信号函数 $f(x)$与式(7.4－7)所定义的 Haar 小波函数经伸缩后的函数 $h(x/a)$相关的结果。Haar 小波变换与边缘探测的机理是：对于一个给定的伸缩因子 a，Haar 小波变换有以下两个作用：

(1) 在小波基元函数 $h_{a,b}(x)$的正、负半周内分别对信号进行不加权的积分，即一个平滑或平均的过程。

(2) 将正、负半周的积分值相减。

以上两个作用的综合结果是在平均的意义下求差分(或求导数)，这样恰好可测出图形的边缘。图 7.4－4 是用 Haar 小波变换对带有低频噪声、高频噪声以及同时具有低频和高频噪声的方波进行边缘探测的结果。小波变换作为位移因子 b 的函数，在方波的两个边缘呈现一对峰，极值恰恰指示了边缘的位置。可见，只要伸缩因子 a 选择得当，则 Haar 小波变换的信噪比就很高，同时具有抗低频和高频噪声干扰的能力，峰很尖锐，正确地指示了边缘所在。图 7.4－4 中，实线为带有噪声的方波信号，虚线为 Haar 小波变换。

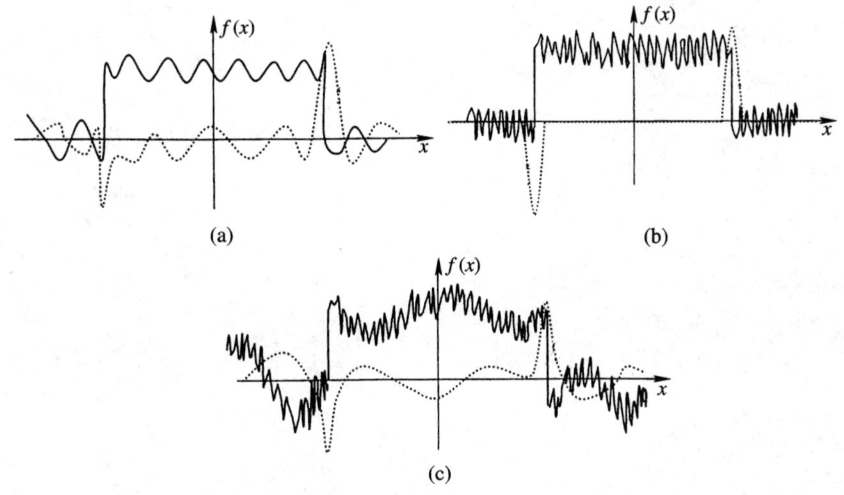

图 7.4－4　Haar 小波变换用边缘探测

(a) 低频噪声；(b) 高频噪声；(c) 低频和高频噪声

习　题　七

1. 按照窗函数中心和宽度的定义，求高斯型窗函数 $w_{\sigma}(x)=\frac{1}{\sqrt{2\pi}\sigma}\mathrm{e}^{-\frac{(x-b)^2}{2\sigma^2}}$ 在空间域的中心、宽度以及其在频率域的中心和宽度。

2. 把 Morlet 小波变换的基元函数作为母函数，引入参数 a 和 b，生成子函数

$$h_{a,b}(x)=\frac{1}{\sqrt{a}}h\left(\frac{x-b}{a}\right)=\frac{1}{\sqrt{2\pi a\sigma}}\mathrm{e}^{\mathrm{i}2\pi\left(\frac{\nu}{a}\right)(x-b)}\ \mathrm{e}^{-\frac{1}{2\sigma^2}\left(\frac{x-b}{a}\right)^2}$$

然后定义信号函数 $f(x)$的 Morlet 小波变换为 $f(x)$和 $h_{a,b}(x)$的内积。试求其空间窗、频率窗的中心和宽度。

3. 一维光学小波变换系统在处理过程中得到信号函数 $f(x)$的小波变换为$W\{f(x)\}$，其伸缩因子 a 和位移因子 b 各有什么特点？为什么？

4. 二维光学小波变换系统在处理过程中得到信号函数 $f(x, y)$的小波变换 $W_{a_x, a_y, b_x, b_y}\{f(x, y)\}$，其伸缩因子 a_x、a_y 和位移因子 b_x、b_y 各有什么特点？为什么？

5. 为了实现函数 $f(x, y)$的小波变换，对待处理的函数 $f(x, y)$有什么要求？为什么？

6. 如果要用 $4f$ 光学系统实现一维和二维小波变换，如何设计相应的滤波器，一维和二维小波变换的滤波器有何异同？

7. 分别计算一维“墨西哥帽”小波函数和 $h(x, y)=\frac{1}{2\pi}[2-(x^2+y^2)]\mathrm{e}^{-\frac{x^2+y^2}{2}}$ 以及 Haar 小波函数为 $h(x)=\mathrm{rect}\left[2\left(x-\frac{1}{4}\right)\right]-\mathrm{rect}\left[2\left(x-\frac{3}{4}\right)\right]$的频谱，其频谱各有什么特点？

参考文献

[1] 卞松玲，刘木兴，刘良读，等. 傅里叶光学. 北京：兵器工业出版社，1989

[2] 于美文等. 光学全息及信息处理. 北京：国防工业出版社，1984

[3] 杨振寰. 光学信息处理. 母国光，羊国光，庄松林，译. 天津：南开大学出版社，1986

[4] J. W. 顾德门. 傅里叶光学导论. 詹达三等. 北京：科学出版社，1979

[5] 吕迺光，陈家壁，毛信强. 傅里叶光学：基本概念和习题. 北京：科学出版社，1985

[6] 郑大锺等. 线性系统理论. 北京：清华大学出版社，2002

[7] 庄松林，钱振邦. 光学传递函数. 北京：机械工业出版社，1981

[8] 杨振寰，陈树源. 光信号处理、计算和神经网络. 母国光，等，译. 北京：新时代出版社，1997

[9] 陶纯堪，陶纯匡. 光学信息论. 北京：科学出版社，1999

[10] 钟锡华. 光波衍射与变换光学. 北京：高等教育出版社，1985

[11] 宋菲君. 近代光学信息处理. 北京：北京大学出版社，1998

[12] 陈家壁等. 光学信息技术原理及应用. 北京：高等教育出版社，2002

[13] A. K. 加塔克，K. 塞格雷健. 现代光学. 呼和浩特：内蒙古人民出版社，1985

[14] 苏显渝，李继陶. 信息光学. 北京：科学出版社，2000